一流学科教材

热分析基础

FUNDAMENTALS OF THERMAL ANALYSIS

丁延伟　编著

中国科学技术大学出版社

内容简介

热分析是研究物质的性质随温度变化所发生的各种物理和化学变化的有力工具，在物理、化学、材料等科学研究中得到了广泛应用。本书主要介绍各种热分析的基本原理和方法及其应用，包括常用热分析仪的原理和基本结构、热分析测量结果的影响因素、热分析曲线的分析、热分析动力学、热分析仪与其他分析方法（如红外光谱、质谱等）的联用技术以及热分析法的综合应用等，重点对常用热分析仪器的原理、类型、实验数据的分析以及应用进行分析讲解。希望通过本书，相关专业的研究人员能了解热分析的主要作用和特点、掌握热分析技术的实验原理和数据处理方法，并对热分析法的应用有较深入的了解。

本书适合高等学校、科研院所的在读研究生、高年级本科生以及从事与热分析技术相关职业的科研或技术人员学习或参考。

图书在版编目(CIP)数据

热分析基础/丁延伟编著. —合肥：中国科学技术大学出版社，2020. 3(2024. 9 重印)
ISBN 978-7-312-04865-4

Ⅰ. 热…　Ⅱ. 丁…　Ⅲ. 热分析　Ⅳ. O657. 99

中国版本图书馆 CIP 数据核字(2020)第 011546 号

出版　中国科学技术大学出版社
安徽省合肥市金寨路 96 号，230026
http://press. ustc. edu. cn
https://zgkxjsdxcbs. tmall. com
印刷　合肥市宏基印刷有限公司
发行　中国科学技术大学出版社
经销　全国新华书店
开本　787 mm×1092 mm　1/16
印张　20
字数　512 千
版次　2020 年 3 月第 1 版
印次　2024 年 9 月第 3 次印刷
定价　55. 00 元

前　言

热分析因方法众多(主要包括热重分析法、差热分析法、同步热分析法、差示扫描量热法、微量量热法、静态热机械分析法、动态热机械分析法以及热分析联用法等)、应用领域广泛,越来越受到研究人员的重视。然而,由于热分析技术及其应用仍处于较为快速的发展过程之中,其所涉及领域广,而且发展又极其不平衡,对于许多热分析相关的从业人员来说,很难在较短的时间内对热分析有一个较为全面的认识。

笔者于2009年开始在中国科学技术大学开设"热分析方法及应用"课程,主要侧重于讲解常用热分析仪(主要包括热重分析仪、差热分析仪、差示扫描量热仪、微量量热仪、静态热机械分析仪、动态热机械分析仪、热分析联用仪等热分析相关仪器)的原理和基本结构、热分析测量结果的影响因素、热分析曲线的分析、热分析动力学、热分析仪与其他分析方法(如红外光谱、质谱等)的联用技术以及热分析法的综合应用等内容,重点对常用热分析仪器的原理、类型、实验数据的分析以及应用进行分析讲解。由于所讲授的内容涉及与材料相关的多个领域,该课程自开设以来即受到来自与材料研究相关的物理学院、化学与材料科学学院、工程科学学院、合肥微尺度物质科学国家研究中心、火灾科学国家重点实验室、国家同步辐射实验室等学院和科研单位研究生的广泛关注。这门课程也由最初的每学年开设一次增加到每学期开设一次,选课的研究生人数也由最初的200人左右快速增加到500人以上。

在过去的教学中,由于所讲授的内容涉及面较广且应用领域也在日益拓展,因此很难找到一本适合本课程的教材。于是笔者计划自己编写一本适合介绍热分析方法的教材,不仅适合高等学校、科研院所的在读研究生、高年级本科生,还适合从事与热分析技术相关职业的科研或技术人员学习参考。笔者于10年前即开始着手相关教材的编写工作,由于平时工作繁忙,教材的编写工作进展一直十分缓慢。值此本书出版之际,感谢各位关注本书的同事、研究生,也感谢中国科学技术大学出版社的大力支持。

由于成书匆忙,再加上笔者学术水平有限,书中错误和不足之处在所难免,敬请读者批评指正。

丁延伟

2019年9月于合肥

目 录

第1章 绪 论

1.1 引 言

宇宙万物是由物质组成的，任何物质在经历从超低温度（例如 -269 ℃）到超高温度（例如 2800 ℃）的变化时，其性质（主要包括物理性质和化学性质）都会随之发生变化。作为一种强有力的研究手段，热分析可以用来研究物质的这些性质随温度或时间的连续变化关系。

作为现代仪器分析方法的一个重要分支，热分析方法在许多领域中获得了越来越广泛的应用。[1-3] 在经历了一百多年的发展之后，热分析方法已经逐渐发展成为与色谱法、光谱法、质谱法、波谱法等仪器分析方法并驾齐驱的一类重要的分析手段。[4]

热分析方法除了可以用来广泛地研究物质的各种转变（如玻璃化转变、固相转变等）和反应（如氧化、分解、还原、交联、成环等反应）之外，还可以被用来确定物质的成分[5-7]、判断物质的种类[8]、测量热物性参数（如热膨胀系数[9-11]、比热容[12-14]、热扩散系数[15-17]）等。迄今为止，热分析方法已在矿物、金属、石油、食品、医药、化工等与材料相关的领域中获得了广泛的应用。[1-3,18-20]

热分析是研究物质的物理过程与化学反应的一种重要的实验技术。[1] 这种技术是建立在物质的平衡状态热力学和非平衡状态热力学以及不可逆过程热力学和动力学的理论基础之上的，该方法主要通过精确测定物质的宏观性质如质量、热量、体积等随温度的连续变化关系来研究物质所发生的物理变化和化学变化过程。[1]

根据所测量性质的不同，各种热分析技术之间也存在着不同程度的差异。通常根据其测量的性质来对每一种热分析技术进行分类。

我国于 2008 年 5 月发布并于 2008 年 11 月开始实施的国家标准《热分析术语》（GB/T 6425—2008）[21] 对热分析技术的定义为：“在程序控制温度和一定气氛下，测量物质的某种物理性质与温度或时间关系的一类技术。”由该定义可见，由于所测量的物理性质（如质量、热效应、体积等）多种多样，因此衍生出了不同的热分析技术。

根据所测定的物理性质不同，国际热分析与量热协会（International Confederation for Thermal Analysis and Calorimetry，ICTAC）将现有的热分析技术划分为 9 类 17 种[22]，如表 1.1 所示。

表 1.1　热分析技术分类

物理性质	分析技术名称	简称	物理性质	分析技术名称	简称
质量	热重法	TGA	尺寸	热膨胀法	DIL
	等压质量变化测定		力学特性	热机械分析	TMA
	逸出气体检测	EGD		动态热机械分析	DMA
	逸出气体分析	EGA	声学特性	热发声法	
	放射热分析			热声学法	
	热微粒分析		光学特性	热光学法	
温度	加热曲线测定		电学特性	热电学法	
	差热分析	DTA	磁学特性	热磁学法	
焓	差示扫描量热法	DSC			

本章仅对热分析技术的定义和分类进行简要介绍，详细内容见第 2 章。

1.2　热分析技术的特点

如前所述，热分析技术主要被用来研究在一定气氛和程序控温作用下，物质的物理性质与温度或时间的变化关系。与其他分析方法相比，热分析技术具有如下特点。

1.2.1　热分析技术的优势

概括来说，热分析技术的优势主要表现在以下 10 个方面。

1.2.1.1　对样品的要求不高，实验时样品用量较少

对于大多数固态和液态的物质而言，根据实验需要不做或稍做处理即可进行热分析实验。另外，与其他常规分析方法相比，热分析实验需要的样品量一般较少。随着仪器技术的发展，热分析实验所需要的样品量越来越少。例如，与早期仪器相比，当前的热重仪可以用来检测质量低至 0.1 mg 的样品随温度变化而发生的质量变化[23]，而几十纳克的样品也可以用来进行量热实验[24]。微量量热实验所需样品的量更少，如通过微量差示扫描量热实验可用来测定质量体积浓度为 1×10^{-5} g · mL^{-1} 的溶液中的相转变行为。[24-28]

与传统分析方法相比，使用热分析技术分析较少的样品能更真实地反映某些材料的热学特性。例如，在加热过程中较大试样量存在试样内部与表面之间的温度差。当试样发生分解时，分解产物尤其是气体产物存在一个从内层向外层的扩散过程，在热分析技术中使用较少的试样量则可以更加方便地避免这种影响。图 1.1 为不同样品质量的低密度线性聚乙烯(LLDPE)的 DSC 实验曲线[29]。图 1.1 表明，在相同的加热速率下，样品的质量对 LLDPE 熔融峰的形状和位置均产生了不同程度的影响，这种差异是由于样品内部的温度梯

度引起的。[29]

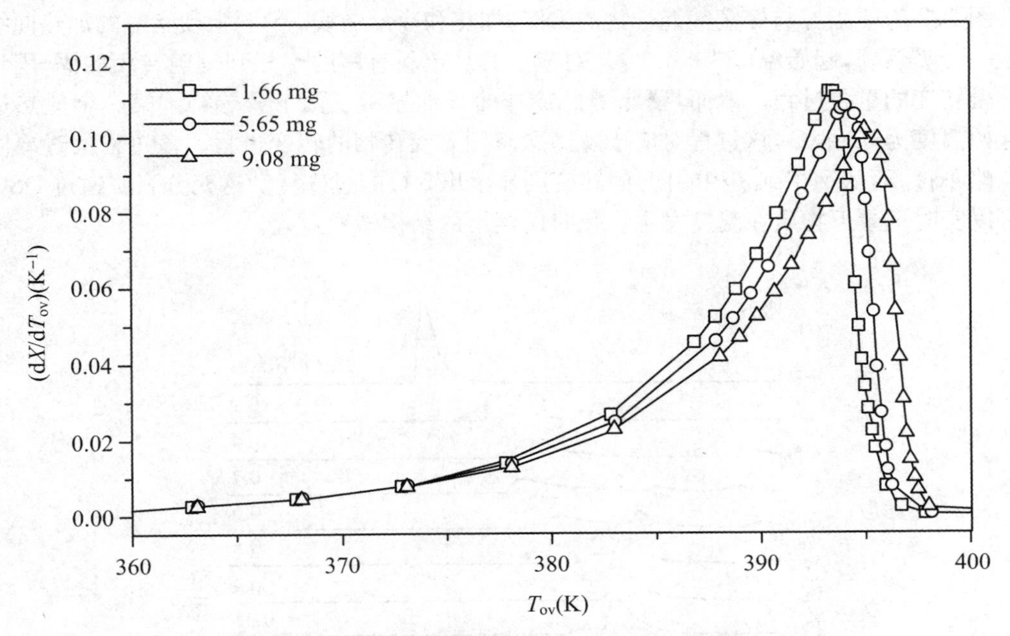

图 1.1 低密度线性聚乙烯(LLDPE)的 DSC 实验曲线

需要特别指出的是,有时为了与样品的真实加热处理工艺相近,分析时会有意地加入更多的样品量,这样可以更加真实地反映试样在真实环境中的热行为。

使用热机械分析仪研究材料在不同温度下的机械性质时,通常需要使用具有规则形状的样品。例如,在 ASTM E831-14 标准[30]中要求进行静态热机械分析实验时试样的长度应为 2～10 mm,且平行截面的端部的尺寸误差应在 ± 25 μm 之内,横向尺寸不得超过10 mm,这种尺寸要求仍远低于其他材料试验机对样品的要求。

1.2.1.2 灵敏度高

作为分析仪器的一个重要分支,热分析技术具有灵敏度高的特点。一般来说,灵敏度与仪器待测量的测量范围呈负相关的关系。灵敏度越高,其量程越窄,反之亦然。在进行实验时,应根据研究目的选择具有合适的灵敏度的仪器。例如,对于热重仪而言,其灵敏度最高可达 0.1 μg,但天平的最大称质量一般不超过 1 g。虽然微量差示扫描量热仪的量热精度最高可达 0.02 μW,但其温度范围一般不超过 150 ℃。一些灵敏度高的等温量热仪的温度稳定性最高可达 $\pm 10^{-4}$ ℃[31]。用于静态热机械分析仪和动态热机械分析仪的力学测量精度最高可达 0.001 N,而位移的测量精度则可达 0.1 μm。对于常规热分析仪而言,其主要采用热电偶测量温度,测温精度一般为 ± 0.1 ℃。

1.2.1.3 可以连续记录所测量的物理量在所选择的实验条件下随温度或时间变化的曲线

与通过其他的光学、电学等分析方法测量材料的热性质不同,通过热分析技术可得到试样的物理性质(如质量、热流、尺寸等)随温度(或时间)的连续变化曲线。由实验得到的曲线可以更加真实地反映材料的物理性质随温度(或时间)的连续变化情况,而通过传统的采用不同温度下等温测量的间歇式实验方法则容易遗漏材料的性质在温度变化过程中的一些重要信息。

图 1.2 为硬脂醇与棕榈酸混合物的 DSC 加热和冷却曲线。[32] 图中硬脂醇的加热曲线仅显示一个吸热峰，起始温度为 58.1 ℃，对应于其从单斜有序的 γ 相到 α 旋转相的固-固转变与熔融转变的重叠过程。然而，硬脂醇的冷却曲线却显示了两个放热峰。第一个放热过程的起始温度为 57.8 ℃，该过程对应于从熔融态到 α 旋转相的转变过程。该过程的过冷度可以忽略不计，而从 γ 相到 α 相的固-固转变则显示出 5 ℃的过冷度。这充分表明通过 DSC 曲线可以实时记录下物质在温度发生变化时所经历的结构转变过程。

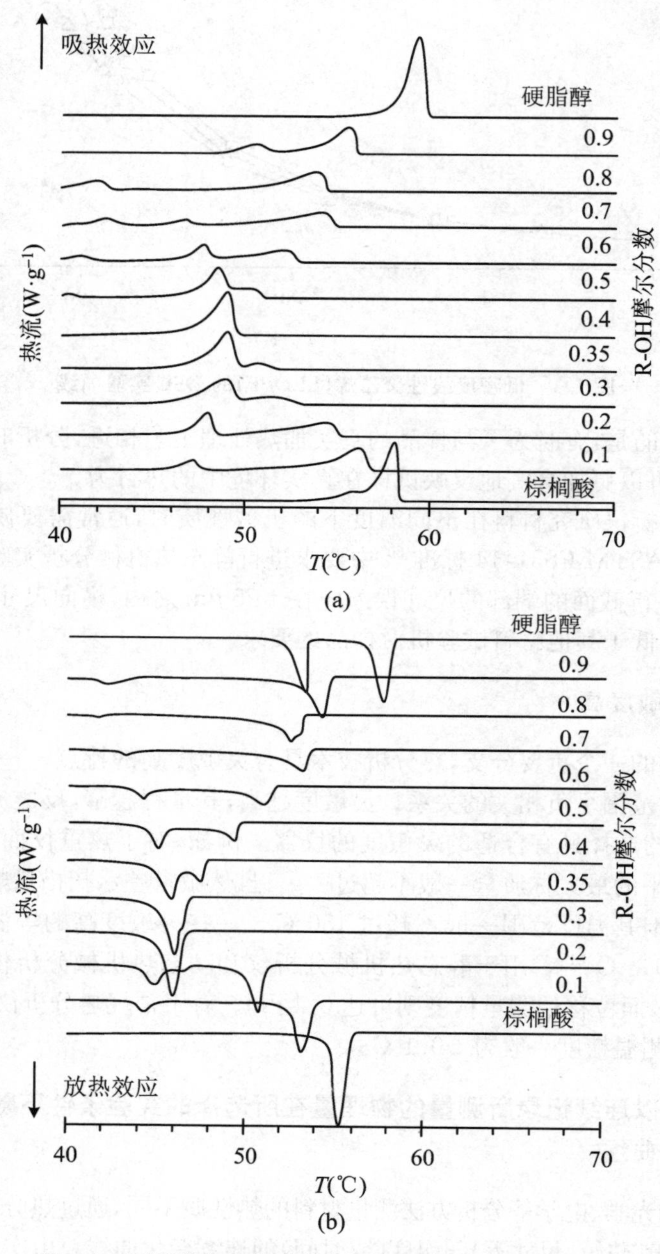

图 1.2 硬脂醇与棕榈酸混合物的 DSC 加热和冷却曲线

1.2.1.4 通过温度调制技术可以测量同时发生的两个转变

20世纪90年代初，英国学者M. Reading最先提出温度调制技术[33-37]。该技术最早应用于差示扫描量热仪，即温度调制差示扫描量热法（Temperature-Modulated Differential Scanning Calorimetry，TMDSC）。使用该技术可以对两个同时发生的转变进行测量[36,37]。现在这种技术也可应用于热重分析法和静态热机械分析法中。这两种方法中的温度调制技术与TMDSC有很大的差别，将在本书的相关章节中进行详细的阐述。

1.2.1.5 测量温度范围宽

当前可以用热分析技术测量最低为8 K的极低温下热性质（如比热、热流、热扩散系数、热膨胀系数等）的变化。在高温测量方面，通过一些特殊用途的热分析仪可以测量高达2800 ℃的温度变化。也就是说，热分析技术可以用来测量－265～2800 ℃范围内的热性质的变化。显然，仅通过一台热分析仪器很难测量如此宽广的温度范围内的性质变化，研究人员通常通过缩小仪器的工作温度范围来提高仪器的测量精度。例如，高灵敏度的微量差示扫描量热仪的温度测量范围一般为－10～130 ℃。此外，用来研究高温下材料热分解的热重-差热分析仪或热重-差示扫描量热仪的量热精度也远低于单一功能的差示扫描量热仪。

1.2.1.6 温度控制方式灵活多样

热分析技术可以在程序控制温度和一定气氛下测量材料的物理性质随温度或时间的变化。在实验过程中，如果试样发生了至少一个从特定的温度（甚至环境温度）到其他指定温度的变化，则在指定温度下进行的等温实验属于热分析的范畴。如果实验仅在室温环境下进行，则该类实验不属于热分析。

温度变化（temperature alteration）意味着可以实现预先设定的温度（程序温度）或样品控制温度的任何温度随时间的变化关系。其中，样品控制的温度变化是指利用来自样品的性质变化的反馈信息来控制样品所承受的温度的一种技术。

其中，程序控制温度的变化方式主要分为以下几种：① 线性升/降温，如图1.3(a)和图1.3(b)所示；② 线性升/降温至某一温度后等温，如图1.3(c)和图1.3(d)所示；③ 在某一温度下进行等温实验，如图1.3(e)所示；④ 步阶升/降温，如图1.3(f)和图1.3(g)所示；⑤ 循环升/降温，如图1.3(h)所示；⑥ 以上几种方式的组合，如图1.3(i)所示。

需要说明的是，以上这些温度变化过程可以通过仪器的控制软件实时记录下来，这是热分析技术有别于其他分析方法的主要优势之一。

1.2.1.7 可以在较短的时间内测量材料的物理性质随时间或温度的变化

对于热分析技术而言，完成一次实验所需时间的长短取决于具体的温度控制程序。目前商品化的热分析仪器的最快升温和降温速率各有不同。例如，热重仪可以实现的瞬时最快升温速率可以达到2000 ℃·min^{-1}，最快线性加热速率为500 ℃·min^{-1}。梅特勒-托利多公司的闪速差示扫描量热仪（Flash DSC）的最快升温速率可以达到24000000 ℃·min^{-1}。[38-40]与此相对应，对于一台比较稳定的热分析仪器而言，可以很容易实现低于1 ℃·min^{-1}的温度变化速率。

实验时采用的温度变化程序取决于具体的实验需要。对于较慢的温度变化速率而言，

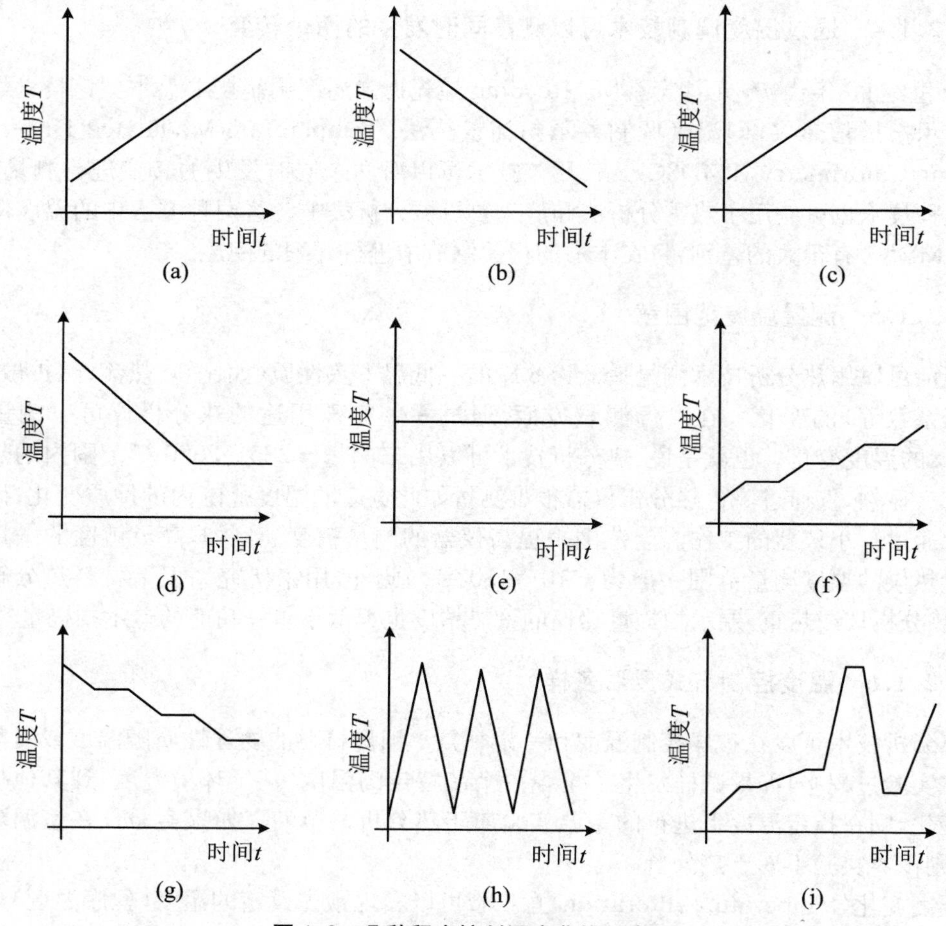

图 1.3 几种程序控制温度曲线示意图

(a) 线性升温;(b) 线性降温;(c) 线性升温至某一温度然后等温;(d) 线性降温至某一温度然后等温;(e) 在某一温度下等温;(f) 步阶式升温;(g) 步阶式降温;(h) 循环升/降温;(i) 线性升/降温与等温组合的复杂的程序温度曲线

其耗时很长。除非特殊的实验需要,在热分析技术的实际应用中很少采用低至 2 ℃ · min^{-1} 的温度变化速率。微量量热法属于例外的情形。对于微量量热法而言,由于实验时所用的试样(大多为溶液)量较大,因此所采用的加热/降温速率大多十分缓慢。常用的加热/降温速率一般为 0.1～1 ℃ · min^{-1},有时还会采用更低的加热/降温速率,如每小时几摄氏度的温度变化速率。

1.2.1.8 可以灵活地选择和改变实验气氛

对于大多数物质而言,与试样接触的气氛十分重要,使用热分析技术可以比较方便地研究试样在不同的实验气氛下的物理性质随温度或时间的变化信息。

气氛一般可以分为静态气氛和动态气氛两种。

静态气氛主要指三种类型:① 常压气氛,即实验时不通入其他的气体;② 高压或低压气氛,即在试样周围充填静态的气氛气体;③ 真空气氛。

动态气氛主要可以分为:① 氧化性气氛,如氧气;② 还原性气氛,如 H_2、CH_4、CO、

C_2H_4、C_2H_2等；③ 惰性气氛，如N_2、Ar、He、CO_2等；④ 腐蚀性气氛，如SO_2、SO_3、NH_3、NO_2、N_2O、HCl、Cl_2、Br_2等；⑤ 其他反应性气氛，即在实验时根据需要通入可能与试样或产物发生化学反应的气体。需要说明的是，对于有些过程而言，在③中所列的惰性气氛是相对的。例如，对于大多数物质而言，CO_2是惰性气体；而对于一些氧化物如CaO等而言，在一定温度下会与CO_2发生反应生成$CaCO_3$。再如，N_2在高温下会与一些金属发生反应而形成氮化物。因此，在实际实验中选择实验气氛时，气氛的反应活性应引起足够的重视。

实验时，应根据实际需要来灵活选择实验气氛。在现代化的大多数商品化的仪器中，可以通过仪器的控制软件十分灵活地在设定的温度或时间下切换气氛种类及流量。

例如，对于一个试样的热分析实验而言，可以在一台配置了质量流量计的仪器上通过其控制软件来方便地实现以下的实验条件：

(1) 在N_2气氛流速为50 mL·min^{-1}下，以10 ℃·min^{-1}的加热速率由室温升温至600 ℃；

(2) 在等温30 min后氮气流速由50 mL·min^{-1}增加至100 mL·min^{-1}，继续等温30 min；

(3) 以5 ℃·min^{-1}的加热速率升温至800 ℃，等温30 min；

(4) 实验气氛由N_2切换为70%N_2＋30%O_2（流速为50 mL·min^{-1}），继续等温60 min；

(5) 实验气氛再切换至N_2，流速为100 mL·min^{-1}，等温30 min；

(6) 以10 ℃·min^{-1}的加热速率升温至1000 ℃，等温30 min。

1.2.1.9 可以相对方便地得到转变或分解的动力学参数

在热分析技术中，通过改变加热/降温速率（一般为3～5个速率）测量材料的物理性质随温度或时间的变化，根据相应的动力学模型可以得到相应的动力学参数（如指前因子A、活化能E_a、反应级数或机理函数）。[41-46]对于等温实验而言，一般通过测量材料在不同温度下（一般为3～5个等温温度）的实验曲线来得到动力学参数。[47-50]在本书的相关章节中将详细阐述相关的动力学分析方法。

1.2.1.10 方便与其他实验方法联用

在现代分析方法中，仅通过一种方法得到的信息是有限的，并且实验操作也十分繁琐和耗时，样品的消耗量也较大。另外，在对由多种方法进行独立实验所得到的结果进行对比时也很难得到相对一致的结论。例如，对试样在高温时分解得到的气体产物进行实时分析时，如果把高温的分解产物富集后再用光谱、色谱或质谱的方法对其进行分析，由于温度的急剧变化会引起部分产物发生冷凝或进一步的反应，在此基础上得到的分析结果往往不能反映气体产物的真实信息。

如果采用热分析技术与光谱、色谱或质谱等技术进行联用的方法，则可以实时地对分解产物的浓度和种类变化进行在线分析。图1.4为由TG/MS方法得到的$CaC_2O_4·H_2O$在氩气氛下的热分解行为的实验曲线。[51]由该图可见，在110～150 ℃范围内，在热重曲线上出现了一个约5%的失重过程，图中的MS曲线显示第一阶段中的质量损失是由于H_2O（m/z（荷质比）＝18）引起的。在第二阶段中主要检测到了一氧化碳（$m/z=28$）和较少量的二氧化碳（$m/z=44$），而在第三阶段中则主要检测到了二氧化碳和少量的一氧化碳。

当在氧气中（图1.5[51]）而不是在氩气中加热$CaC_2O_4·H_2O$时，在分解的第二步所对应的过程结束时的质量下降非常明显。这可以归因于CO部分氧化成了二氧化碳，当这一步反应开始时通常会加快第二步的反应速率，由此就会导致在氩气中二氧化碳的量也比一氧化碳的量高。

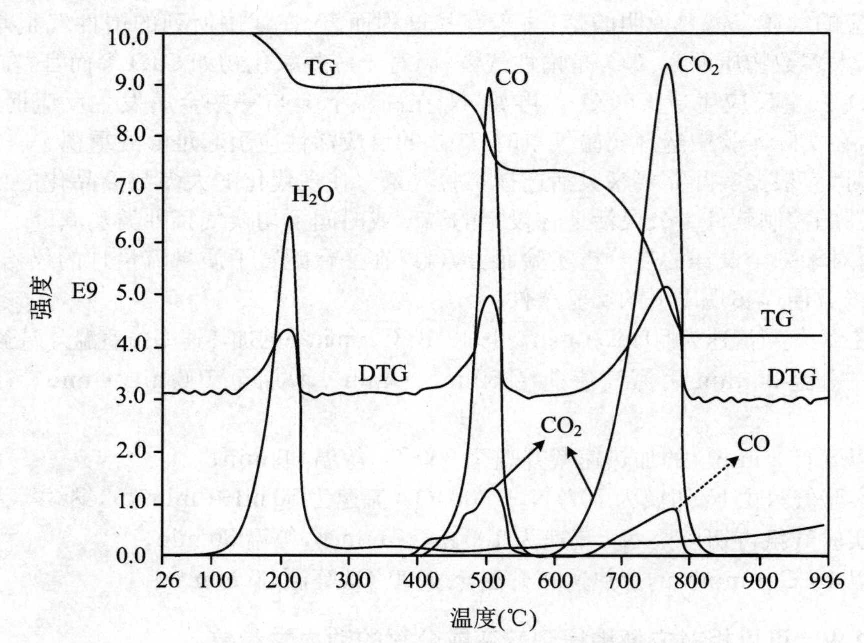

图 1.4　$CaC_2O_4 \cdot H_2O$ 在氩气中的 TG/MS 曲线

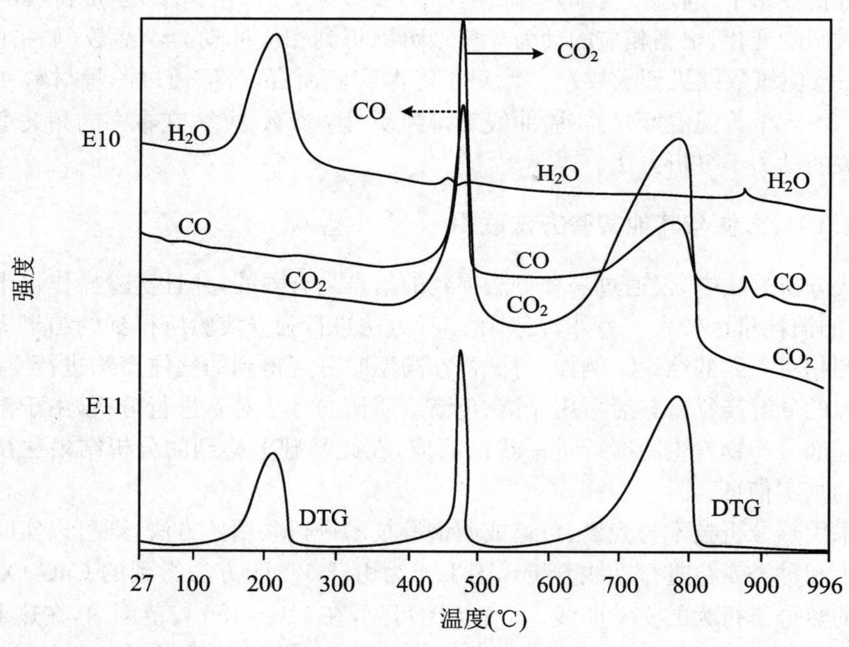

图 1.5　$CaC_2O_4 \cdot H_2O$ 在氧气中的 TG/MS 曲线

表 1.2 中列出了目前可以实现的热分析联用方法，在本书第 10 章中将阐述这些方法的工作原理及应用领域。

表1.2　常用的热分析联用方法

联用方式	联用方法	简称	备注
同时联用技术	热重-差热分析	TG-DTA	TG-DTA 和 TG-DSC 又称同步热分析法，简称 STA
	热重-差示扫描量热法	TG-DSC	
	差热分析-热机械分析法	DTA-TMA	
	热重-差热分析-热机械分析法	TG-DTA-TMA	
	差热分析-X射线衍射联用法	DTA-XRD	
	差热分析-热膨胀联用法	DTA-DIL	
	显微差示扫描量热法	OM-DSC	差示扫描量热仪和光学显微镜联用仪，用于物质的结构形态研究
	光照差示扫描量热法	photo-DSC	也称光量热计
	差示扫描量热-红外光谱联用法	DSC-IR	
	差示扫描量热-拉曼光谱联用法	DSC-Raman	
	动态热机械-介电分析联用法	DMA-DEA	由动态热机械分析仪和介电分析仪两个主要部分组成，并由相应的配件和软件连接
	动态热机械-流变联用法	DMA-Rheo	
串接联用法	热重/质谱联用法	TG/MS	
	同步热分析/质谱联用法[2]	STA/MS	
	热重/红外光谱联用法	TG/IR	
	同步热分析/红外光谱联用法[2]	STA/IR	
	热重/红外光谱/质谱联用法	TG/IR/MS	
	同步热分析/红外光谱/质谱联用法[2]	STA/IR/MS	
间歇联用法[1]	热重/气相色谱联用法	TG/GC	
	同步热分析/气相色谱联用法[2]	STA/GC	
	热重/气相色谱/质谱联用法	TG/GC/MS	
	同步热分析/气相色谱/质谱联用法[2]	STA/GC/MS	
复合联用法[2]	热重/(红外光谱-质谱联用法)	TG/(IR-MS)	
	同步热分析/(红外光谱-质谱联用法)	STA/(IR-MS)	
	热重/[红外光谱-(气相色谱/质谱联用法)]	TG/[IR-(GC/MS)]	
	同步热分析/[红外光谱-(气相色谱/质谱联用法)]	STA/[IR-(GC/MS)]	

注：① 间歇联用法可以看做串接联用法中的一种，由于其分析对象为某一温度或时间下的气体产物，且其分析时间较长，故单独将其列为一种联用方法。

② 由于同步热分析目前以一种独立的仪器形式存在，故 STA 与质谱和红外光谱的联用形式通常归于串接式联用法。

1.2.2 热分析方法的局限性

以上列举了热分析技术相对其他分析方法的优势,然而热分析技术作为一种唯象的宏观性质测量技术,其本身还存在着一定的局限性。在应用该类方法时,使用者必须清醒地认识到这些局限性,以免在方法选用和数据分析时误入歧途。

一般来说,热分析方法主要存在着以下局限性。

1.2.2.1 方法缺乏特异性

由热分析技术得到的实验曲线一般不具有特异性。例如,在使用差热分析法分析试样的热分解过程时,若一个试样在分解过程中同时伴随着吸热和放热两个相反的热过程,则在最终得到的 DTA 曲线上有时会只呈现出一个吸热或放热过程,曲线的形状取决于这两个吸热和放热过程的热量的大小。如果吸热过程的热量大于放热过程的热量,则 DTA 曲线最终会表现为吸热峰,反之放热峰。如果这两个相反的过程不同步,但温度相近,得到的 DTA 曲线会发生变形,呈现不对称的“肩峰”现象。[52]一般通过改变实验条件或与其他方法联用来克服热分析技术的这一局限性。

1.2.2.2 影响因素众多

如前所述,在测量材料的物理性质时,在实验中可以改变温度和气氛等实验条件。然而,在实际的实验中,温度的变化方式(加热速率和加热方式)和实验气氛(包括气体种类和流速)等均会对试样在不同温度或时间时的性质变化产生不同程度的影响。此外,试样的状态(如尺寸、形状、规整度等)和用量也对实验曲线有不同程度的影响。值得注意的是,除了以上几种因素之外,在实验时采用的仪器结构类型、热分析技术种类(如热重法、差热分析、热机械分析等)以及不同的操作人员等因素均会给实验结果带来不同程度的影响。

客观地说,热分析技术的这些影响因素给数据分析和具体应用带来了不少麻烦。但是,任何事物都具有两面性。热分析技术的这些影响因素恰恰反映了其自身的灵活性和多样性,实验时可以通过改变实验条件来分析这些因素对实验结果的影响程度,从而可以深入探讨试样在不同条件下物理性质的变化,使研究者对试样在不同温度或时间下的性质变化规律有更深入的理解,获得试样在不同的温度下与性质相关的更多信息。例如,很多非等温热分析动力学方法主要通过获取三条以上不同的加热/降温曲线,并由此得到转变或分解过程的动力学信息。

1.2.2.3 曲线解析复杂

如上所述,热分析实验受到实验条件(主要包括温度程序、实验气氛、制样等)、仪器结构等的影响,由此得到的曲线之间的差异也很大。在实验结束后对曲线进行解析时,应充分考虑以上影响因素,对于所得到的曲线进行合理的解析。在本书的相关章节中,将结合实例对曲线的解析方法进行阐述。

1.3 热分析仪器的组成

当前的商品化热分析仪主要由仪器主机(主要包括程序温度控制系统、炉体、支持器组件、气氛控制系统、物理量测定系统)、辅助设备(主要包括自动进样器、湿度发生器、压力控制装置、光照、冷却装置、压片密封装置等)、仪器控制、数据采集及处理组成。

热分析仪的结构框图如图1.6所示。

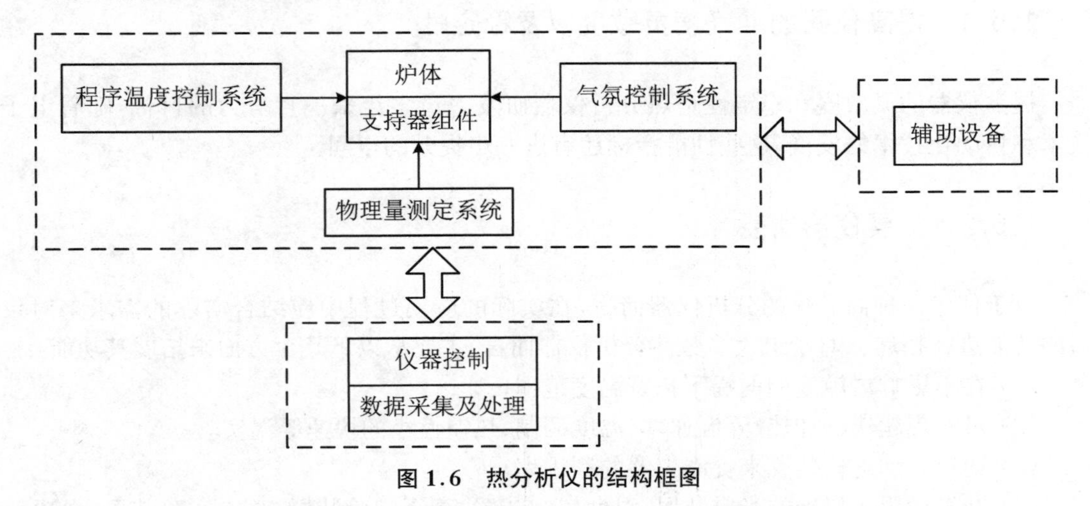

图1.6 热分析仪的结构框图

在本书第5章中将详细介绍热分析仪器的每一组成部分及其功能。

1.4 热分析技术的应用领域

热分析技术自问世至今已有一百多年的历史,在过去的一百多年中,经过几代人的努力,目前热分析仪器已经日趋成熟,其在各个领域的应用也逐渐日益扩大并向更深层次发展。现在热分析技术从最初应用于黏土、矿物以及金属合金领域至今已经扩展到几乎所有与材料相关的领域。在所有学科门类中,热分析技术在历史学(主要为科技考古领域)、理学、工学、农学、医学等学科中有广泛的应用。

在一级学科中,热分析技术已经在考古学、物理学、化学、地理学、地质学、生物学、力学、材料科学工程、冶金工程、动力工程及工程热物理、建筑学、化学工程与技术、石油与天然气工程、纺织科学与工程、环境科学与工程、生物医学工程、食品科学与工程、生物工程、安全科学与工程、公安技术、作物学、畜牧学、水产、草学、林学、药学、中药学、军事装备学等学科中得到了不同程度的应用,当前热分析技术应用较多的是物理学、化学、生物学、地质学、环境科学与工程、化学工程学等学科中与材料相关的石油、冶金、矿物、土壤、纤维、塑料、橡胶、食品、生物化学、物理化学等领域。

1.5 热分析技术的发展前景展望

未来热分析仪器的发展将主要在以下几个方面有所突破。

1.5.1 提高仪器的准确度灵敏度以及稳定性

提高仪器的灵敏度和稳定性是热分析仪器研发人员多年来一直努力的目标，随着电子技术和自动化技术的发展，这些性能指标还有进一步提升的空间。

1.5.2 扩展仪器功能

对于任何一种商品化的分析仪器而言，在实际的应用过程中应结合实际的需求来对仪器的功能进行拓展。对于绝大多数热分析仪器而言，主要从以下几个方面来拓展其功能：

(1) 在不影响灵敏度的前提下拓宽温度范围；

(2) 可实现超快的加热/降温速率、温度调制、热惯性小的快速等温实验；

(3) 配置自动进样装置来提高仪器的利用率；

(4) 开发适用于仪器的光照装置、温度控制装置、高压实验装置、真空实验装置、电磁场装置等特殊用途的实验附件。

1.5.3 加强并推广与其他分析方法的联用

目前，热分析仪已经实现了与红外光谱、质谱、气相色谱、气相色谱/质谱联用仪、拉曼光谱、显微镜、X 射线衍射仪等技术的联用。由于联用时连接部件的不完善以及成本和应用领域等多方面的限制，联用技术自 20 世纪五六十年代出现以来，直到近二十年才开始快速发展。由于这类方法的功能较常规仪器强大，因此其有着十分远大的发展前景。

1.5.4 拓展软件功能

随着计算机的硬件和软件的飞速发展，实验数据的记录和分析显得越来越方便。随着热分析技术在不同领域的应用不断深入，人们对热分析的数据处理的要求尤其是动力学方法对软件的要求越来越高。

目前虽然存在一些商品化的动力学分析软件，但由于动力学方法本身的复杂性和快速发展，一款成型的商品软件很难满足大多数的要求，这就要求商品化的动力学软件具有较为强大的功能并且可以及时地反映出动力学的最新发展情况。

1.5.5 开发可以满足特殊领域需求的新型热分析仪

为了满足一些特殊的测试需求，近年来不断出现新型的热分析仪，如 Mettler Toledo 公司推出的一种可以实现每分钟几百万摄氏度加热速率的闪速差示扫描量热仪。这些仪器有的已经实现商品化，有的仅限于实验室使用，使用这些新型仪器完成的科研论文在一些学术期刊中经常可以见到。

1.5.6 在不影响仪器性能的前提下减小仪器的体积、节约成本、提升产品的竞争力

美国 TA 仪器公司于 2010 年推出了 Discovery 系列热分析仪器，仪器的电路部分适用于热重分析仪、热重-差热分析仪、差示扫描量热仪、静态热机械分析仪和动态力学热分析仪，可以实现几台仪器共用一种控制单元，这样对于需要购买多台仪器的用户降低了成本，提升了仪器的竞争力。TA 公司的这种方法代表了今后分析仪器的一种发展趋势。

随着科学研究的进一步发展，热分析技术有望在一些较新的领域中发挥其独特的作用。我们有充分的理由相信，在全球热分析工作者的共同努力下，热分析技术将继续保持现有的高速发展势头，其在各领域中将得到更加广泛和深入的应用。

参 考 文 献

[1] 刘振海，张洪林．分析化学手册．8[M]．3 版．北京：化学工业出版社，2016.

[2] 王玉．热分析法与药物分析[M]．北京：中国医药科技出版社，2015.

[3] Wunderlich B. Thermal analysis of polymeric materials[M]. Berlin：Springer-Verlag，2005.

[4] 蔡正千．热分析[M]．北京：高等教育出版社，1993.

[5] Tsujiyama S，Miyamori A. Assignment of DSC thermograms of wood and its components[J]. Thermochimica Acta，2000，351(1/2)：177-181.

[6] Sarge S，Bauerecker S，Cammenga H K. Calorimetric determination of purity by silumation of DSC curves[J]. Thermochimica Acta，1988，129(2)：309-324.

[7] Duval C. Inorganic thermogravimetric analysis[M]. 2nd ed. Amsterdam：Elsevier，1963.

[8] Coni E，Di Pasquale M，Coppolelli P，et al. Detection of animal fats in butter by differential scanning calorimetry：a pilot study[J]. Journal of the American Oil Chemists' Society，1994，71(8)：807-810.

[9] Standard Test Method For Linear Thermal Expansion of Solid Materials with a Push-Rod Dilatometer：ASTM E228-17[S]. 2017.

[10] Ribeiro S，Gênova L A，Ribeiro G C，et al. Effect of heating rate on the shrinkage and microstructure of liquid phasesintered SiC ceramics[J]. Ceram. Int. 2016，42(15)：17398-17404.

[11] Kozlovskii Y M，Stankus S V. Thermal expansion of beryllium oxide in the temperatureinterval 20-1550 ℃[J]. High Temperature，2014，52(4)：536-540.

[12] Cerdeiriña C A, Míguez J A, Carballo E, et al. Highly precise determination of the heat capacity ofliquids by DSC: calibration and measurement[J]. Thermochimica Acta,2000, 347(1):37-44.

[13] Mathot V B F, Pijpers M F J. Heat capacity, enthalpy and crystallinity of polymers from measurements and determination of the DSC peak baseline[J]. Thermochimica Acta, 1989,151(25): 241-259.

[14] McHugh J, Fideu P, Herrmann A, et al. Determination and review of specific heat capacity measurements duringisothermal cure of an epoxy using TM-DSC and standard DSC techniques[J]. Polymer Testing, 2010, 29(6):759-765.

[15] Flynn J H, Levin D M. A method for the determination of thermal conductivity of sheet materials by differential scanning calorimetry[J]. Thermochimica Acta, 1988, 126(15):93-100.

[16] Kucukdogan N, Aydin L, Sutcu M. Theoretical and empirical thermal conductivity models of red mud filledpolymer composites[J]. Thermochimica Acta,2018, 665: 76-84.

[17] Agrawal A, Satapathy A. Mathematical model for evaluating effective thermalconductivity of polymer composites with hybrid fillers[J]. International Journal of Thermal Sciences, 2015, 89:203-209.

[18] Polansky R, Prosr P, Vik R, et al. Comparison of the mineral oil lifetime estimates obtained bydifferential scanning calorimetry, infrared spectroscopy, anddielectric dissipation factor measurements[J]. Thermochimica Acta, 2017, 647:86-93.

[19] Giron D. Application of thermal analysis and coupled techniques in pharmaceutical industry[J]. Journal of Thermal Analysis and Calorimetry, 2002, 68(2):335-357.

[20] Tan C P, Che Man Y B, Selamat J, et al. Comparative studies of oxidative stability of edible oils bydifferential scanning calorimetry and oxidative stabilityindex methods[J]. Food Chemistry, 2002, 76: 385-389.

[21] 热分析术语:GB/T 6425—2008[S].

[22] International Confederation for Thermal Analysis. For better thermal analysis and calorimetry[M]. 3rd ed., 1991.

[23] Bakirtzis D, Tsapara V, Liodakis S, et al. ATR investigation of the mass residue from the pyrolysis of fire retardedlignocellulosic materials[J]. Thermochimica Acta, 2012, 550: 48-52.

[24] De Santis F, Adamovsky S, Titomanlio G, et al. Scanning nanocalorimetry at high cooling rate of isotactic polypropylene[J]. Macromolecules,2006, 39(7): 2562-2567.

[25] Brandts J F , Lin L N . Study of strong to ultratight protein interactions using differential scanning calorimetry[J]. Biochemistry, 1990, 29(29):6927-6940.

[26] Bruylants G, Wouters J, Michaux C. Differential scanningcalorimetry in life science: thermodynamics, stability,molecular recognition and application in drugdesign[J]. Current Medicinal Chemistry, 2005, 12 (17):2011-2020.

[27] Freire E. Differential scanning calorimetry[J]. Methods in Molecular Biology, 1995, 40:191-218.

[28] Sanchez-Ruiz J M. Differential scanning calorimetry ofproteins[J]. Sub-cellular Biochemistry, 1995, 24:133-176.

[29] Greco A, Maffezzoli A. Correction of melting peaks of different PE grades accountingfor heat transfer in DSC samples[J]. Polymer Testing,2008, 27(1):61-74.

[30] Standard Test Method for Linear Thermal Expansion of Solid Materials by Thermomechanical Analysis:ASTM E831-14[S].

[31] Suurkuusk J, Wadsö I. A multichannel microcalorimetric system[J]. Chemica Scripta, 1982, 20 (4): 155-163.

[32] Mhike W, Focke W W, Mackenzie J, et al. Stearyl alcohol/palm triple pressed acid-graphite nanocomposites as phasechange materials[J]. Thermochimica Acta, 2018, 663:77-84.

[33] Reading M, Elliott D, Hill V L. A new approach to the calorimetric investigation of physical and chemical transitions[J]. Journal of Thermal Analysis and Calorimetry, 1993, 40(3):949-955.

[34] Gill P S, Sauerbrunn S R, Reading M J. Modulated differential scanning calorimetry[J]. Journal of Thermal Analysis and Calorimetry, 1993, 40(3):931-939.

[35] Reading M, Elliott D, Hill V L. Some aspects of the theory and practice of modulated differential scanning calorimetry[C]. Proceedings of 21st North American Thermal Analysis Society Conference, 1992.

[36] Reading M. Modulated differential scanning calorimetry: a new way forward in materials characterization[J]. Trends Polym. Sci. ,1993, 1: 248.

[37] Reading M, Luget A, Wilson R. Modulated differential scanning calorimetry[J]. Thermochimica Acta,1994, 238: 295.

[38] Orava J, Hewak D W, Greer A L. Fragile-to-strong crossover in supercooled liquid Ag-In-Sb-Te studied by ultrafast calorimetry[J]. Advanced Functional Materials, 2015, 25(30):4851-4858.

[39] Orava J, Greer A L. Kissinger method applied to the crystallization of glass-formingliquids: regimes revealed by ultra-fast-heating calorimetry[J]. Thermochimica Acta, 2015, 603:63-68.

[40] Orava J, Greer A L, Gholipour B, et al. Ultra-fast calorimetry studyof $Ge_2Sb_2Te_5$ crystallization between dielectric layers[J]. Applied Physics Letters, 2012, 101(9):91904-91906.

[41] Brown M E, Gallagher P K. The handbook of thermal analysis and calorimetry. 5[M]//Vyazovkin S. Isoconversional kinetics. Amsterdam: Elsevier, 2008: 503-538.

[42] Vyazovkin S. Isoconversional kinetics of thermally stimulated processes[M]. Berlin: Springer-Verlag, 2015.

[43] Vyazovkin S, Sbirrazzuoli N. Isoconversional analysis of calorimetric data on nonisothermalcrystallization of a polymer melt[J]. The Journal of Physical Chemistry B, 2003, 107(3):882-888.

[44] Vyazovkin S, Sbirrazzuoli N. Isoconversional kinetic analysis of thermally stimulated processesin polymers[J]. Macromolecular Rapid Communications, 2006, 27(18):1515-1532.

[45] Vyazovkin S, Sbirrazzuoli N. Isoconversional analysis of nonisothermal crystallization of apolymer melt[J]. Macromolecular Rapid Communications, 2002, 23(13):766-770.

[46] Vyazovkin S, Sbirrazzuoli N. Isoconversional analysis of calorimetric data on nonisothermalcrystallization of a polymer melt[J]. The Journal of Physical Chemistry B, 2003, 107(3):882-888.

[47] Vyazovkin S, Wight C A. Isothermal and nonisothermal reaction kinetics in solids: insearch of ways toward consensus[J]. The Journal of Physical Chemistry A, 1997, 101(44):8279-8284.

[48] Vyazovkin S, Wight C A. Model-free and model-fitting approaches to kinetic analysis ofisothermal and nonisothermal data[J]. Thermochimica Acta, 1999(340/341):53-68.

[49] Koga N, Tanaka H. Effect of sample mass on the kinetics of thermal decomposition of asolid. Ⅱ[J]. Journal of Thermal Analysis, 1993, 40(3):1173-1179.

[50] Nahdi K, Perrin S, Pijolat M, et al. Nucleation and anisotropicgrowth model for isothermal kaolinite dihydroxylation under controlled water vapourpressure[J]. Physical Chemistry Chemical Physics, 2002, 4(10):1972-1977.

[51] Brown M E. The Handbookof Thermal Analysis and Calorimetry [M]//Mullens J. EGA-Evolvedgasanalysis. Amsterdam: Elsevier, 1998: 508-546.

[52] Ito N. Separation of DTA peaks of a multistage reaction[J]. Thermochimica Acta, 1984, 76(1/2): 121-126.

第2章　与热分析相关的术语

只有在准确地定义了与热分析相关的术语的含义和内容的前提下，才有可能实现更加规范、准确的交流。我国于2008年11月1日起实施的国家标准《热分析术语》[1]中详细地规定了热分析的定义以及与热分析相关的术语和定义。因此，在本章中将主要从热分析方法、仪器、实验与技术、数据表达与应用等方面介绍与热分析相关的一些术语及其含义。为了叙述方便，在本章中只列举与热分析相关的一些通用性的术语，与每一种热分析技术相对应的术语将在本书的相关章节中单独进行阐述。

2.1　热分析的定义

在20世纪五六十年代的热分析仪器商品化初期，成立于1965年的ICTAC在1969年给出了热分析技术的最初定义[2]：热分析技术是测量物质的物理性质参数与温度关系的一类实验技术。1978年，ICTA对热分析技术的定义给予了新的概括，即热分析技术是在程序控制温度和一定气氛下，监测试样的某种物理性质与温度和时间关系的一类实验方法（技术）[Thermal Analysis (TA)：A group of techniques in which a property of the sample is monitored against time or temperature while the temperature of the sample，in a specified atmosphere，is programmed][2]。我国的国家标准GB/T 6425—2008[1]中关于热分析的定义即沿用了这一定义：在程序控制温度（和一定的气氛）下，测量物质的某种物理性质与温度或时间关系的一类技术。[1]

虽然在这个定义里包括了量热法的定义，但是在实际上由于量热法的重要地位，通常会把量热与热分析相提并论，如热分析领域的权威学术杂志《Journal of Thermal Analysis and Calorimetry》和权威学术组织国际热分析和量热学会（International Confederation for Thermal Analysis and Calorimetry，ICTAC）。

2.2　热分析定义的含义

热分析的这一定义虽然简短，但其中却蕴含着十分丰富的含义。

2.2.1　定义中“物理性质”的含义

在热分析技术的定义中的“物理性质”主要是指物质的质量、温度(通常为温度差)、能量(通常直接测量热流差或功率差)、尺寸(通常直接测量长度)、力学量、声学量、光学量、电学量、磁学量等性质,上述的每一种性质均至少对应一种热分析技术。通过这些实验方法可以得到物质与温度有关的性质变化信息,主要包括热导率、热扩散率、热膨胀系数、黏度、密度、比热容、熔点、沸点、凝固点等。

需要特别指出,随着仪器技术的发展,一些新型的热分析仪器可以同时测量几种物理性质随时间或温度的变化,通常称这类仪器为热分析联用仪。

2.2.2　定义中“程序控制温度”的含义

在热分析技术的定义中的“程序控制温度”通常指按照恒定的温度扫描速率进行线性升温或降温。在实际的工作中也可根据需要采用其他的控温方法,主要有恒温、线性升/降温+恒温、非线性升/降温、循环升/降温等。

2.2.3　定义中“一定气氛”的含义

在热分析技术的定义中的“一定气氛”是指使用热分析技术可以研究物质在不同的气氛(包括氧化性气氛、还原性气氛、惰性气氛、真空或高压)中的物理性质随温度或时间连续变化的关系。此处所指的氧化性气氛、还原性气氛以及惰性气氛是相对的,实验时应根据实验目的和研究对象的性质来选择相应的气氛。对于大多数热分析仪器而言,除了气氛种类可以改变外,气氛的组成也可以变化,如可以通过热分析仪器比较方便地研究煤在不同氧含量的气氛中的热分解行为。[3-5]另外,气氛的流量也是可以控制的。当前大多数的商品化热分析仪器可以在实验过程中通过仪器的控制软件十分方便地实现某些温度下的气体切换、流速改变,甚至气体混合等操作。

2.2.4　定义中“与温度或时间关系”的含义

温度变化意味着可以预先设定温度(程序温度)或样品控制的温度随时间的变化关系。其中,样品控制的温度变化是指利用来自样品的反馈信号来控制样品所承受温度的一种技术。

在实验过程中,如果发生了至少一个从特定的温度(甚至环境温度)到其他指定温度的变化,则在指定温度下进行的等温实验属于热分析的范畴。如果实验仅在室温环境下进行,则这类实验不属于热分析。

2.3 热分析技术的分类

根据 GB/T 6425—2008 的规定，按照所测量性质的不同，热分析技术可分为 9 类，表 2.1 中列出了常见热分析技术。

表 2.1　热分析技术的分类

热分析技术		英文名称	简称	测量的物理量
热重法		Thermogravimetry	TG	质量
差热分析		Differential Thermal Analysis	DTA	温度差
差示扫描量热法		Differential Scanning Calorimetry	DSC	热流或功率差
热机械分析法	静态热机械分析法	Static Thermal Mechanical Analysis	TMA	位移
	动态热机械分析法	Dynamic Mechanical Thermal Analysis	DMTA 或 DMA	储能模量、损耗模量、损耗因子 $\tan\delta$ 等
	热膨胀法	Dilatometry	DIL	位移
热声法	热发声法①	Thermosonimetry	TS	音频
	热传声法②	Thermoacoustimetry	TA	音频
热电学法③		Thermoelectrometry	TE	电阻、电导、电容或损耗因子
热磁学法④		Thermomagnetometry	TM	磁化率
热光学法⑤		Thermophotometry	TP	透光率、吸光值等光学参数
热分析联用法		Multicoupled Thermal Analysis	—	多种检测的物理量

注：① 热发声法是在程序控制温度条件下测量物质所发出的声音与温度关系的一种技术。由于机械断裂、包裹物逸出、相转变、塑性变形等原因产生的振动，通过压电传感器转变为音频信号，经前置放大、滤波、功率放大后记录，得到热发声曲线。

② 在程序控制温度下，测量试样的声波特性与温度关系的方法。

③ 热电学法俗称热电分析，是在程序控制温度下测量材料的电学特性(如电阻、电导、电容或损耗因数等)与温度或时间关系的一种技术。通过该方法除了能了解不同温度区间材料的电学特性，同时通过温度谱可计算材料分子运动的活化能并观察到各转变点的情况。进行热电分析的仪器由加热炉、程序控制温度系统、电性能检测系统及记录装置组成。通过物质在加热过程中电阻率或介电性能的突变来研究物质的纯度、物理变化、化学变化及电气特性，如聚合物的极化、非极化性能。

④ 热磁学法俗称热磁分析，是测量并研究物质的磁学特性与温度关系的热分析技术。通常用热磁天平，把试样置于磁铁形成的磁场内程序升温，测量物质的磁化率、居里点等磁性参数，用于研究无机化合物的热分解和鉴别物质的磁性。若热天平附有热磁测量装置，可进行热重测量和热磁测量，为物质研究提供多种信息和补充数据。

⑤ 热光学法是热分析方法的一种，又名热光度法、热光法，是在程序控制温度条件下测量物质的光学性质与温度的关系的一种技术。根据测光性质的不同，分为热光度法、热光谱法、热折射法、热释光法和热显微镜法。热光学法可用来研究高聚物氧化过程、结晶现象等。

由表2.1可见，热分析技术多种多样，尤其是为适应不断增长的应用需要而不断涌现的联用技术更加丰富了热分析的门类。

在表2.1中，热分析联用法除了拥有各种单一热分析仪器的分析手段外，还可对物质随温度或时间发生的变化通过多种手段进行综合判断，从而更为准确地判断物质的热过程。该方法的共同点是可以在相同的实验条件下获得尽可能多的与材料特性相关的信息。

2.4　与热分析方法相关的术语及定义

2.4.1　等温测量模式

等温测量模式(isothermal measurement mode)是在恒定的温度 T 和一定气氛下，测量试样的物理性质随时间 t 变化的技术。[1]

上述定义中所指的“等温”可以通过加热使试样处于高于室温的某一个恒定温度，也可以通过降温使试样处于低于室温的某一个恒定温度。从其他温度达到恒定温度的时间应尽可能短，即温度扫描速率越快越好，如图2.1(a)和(b)所示。另外，在达到目标恒定温度时，不能出现如图2.1(c)和(d)所示的由“热惯性”引起的“过冲”现象或者如图2.1(e)和(f)所示的缓慢达到目标恒定温度的现象。由于过冲现象的存在，试样将经受更高的温度，由此会加速待测的转变或反应过程。在缓慢达到目标恒定温度的过程中，试样则可能在达到等温阶段之前就已经发生了转变或反应。

2.4.2　温度扫描测量模式

温度扫描测量模式(temperature scan mode)是在程序升、降温和一定气氛下，测量试样的物理性质随温度 T 的变化。[1]

温度扫描测量模式是在热分析实验中经常采用的一种实验模式。在实验时所采用的温度程序中，不仅可以按照某一恒定的升温、降温速率来进行，也可以在一次实验过程中按照既定的程序实现升温、降温进行循环实验。另外，在实验过程中也可以改变升温/降温速率，必要时还可以根据需要增加等温阶段。

2.4.3　控制速率热分析

控制速率热分析(Controlled-Rate Thermal Analysis，CRTA)是在程序控制温度和一定气氛下，通过控制温度-时间曲线，使试样的性质按照固定的速率变化的技术。

大多数常规的热分析实验基于按照预定的温度控制程序(大多数为等温或线性控制的温度程序)，测量试样的性质随温度程序的变化关系曲线，通常主要按照实验者所选择的温

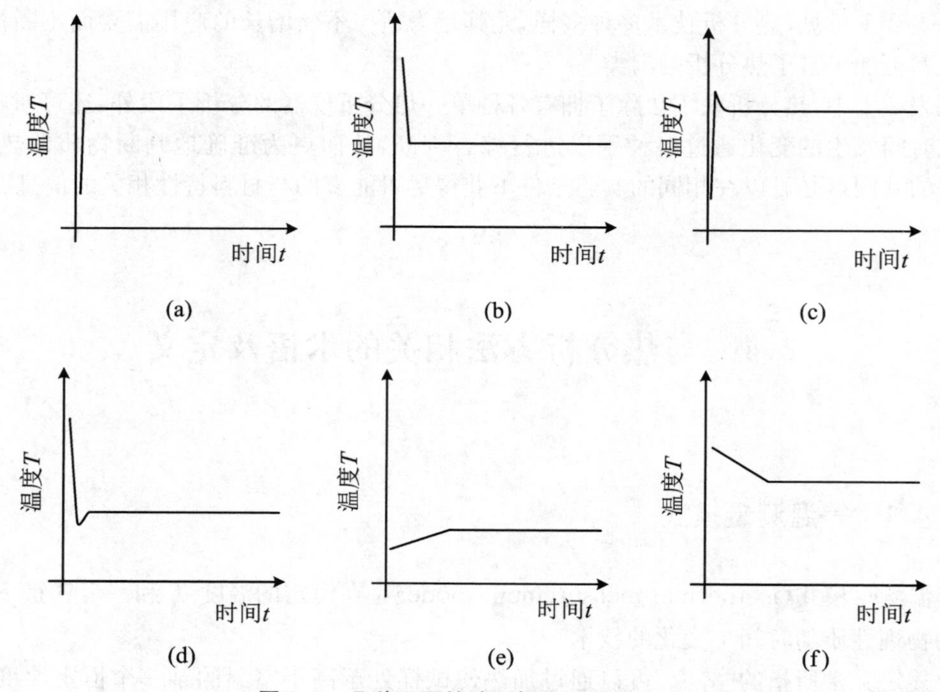

图 2.1　几种不同的达到恒定温度的方式

(a) 以较快的加热速率达到指定的温度后等温，不存在过冲现象；
(b) 以较快的降温速率达到指定的温度后等温，不存在过冲现象；
(c) 以较快的加热速率达到指定的温度后等温，存在明显的过冲现象；
(d) 以较快的降温速率达到指定的温度后等温，存在明显的过冲现象；
(e) 以较慢的加热速率达到指定的温度后等温，不存在过冲现象；
(f) 以较慢的降温速率达到指定的温度后等温，不存在过冲现象

度程序来进行实验，基本不考虑样品经历了什么样的变化过程。然而，控制速率热分析技术则通过允许测量的样品的性质变化以某种方式影响温度程序的进程。现在已经有几种方法可以用来确定温度程序随试样行为的变化过程，可以通过试样的性质变化速率的变化来改变温度程序。与常用的线性升/降温加热方式不同，当试样的性质开始发生变化时，温度程序的变化取决于试样的分解过程，即在实验过程中的升/降温速率可能发生非线性的变化。通过 CRTA 技术能够更精确地控制反应环境的均匀性。

2.4.4　微商热分析法

微商热分析法(Derivative Thermal Analysis)是将在程序控制温度和一定气氛下得到的热分析曲线对温度或时间进行微商处理，得到微商曲线的一种方法。

对于一些连续变化的曲线，在确定其特征参数(如温度、时间、应变等)时，采取微商处理的方法可以更方便地确定这些特征参数。另外，通过微商处理可以使曲线的噪声变大，通常用噪声抑制或平滑的方法来减弱噪声的影响。

通常使用一阶微商的方法对得到的曲线进行数学处理。图 2.2 中的曲线为由物理混合状态的二水合草酸镁和二水合草酸亚铁混合物的热重曲线(TG 曲线)求导得到的微商热重

曲线(DTG曲线),曲线上的每一点对应于TG曲线对横坐标(温度)的变化速率,峰值对应于质量减小的最大速率。[6]这些DTG曲线不仅可以表明这些材料在分解过程中的不同步骤的明显的分立或重叠程度,还可以揭示氧化性气氛和还原性气氛对分解过程的影响。对于线性加热条件下的DTG曲线而言,其纵坐标所对应的单位通常为%·℃$^{-1}$。

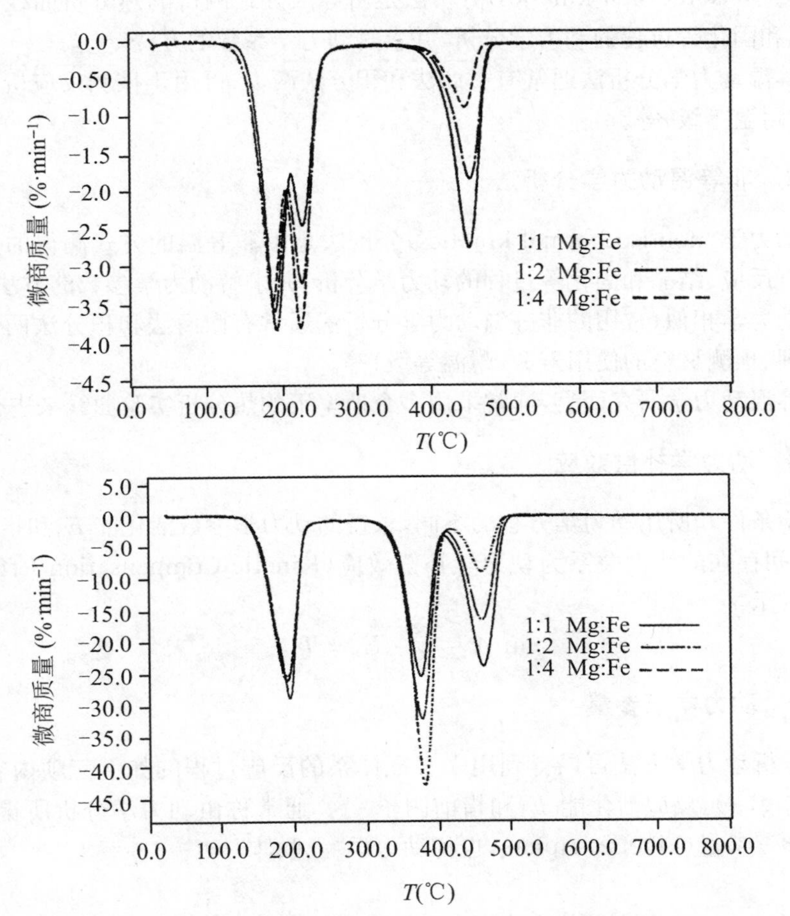

图2.2　镁和草酸亚铁二水合物的物理混合物的热分解DTG曲线

(a) 在流动的空气中进行;(b) 在流动的氩气中进行。具有指定的比率:5℃·min^{-1}

某些情况下,需要对一阶微商曲线再次进行微商处理,所得到的曲线被称为二阶微商热分析曲线。

2.4.5　热分析动力学

热分析动力学(Thermal Analysis Kinetics,TAK)是用热分析技术研究某种物理变化或化学反应的动力学过程的方法。通过热分析动力学分析,可以判断反应遵循的机理,得到反应的动力学速率参数(反应机理函数、活化能E_a和指前因子A等)。

根据实验过程中的温度变化方式,可以将热分析动力学方法分为等温动力学分析法和非等温动力学分析法;根据动力学方程的形式,可以将热分析动力学方法分为微分动力学分析法和积分动力学分析法;根据温度扫描速率的变化方式,可以将热分析动力学方法分为单个扫描速率法和多重扫描速率法。

2.4.5.1 等温动力学分析法

等温动力学(isothermal kinetics)分析法是由等温方式测得的热分析曲线,根据曲线进行反应、结晶和固化等过程的动力学分析,并求解动力学参数的方法。

常用的等温动力学分析法通常有微商法和积分法两类,可用于推测反应机理、预测材料的使用寿命(耐温等级)等。

2.4.5.2 非等温动力学分析法

非等温动力学(non-isothermal kinetics)分析法是由非等温的方式测得的热分析曲线,根据曲线进行反应、结晶和固化等过程的动力学分析,并求解动力学参数的方法。

与等温动力学相似,常用的非等温动力学分析法通常有微商法和积分法两类,也可用于推测反应机理、预测材料的使用寿命(耐温等级)等。

对于非等温动力学研究而言,通常采用多个速率下的热分析实验曲线来进行分析。[7-11]

2.4.5.3 动力学补偿效应

由于实验条件和所用动力学方程的不同,求得的动力学参数活化能 E_a 和指前因子 A 也不同,两者之间存在的线性关系为动力学补偿效应(Kinetic Compensation Effects,KCE)。可用下式来表示:

$$\ln A = a \cdot E_a + b \tag{2.1}$$

2.4.5.4 动力学三参量

通过热分析动力学方法可以得到用来表征体系的反应过程的如下三项内容:反应机理函数 $f(\alpha)$ 或 $g(\alpha)$、反应活化能 E_a 和指前因子 A。通常称由动力学分析所得到的这三个参数为动力学三参量(kinetic triplet),也称动力学“三联体”。

2.5 与热分析仪器相关的术语

热分析仪器(Thermal Analyzer)泛指热分析仪器的总称。

广义上,在不考虑实验气氛时(此时可以认为气氛的流量为0),研究试样的物理性质随温度或时间变化的方法与相应的仪器都属于热分析仪的范畴。如果把室温进行实验的仪器也视作等温的话,这个定义涵盖了绝大多数分析技术。严格意义上来说,热分析所使用的大多数仪器都配有温度和气氛的控制装置,且通过这些仪器所开展的大多数工作都与温度或时间密切相关。

为了方便叙述,将在本书相关的章节中单独阐述与每一种具体的热分析技术所对应的热分析仪器相关的术语。

2.6　与热分析实验相关的术语

2.6.1　样品与试样

2.6.1.1　样品

样品(sample)是指待测材料。

2.6.1.2　试样

试样(specimen)是指用于分析的一定量材料或制件。

由定义不难看出,试样是指从待测样品中选取的用于分析的样品。

从概念上看,我们可以理解为试样是指在热分析实验中所使用的一部分或全部样品。由于在正式实验前,有些样品要进行干燥、筛分、打磨、剪裁等处理,经过这些处理后的一部分或全部样品才可以作为试样用于热分析实验。因此,这两个术语之间还是有着明显的区别的。

需要指出的是,在一些英文参考书和文献资料中仍习惯称试样为 sample。

2.6.2　参比物质

参比物质(reference material)是指在测试温度范围内为热惰性(无吸热、放热效应)的物质,如 α-Al_2O_3。

实验时所选用的参比物质在实验的温度范围内应为热惰性(无任何热效应),通常为煅烧过的 α-Al_2O_3 或实验所需的其他热惰性物质。在热分析实验中,空坩埚也可作为参比物使用。

参比物质的热惰性是指性质稳定、在实验温度范围内不发生挥发、分解、相变等变化过程。

在差热分析和差示扫描量热实验中常常要用到参比物质,参比物质和稀释物质是两个不同的概念。稀释物质是指在热重和差热分析实验中,为了避免试样在加热过程中发生剧烈分解、熔融、气化等过程对仪器造成污染或损坏,而采取的适当降低反应速率、起稀释作用的一种物质。稀释物质通常与试样按照一定比例混合后加在仪器的样品盘中,而参比物质不与试样接触,其单独放置于仪器的参比容器中。

在许多英文参考书和文献资料中,经常把差热分析和差示扫描量热分析实验中用到的试样和参比物统称为 specimens,在 GB/T 6425—2008 中称为 specimens[1]。

2.6.3 标准物质、标准样品与参考物质

2.6.3.1 标准物质

标准物质(standard material)是指具有一种或多种足够均匀并已经很好地确定了其特性量值的物质或材料,常用于校准仪器、评价测量方法或确定物质的量值。有证标准物质(certified standard material)是有证书的标准物质,通过建立了计量溯源性的方法来确定其特性量值。确定的每一个特性量值均附有一定置信水平的不确定度,在我国通常称之为一级标准物质。在我国,一级标准物质的编号用 GBW 表示,二级标准物质的编号用 GBW(E)表示。

2.6.3.2 标准样品

标准样品(standard sample)是指具有足够均匀的一种或多种化学的、物理的、生物学的、工程技术的或感官的等性能特征,经过技术鉴定并附有有关性能数据证书的一批样品。有证标准样品(certified standard sample)是指具有一种或多种性能特征,经过技术鉴定附有说明其性能特征的证书,并经过国家标准化管理机构批准的标准样品。在我国,标准样品的编号用 GSB 表示。

在国际上,标准物质和标准样品的英文名称均为“reference materials”。我国的计量系统中通常称“reference materials”为“标准物质”,而在许多标准化文献中则通常称之为“标准样品”。实际上二者有很多相同之处,同时也有一些微小差异。

2.6.3.3 参考物质

参考物质(reference materials)主要用于分析质量控制、建立新方法、测量系统定值、实验室间比对分析或直接用作分析标准。

参考物质在计量学领域也被称为标准物质。参考物质包括校准物质和用于质量控制的物质,具有校准和评价测量系统两个主要功能。一种参考物质在一个测量程序或测量系统中既可以用作质量校准物质,也可以用作质量控制物质。

参考物质是一个较宽泛的概念,其溯源链顶端的一级校准物是参考物质,但一般情况下参考物质是指较高级别的参考物质,是有证参考物质。

需要注意的是,参考物质与参比物质在热分析中是完全不同的两个概念。实验时,参比物质与试样同时进行分析,其自身在实验过程中不发生任何形式的转变和反应。

2.6.4 坩埚

坩埚(crucible)是用于盛载试样或参比物的容器。

坩埚是差热分析仪、差示扫描量热仪、热重仪、热重-差热分析仪和热重-差示扫描量热仪测试时用于装载试样或参比物的容器。常用的坩埚主要有铝坩埚、氧化铝坩埚、铂坩埚等。

选择坩埚时,应注意坩埚的最高使用温度范围以及其是否会与试样、气氛气体、高温下

的分解产物发生反应等相关信息。如果在测试过程中坩埚会产生变化，则必须选择在测试条件下性质更稳定的其他类型的坩埚。

由于不同的仪器所对应的坩埚的尺寸和材料不同，因此在使用中应注意选择适用于所用仪器的合适的尺寸和材料的坩埚。在实验中，坩埚仅仅作为容器使用。在实验温度范围内，坩埚自身不能发生任何形式的物理变化或化学变化，也不能与试样发生任何反应。坩埚的形状不同，所得到的实验曲线的形状也会有不同程度的差别。

2.6.5　支持器

热分析仪器中的支持器主要包括试样支持器、参比物支持器以及试样和参比物支持器组件三种结构形式。

2.6.5.1　试样支持器

试样支持器(specimen holder)是指放置试样的容器和支架。

2.6.5.2　参比物支持器

参比物支持器(reference holder)是指放置参比物的容器和支架。

2.6.5.3　试样和参比物支持器组件

放置试样和参比物的整套组件。当热源或冷源与支持器合为一体时，则此热源或冷源也视为组件的一部分。

以上这三种形式的支持器是仪器测量系统的一部分。对于热重法、差热分析法和差示扫描量热法而言，通常先把试样加入样品容器(通常为坩埚)中，然后把容器放置于相应的样品支持器上。在热膨胀实验、静态热机械分析实验和动态热机械分析实验中，则直接将试样放置或夹持在仪器的夹具、探头或支架上，不需要先放入样品容器中。

试样和参比物支持器组件主要应用于差示扫描量热仪、热重-差热分析仪或者热重-差示扫描量热仪中，仪器的热源或冷源与试样和参比物支持器组件合为一体，它们与测温单元共同组成仪器测量单元。

2.6.6　均温块

均温块(block)是试样-参比物或试样-参比物支持器同质量较大的材料紧密接触的一种试样-参比物支持器组合形式。

均温块的结构形式主要应用于一些微量量热仪、差示扫描量热仪或者热重-差示扫描量热仪中，均温块的结构形式使仪器的灵敏度更高，可以用来检测一些微小的热效应。

2.6.7　试样预处理

试样的预处理又称为状态调节(conditioning)，是指测试前对试样进行干燥、打磨、研磨、剪裁等预处理，使试样满足热分析实验的要求。

实验前的预处理过程在实验报告中应进行必要的说明，以便于在之后的数据分析和与文献资料中的实验结果做对比。

2.6.8 气氛气体

气氛气体(purge gas)是指在热分析实验过程中用于置换试样周围气氛的气体，以便规范实验条件。

气氛气体是在热分析实验过程中存在于试样周围的流量稳定的气流，主要分为静态气氛和动态气氛两种。

当使用静态气氛时，外界流入试样所在空间的流量为0。在这种条件下的分解产物来不及及时扩散到气相中，由此会导致分压升高，样品的温度也会随之发生变化，且重复性不好。在热分析实验中很少采用静态的实验气氛。另外，真空气氛和高压气氛应看做静态气氛的特殊形式。

另一方面，可以使动态的实验气氛通过试样周围，将由于分解或挥发产生的气体产物及时带走，有利于反应的进一步进行。这种实验条件下所得到的实验数据的重复性较好，通常采用的实验气氛的流速一般为20～100 $mL \cdot min^{-1}$。对于系列试样的热分析实验而言，除了应在相同的气氛下进行外，气氛的流速还应保持一致，这样便于对得到的数据进行对比。

动态的实验气氛主要分为惰性气体、反应性气体、腐蚀性气体等。在实验过程中使用动态气氛时应注意保持仪器出口的畅通，如有堵塞则应及时进行疏通，以免影响实验结果和对仪器造成损坏。

实验时应保持恒定气氛的流速，一般用旋转式流量计和质量流量计。质量流量计可以通过仪器的控制软件来进行控制，不需要通过人为干预来实现流量调节和气体切换，其在当前的热分析仪器中已经得到了广泛的应用。

2.6.9 程序控制温度

程序控制温度(controlled temperature programme)是指按照预先设定的程序进行温度控制。当在所测试的温度范围内参比物未发生任何转变或反应时，程序温度(program temperature)等于参比坩埚或参比物的温度。

程序控制温度包括线性升温/降温、等温、周期性升/降温和非周期性变温等温度变化方式。

2.6.9.1 升温速率

升温速率(heating rate)是相应于温度程序的温度升高的速率，常用符号 γ 或 β 表示。

2.6.9.2 降温速率

降温速率(cooling rate)是相应于温度程序的温度降低的速率。

当同时描述升温速率和降温速率时，可以使用温度扫描速率(temperature scan rate)或升/降温速率(heating/cooling rate)来表示温度随时间的变化速率。对于在实验温度范围内恒定的温度扫描速率而言，实验时的温度-时间曲线是一条直线，一般用 γ 或 β 表示，在本

书中使用 β 表示温度扫描速率。

2.6.9.3　步进温度扫描

步进温度扫描(stepwise temperature scan)也是热分析技术中经常采用的一种温度控制程序,又称步阶温度扫描,是以升温-降(等)温-再升温的步进方式进行的一种程序控制温度方式。[1]

2.6.9.4　单纯升温

单纯升温(heat only)是综合升温速率大于或等于零,当观测物质熔化时,为防止降温结晶而使过程变得复杂化,采取始终不出现负升温速率的方式。[1]

单纯升温方式是热分析实验中应用最多的温控程序,大多采用恒定的加热速率进行升温。

2.6.9.5　温度调制

温度调制是在线性的升、降温速率的温度程序的基础上叠加一个正弦或其他形式的温度程序。图 2.3 给出了在升温过程中的正弦温度调制条件下的温度-时间曲线。

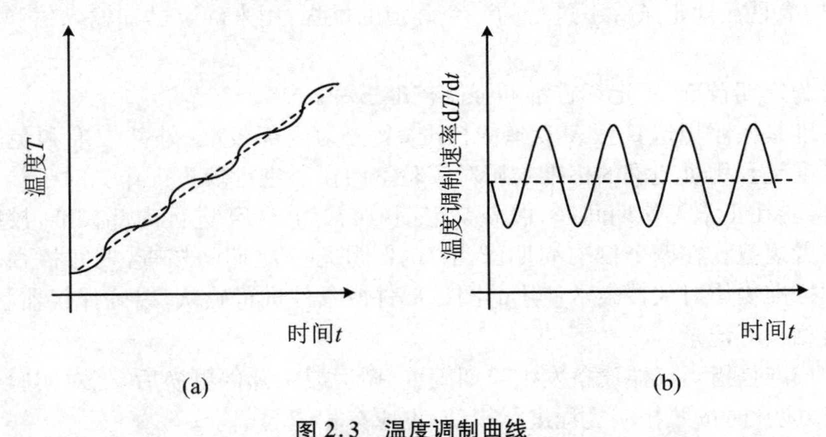

图 2.3　温度调制曲线

(a) 实线为温度调制曲线,虚线为不同时刻的平均温度;
(b) 实线为不同时刻的速率,虚线为平均速率

2.6.10　空白实验

空白实验(blank test)是在测量过程不存在某一特定组分而测得的测量值。就热分析实验而言,实验时不用试样或用热惰性物质作为试样,或在差示测量时以参比物为试样所进行的实验都可以称为空白实验。

空白实验是用来评价热分析仪器工作状态的一种有效手段。

2.6.11 校准、检定和校验

热分析仪器在使用过程中应定期或不定期对其进行校准、检定和校验。

2.6.11.1 校准

校准(calibration)是在规定条件下确定测量仪器或测量系统的示值与被测量所对应的已知值之间关系的一组操作。

与其他分析仪器一样，热分析仪需要定期进行校准和检定，以确认仪器是否处于正常的工作状态。

校准主要包括：检验、校正、报告等步骤。

校准的目的是：① 确定示值误差，并可确定其是否在预期的误差范围之内；② 得出标准偏差的报告值，可调整测量器具或其示值并加以修正；③ 确保测量仪器或测量系统给出的量值准确，实现溯源性。

校准的依据是校准规范或校准方法，可做统一规定，也可以自行制定。校准的结果记录在校准证书或校准报告中，也可用校准周数或校准曲线等形式表示校准结果。

另外，校准是在规定条件下进行的一个确定的过程，用来确定已知输入值和输出值之间的关系。

校准分为定期校准、不定期校准和强制校准三种。

定期校准是按照规定日程表实施的校准，又分为内部校准、外部校准和免校准三种形式。内部校准是利用可追溯的标准物质对实验室内仪器进行校正工作。对于热分析仪器而言，热分析实验在正常工作期间，一般需要定期(通常为 2 年)进行内部校准，校准时需依据相应标准或者规范。在两个校准周期(2 年)内需进行一次期间核查，期间核查时可以使用已知数值的标准物质对仪器经常使用的测试部件或条件进行确认，以确保仪器状态正常，期间检查应有相应的记录。

不定期校准是指当仪器设备发生长期闲置、搬运或主部件更换后，当对实验数据产生怀疑等情况时，应及时按照相应规程进行校准，也应有相应的记录。

2.6.11.2 检定

检定(verification)是指由政府计量行政部门所属的法定计量检定机构或授权的计量检定机构对社会公用计量标准、部门和企业、事业单位使用最高的计量标准，对用于贸易结算、安全防护、医疗卫生、环境监测四个方面，并列入国家强检目录的工作计量器具实行强制检定。对于热分析仪器而言，热分析仪目前不在强制检定的范围之内。但在称量时所用的分析天平必须进行检定，检定周期一般为 1 年。

检定不同于校准，二者之间的主要区别在于：

(1) 校准不具有强制性，是自愿溯源的行为；而检定则具有法制性，是属于法制计量管理范畴的执法行为。

(2) 校准主要用来确定测量器具的示值误差；而检定则是对测量器具的计量特性和技术要求的全面评定。

(3) 校准的依据是校准规范，校准方法可做统一规定，也可以自行制定；而检定的依据则必须是检定规范。

(4) 校准不判断测量工具是否合格，但需要时可以确定测量器具的某一性能是否符合预期的要求；检定要对所检测的测量器具做出合格与否的结论。

(5) 校准结果通常是出具校准证书或校准报告；检定通常是检定结果合格的出具检定证书，不合格的出具不合格通知书。

就以上分析来看，热分析仪器通常不属于法定计量器具，一般不需要进行强制检定。但为了确保使用热分析仪器出具的数据准确、可靠，使其测量结果具有溯源性，一般通过校准的形式进行质量管理。因此，校准是确保热分析仪器测量的量值统一和准确、可靠的重要途径。

2.6.11.3　校验

校验(check)是指使用精确的测量手段，使得校验对象(仪器)等需要进行精确测量检验的对象的测量结果更加准确。

校验是在一定的条件下，为了使测量的对象(即测量仪器或者测量系统)所规定的量值能够使得校验测量对象的数据再现的一种操作模式。

校验包含的可能步骤有：检验(对于仪器校验之前进行大致的检验)、校正(在检验仪器之后，确定了其需要校验的地方，对此处进行再次校正)以及报告(在仪器校验之后，再次确定其数据，并将其记录下来，形成一份报告)。

仪器校验的要求主要为：

(1) 仪器校验需要在适宜的环境中进行。对于化学、物理类仪器而言，对仪器及其相关的设备以及实验和校验的环境有严格要求的实验、仪器校验，都应该在满足充分条件的情况下再进行仪器校验，以保证仪器校验的准确性与安全性。

(2) 仪器校验。如果对操作及知识具有一定程度的要求，则一定要有符合该仪器校验人员的条件，并且经过仪器校验考核的相关人员进行仪器校验，以保证仪器校验的高度精确性。

(3) 仪器校验时最重要的是仪器，因此除了被校验的仪器需要具有一定的精确性外，需要进行校验的仪器也要具有高度的精确性及精准度，这样才能使得测量的误差达到最小值。

由于检定和校准均有局限性，因此在国内外还经常会使用校验的形式对仪器进行评价。校验、检定和校准三者之间既有一定的联系，又有明显的区别。校验与校准都不具有法制性。校验在技术操作内容上又与检定有共性，一般可进行校准，也可以对其他有关性能进行规定的检验，并最终给出合格性的结论。检定和校验都包含校准过程，主要区别在于是否给出校准结果。在我国，有的检定证书附页中规定给出示值误差值，这种检定实际上同时具有校准的性质。校验与校准也有类似的关系，即在校验活动中也可进行校准，当然校验还可确定其他性能。检定主要用于有法制要求的场合；校准主要用于准确度要求较高，或受条件限制必须使用低准确度计量器具进行较高测量要求的地方；校验主要用于无检定规程场合的新产品、专用计量器具，或准确度相对要求较低的计量检测仪器。新产品、专用计量器具也可用于虽有检定规格，但不需或不可能完全满足规程要求而能满足使用要求的场合。

对于热分析仪器而言，可以使用相关的校准规范进行校验。对于没有校准规范的热分析方法而言，实验室应自编相应的校验文件，文件经专家分析组评审通过后可用来对仪器进行校验。

热分析仪器的校准的校验方法主要满足计量、技术和计量管理三个方面的要求。在实际应用时应参照所用的相应仪器的校准规范或者检定规程中这些方面的要求进行校准或校验。

2.6.12 温度校正

温度校正(temperature correction)是建立所用的物质的特征转变温度的仪器测量值T_m和真实温度T_{tr}之间的关系,即

$$T_{tr} = T_m + \Delta T_{corr} \tag{2.2}$$

式中,ΔT_{corr}为温度校正值。

为了叙述方便,与每一种具体的热分析技术所对应的相关检测物理量的校准内容将在相关的章节中单独进行阐述。

2.6.13 热分析实验数据的质量标志

热分析实验数据的质量标志(performance validation of experimental data)也称质量因数(figure-of-merit)[1],是用来确定某一特定测量状况的合理性的一组参数。典型的质量因数包括准确度、重复性、灵敏度等。

2.6.13.1 准确度

准确度(accuracy)用来反映实验测量值与公认文献值(约定真值)的一致程度,是由系统误差引起的测得值与真值的偏离程度。

2.6.13.2 精密度

精密度(precision)是相同性质重复测量的一致程度,是由随机误差所引起的测量值与平均值的偏离程度。精密度是对重复测量重要的定量评价指标。

2.6.13.3 灵敏度

灵敏度(sensitivity)用于区别仪表检测不同测量物理量的能力,可以用检测限(detection limit)和定量限(quantitative limit)作为灵敏度的标志。检测元件信号转换的灵敏度(或称转换系数)可以用仪器的输出量与输入量之比S表示。对于非线性响应的仪器,则用输出量对输入量的导数来表示灵敏度,即

$$S = \frac{dR}{dQ} \tag{2.3}$$

式中,R为输出量;Q为输入量。

对于热流式DSC而言,其被测量的物理量是热流速率的改变$\Delta\Phi$(单位常用μW表示),输出的检测信号是电压ΔU(单位常用μV表示),则灵敏度的单位应为μV/μW(或V/W)。

2.6.13.4 检测限

检测限(detection limit)是指被分析物可确切检出的最小量,通常定义为两倍噪声与灵

敏度的比值，以符号 D 表示：

$$D = \frac{2N}{S} \tag{2.4}$$

式中，N 为噪声；S 为检测器灵敏度。

例如，一些厂商所提供的 DSC 仪器的技术参数中的“灵敏度”为 1 μW 或者 0.5 μW 等，所指即为检测限，即仪器能确切反映的输入量的最小值。

2.6.13.5　定量限

定量限(quantitative limit)为可定量的最小量，并具有可接受的准确度和精密度。[1]

2.6.13.6　噪声与信噪比

噪声(noise)是由于各种未知的偶然因素所引起的基线无规则的起伏变化。

对于 DSC 而言，其信噪比为所测得的试样的热效应信号与基线噪声之比。基线振幅的 1/2 作为噪声(N)，由基线到峰顶的高度为信号(S)，以 S/N 大于 3 为信号的检出下限。

2.6.13.7　分辨率

分辨率(resolution)是以某种合适的分析方法分离处于靠得很近的两个信号的能力的一种定量度量，常以分辨力、分离度等表示。热分析仪器的分辨率是指在一定条件下仪器分辨靠得较近的(例如相差 10 ℃以内)两个热效应的能力。

2.6.13.8　时间常数

时间常数(time constant)是某一体系响应快速性的度量指标。DSC 测量系统的时间常数 τ 是试样产生一个阶段式的恒定热流速率并突然停止后，测量信号达到新的最终值 l/e (即降到两个恒定值之差的 63.2%)时所需的时间。

2.6.13.9　线性度

线性度(linearity)是由最佳拟合线的各输出点到偏离线性关系的数据的最大偏离(不包括异常值)，以满量程计算输出的百分比表示，又称非线性误差。

2.6.13.10　选择性

选择性(selectivity)是当试样含有干扰成分时，仪器或方法准确而独特测量其中所含被分析物的能力。

2.6.13.11　重复性

重复性(repeatability)是在相同条件下，对同一被测量进行连续多次测量所得结果之间的一致性。

2.6.13.12　重复性限

重复性限(repeatability limit)是在重复性试验条件下，对同一物理量相继进行两次重复测量时，两次重复测量值的绝对差有 95%的概率小于或等于该容许值。

2.6.13.13 再现性

再现性(reproducibility)是在改变了的测量条件下,同被测物理量的测量所得结果之间的一致性。即由各实验室间的共同实验(round-robin testing)确定的一致性。

2.6.13.14 再现性限

再现性限(reproducibility limit)是在再现性试验条件下,对同一物理量进行两个单次测量,测试结果的绝对差有95%的概率小于或等于该容许值。

2.6.13.15 漂移

漂移(drift)是当仪器性能使基线输出产生相当缓慢的变化时,取在规定时间内任意两点之间的最大偏移量。

2.6.13.16 实验标准偏差

实验标准偏差(experimental standard deviation)是在对同一被测量进行 n 次测量时,表示测量结果的分散程度,用 s 表示,按下式计算:

$$s = \sqrt{\frac{\sum_{i=1}^{n}(X_i - \bar{X})^2}{n-1}} \tag{2.5}$$

式中,X_i 为第 i 次的测量结果;$\bar{X}$ 为所测 n 个结果的算术平均值。

2.6.13.17 变异系数

变异系数(coefficient of deviation)为实验标准偏差与测量结果的算术平均值的绝对值之比,可用来分析热分析测量结果的精密度。

变异系数与相对标准偏差(relative standard deviation)不同,后者是以百分比表示的变异系数。

2.7 与热分析数据表达和应用相关的术语

2.7.1 热分析曲线

热分析曲线(thermal analytical curve)泛指由热分析实验测得的各类曲线。

热分析曲线的形状受样品的形态、用量、实验气氛、实验容器、温度程序等许多因素的影响,因此通常称由热分析实验测量得到的实验曲线为热分析曲线,其通常不应被称为热谱(thermogram)或热谱曲线(thermogram curve)。

2.7.2　微商热重分析曲线

微商热分析曲线(derivative thermal analytical curves)是由热分析曲线对温度或时间进行一阶微商处理所得到的曲线。

对于一些连续变化的曲线而言,在确定其特征参数(如温度、时间、应变等)时,采取微商处理更方便。图 2.4 为由热膨胀仪测得的热膨胀曲线,由该图可见,曲线在 800 ℃附近发生了一个转折。一般用取基线与最大斜率处的延长线的交点的方法来确定该转折点所对应的过程的初始温度,微商曲线中的峰值温度对应于热膨胀曲线的转变过程的最大斜率(图 2.4 中虚线部分)。该温度对应于在转变过程中形状变化最快的阶段。因此,结合微商曲线可以方便地确定试样发生转变过程中的特征温度。

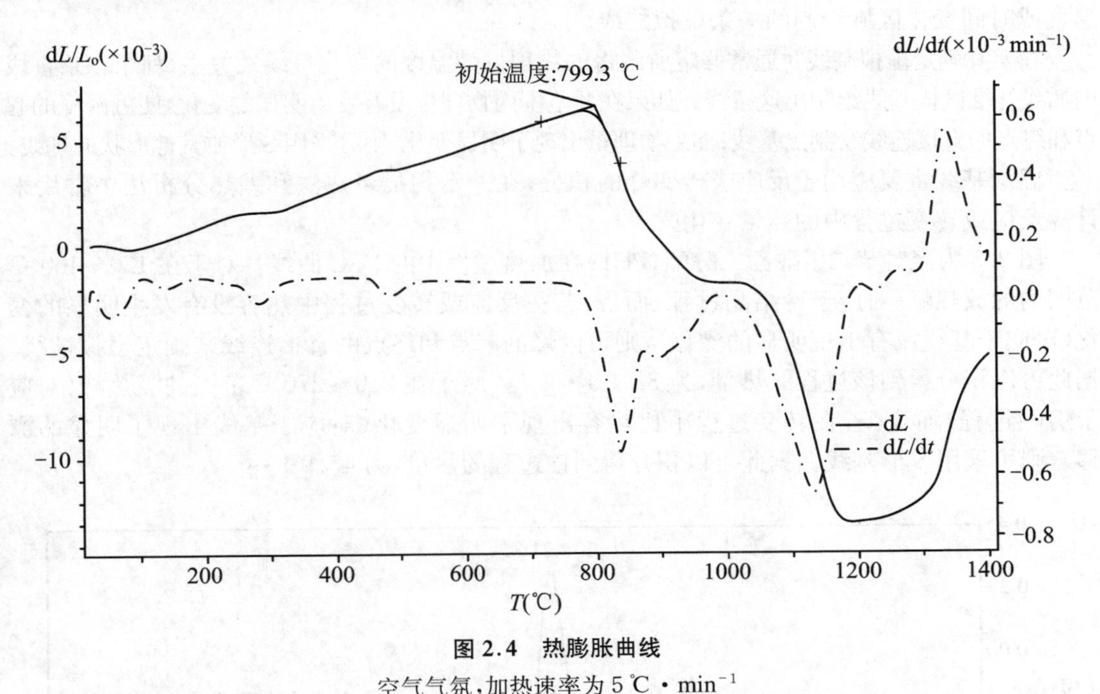

图 2.4　热膨胀曲线

空气气氛,加热速率为 5 ℃ · min^{-1}

另外,在热分析曲线分析过程中经常采用微商处理方法的重要原因还在于通过微商处理可以得到与速率有关的动力学方面的信息。例如,在热重分析实验中,当试样发生分解时,微商曲线的峰值代表分解的最大速率。在数据处理过程中,还可以对热分析曲线进行二阶或更高阶的微商处理。

2.7.3　热分析曲线及其特征温度或时间[1]

2.7.3.1　基线

基线(baseline)是仪器在没有加载试样时产生的信号测量曲线,一般为噪声随时间或温度的变化曲线。

对于热分析仪器而言，基线是当无试样存在时产生的信号测量轨迹；当有试样存在时，基线则指试样无(相)转变或反应发生时，热分析曲线对应的区段。

热分析曲线的基线主要包括以下三种：

1. 仪器基线

仪器基线 (instrument baseline)是指在无试样和参比物时，仅使用相同质量和材质的空坩埚时所测得的热曲线。

2. 试样基线

试样基线(specimen baseline)是指在仪器装载有试样和参比物时，在反应或转变区域之外所测得的热分析曲线。

3. 虚拟基线

虚拟基线(virtual baseline)是指在假定热分析测定的物理量的变化为零时，通过实际的温度或时间变化区域绘制的一条虚拟的线。

在实际确定虚拟基线时通常假定所测得的物理量随温度的变化呈线性关系，利用一条直线内插或外推试样基线绘制出这条线。如果在此范围内物理量没有发生明显的变化，便可由峰的起点和终点的直接连线绘制出基线；如果物理量出现了明显变化，则可采用S形或其他形状的基线。

虚拟基线主要应用于反应或转变峰的积分，在差示扫描量热法和差热分析法中常用来计算反应或转变过程中的热量变化。

图 2.5 为聚对苯二甲酸乙二醇酯(PET)在加热过程中的 DSC 曲线。对于在 120～160 ℃范围内的放热峰(对应于冷结晶过程)而言，若在反应或转变过程中热容没有发生明显的变化(对应于基线没有出现明显的漂移)，则可由峰的起点和终点的直接连线来确定虚拟基线。据此可以积分得到该过程的热量，为 32.8 $J \cdot g^{-1}$。对于在 210～270 ℃范围的吸热峰(对应于熔融过程)而言，若在转变过程中比热容出现了明显变化(对应于基线出现了明显的漂移)，则可采用 S 形基线。据此可以积分得到该过程的热量，为 45.9 $J \cdot g^{-1}$。

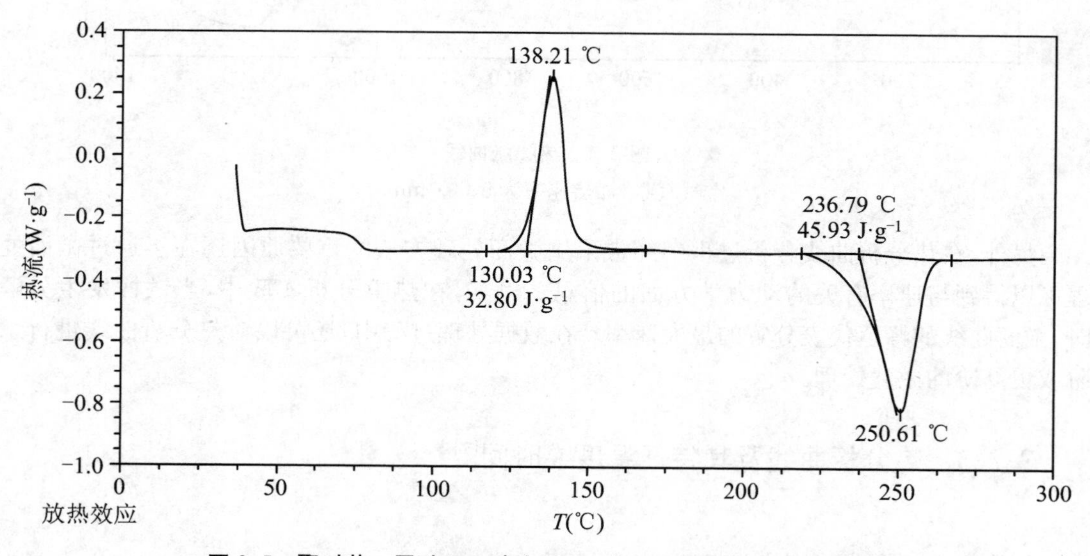

图 2.5　聚对苯二甲酸乙二醇酯(PET)在加热过程中的 DSC 曲线

需要特别指出，在积分时所选取的虚拟基线的形状对于所得到的积分结果具有不同程度的影响，在进行数据分析时必须充分考虑这一影响因素。

2.7.3.2　热分析曲线特征物理量的表示方法

由热分析曲线可以确定转变过程的特征温度和物理量变化等信息，这些信息在曲线上通常以峰或台阶的形式表现出来。

1. 峰

峰(peak)是指热分析曲线偏离试样基线后达到最大值或最小值，而后又返回到试样基线的部分。

对于实验过程中产生的峰而言，曲线对应于在一个反应或转变过程中曲线的斜率由开始的接近于零逐渐变至最大，然后再恢复到接近于零的完整过程。理想的峰是一个完全对称的高斯峰，通过实际实验得到的峰的形状多种多样，这给分析带来了很大的不便。在对这些峰进行积分时要用到虚拟基线、分峰等数学处理方法，应结合峰形和样品信息选择合适的虚拟基线、分峰处理。

当曲线偏离试样基线后，曲线的斜率达到最小而后又返回到试样基线的热分析曲线部分通常称为谷。为了表述方便，在本书中对于这种形状的谷也统一称为峰。

2. 台阶

热分析中的台阶(step)也称转折，其一般对应于一个连续的转变或反应。

对于实验过程产生的台阶而言，曲线对应于在一个反应或转变过程中曲线的斜率由开始的接近于零逐渐变至最大(或最小)的完整过程。

在分析这类曲线时，通常用微商的方法来确定反应或转变的最大速率和所对应的温度或时间。

3. 特征温度或时间

通常用以下的量来表示特征温度或时间。

(1) 初始温度或时间

由外推起始虚拟基线可确定最初偏离热分析曲线的点，通常以 T_i或 t_i表示。

(2) 外推始点温度或时间

外推起始虚拟基线与热分析曲线峰的起始边或台阶的拐点或类似的辅助线的最大线性部分所作切线的交点，通常以 T_{eo}或 t_{eo}表示。

外推始点是指热分析曲线的延长线与通过曲线所对应的过程开始阶段的拐点所作切线的交点，该点对应的温度称为外推起始温度；初始点是指开始偏离基线的点，这两种表示方式不能混淆。

(3) 中点温度或时间

某一反应或转变范围内的曲线与基线之间的半高度差处所对应的温度或时间，通常以 $T_{1/2}$或 $t_{1/2}$表示。

(4) 峰值温度或时间

热分析曲线与准基线差值最大处，通常以 T_p或 t_p表示。

(5) 外推终点温度或时间

外推终止准基线与热分析曲线峰的终止边或台阶的拐点或类似的辅助线的最大线性部分所作切线的交点，通常以 T_{ef}或 t_{ef}表示。

外推终点是指热分析曲线的延长线与通过曲线所对应的过程结束阶段的拐点所作切线的交点，该点对应的温度称为外推终点温度；终止点是指结束偏离基线的点，这两种表示方式不能混淆。

(6) 终点温度或时间

由外推终止准基线可确定最后偏离热分析曲线的点,通常以 T_f或 t_f表示。

对于已知的转变过程,以上特征温度或时间符号中以正体下角标表示转变的类型,如g(glass transition),表示玻璃化;c(crystallization),表示结晶;m(melting),表示熔融;d(decomposition),表示分解等。

图 2.6 以非等温 DTA 曲线为例,示出了以上特征温度的表示方法。

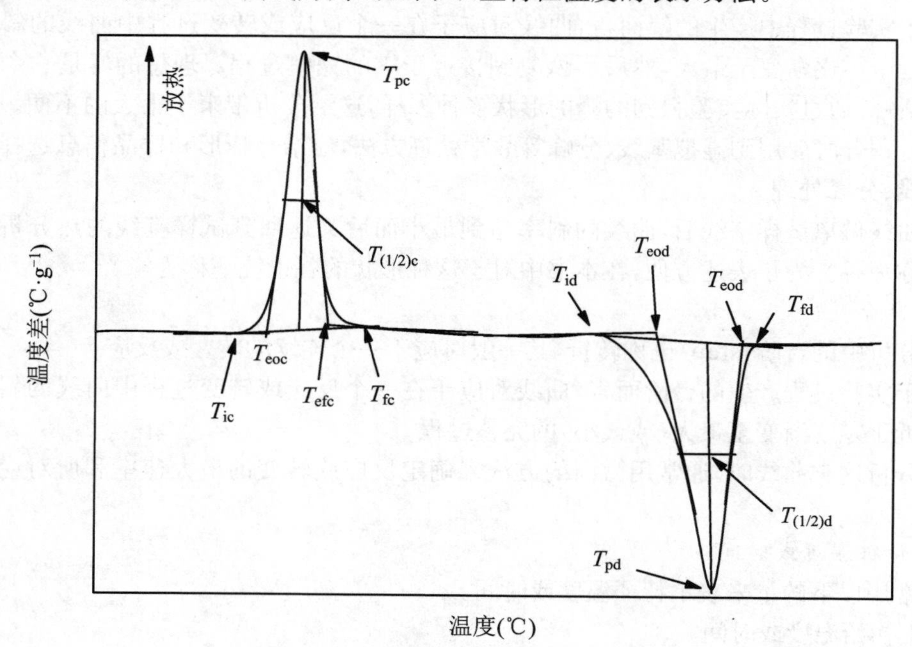

图 2.6 DTA 曲线的特征温度表示方法

4. 与峰相关的其他特征物理量的表述

峰主要包括以下几个特征量(图 2.7):

(1) 峰高

虚拟基线到热分析曲线出峰的最大距离,峰高不一定与试样量成比例,通常以 H_T或 H_t表示。

(2) 峰宽

峰的起、止温度或起、止时间的距离,通常以 T_w或 t_w表示。

(3) 半高宽

峰高度二分之一所对应的起、止温度或起、止时间的距离,通常以 $T_{(1/2)w}$或 $t_{(1/2)w}$表示。

(4) 峰面积

由峰和虚拟基线所包围的面积。

图 2.7 以非等温 DTA 曲线为例,示出了以上与峰相关的特征物理量的表示方法。

对于 DTA 曲线而言,峰面积对应的为发生的吸热或放热的热效应数值,通常以 Q 表示。

对于线性升/降温的试样来说,峰越宽说明反应或转变进行的温度范围越宽,反应需要的时间一般也较长；对于等温试样来说，峰越宽说明反应进行的越快，反之亦然。对于系列试样的同一热分析实验方法而言，峰越高、峰宽越小(即尖锐的峰)说明该转变或反应进行的越快。

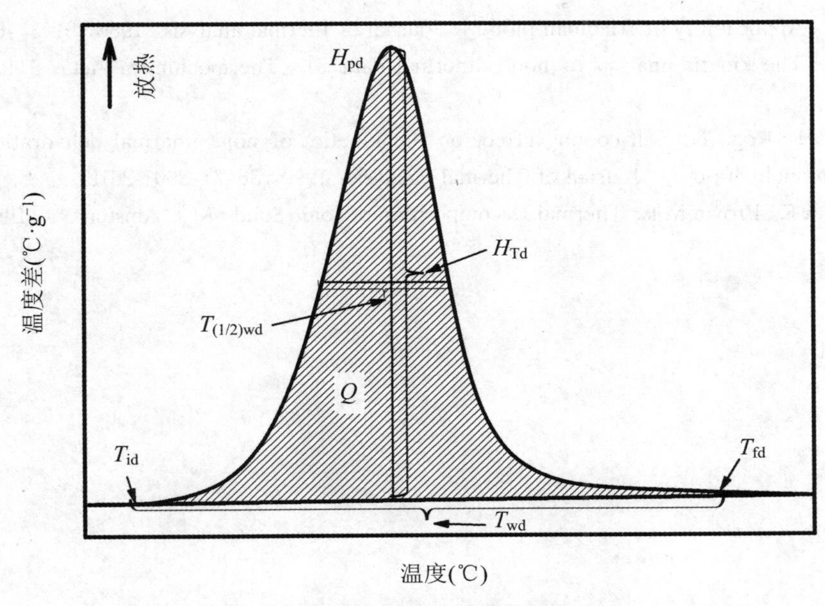

图2.7　DTA曲线的特征峰的表示方法

5. 与台阶相关的特征物理量的表述

热分析中的台阶一般对应于一个连续的转变或反应，这类曲线的外推起始点温度或时间以及外推终点温度或时间的确定方法与峰的确定方法相似。另外，常用对台阶求导的办法来表示反应或转变的最大速率和对应的温度或时间。

参考文献

[1] 热分析术语：GB/T6425—2008[S].

[2] International Confederation for Thermal Analysis. For better thermal analysis and calorimetry[M]. 3rd ed，1991.

[3] Zhou Z F，Hu X，You Z，et al. Oxy-fuel combustion characteristics and kinetic parameters of lignite coal from thermo-gravimetric data[J]. Thermochimica Acta，2013，553：54-59.

[4] Wang H P，Chen Z C，Zhang X Y，et al. Thermal decomposition mechanisms of coal and coal chars under CO_2 atmosphere using a distributed activation energy model[J]. Thermochimica Acta，2018，662：41-46.

[5] De Caprariis B，De Filippis P，Herce C，et al. Double-gaussian distributedactivation energy model for coal devolatilization[J]. Energy & Fuels，2012，26(10)：6153-6159.

[6] Rupard R G，Gallagher P K. The thermal decomposition of coprecipitates and physical mixtures of

magnesium-iron oxalates[J]. Thermochimica Acta，1996，272:11-26.

[7] Vyazovkin S，Chrissafis K，Di Lorenzo M L，et al. ICTAC kinetics committee recommendations for collecting experimental thermalanalysis data for kinetic computations[J]. Thermochimica Acta，2014，590:1-23.

[8] Ozawa T. Applicability of friedman plot[J]. Journal of thermal analysis，1986，31(3):547-551.

[9] Málek J. The kinetic analysis of non-isothermal data[J]. Thermochimica Acta，1992，200(92)：257-269.

[10] Tanaka H，Koga N. Self-cooling effect on the kinetics of nonisothermal dehydration oflithium-sulfate monohydrate[J]. Journal of Thermal Analysis，1990，36(7):2601-2610.

[11] Galwey A K，Brown M E. Thermal Decomposition of Ionic Solids[M]. Amsterdam：Elsevier，1999.

第3章 热力学基础

3.1 引　　言

热分析法是在一定气氛和程序控制温度下,测量物质的物理性质随温度或时间变化的一系列技术的总称。通过实验测量得到的物理性质随温度或者时间变化的曲线,通常称为热分析曲线。由于热分析曲线是物质在不同温度下的性质的实时反映,因此通过热分析曲线可以得到与热力学相关的一些重要信息。

热力学是一门古老的学科,是从宏观角度研究物质的热运动性质及其规律的学科。热力学属于物理学的分支,其与统计物理学分别构成了热学理论的宏观和微观两个方面。热力学主要是从能量转化的观点来研究物质的热性质,揭示了能量从一种形式转换为另一种形式时所遵循的宏观规律,总结了物质的宏观现象而得到的热学理论[1]。在实际应用中,其在解决不同的反应过程中反应物的温度和热量方面发挥着重要的作用。在希腊语中,热力学(thermodynamics)术语中"thermos"具有热量的含义,而"dunamis"则具有能量的含义。[1]事实上,温度的概念也是在热力学中定义的。

因此,使用热分析技术或量热技术的相关人员应该对热力学知识有较为全面和深入的了解。本章将简要地介绍一些与热分析相关的热力学背景知识。

3.1.1 热力学状态[1]

通常用热力学相关理论来研究宏观体系,热力学定律也只适用于足够大的宏观体系。因此,从理论上来说,在研究热力学时不需要考虑体系中物质的微观结构。

经验表明,当一个宏观的体系长时间处于孤立状态时,体系的状态将不会随时间而发生改变,通常称这个状态为平衡态(equilibrium state)。理论上,可以通过一系列的宏观物理量如体积、压强和温度等描述该平衡态,而平衡态与非平衡态(non-equilibrium state)是有明显的区别的。在热力学中,没有必要讨论与时间相关的物理量,通常用热力学中的过程(process)来描述体系从一个(平衡)状态到另一个(平衡)状态的变化。[2]

3.1.2 热力学状态函数[1]

通常将描述体系的宏观可测量性质状态的热力学性质变量分为广度性质(又称广延性质或容量性质)(extensive property)和强度性质(intensive property)两大类。

广度性质与强度性质都属于体系的状态性质,即状态函数,二者均需满足状态函数的一切性质，即：

(1) 当热力学状态一定时，体系的热力学状态函数的数值也一定，即状态函数是体系状态的单值函数。状态函数的数值仅与体系所处的状态有关，而与其过去的历史无关。

(2) 当体系的状态发生变化时，状态函数的变化值只决定于体系的初始状态和最终状态，而与其由初始状态到最终状态所经历的具体路径和方式无关。

(3) 状态函数的微小改变量可以用全微分方程的形式来表示。

(4) 体系恢复原状，状态函数也将恢复至初始状态的数值。

(5) 体系的各个状态函数之间相互制约，其中的几个状态函数一旦确定，则其余的状态函数也可以随之确定。

广度性质是指体系中和体系大小或体系中的物质的量成比例改变的物理性质，其具有加和性，即整体的性质是组成整体的各部分的性质之和。也就是说，如果将一个体系分成两个子体系，那么两个子体系的状态与原来的体系的状态相同，两个子体系如体积和质量数量的值之和等于原始体系数量的值。常见的与体系中存在的物质的量成正比的热力学变量主要有体积 V、质量 m、物质的量 n、热力学能 U、焓 H、熵 S、吉布斯自由能 G、亥姆霍兹自由能 A 等。

在数学上，广度性质是物质的量的一次齐次函数。对于一个由 i 种物质构成的均匀体系而言，其中每种物质的物质的量是 $n_1, n_2, \cdots, n_i$，体系的状态可以用 $(T, p, n_1, \cdots, n_i)$ 描述。当物质的量 $n_1, n_2, \cdots, n_i$ 改变 α 倍时，物理量 F 相应地改变 α 倍，即满足数学关系式

$$F(T, p, \alpha n_1, \alpha n_2, \alpha n_3, \cdots, \alpha n_i) = \alpha F(T, p, n_1, n_2, n_3, \cdots, n_i) \tag{3.1}$$

时，则称 F 为广度性质。

另一方面，强度性质则与体系的数量无关。强度性质是指体系中不随体系的大小或体系中物质的量的多少而改变的物理性质，强度性质是尺度不变的物理量。强度性质是指数值上与体系中物质的量无关的性质，即其不具有“部分加和性质”，其数值仅取决于体系自身的特性。在平衡体系中任一强度性质的数值与体系中任一部分的该强度性质的数值都相等。例如将一金属块分成两部分后，每一块金属的温度不会发生改变，与整块金属的温度相等。需要强调指出，强度性质虽然不具有“部分加和性”，但是其可以具有“组分加和性”，即整个体系的强度性质是体系中各个组分的该强度性质的总和。例如，体系的总压强可以由各个组分的分压加和得出。

在数学上，强度性质是物质的量的零次齐函数。对于由 i 种物质构成的一个均匀体系，每种物质的量是 $n_1, n_2, \cdots, n_i$，体系的状态是由 $(T, p, n_1, \cdots, n_i)$ 描述的。当物质的量 $n_1, n_2, \cdots, n_i$ 改变 α 倍时，物理量 F 不发生变化，即满足数学关系式

$$F(T, p, \alpha n_1, \alpha n_2, \alpha n_3, \cdots, \alpha n_i) = F(T, p, n_1, n_2, n_3, \cdots, n_i) \tag{2}$$

时，则称 F 为强度性质。

主要通过以下原则来区分强度性质与广度性质：

(1) 通过将一个体系分成几个部分，性质具有加和性的为广度性质。

(2) 如果各部分的性质都相同，则为强度性质。也就是说，如果将体系划分为两个子体系，则对描述强度性质的状态和数值均不会产生影响。常见的强度性质主要包括压强、密度和化学组成等。

另外，还可以用以下方式对比广度性质与强度性质的差异。测量广度性质时必须考虑整个体系，而强度性质则取决于体系中一个确切的位置。在一个体系中，不同位置的强度性

质不一定是一样的。例如,对于一个由水和一些冰块组成的体系而言,不同位置的冰或水的密度显然是不相同的。

体系中的两个广度性质的状态函数的比值为强度性质的状态函数,例如摩尔体积是由体积和物质的量这两个具有广度性质的状态函数相比得出的,其为强度性质的状态函数。

与热力学(此处特指"经典热力学"或"平衡热力学")密切相关的是统计热力学(statistical thermodynamics)、不可逆热力学(irreversible thermodynamics)和动力学(kinetics)。在统计热力学中,主要研究宏观热力学函数与物质的分子结构之间的联系。而不可逆热力学则主要用来描述处于非平衡状态的体系,因此在非平衡热力学中时间起着十分重要的作用。动力学则通常用来描述与时间相关的过程(参见本书第4章)。

3.2　热力学体系与温度的概念

3.2.1　热力学体系[2]

热力学体系(thermodynamic system)又称热力学系统,是指用于热力学研究的有限的宏观区域,是热力学的研究对象。体系的外部空间被称为该体系的环境(surroundings)。所研究的体系与环境之间通过一个边界(boundary)分隔开,这个边界既可以是真实存在的,也可以是虚拟的,但必须将所研究的体系限制在一个有限空间内。为了便于理解,可以将以上所述的边界理解为一堵"墙"(这堵"墙"可以是真实的,也可以是虚拟的)。体系与其环境之间通过边界进行物质、功、热或其他形式能量的传递。体系、界面与环境的关系如图3.1所示。

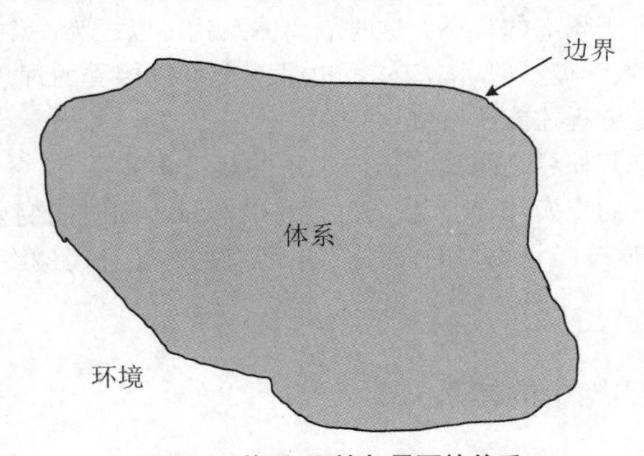

图3.1　体系、环境与界面的关系

按照热力学体系的边界所允许传递的量的不同,可以将体系分为以下三类。

3.2.1.1　开放体系

开放体系(open system)也称敞开体系,体系与环境之间通过界面进行物质和热量的交换。在开放体系中,通过其边界的一些部分与外界进行物质传递,而边界的其他部分则可能只允许进行能量传递而不允许物质传递，同时还需要考虑体系内部各部分之间的能量传递过程。对于一个热力学过程而言，体系的边界和环境的性质都十分重要，因为它们决定了某一过程是否能够顺利进行。通常，开放体系的边界允许物质进行传递。而当考虑到体系内能的变化时，体系与环境之间的物质传递则需要进行热能和机械能之外形式的能量的传递。

对于热重实验而言，当实验过程中发生质量变化时，体系与环境之间进行了物质的传递过程，此时一般将其视作开放体系。有时为了处理方便，也会将产生的气体与残余的固态或者液态物质一起看做一个体系。这样一来，体系与环境之间不存在物质的传递，可以当做封闭体系处理。

3.2.1.2 封闭体系

封闭体系(closed system)是一种可以与其环境传递能量(热量或功)但不能传递物质的热力学体系。例如，通常可以将温室看做一个封闭体系，其可以与其环境交换能量，但不能与其环境传递物质。体系边界的性质决定着能量的传递形式，即一个体系与外界传递的是热量或机械能或二者可以同时进行传递。实际上，对于相当多的量热仪所研究的对象可以视作封闭体系。

在通常情况下，如果没有特别的说明，所指的体系即为一个封闭体系。

当体系的边界绝热，即其不允许热量传递时，则称该体系为绝热体系。而当体系的边界为刚体，即其不允许机械功传递时，则称该体系为力学孤立体系。

3.2.1.3 隔离体系

隔离体系(isolated system)也称孤立体系，是彻底孤立于其环境的热力学体系。也就是说，体系与周围环境之间完全隔离开来，其与周围环境之间既没有物质的交换，也不存在热量的交换。而在现实中，由于体系的内部与外界之间多少会存在像万有引力这样的相互作用的力，因此彻底孤立于其环境的热力学体系并不存在。然而，现实中的热力学体系可以在一定的时间内处于趋近于隔离的状态。这时隔离体系就可以成为一个十分有用的模型。另外，在建立某些现象的数学模型时，隔离体系也是一个可以接受的理想化模型。例如，只有在隔离体系中玻尔兹曼方程才能严格成立。

由于隔离体系是与其外界之间没有任何联系的热力学体系，体系的边界不允许其与环境之间进行物质和能量的交换，因此其物质和能量的总量不随时间变化。另外，隔离体系的内部压强、温度以及物质分布是均匀的，而体系的所有均一化过程最终会使体系达到热力学平衡。

3.2.2 热分析实验中的体系

在使用热分析和量热法时，研究者通常对所关注的材料的性质感兴趣。实验时，用来研究的物质的量是确定的。在实验过程中所使用的样品可以是纯的化学物质，也可以是由两种或多种化学物质组成的混合物。

众所周知，一种纯物质可以以固态、液态和气态的不同的聚集状态形式存在，有时也称这些聚集的状态为“相”(phase)。更严格意义上的“相”的定义为：相是由具有相同强度性质的体系所组成的。如果一个体系由一个单个相组成，则称这个体系为均相体系

(homogeneous system)。如果一个体系由两个或多个相所组成,则该体系就被称为非均相体系(heterogeneous system)。在非均相体系中,两个不同的相之间通过界面(interface)彼此分开。通常一个体系只有一个气(或蒸汽)相,但可能会存在几个不同的液相和固相。例如,对于一个由水和油的混合物组成的体系而言,其由两个不同的液相组成。一个相由少量溶解的油和水组成,而另一个相则由少量溶解的水和油组成。即使是由单一物质组成的固态体系,也有可能会存在多个固态相。例如,当一定量的氯化铯加热到温度为743 K时,可以观察到其从一个固态相到另一个固态相的相转变(这两个固相之间的区别主要表现在晶体结构的不同上)。在转变温度(743 K)时,两个相可以同时共存,呈现出非均相平衡状态。[3]

3.2.3　温度的概念[2]

温度(temperature)是表示物体冷热程度的物理量,微观上,温度是组成物质的分子的热运动的剧烈程度的反映。从分子运动论观点看,温度是物体分子运动平均动能的标志。温度是大量分子热运动的集体表现,具有统计意义。宏观上,温度是根据某个可观察现象(例如水银柱的热胀冷缩)按照几种温度标度之一所测得的冷热程度的反映。实际上,只能通过物体随温度变化的某些特性来间接测量温度,而用来量度物体温度数值的标尺称为温度标准(temperature scale),简称温标。温标规定了温度的读数起点(零点)和测量温度的基本单位,温度的国际单位为热力学温标(K)。目前国际上应用较多的其他温标有华氏温标、摄氏温标和国际实用温标。

对于热力学体系而言,如果两个不同的体系都处于内部的平衡状态,此时若将这两个体系进行热量交换,则它们的热力学状态将会发生变化。在经历了一段时间之后,这两个体系的状态不再发生改变,此时这两个体系彼此间达到了热平衡状态。现在我们考虑三个体系,分别用字母A、B和C表示。假设体系A与体系B之间进行了热量交换,与此同时体系B和体系C之间也进行了热量交换。在经历了足够长的时间之后,体系A与体系B之间将会达到热平衡,体系B与体系C也将同时达到热平衡。此时,若使体系A与体系C进行热接触,则体系A与体系C的状态将不会发生任何变化。也就是说,此时体系A与体系C也达到了热平衡。这个规律通常被称为"热力学第零定律"。

热力学第零定律可以概括为如果两个热力学体系中的每一个体系都与第三个热力学体系处于热平衡状态(即温度相同),则它们彼此也必定处于热平衡。热力学第零定律的重要性在于它给出了温度的定义和温度的测量方法,定律中所指的热力学系统是指由大量分子、原子组成的体系。同时,它为温度概念的建立提供了实验基础。

热力学第零定律表明:处在同一热平衡状态的所有的热力学体系都具有一个共同的宏观特征,这一特征是由这些互为热平衡体系的状态所决定的一个数值相等的状态函数,这个状态函数被定义为温度。注意:温度相等是热平衡的必要条件。

因此,当所有的体系与一个明确定义的参考体系进行接触并且彼此之间达到热平衡时,可以用温度来描述所有的体系处于热平衡状态。

3.2.4 温度的测量及温标

3.2.4.1 早期的温度测量[2]

为了测量温度，需要一个定义准确的温标，以及一个可测量的与温度相关的量。最早的温标利用液体的体积依赖于温度的变化以及纯物质具有恒定的熔点和沸点的性质，最早的温度计为液体－玻璃温度计（图 3.2），这种温度计将少量的液体放置在一个玻璃槽里，并且其可以膨胀到一个较细的毛细玻璃管中。在标定温度时，需将玻璃槽放进一个热交换良好且具有确定的温度值的体系（通常用一种纯物质的熔点和沸点作为参考温度）中，然后标定玻璃管中液体上升的高度。用同样的方法可以标定第二个确定的温度值，然后在这两个已经确定的温度刻度值之间除以温度差来得到单位温度的刻度值。

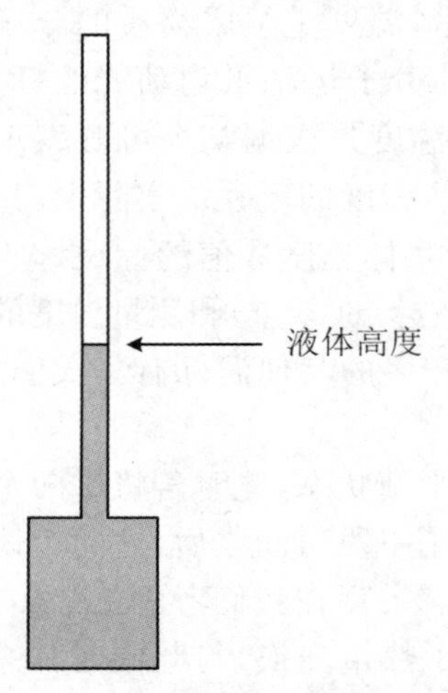

图 3.2 液体玻璃温度计
管中的液面高度即为指示的温度

大约在 1700 年，丹麦科学家 Ole Rǿmer 用这种装置进行了实验，他使用酒精作为膨胀的介质。德国科学家 D. G. Fahrenheit 在 1708 年参观了 Ole Rǿmer 的实验室之后，发明了世界上第一个温度计。他开始用的材料是酒精，之后在 1714 年用水银替代了酒精。

3.2.4.2 温标的定义

温度标准，简称温标，是以量化的数值加上温度的单位来表示温度的方法。它也是温度计进行刻度的根据。理论上，通过物理方法使环境中产生两个不同的温度，对其进行测量并赋予不同的数值，即可以确定温标。例如：摄氏温标定义水的熔点和沸点分别为 0 ℃和 100 ℃（详见摄氏温标）。

温标的定义包括以下三个要素，即：

（1）选定测温物质及其测温属性，此属性通常用数值表示，即某种物质的测温参量（如铂的电阻、热电偶的温差电动势等）。其中，测温物质为测量温度所用的物质，主要有：

① 电阻温度计：根据金属丝的电阻随温度变化来标记温度。热电阻是中低温区最常用的一种温度检测器。它的主要特点是测量精度高、性能稳定。其中铂热电阻的测量精确度是最高的，它不仅广泛应用于工业测温，而且其可以被制成标准的基准仪。

热电阻的测温原理是基于金属导体的电阻值随温度的增加而增加的这一特性来进行温度测量的。热电阻大都由纯金属材料制成，目前应用最多的是铂和铜。此外，现在已开始采用镍、锰和铑等材料制造热电阻。热电阻测温系统一般由热电阻、连接导线和显示仪表等组成。

② 热电偶温度计：利用两种金属导体组成的热电偶的电动势随温度变化的原理来测量温度，热电偶是工业上最常用的温度检测元件之一。其优点是：

a. 测温精度高。热电偶直接与被测对象接触，不受中间介质的影响。

b. 测温范围广。常用的热电偶从－196 到 1600 ℃均可连续测量，某些特殊热电偶最低可测到－269 ℃（如金铁镍铬），最高可达 2800 ℃（如钨-铼）。

c. 构造简单，使用方便。热电偶通常由两种不同的金属丝组成，而且其不受大小和形状的限制，外有保护套管，用起来非常方便。

热电偶测温的基本原理为：将两种不同材料的导体或半导体A和B焊接起来，构成一个闭合回路。当导体A和B的两个接触点之间存在温度差时，两者之间便产生电动势，因而在回路中形成一个电流，这种现象称为热电效应。热电偶就是利用这一效应来工作的。

常用的热电偶可分为标准热电偶和非标准热电偶两大类。

标准热电偶是指国家标准规定了其热电势与温度的关系、允许误差，并有统一的标准分度表的热电偶，有与其配套的显示仪表可供选用。

非标准化热电偶在使用范围或数量级上均不及标准化热电偶，一般也没有统一的分度表，主要用于某些特殊场合的测量。

我国从1988年1月1日起，热电偶和热电阻全部按IEC国际标准生产，并指定S、B、E、K、R、J、T七种标准化热电偶为我国统一设计型热电偶。

由于热电偶的材料一般都比较贵重（特别是采用贵金属时），而测温点到仪表的距离都很远。为了节省热电偶材料，降低成本，通常采用补偿导线把热电偶的冷端（自由端）延伸到温度比较稳定的控制室内，连接到仪表端子上。热电偶补偿导线的作用只起延伸热电极，使热电偶的冷端移动到控制室的仪表端子上，它本身并不能消除冷端温度变化对测温的影响，不起补偿作用。因此，还需采用其他修正方法来补偿冷端温度 $t_0 \neq 0$ ℃时对测温的影响。在使用热电偶补偿导线时必须注意型号相配，极性不能接错，补偿导线与热电偶连接端的温度不能超过100℃。

③ 光学式高温计：光学式高温计一般指不与高温物体接触，而是通过对它的辐射热量来测量温度，根据热辐射公式可以推算出该物体温度的一类仪器。因其可不必与被测物体接触，故可应用于测量极高温度、运动热源温度以及不能接触或对人体和仪器有害的热源温度。

一般来说，光学式高温计主要有以下两种结构形式：

在光学式高温计中，灯丝加热到标定的热度，与高热物体的颜色相比较，调整灯丝热度，使其颜色与高热物体相一致，灯丝的温度即为高热物体的温度。

在辐射式高温计中，将来自物体的辐射集中在温差电堆（thermopile）上，根据其所截获的热辐射量产生相应的电压，再将电压换算为该物体的温度。

(2) 确定测温参量与温度之间的关系（在尚未确立任何温标之前，这种关系只是在一定经验的基础上做出的假定关系）。测温参量为测温物质的某一随温度变化的属性，即确定的测温参量与温度的函数关系。在最简单的情况下，测温参量与温度呈正比，例如在理想气体温标中，当压强趋近于0时，气体温度计的气体体积与其热力学温度成正比；测温参量也可以与温度呈线性、对数、指数等复杂的函数关系。

(3) 确定标准温度点并规定其数值，亦即具有确定的标度方法。在1954年的国际计量大会上选取水的三相点作为标准温度点，并规定此状态下的温度为273.16 K(0.01℃)，记为 T_{tr}。

任何一种温标都包含有以上三个方面的确定内容（热力学温标不涉及测温质，属于例外情况），改变其中的任何一个方面即成为另一种温标。常用的温标主要有华氏温标、摄氏温标、开氏温标、理想气体温标、热力学温标等，其中华氏温标、摄氏温标和开氏温标属于经验温标，理想气体温标属于半理论性温标，热力学温标则属于理论性温标。

3.2.4.3　华氏温标

华氏温标由Fahrenheit于1714年建立。他最初规定氯化铵与冰的混合物为0℉；人的体温为100 ℉。后来规定在标准状态下纯水与冰的混合物为32 ℉；水的沸点为212 ℉。两个标准点之间均匀划为180等份，每份为1 ℉。

3.2.4.4 摄氏温标

第二个被广泛使用的温标为摄氏温标，由Celsius于1742年建立。最初，他将水的冰点定为100 ℃，水的沸点定为0 ℃，如今我们使用的摄氏温标则是他的学生S. Martin在1749年所创立的。1960年国际计量大会对摄氏温标做了新的定义，规定它由热力学温标导出。摄氏温度（符号 t）的定义为

$$t(℃) = T(K) - 273.15 \tag{3.3}$$

3.2.4.5 兰氏温标

兰氏温标又称华氏绝对温标，是美国工程界使用的一种温标，单位用°R表示。该温标规定在一大气压下水的冰点为491.69°R，沸点为671.69°R。开氏温标以水的三相点为273.16 K，兰氏温标以273.16 K作为491.688°R。它们都是从绝对零度起算，因此兰氏温标又称华氏绝对温标。

华氏温度 t_F 与兰氏温度 T_R 之间的换算关系如下：

$$t_F = T_R - 459.67 \tag{3.4}$$

$$兰氏度 = (摄氏度 + 273.15) \times \frac{9}{5} \tag{3.5}$$

3.2.4.6 开氏温标（也称开尔文温标）

开氏温标由开尔文于1848年建立。1954年国际计量大会规定水的三相点的温度为273.16 K。这个数值的规定有以下的历史原因：

(1) 开尔文温标的每一度的温度间隔与早已建立并广为使用的摄氏标度法每一度的间隔相等。

(2) 按理想气体温标，通过实验并外推得出理想气体的热膨胀率为1/273.15。由此确定 −273.15 ℃为绝对温度的零度，而冰点的绝对温度为273.15 K。

(3) 将标准温度点由水的冰点改为水的三相点（相差0.01 ℃）时，按理想气体温标确定的水的三相点的温度就确定为273.16 K。

3.2.4.7 理想气体温标（即绝对温标）

一个非常重要的温标是理想气体温标（ideal gas temperaturescale），亦即绝对温标（absolute temperature scale）。这个温标是基于无限稀释的理想气体的性质而创立的。玻意耳（Boyle）在1660年的研究成果表明，对于一定量的稀释气体而言，在一定的温度下，它的压强和体积的乘积是恒定的。盖吕萨克（Gay-Lussac，1778～1850）发现：对于恒定体积下的稀薄气体体系而言，其温度和压强呈线性关系；在恒定的压强下，其体积和温度呈线性关系。可以将这些观察结果与玻意耳定律相结合，推导出以下的玻意耳-盖吕萨克定律（The Law of Boyle-Gay-Lussac）：

$$pV = C(1 + \alpha t) \tag{3.6}$$

式中，p 为气体的压强；V 为气体的体积；t 为摄氏温度；C 和 α 为常数。常数 C 与气体的量

有关，$\alpha = 1/273.15$。

等式(3.3)表明，当 $t = -273.15$ ℃时，p 和 V 的乘积等于0。因此，不存在比 -273.15 ℃更低的温度，因为那时压强或体积的值将会变为负数。等式(3.3)还表明，我们可以定义一个绝对温标(这种温标的温度单位是开尔文，通常用K表示)，该温标的零点(即绝对零度)为 -273.15 ℃。绝对零度是一个设定的值，并且仅有一个可以选择的固定的参考值(而其他的温标至少有两个固定的参考值可以选择)。为了使水的凝固点和沸点之间存在100 K的温度差，水的凝固点温度被定义为 $T = 273.15$ K。当建立绝对温标(也称为理想气体温标)之后，可以用下式来描述玻意耳-盖吕萨克定律：

$$pV = nRT \tag{3.7}$$

式(3.7)即为理想气体定律(the ideal gas law)。式中，p 为气体的压强，单位为Pa；V 为气体的体积，单位为 m^3；T 为绝对温度，单位为K；n 为物质的量，单位为mol；R 为气体常数($R = 8.31451\ J \cdot K^{-1} \cdot mol^{-1}$)。

与经验温标相比，理想气体温标优点在于其与任何气体的任何特定性质无关。不论用何种气体，当外推到压强为零时，由它们所确定的温度值都一样。但是，理想气体温标毕竟还要依赖于气体的共性，其对极低温度(氦气在低于 1.01×10^5 Pa的蒸汽压下的沸点1 K以下)和高温(1000 ℃以上)并不适用。另外，理想气体温标在具体操作上也不够便捷。

3.2.4.8 热力学温标

19世纪下半叶，汤姆孙(W. Thomson)(开尔文勋爵)提出了热力学温标(thermodynamic temperature scale)的概念。这种温标已被证明与理想气体温标是等效的。

在热力学温标中，热量 Q 起着测温参量的作用，然而比值 Q_1/Q_2(Q_1 为可逆热机从高温热源吸收的热量；Q_2 为可逆热机向低温热源放出的热量)并不依赖于任何物质的特性。因此，热力学温标与测温物质无关。

当然，任何一种温标都必须是某种测量依据与某种标度法的结合。通常，任何一种温标都可以用于不同的测温物质的某种测温参量，如水银摄氏温度计、酒精摄氏温度计；任何一种测温参量也都可以采用不同的标度法，例如理想气体开尔文温标、理想气体摄氏温标。但是以热量 Q 为测温参量的热力学温标，其标度法仅为开氏标度法，所依据的是热力学第二定律，这是它与其他温标的根本不同之处。

表3.1中给出了以上介绍的几种温标之间的换算关系[4]。

表3.1 几种温标之间的换算关系

单位 \ 温标	开尔文 T(K)	摄氏度 t(℃)	华氏度 θ(℉)	兰氏度 t(°R)
K	1	$T - 273.15$	$(T - 273.15) \times 1.8 + 32$	$1.8T$
℃	$t + 273.15$	1	$1.8t + 32$	$(t + 237.15) \times 1.8$
℉	$(\theta - 32)/1.8 + 273.15$	$(\theta - 32)/1.8$	1	$\theta + 459.67$
°R	$t/1.8$	$t/1.8 - 273.15$	$t - 459.67$	1

3.2.4.9 1990年的国际温标[2]

对于以符号 T 和单位K表示的热力学温标而言，其为一个基本的物理量。然而，在实际上这种温标却很难得到广泛应用。同样地，由于实际气体与理想气体的性质存在着许多的差异，与热力学温标等同的绝对温标或者理想气体温标也很难在实际中得到广泛应用。因此，在实际上通常使用由国际度量衡委员会（the International Committee of Weights and Measures）经过对一系列点的检测和插值分析而确定的统一温标。最近一次确定的统一温标是1990年的国际温标（International Temperature Scale of 1990，ITS-90）。ITS-90温标的温度值是与热力学温度非常近似的值。

概括起来，ITS-90温标主要包括以下几个方面的内容[5]：

（1）以热力学温标为基本温标。

（2）热力学温度以符号 T 表示，单位为开尔文，简称为开，符号为 K。

（3）1 K的大小定义为水的三相点热力学温度的1/273.16。

（4）由热力学温度导出摄氏温度（符号为 t）的规定，其定义为 $t(℃) = T(K) - 273.15$。摄氏温度的单位称摄氏度，符号为℃，其大小与开尔文相同。

（5）划分了四个温度范围，指定了以下各温度范围的基准温度计：

① 0.65～5.0 K。在此温度范围，基准温度计为^{3}He、^{4}He蒸气压温度计。

② 3.0～24.5561 K（氖的三相点）。在此温度范围，基准温度计为^{3}He、^{4}He定容气体温度计。

③ 13.8033（平衡氢的三相点）～1234.93 K（银的凝固点）。在此温度段，基准温度计为铂电阻温度计。

④ 1234.94 K以上，基准温度计为光学高温计。

另外，ITS-90温标还定义了17个标准温度点，如表3.2所示。

表3.2 ITS-90温标定义的17个标准温度点[4]

物质状态	温度	
	T90（K）	t90（℃）
氦在1标准大气压下的沸点	3～5	－270.15～－268.15
平衡氢的三相点	13.8033	－259.3467
平衡氢在25/26标准大气压下的沸点	≈17	≈－256.15
平衡氢在1标准大气压下的沸点	≈20.3	≈252.85
氖三相点	24.5561	－248.5939
氧三相点	54.3584	－218.7916
氩三相点	83.8058	－189.3442
汞三相点	234.3156	－38.8344
水三相点	273.16	0.01
镓熔点	302.9146	29.7646
铟凝固点	429.7485	156.5985
锡凝固点	505.078	231.928
锌凝固点	692.677	419.527
铝凝固点	933.473	660.323

续表

物质状态	温　度	
	$T90$(K)	$t90$(℃)
银凝固点	1234.93	961.78
金凝固点	1337.33	1064.18
铜凝固点	1357.77	1084.62

3.2.5　微观尺度的温度[2]

在之前的内容中所讨论的温度是一个宏观的量。当然，在宏观的热力学温度性质和微观的分子性质之间有一个桥梁来进行联系。虽然在3.1节中已经指出体系的微观结构对于热力学处理来说不是必要的，但通过微观结构的信息仍然有利于我们理解相关的理论。

理想气体模型是对于非常稀薄气体所做的一个微观模型假设。在这个模型中，分子之间不存在相互作用力。假设分子之间和分子与器壁之间的碰撞为弹性碰撞，每个分子以一定的速度做随机运动，由此可以计算得到分子的动力学能量。可以通过一个函数来描述分子运动速度的分布情况，据此可以计算出气体的动力学总能量和由于分子与器壁碰撞所引起的器壁的压强变化。在得到这些信息后，可以进一步推导出压强、体积和动力学总能量之间的关系。在与理想气体状态方程(等式(3.7))进行比较之后可以得出这样的结论：在宏观的温度下，理想气体体系的总动力学能量与温度有关。

对于其他体系而言，温度与体系中分子的热运动有关。

3.3　热力学定律

3.3.1　热力学第一定律

3.3.1.1　热力学第一定律的本质[6]

热力学第一定律的本质是能量守恒与转换定律，其为自然界的基本规律之一。自然界中的一切物质都具有能量，能量不可能被创造，也不可能被消灭；但能量可以从一种形态转变为另一种形态，且在能量的转化过程中能量的总量保持不变。我们知道，运动是物质的属性，能量是物质运动的度量。分子运动学说阐明了热能是组成物质的分子、原子等微粒的杂乱运动即热运动的能量。既然热能和其他形态的能量都是物质的运动，那么热能和其他形态的能量可以相互转换，并在转化时能量守恒完全是理所当然的。热力学第一定律是能量守恒与转换定律在热现象中的应用，它确定了热力学过程中热力学体系与外界进行能量交换时，各种形式的能量在数量上的守恒关系。

热力学第一定律是人类在实践中累积的经验总结，它不能用数学或其他理论来证明，但第一类永动机迄今仍未造成以及由第一定律所得出的一切推论都与实际经验相符合等事实，可以充分说明它的正确性。

3.3.1.2 热力学第一定律的基本内容

通过之前的内容我们已经了解到，可以通过对体系加热和/或对体系做功来改变体系的状态。人们在过去就已经充分地认识到，在某些情况下体系可以只通过被加热或只通过对其做功来实现相同的状态变化。例如，在初始温度下一定量液体的状态变化就属于这种情况。可以通过加热使这个体系的温度稍微升高。通过放置一个搅拌器在该隔离体系的液体中，并对搅拌器做功使其温度发生变化。也可以对体系加热，使其达到相同的最终温度。焦耳在 1840 年通过这个实验测出了热功当量(mechanical equivalent of heat)的关系，即增加的热量与做的功成比例。正是这种实验结果，证明了热量和功可以用同一单位表示。

经验表明，对于每个(封闭的)体系而言，当其达到最终状态时，无论通过什么样的路径，添加到体系的热量的总和以及对体系所做的功的总量是恒定的，这就是著名的热力学第一定律(The First Law of Thermodynamics)。

3.3.1.3 热力学第一定律的数学表达式[2,6]

在数学上，可以用热力学函数来描述体系所处的状态。当体系的状态发生改变时，则热力学函数值的变化量应等于对体系所施加的热量和对体系所做的功的总和。由于热量和功是能量的转移形式，因此这个热力学函数通常被称为体系的内能(internal energy，通常用符号 U 表示)。当体系从状态 A 变化到状态 B 时，则可以用下式的形式来表示热力学第一定律：

$$\Delta U = U(\text{状态 B}) - U(\text{状态 A}) = Q + W \tag{3.8}$$

式中，Q 为环境对体系传递的热量；W 为环境对体系所做的功。

由于 Q 和 W 受状态变化过程中所经历的路径的影响，因此其不属于热力学状态函数的范畴。

如果除做功、传热外，还有因物质从外界进入体系而带入的能量 Z，则式(3.8)可以表示为

$$\Delta U = Q + W + Z \tag{3.9}$$

从等式(3.8)和等式(3.9)可以看出，只有能量差是可以通过测量某一过程的热量和功来确定的。尽管我们可以描述体系某个状态的能量，但是必须首先确定一个特定的能量作为已知参考点。在化学热力学中，通常定义采用的能量参考点如下：将化学元素在温度为 298.15 K 和压强为 1 bar(或者 1 标准大气压)的条件下的能量设定为 0。

由于能量函数依赖于体系的状态，因此内能(以及所有其他依赖于体系状态的热力学函数)称为状态函数。与此相反，热量和功很明显与体系的状态无关，它们仅仅是与过程相关的量。与能量差函数相反，热量和功也与其所经历的一个过程有关，它们不仅仅依赖于体系的初始和最终状态，也依赖于过程的路径。

在通常的条件下，观察体系状态的无穷小的变化是很方便的。例如，内能的无穷小的变化可以由内能的微分得到，用 $\mathrm{d}U$ 表示。对于在过程中所增加的热量和对体系所做的功而言，依赖于所选择的路径(即热量和功不是体系的状态函数)，把它们表示成微分形式的物理

量是不合适的，因此没有无穷小的热和功的微分表达形式。

对于无穷小的体系状态变化而言，可以用下式的形式来描述热力学第一定律：

$$dU = Q + W \tag{3.10}$$

如果除了体积功之外没有其他的做功形式，则对体系做的无穷小量的功而言，其可以表示成下式的形式：

$$\delta W = - p \cdot dV \tag{3.11}$$

3.3.1.4　恒容过程的热力学第一定律的数学表达式

对于恒容过程而言，由等式(3.11)可知，在该过程中并没有对体系做功。这意味着从等式(3.8)或者等式(3.11)可以得到，体系内能的变化量等于体系热量的变化量，其关系式可表示如下：

$$(\Delta U)_V = Q \quad 或 \quad (dU)_V = Q \tag{3.12}$$

以上形式的这个结论非常重要，因为对于恒定体积下的所有过程来说，可以通过量热仪来测量体系与周围环境交换的热量 q，热量与体系内能的变化直接相关，且内能与变化的路径无关。

在此基础上，Berthelot 研制出了可以用来测量“燃烧热”的氧弹，氧弹是体积恒定的钢制容器。在实验时，将已知质量的样品和过量的氧气放置于其中，点燃样品，通过测量燃烧过程中的温度差的变化即可得到燃烧热。使用这种方法，还可以同时测量得到物质中各组成元素的燃烧热。通过化学物质的组成，可以计算出物质和各组成元素之间的能量差。

3.3.1.5　恒压过程的热力学第一定律的数学表达式

对于恒容过程而言，体系的热量变化等于内能的变化这个结论十分有用。然而，在实际上有许多过程发生在恒压(如大气压强)条件下。很明显，对于这样的过程而言，体系所做的功并不等于 0，因此交换的热量并不等于内能的变化。在这种情况下，需要重新定义一个与内能密切相关的新的物理量。这个物理量称为焓(enthalpy，通常用 H 表示)，焓被定义为内能与压强与体积的乘积之和，用下式表示：

$$H \equiv U + p \cdot V \tag{3.13}$$

显然，焓和内能一样，也是一个状态函数。焓具有能量的量纲，一定质量的物质按定压可逆过程由一种状态变为另一种状态，焓的增量便等于在此过程中吸入的热量。

当体系的状态发生了无穷小的变化时，无穷小的焓的变化可以表示为下式的形式：

$$dH = d(U + p \cdot V) = dU + d(p \cdot V) = dU + pdV + Vdp \tag{3.14}$$

结合热力学第一定律(等式(3.10))和体积功的表达式(3.11)，可得

$$dH = (Q - pdV) + pdV + Vdp = Q + Vdp \tag{3.15}$$

对于恒压过程而言，体系与环境之间所交换的热量等于体系的焓变，即

$$(\Delta H)_p = Q \quad 或 \quad (dH)_p = Q \tag{3.16}$$

这意味着，在恒压过程中，可以将由测量所得到的热量与一个状态函数(即焓)直接相关联起来。因此，焓的变化与路径无关。基于这个原因，在过去一段时间曾经错误地将焓称为热含量(heat content)或者含热量。

焓与内能一样，其绝对值无法确定。在统计热力学中虽然可由分子配分函数计算出焓值，但这样求得的也是焓的相对值，因为物质内部的运动形式不可穷尽，不可能计算出所有

运动形式的配分函数。

焓是与内能有关的物理量，反应在一定条件下是吸热还是放热由生成物和反应物的焓值差即焓变(ΔH)决定。在化学反应过程中所释放或吸收的能量都可用热量(或换成相应的热量)来表示，通常称为反应热，又称“焓变”，可由量热法测量得到。焓是一个状态量，焓变是一个过程量。

一般来说，在发生热效应时，有如下关系[7]：

(1) 若体系吸热，则焓值升高；若体系放热，则焓值降低。

(2) 对于均匀体系的简单状态变化而言，由于吸热时体系的温度升高，因此高温物质的焓要高于低温物质的焓。

(3) 对于相变化，固体变为液体，固体变为气体和液体变为气体都要吸收热量，因此在同一温度下处于聚集状态的同种物质的焓值不相等，且有 $H(\mathrm{g})>H(\mathrm{l})>H(\mathrm{s})$。

(4) 对于等温下的化学反应而言，若反应吸热，则产物的焓高于反应物的焓；若反应放热，则产物的焓应低于反应物的焓。

3.3.1.6 热容[2]

在工程和材料科学中，热容(heat capacity)是一个重要的物理量，常用符号 C 来表示。体系的热容可以定义为：在不发生相变化和化学变化的前提下，向体系中加入(无穷小的)热量将会引起的(无穷小的)温度变化，其可以用(无穷小的)热量与(无穷小的)温度升高的比值形式来表示：

$$C \equiv \frac{Q}{\mathrm{d}T} \tag{3.17}$$

添加到体系一定的热量，使其完成一个特定的状态，该过程中的变化所需的热量取决于变化的途径。因此，热容也取决于变化的途径。

体系与环境所交换的热量的多少应与物质的种类、状态、物质的量和交换的方式有关。因此，体系的热容值受上述各因素的影响。另外，温度变化范围也将影响热容值，即使温度变化范围相同，体系所处的初始、结束状态不同，体系与环境所交换的热值也不相同。因此，由某一温度变化范围内测得的热交换值计算出的热容值，只能是一个平均值，称为平均热容。热容的单位为 $\mathrm{J \cdot K^{-1}}$，热容是体系的广度性质。1 mol 物质的热容称为摩尔热容，以 C_m表示，单位为 $\mathrm{J \cdot K^{-1} \cdot mol^{-1}}$)，$C = n \cdot C_m$；单位质量物质的热容称为比热容。

对于恒容过程而言，可以通过联立等式(3.12)和等式(3.17)得到恒容热容(通常用 C_V 表示)，如下式所示：

$$C_V \equiv \left(\frac{\partial U}{\partial T}\right)_V \tag{3.18}$$

这意味着，在恒定体积下的热容是内能对温度的偏导数。

对于恒压过程而言，可以由联立等式(3.16)和等式(3.17)得到恒压热容(通常用 C_p 表示)，如下式的形式：

$$C_p \equiv \left(\frac{\partial H}{\partial T}\right)_p \tag{3.19}$$

这意味着，恒定压强下的热容是焓对温度的偏导数。

如果热容已知，则可以通过下式来计算体系在加热(或降温)过程中体系内能的变化或焓变：

$$(\Delta U)_V = U(V,T_2) - U(V,T_1) = \int_{T_1}^{T_2} C_V \mathrm{d}T \tag{3.20}$$

$$(\Delta H)_p = H(p,T_2) - H(p,T_1) = \int_{T_1}^{T_2} C_p \mathrm{d}T \tag{3.21}$$

由以上可见，热容是温度的函数，热容值随温度的变化范围不同而不同。当状态变化的范围较小时，热容实际上可视为常数。当温度趋于绝对零度时，各种物质的热容都趋近于零。

许多研究者用实验方法精确地测定了各种物质在各个温度下的热容值，求得了表示热容与温度关系的经验表达式。通常采用的经验公式有下列两种形式：

$$C_{p,m} = a + b \cdot T + c \cdot T^2 \tag{3.22}$$

$$C_{p,m} = a + b \cdot T + c' \cdot T^{-2} \tag{3.23}$$

以上两式中，a、b、c、c'均为经验常数，随物质的不同及温度变化范围的不同而异。各物质的热容经验公式中的常数值可以查询有关的参考书及手册得到。

3.3.2　热力学第二定律

3.3.2.1　热力学第二定律的一般性表述[6]

热力学第二定律（The Second Law of Thermodynamics）是由法国工程师萨迪·卡诺（S. Carnot）在1824年提出的，时间在热力学第一定律之前。为了叙述方便，通常把热力学第一定律放在第二定律的前面来进行介绍。

在卡诺提出了卡诺定理后，德国人克劳修斯和英国人开尔文在热力学第一定律建立以后重新审查了卡诺定理，意识到卡诺定理必须依据一个新的定理，即热力学第二定律，他们分别于1850年和1851年提出了克劳修斯表述和开尔文表述。这两种表述在理念上是等价的。

热力学第二定律可以表述为：热不可能从低温物体传到高温物体而不产生其他影响（克劳修斯表述），或不可能从单一热源取热使之完全转换为有用的功而不产生其他影响（开尔文表述），或孤立系统的熵永远不会自动减少，熵在可逆过程中不变（熵增加原理）。

3.3.2.2　热力学第二定律的数学表述[2]

体系与周围环境之间所交换的热量不仅取决于体系所处的初始状态和最终状态，也与其所经历的路径有关。然而，可以证明，对于可逆过程而言，由无穷小的热量交换所引起的热量的减少并不依赖于所经历的过程，可以用无穷小的热交换量与热力学温度的比值来表示这种形式的热量减少，如下式所示：

$$\int_{\text{可逆路径1}} \left(\frac{q_{\mathrm{rev}}}{T}\right) = \int_{\text{可逆路径2}} \left(\frac{q_{\mathrm{rev}}}{T}\right) \tag{3.24}$$

以上的表达式实际上为热力学第二定律的进一步描述，其虽然在这里作为一个假设的形式被提出，但其已被所有的后续的实验所证实。在表达式中使用的温度是绝对热力学温度。这种温标与体系的任何特殊性质无关，可以证明热力学温标与理想气体温标是等效的。

对于可逆过程而言，体系减少的热量与所经历的过程路径无关，我们因此可以定义一个新的状态函数。通常称这个状态函数为熵（entropy，通常用符合 S 表示，由克劳修斯于1865

年首次提出)，可以用以下形式的表达式来表示一个状态变化：

$$\Delta S = S(\text{状态 B}) - S(\text{状态 A}) \equiv \int \left(\frac{q_{\text{rev}}}{T} \right) \tag{3.25}$$

或者对于无穷小的变化而言，用以下表达式表示微小的熵变：

$$\mathrm{d}S \equiv \left(\frac{q_{\text{rev}}}{T} \right) \tag{3.26}$$

对于体系而言，在经历了一个熵变的过程之后，如果这个过程是可逆的，只能通过测量(变化的)热量并应用等式(3.25)来确定熵的变化。如果该过程是不可逆转的，由于熵是状态函数，因此可以假设一个初始状态和最终状态不同的可逆路径，并使用等式(3.25)来计算熵变。

熵是热力学中用来表征物质状态的热力学函数，其物理意义是体系混乱程度的度量。在孤立体系中，体系与环境之间不存在能量交换，体系总是自发地向混乱度增大的方向变化，最终使整个系统的熵值增大，即熵增原理。还可以从一个自发进行的过程来考察该过程：热量 Q 由高温(T_1)物体传至低温(T_2)物体，高温物体的熵减少 $\mathrm{d}S_1 = \delta Q/T_1$，低温物体的熵增加 $\mathrm{d}S_2 = \delta Q/T_2$。当把两个物体合起来当成一个体系时，熵的变化是 $\mathrm{d}S = \mathrm{d}S_2 - \mathrm{d}S_1 > 0$，即熵是增加的。

在分子层面上，对于体系中的分子而言，其平动速度、转动速度、振动能量等等都在不断地发生着改变，体系在一定时刻的分子状态由该时刻每个分子所有这些量的值决定。对于一个由宏观的能量、体积等物理量决定的热力学状态而言，其包含了体系在过去的时间中大量的分子"构象"(configurations)状态。如此看来，在热力学物理量熵和体系中指定能量和体积下可能存在的分子构象的数量 W 之间似乎存在着一定的联系。根据玻尔兹曼(Boltzmann)在 1872 年提出的理论，可以用以下的关系式来表示这种关系：

$$S = k \cdot \ln W \tag{3.27}$$

式中，k 为玻尔兹曼常数，$k = R/N_{\mathrm{A}} = 1.380658 \times 10^{-3}\ \mathrm{J \cdot K^{-1}}$，$N_{\mathrm{A}}$ 为阿伏伽德罗常数(Avogadro's constant)，$N_{\mathrm{A}} = 6.0221367 \times 10^{23}\ \mathrm{mol^{-1}}$，指 1 mol 物质中分子的数量。

这意味着一个具有大量的可能状态数的分子体系比分子状态数更少的体系具有更大的熵值(即体系更加有序)。由此可见，水的熵大于冰的熵(当熔点 $T = 273.15$ K 时)。

3.3.2.3 热力学第二定律的解释[6]

热力学第二定律是热力学的基本定律之一，其表明(在自然状态下)热量永远都只能由热处传到冷处。它是关于在有限空间和时间内，一切和热运动有关的物理、化学过程具有不可逆性的经验总结。

在 Clausius 对热力学第二定律的定义中，指出了在自然条件下热量只能从高温物体向低温物体转移，而不能由低温物体自动向高温物体转移，也就是说在自然条件下，这个转变过程是不可逆的。如果使热传递方向倒转过来，只有靠消耗功来实现。

在开尔文对热力学第二定律的定义中，自然界中任何形式的能都会很容易地变成热，而反过来热却不能在不产生其他影响的条件下完全变成其他形式的能，从而说明了这种转变在自然条件下也是不可逆的。热机可以连续不断地将热变为机械功[7]，在该过程中一定伴随有热量的损失。第二定律和第一定律不同，第一定律否定了创造能量和消灭能量的可能性，第二定律则阐明了过程进行的方向性，否定了以特殊方式利用能量的可能性。

从分子运动论的观点看，做功是大量分子的有规则运动，而热运动则是大量分子的无规则运动。显然无规则运动要变为有规则运动的概率极小，而有规则的运动变成无规则运动的概率大。一个不受外界影响的孤立系统，其内部自发的过程总是由概率小的状态向概率大的状态进行，由此可见热不可能自发地变成功。

热力学第二定律仅适用于由很大数目分子所构成的体系及有限范围内的宏观过程。而不适用于少量的微观体系，也不能把它推广到无限的宇宙。

热力学第二定律指出在自然界中任何的过程都不可能自动地复原，要使体系从最终状态回到最初状态必须借助外界的作用。由此可见，在热力学体系中所进行的不可逆过程的初态和终态之间存在着重大的差异，这种差异决定了过程的方向，通常用状态函数熵来描述这个差异，从理论上可以进一步证明：① 可逆绝热过程 $S_f = S_i$；② 不可逆绝热过程 $S_f > S_i$。式中，S_f 和 S_i 分别为体系的最终状态和最初状态的熵值。

也就是说，在孤立体系内，对可逆过程而言，体系的熵总保持不变；对不可逆过程而言，体系的熵总是增加的，通常称这个规律为熵增加原理，这也是热力学第二定律的又一种表述形式。熵的增加表示体系从概率小的状态向概率大的状态演变，也就是从比较有规则、有秩序的状态向更无规则、更无秩序的状态转变。熵体现了体系的统计性质。

另外，在有限的宏观体系中热力学第二定律应满足如下条件[6]：① 该体系是线性的；② 该体系全部是各向同性的。

3.3.3　热力学第三定律[2]

和其他热力学定律一样，热力学第三定律是被一个假想的实验所证实的。在本部分内容中将不对产生这些结论的实验结果做进一步的讨论。

能斯特(Nernst)指出，任何物质在发生物理或者化学变化时的熵变在温度非常接近于绝对零度时都等于0，即

$$\lim_{T\to 0}\Delta S = 0 \tag{3.28}$$

这种表述形式也被称为能斯特热定理(Nernst heat theorem)。普朗克(Planck)简化了能斯特的表述，他指出，当温度接近绝对零度时，过程的熵变和每种凝聚态物质的实际熵(the actual entropy)也均等于零。在以上的表述中，将混合物明确排除在外。而在下面的表述中则没有必要使混合物排除在外：对于每个平衡的体系，它的熵在绝对零度下都为0(For each system in equilibrium, the entropy equals zero when the temperature approaches the absolute zero)。这个表述被称为热力学第三定律(The Third Law of Thermodynamics)：

$$\lim_{T\to 0} S(\text{处于平衡状态的体系}) = 0 \tag{3.29}$$

关于热力学第三定律的一个重要推论是：化学物质(包括元素和化合物)的绝对熵(absolute entropy)(即与参考状态无关)的值是可以被确定的。在实验上可以通过量热法测量物质在从绝对零度到指定温度的整个范围的热容和这个温度范围内发生的相变潜热，这样可以确定一种物质的绝对熵值。根据等式(3.25)和等式(3.26)，可以按照如下的方式来计算绝对熵值：

$$S(T = \Theta) = \int_{T=0}^{T_{tr}} \frac{C_p^{\mathrm{I}}}{T}\mathrm{d}T + \frac{\Lambda}{T_{tr}} + \int_{T_{tr}}^{\Theta} \frac{C_p^{\mathrm{II}}}{T}\mathrm{d}T \tag{3.30}$$

在上式中,假设在温度范围为从 0 到 Θ 的过程中仅存在一个相变过程(在 $T=T_{tr}$ 时,由Ⅰ相转变为Ⅱ相)。

在统计物理学上,热力学第三定律反映了微观运动的量子化。在实际意义上,第三定律并不像第一、二定律那样明确地告诫人们放弃制造第一种永动机和第二种永动机的意图,而是鼓励人们想方设法尽可能地接近绝对零度。现代科学可以使用绝热去磁的方法达到 5×10^{-10} K,但永远达不到 0 K。

根据热力学第三定律,基态的状态数目只有一个。也就是说,第三定律决定了自然界中基态无简并。

3.3.4 热力学第零定律[6]

在本章 3.2.3 小节中,大致介绍了热力学第零定律。热力学第零定律(The Zero Law of Thermodynamics)又称热平衡定律,是热力学的四条基本定律之一,是一个关于互相接触的物体在热平衡时的描述,为温度提供理论基础。最常用的定律表述[9]为:“若两个热力学体系均与第三个体系处于热平衡状态,则此两个体系也必然彼此间处于热平衡状态。”

热力学第零定律通常用作体系进行温度测量的基本依据,其重要性在于其给出了温度的定义和温度的测量方法。该定律还有以下的一些表述形式:

(1) 可以通过使两个体系相接触,并观察这两个体系的性质是否发生变化来判断这两个体系是否已经达到热平衡;

(2) 当外界条件不发生变化时,已经达成热平衡状态的体系,其内部的温度是均匀分布的,并具有确定不变的温度值;

(3) 一切彼此平衡的体系具有相同的温度,因此可以通过另一个与之平衡的体系的温度来表示一个体系的温度,也可以通过第三个体系的温度来表示。

热力学第零定律是在不考虑引力场作用的情况下得出的,物质(特别是气体物质)在引力场中会自发产生一定的温度梯度。如果两个封闭容器分别装有氢气和氧气,由于它们的分子量不同,它们在引力场中的温度梯度也不相同。如果在最低处它们之间可交换热量,温度达到相同,但由于两种气体的温度梯度不同,则在高处温度就不相同,也即不平衡。因此第零定律不适用于引力场存在的情形。

综上所述,可得到以下结论:

(1) 根据热力学第零定律,可以用来确定温度状态函数;

(2) 根据热力学第一定律,可以用来确定内能和焓状态函数;

(3) 根据热力学第二定律,可以用来确定熵状态函数。

3.4 热力学自由能[10]

3.4.1 简介

热力学自由能(thermodynamic free energy)是指一个热力学体系的能量中可以用来对外做功的部分，是热力学态函数。通常情况下，可以用自由能作为一个热力学过程能否自发进行的判据。

对特定条件不同的热力学过程而言，热力学自由能有不同的表达形式。最常见的有吉布斯自由能 G 和亥姆霍兹自由能 A(或 F)。一般来说，等温等容过程用亥姆霍兹自由能 $A = U - T \cdot S$ 作为自发性判据，而对于等温等压过程则用吉布斯自由能 $G = H - T \cdot S$ 作为判据，式中 H 为焓。两者之间存在着 $G = A + p \cdot V$ 的关系。

3.4.2 吉布斯自由能和亥姆霍兹自由能的引入[2,10]

对于可逆过程而言，可以用等式(3.24)来表示体系与环境之间的热交换。在引入熵的概念之后，则等式(3.24)可以用如下形式的等式表示：

$$Q_{\text{rev}} = T\mathrm{d}S \tag{3.31}$$

用式(3.31)可以表示可逆过程的热交换，用等式(3.11)可以表示可逆过程的体积功，则该可逆过程的热力学第一定律表达式可写成：

$$\mathrm{d}U = T\mathrm{d}S - p\mathrm{d}V \tag{3.32}$$

在3.5节中将引入状态函数——焓。通过将等式(3.31)代入等式(3.15)中，可以得到以下形式的关于可逆过程(无限小的进行状态下)的焓变关系式：

$$\mathrm{d}S = T\mathrm{d}S + V\mathrm{d}p \tag{3.33}$$

由于熵是状态函数，温度也是描述状态的一个物理量，则与温度 T 和熵 S 的乘积(即 $T \cdot S$)有关的量也是一个状态函数。这意味着如果分别将内能和焓减去乘积 $T \cdot S$ 之后，则可以得到两个新的状态函数。这两个状态函数分别被称为 Helmholtz 自由能(Helmholtz energy，用 A 表示，有时也称作 Helmholtz 能)和 Gibbs 自由能(Gibbs energy，用 G 表示，有时也称作 Gibbs 能)。

$$A \equiv U - T \cdot S \tag{3.34}$$

$$G \equiv H - T \cdot S \equiv U + p \cdot V - T \cdot S \tag{3.35}$$

根据这些定义，可以用下式表示无限微小的 Helmholtz 自由能和 Gibbs 自由能的变化过程，如下式所示：

$$\mathrm{d}A = \mathrm{d}U - \mathrm{d}(T \cdot S) = -S\mathrm{d}T - p\mathrm{d}V \tag{3.36}$$

$$\mathrm{d}G = \mathrm{d}H - \mathrm{d}(T \cdot S) = -S\mathrm{d}T + V\mathrm{d}p \tag{3.37}$$

3.4.3 热力学基本关系式

对于封闭的均匀热力学体系而言，可以使用温度 T、内能 U、熵 S、焓 H、Gibbs 自由能 G、Helmholtz 自由能 A、压强 p 和体积 V 这八个基本的热力学函数来描述，据其可以从不同的侧面或不同的过程揭示宏观物质所处的体系的宏观性质。通过这些热力学函数的关系式，可以将可以通过实验测量的变量与不可以通过实验测量的变量关联起来。

根据状态函数的全微分方程式的交叉微分的特性，可以推导得出以下形式的等式[2]：

$$T = \left(\frac{\partial U}{\partial S}\right)_V = \left(\frac{\partial H}{\partial S}\right)_p \tag{3.38}$$

$$p = -\left(\frac{\partial U}{\partial V}\right)_S = -\left(\frac{\partial A}{\partial V}\right)_T \tag{3.39}$$

$$V = \left(\frac{\partial H}{\partial p}\right)_S = \left(\frac{\partial G}{\partial p}\right)_T \tag{3.40}$$

$$S = -\left(\frac{\partial A}{\partial T}\right)_V = -\left(\frac{\partial G}{\partial T}\right)_p \tag{3.41}$$

可以证明，若下列一个关系式中的一个表达式已知，则可以求得体系所处状态的所有热力学物理量：

（1）内能与熵、体积的关系式；

（2）焓与熵、压强的关系式；

（3）Helmholtz 自由能与温度、体积的关系式；

（4）Gibbs 自由能与温度压强的关系式。

因此，通常称这些关系式为热力学基本方程（或者特征方程）。

如果将交叉微分特性应用到内能、焓、Helmholtz 自由能和 Gibbs 自由能的全微分方程式中，则可以分别得到如下形式的等式：

$$\left(\frac{\partial T}{\partial V}\right)_S = -\left(\frac{\partial p}{\partial S}\right)_V \tag{3.42}$$

$$\left(\frac{\partial T}{\partial p}\right)_S = \left(\frac{\partial V}{\partial S}\right)_p \tag{3.43}$$

$$\left(\frac{\partial S}{\partial V}\right)_T = \left(\frac{\partial p}{\partial T}\right)_V \tag{3.44}$$

$$\left(\frac{\partial S}{\partial p}\right)_T = -\left(\frac{\partial V}{\partial T}\right)_p \tag{3.45}$$

以上这些等式非常重要，特别是最后的两个等式尤为重要。因为这些等式表明了熵与体积、压强的关系（这在实验中难以测得）和压强或体积与温度的关系是等效的。

3.5 热力学平衡条件[11]

在没有外界影响的条件下，如果某个体系中各部分的宏观性质（如体系的化学成分、各物质的量、温度、压力、体积、密度等)在长时间内不发生任何变化,则称该体系处于热力学平衡状态。从统计热力学的角度来看,体系的宏观性质是相应的微观量的统计平均值。当体系处于热力学平衡状态时,体系内的每个分子仍处于不停的运动状态,体系的微观状态也在不断地发生着变化,只是分子微观运动的某些统计平均值不随时间而改变。因此,热力学平衡是一种动态的平衡状态。

一个热力学体系必须同时达到下述几方面的平衡,才能处于热力学平衡状态。

(1) 热平衡

如果体系内部不存在隔热壁,则体系内各部分的温度相等。如果没有隔绝外界的影响,在体系与环境之间不存在隔热壁的条件下,当体系达到热平衡时,则体系与环境的温度也相等。

(2) 力学平衡

如果不存在刚性壁,则体系内各部分之间不存在不平衡的力。如果忽略重力场的影响,则达到力学平衡时体系内部各部分的压强应该相等。如果体系和环境之间不存在刚性壁,则平衡时体系和环境之间也不存在不平衡的力,体系和环境的边界将不随时间而移动。

(3) 相平衡

如果体系处于一个非均相状态,则平衡时体系中的各相之间可以长时间地共存,各相的组成和数量都不随时间而改变。

(4) 化学平衡

如果体系内各物质之间可以发生化学反应,则达到平衡时体系的化学组成及各物质的数量将不随时间而改变。

在下面的内容中,我们将讨论不同体系的热力学平衡。

3.5.1　封闭体系[6,10]

封闭体系与外部环境之间只有能量交换,而无物质交换。若要实现一个体系的平衡状态,通常需要假设一个处于完全隔离状态的体系。假设一个体系发生了一个从状态A到状态B的不可逆自发过程,由于该体系处于完全隔离状态,则体系和环境之间并没有功和热量的交换,可以用下式表示:

$$q_{\text{irr}} = 0 \quad 和 \quad w_{\text{irr}} = 0 \tag{3.46}$$

假设该体系发生了一个从状态B到状态A的可逆变化。在此可逆过程中,可以用以下的等式表示体系与环境交换热量以及环境对体系做的功:

$$q_{\text{irr}} \neq 0 \quad 和 \quad w_{\text{irr}} \neq 0 \tag{3.47}$$

对于整个变化过程而言,由于体系的初始状态和最终状态相同,因此其能量的变化为零。根据热力学第一定律(等式(3.8)),可以得到以下形式的关系式:

$$(\Delta U)_{\text{cycle}} = q_{\text{rev}} + w_{\text{rev}} = 0 \tag{3.48}$$

根据热力学第二定律的一般形式的表达式,体系在吸收一定的热量后并不可能全部转化为功(参见3.4.1小节)。在整个过程中,可以用下式的形式来表示热量由体系转移到环境的过程:

$$q_{\text{rev}} < 0 \tag{3.49}$$

根据热力学第二定律,体系从状态B到状态A可逆过程的熵变可以用下式表示:

$$\Delta S_{\mathrm{rev}} = S(\text{状态 A}) - S(\text{状态 B}) = \int \left(\frac{q_{\mathrm{rev}}}{T}\right) < 0 \tag{3.50}$$

在一个完全隔离体系的不可逆过程中，熵一定会增加，存在以下的关系式：

$$(\Delta S_{\mathrm{irr}})_{U,V} > 0 \tag{3.51}$$

在等式(3.51)中，下标 U 和 V 表示在不可逆过程中内能和体积保持不变，这意味着体系在此过程中是完全隔离的。

由于在隔离体系的自发过程中熵增加，并且总会朝着平衡的方向进行，因此可以认为平衡状态对应于最大的熵值。

由于以上这种平衡是在隔离体系中达到的，因此在实际上很难实现这种平衡条件。因此，对于封闭体系而言，我们需要找到一个更切合实际的平衡条件。通常假设一个(巨大的)隔离体系，该体系由一个小的非平衡体系和一个巨大的类似“蓄水池”的稳定的平衡体系共两个子体系组成。于是，隔离体系的总的熵变由小的非平衡体系的熵变和无限大的平衡体系的熵变组成。因此，根据等式(3.51)可以得到整个体系的(无限小的)熵变，其结果为正值，如下式所示：

$$(\mathrm{d}S_{\mathrm{t}})_{U,V} = \mathrm{d}S_{\mathrm{s}} + \mathrm{d}S_{\mathrm{l}} > 0 \tag{3.52}$$

式中，下标 s、l 和 t 分别用来表示小体系、大的稳定平衡体系和整个体系的参数。假设小的非平衡体系的温度 T_{s}与大的稳定平衡体系的温度 T_{l}相等，即 $T_{\mathrm{s}} = T_{\mathrm{l}}$，并且在整个过程中温度保持不变。由于大的稳定平衡体系始终处于平衡状态，因此该稳定体系的熵变可以用改写后的等式(3.32)来表示，如下式所示：

$$\mathrm{d}S_{l} = \frac{\mathrm{d}U_{\mathrm{l}}}{T_{\mathrm{l}}} + \left(\frac{p_{\mathrm{l}}}{T_{\mathrm{l}}}\right)\mathrm{d}V_{\mathrm{l}} \tag{3.53}$$

由于整个体系是完全隔离的，因此整个体系的体积保持不变，总的内能也保持不变，如下式所示：

$$\mathrm{d}V_{\mathrm{t}} = \mathrm{d}V_{\mathrm{s}} + \mathrm{d}V_{\mathrm{l}} = 0 \quad \Rightarrow \quad \mathrm{d}V_{\mathrm{l}} = -\mathrm{d}V_{\mathrm{s}} \tag{3.54}$$

$$\mathrm{d}U_{\mathrm{t}} = \mathrm{d}U_{\mathrm{s}} + \mathrm{d}U_{\mathrm{l}} = 0 \quad \Rightarrow \quad \mathrm{d}U_{\mathrm{l}} = -\mathrm{d}U_{\mathrm{s}} \tag{3.55}$$

在以下两种不同的情形下：

(1) 在小体系的不可逆过程中，体系的体积保持不变，即 $\mathrm{d}V_{\mathrm{s}} = 0$。

根据等式(3.54)，大的稳定平衡体系的体积也将保持不变，即 $\mathrm{d}V_{\mathrm{r}} = 0$。将此等式与等式(3.53)和等式(3.54)联立，并代入等式(3.52)中，可以得到以下的关系式：

$$\mathrm{d}S_{\mathrm{s}} - \frac{\mathrm{d}U_{\mathrm{s}}}{T_{\mathrm{s}}} > 0 \quad \Rightarrow \quad \mathrm{d}U_{\mathrm{s}} - T_{\mathrm{s}}\mathrm{d}S_{\mathrm{s}} < 0 \tag{3.56}$$

由于我们假设了小体系的温度和体积保持不变，因此等式(3.56)可以改写成以下形式的关系式：

$$[\mathrm{d}(U - TS)]_{V,T} < 0 \tag{3.57}$$

引入 Helmholtz 自由能，由于 $A = U - T \cdot S$，于是等式(3.57)可以变形为

$$(\mathrm{d}A)_{V,T} < 0 \tag{3.58}$$

这表明，对于一个等温等体积条件下的非隔离体系中的不可逆过程而言，在此状态变化过程中，其 Helmholtz 自由能降低。当达到平衡状态时，可以将平衡状态下的 Helmholtz 自由能视为能量最低的状态。

(2) 在小体系的不可逆过程中，其压强和大的稳定平衡体系相同并且为常数，即 $p_{\mathrm{s}} = p_{\mathrm{r}}$

=常数。

将此等式与等式(3.53)、等式(3.54)和等式(3.55)一起代入等式(3.52)中，可以得到以下形式的关系式：

$$dS_s - \frac{dU_s}{T_s} - \left(\frac{p_s}{T_s}\right)dV > 0 \tag{3.59}$$

即

$$dU_s - T_s dS_s + p_s dV_s < 0 \tag{3.60}$$

由于我们假设了小体系的温度和压强为恒定值，则等式(3.59)可以改写为下式的形式：

$$[d(U - T \cdot S + p \cdot V)]_{p,T} < 0 \tag{3.61}$$

在引入 Gibbs 自由能之后，由于 $G = H - T \cdot S = U - T \cdot S + p \cdot V$，于是等式(3.61)可以变形为

$$(dG)_{p,T} < 0 \tag{3.62}$$

这表明，对于一个等温等压下的非隔离体系中的不可逆过程而言，在此状态变化过程中，其 Gibbs 自由能降低。当达到平衡状态时，可以将平衡状态下的 Gibbs 自由能看做能量最低的状态。

3.5.2　开放体系[2,6,10]

在以上的内容中，我们讨论了封闭体系(即和环境没有物质交换的体系的热力学平衡条件)。通常称与环境之间存在着物质交换的体系为开放体系，在下面的内容中将讨论开放体系。与封闭体系相比，开放体系通常与环境之间既存在着能量交换，也存在着物质交换。在开放体系的热力学表达式中，通常需要引入一个与组成相关的物理量。

3.5.2.1　多组分均相开放体系[2,6,10]

假设一个体系由多个化学成分(在一个均匀相中)组成，并且该体系为均相体系。显然，这个体系的状态与体系中每种化学组分的含量有关系。体系中每个组分的量可以用物质的量(n)来表示，单位为摩尔(mol)。如果每个组分都有确定的数量，则第 i 个组分的量可以用 n_i 表示。

在多组分均相开放体系中，需要用体系中各个组分的物质的量来表示体系的热力学状态函数表达式。对于一个开放体系而言，内能除了与熵和体积有关之外，还与体系中存在的每个组分的量有关。从数学的角度上看，内能的全微分方程式可以改写为下式的形式：

$$dU = \left(\frac{\partial U}{\partial S}\right)_{V,n_i} dS + \left(\frac{\partial U}{\partial V}\right)_{S,n_i} dV + \sum_i \left(\frac{\partial U}{\partial n_i}\right)_{S,V,n_{j\neq i}} dn_i \tag{3.63}$$

通常称内能对组分 i 的物质的量 n_i 的偏微分表达式为化学势，也称为热力学势(thermodynamic potentials)，用 μ_i 表示：

$$\mu_i \equiv \left(\frac{\partial U}{\partial n_i}\right)_{S,V,n_{j\neq i}} \tag{3.64}$$

因此，对于一个开放体系而言，等式(3.32)可以改写为下式的形式：

$$dU = TdS - pdV + \sum \mu_i dn_i \tag{3.65}$$

类似地，在开放体系中，可以将焓、Helmholtz 自由能和 Gibbs 自由能改写成下列形式

的等式：

$$dH = TdS + Vdp + \sum \mu_i dn_i \tag{3.66}$$

$$dA = -SdT - pdV + \sum \mu_i dn_i \tag{3.67}$$

$$dG = -SdT + Vdp + \sum \mu_i dn_i \tag{3.68}$$

根据等式(3.68)，化学势可表示为下式的形式：

$$\mu_i \equiv \left(\frac{\partial G}{\partial n_i}\right)_{p,T,n_{j\neq i}} \tag{3.69}$$

在等温等压条件下，通常称热力学函数对物质的量的偏导数为偏摩尔量(partial molar quantity)。因此，也可以称化学势为偏摩尔吉布斯自由能。根据全微分方程的交叉微分特性，可以用以下形式的等式来表示化学势与温度和压强的关系：

$$\left(\frac{\partial \mu_i}{\partial T}\right)_{p,n_i} = -\left(\frac{\partial S}{\partial n_i}\right)_{T,p,n_{j\neq i}} = -s_i \tag{3.70}$$

$$\left(\frac{\partial \mu_i}{\partial p}\right)_{T,n_i} = \left(\frac{\partial V}{\partial n_i}\right)_{T,p,n_{j\neq i}} = v_i \tag{3.71}$$

在以上的等式(3.70)和等式(3.71)中，s_i 和 v_i 分别是 i 组分的偏摩尔熵和偏摩尔体积。这些偏摩尔量是体系的压强、温度和组分的函数关系式。

当体系中的组分保持不变时，根据以上这些等式，可以用以下形式的等式来表示全微分形式的化学势与温度和压强的关系：

$$d\mu_i = -s_i dT + v_i dp \tag{3.72}$$

对于在等温条件下的理想气体而言，假设其只由一种组分组成，气体从常压 $p = p^0 = 1\ \text{bar}$ 被压缩到 $p = p_f$。在此过程中，由等式(3.71)与理想气体状态方程式可以计算得到气体化学势的变化 $\Delta\mu(T)$，用下式表示：

$$\begin{aligned}\Delta\mu(T) &= \mu(T, p = p_f) - \mu(T, p = p^0 = 1\ \text{bar}) \\ &= \int_{p^0}^{p_f} \left(\frac{\partial \mu}{\partial p}\right)_T dp = \int_{p^0}^{p_f} \left(\frac{\partial V}{\partial n}\right)_{T,p} dp = \int_{p^0}^{p_f} \left(\frac{RT}{p}\right) dp = RT \cdot \ln\left(\frac{p_f}{p^0}\right)\end{aligned} \tag{3.73}$$

通常设标准压强 $p = p^0$，p^0 是单位压强(通常用大气压 atm 表示，$p^0 = 1\ \text{bar} = 10^5\ \text{Pa}$ 或者 $p^0 = 1\ \text{atm} = 101325\ \text{Pa}$)，用上标“0”表示(有时也用“$\theta$”表示)。通常称标准压强条件下的热力学性质为标准热力学性质，于是可以定义标准化学势为

$$\mu^0(T) \equiv \mu(T, p = p^0) \tag{3.74}$$

联立等式(3.73)和等式(3.74)，可以得到以下等式：

$$\mu(T, p = p_f) = \mu^0(T) + RT \cdot \ln\left(\frac{p_f}{p^0}\right) \tag{3.75}$$

由于 p^0 经常表示一个大气压，则等式(3.75)通常可以表示为以下形式的等式：

$$\mu(T, p = p_f) = \mu^0(T) + RT \cdot \ln(p_f) \tag{3.76}$$

结合 Gibbs 自由能的定义，根据等式(3.35)及等式(3.69)，可以得到化学势与偏摩尔焓(以 h_i 表示)和偏摩尔熵(以 s_i 表示)的关系，用下式表示：

$$\mu_i(p, T, n_j) = h_i(p, T, n_j) - T \cdot s_i(p, T, n_j) \tag{3.77}$$

3.5.2.2　多相热力学平衡体系[2,6,10]

1. 单组分纯物质体系

随着温度和压强的变化，体系中的单组分物质可以以多种相态的形式存在。对于一种纯物质而言，其通常存在固态、液态和气态三种相态形式。下面以一种物质的熔融过程(即由固态到液态的转变过程)的相变为例来介绍单组分纯物质体系的热力学平衡。该过程可以看做一种物质的固态含量($\mathrm{d}n^{\mathrm{sol}}$)减少，同时液态的含量($\mathrm{d}n^{\mathrm{liq}}$)增加。如果分别用$\mu^{*\mathrm{sol}}$和$\mu^{*\mathrm{liq}}$(纯物质组分用上标“$*$”表示)来表示固态相(简称固相)和液态相(简称液相)的化学势，那么根据等式(3.68)可以得到在该过程中 Gibbs 自由能的无限微小的变化，用下式表示：

$$(\mathrm{d}G)_{p,T} = \mu^{*\mathrm{sol}}\mathrm{d}n^{\mathrm{sol}} + \mu^{*\mathrm{liq}}\mathrm{d}n^{\mathrm{liq}} \tag{3.78}$$

由于物质的总量在相变的过程中保持不变，则有如下的关系式：

$$\mathrm{d}n^{\mathrm{liq}} = -\mathrm{d}n^{\mathrm{sol}} = \mathrm{d}n \tag{3.79}$$

联立等式(3.78)和等式(3.79)，可以得到以下等式：

$$(\mathrm{d}G)_{p,T} = (\mu^{*\mathrm{liq}} - \mu^{*\mathrm{sol}})\mathrm{d}n = \Delta_{\mathrm{sol}}^{\mathrm{liq}}\mu^{*}\,\mathrm{d}n \tag{3.80}$$

由于$\mu^{*\mathrm{liq}} - \mu^{*\mathrm{sol}}$与温度和压强有关(因为化学势与温度和压强有关)，因此随着温度和压强的变化将会出现以下三种不同的情形：

(1) $\mu^{*\mathrm{liq}} - \mu^{*\mathrm{sol}} < 0$。

此时，液相的化学势小于固相的化学势。因此，体系从一定量的固相到液相的转变会引起 Gibbs 自由能的降低。根据等式(3.67)，此过程不可逆且为自发过程。

(2) $\mu^{*\mathrm{liq}} - \mu^{*\mathrm{sol}} > 0$。

此时，液相的化学势大于固相的化学势。因此，体系从固相到液相的转变会引起 Gibbs 自由能的升高。根据等式(3.67)，可以判断此过程为自发反应(前提是这种转变不受动力学的限制)，Gibbs 自由能降低。

(3) $\mu^{*\mathrm{liq}} - \mu^{*\mathrm{sol}} = 0$。

此时，液相化学势等于固相化学势，体系中一定量的固相到液相的转变(或液固转变)不会改变 Gibbs 自由能。此时，液相和固相可以共存，即固相和液相之间达到了平衡。

对于一种纯物质而言，最稳定的相态是化学势最低的状态。

由于化学势是压强和温度的函数，因此可以很方便地在压强-温度图中表示纯物质的不同相稳定存在的范围。在通常情况下，将用来表示不同状态下同一物质不同的稳定相态的图称为相图(phase diagram)，也称相态图、相平衡状态图。相图是用来表示相平衡系统的组成与一些参数(如温度、压力)之间关系的一种图。相图在物理化学、矿物学和材料科学中具有很重要的地位。广义的相图是在给定条件下体系中各相之间建立平衡后热力学变量强度变量的轨迹的集合表达形式，相图表达的是平衡态，严格来说是相平衡图。由相图不能说明平衡过程中的动力学，不能判断体系可能出现的亚稳相。

单组分纯物质的相图称为一元相图(unary phase diagram)[2,12]。在此类相图中，将不同的稳定相分开的曲线称为两相平衡曲线(two-phase equilibrium curves)，通常用该曲线表示两相平衡的条件。

“稳定相”(stable phase)是指某一相相对于其他相是稳定的。由于从其他相到稳定相之间的转变使 Gibbs 自由能降低，因此该过程为一个自发过程。然而，对于存在动力学限制的过程而言，上述这种转变可能不会自发地进行。因此，在相图中会出现某一相虽然在稳定区域之外但仍然可以表现为稳定相态的现象。

例如，如果降低水的温度，在0 ℃时可得到水-冰两相平衡的曲线。在更低的温度下，冰比水更稳定。在实际上，水可能会在低于零下几度的状态下仍然以液态水的形式存在，以上的这种过冷状态也可以称为亚稳态相。

2. 两相平衡(equilibrium between two phases)

假设在压力为 p_e、温度为 T_e时的一种纯物质的两个相 α 相和 β 相的性质和数量均不随时间变化时，α 相和 β 相彼此之间达到了相平衡，此时的状态称为相平衡态，用相平衡点(p_e, T_e)表示。此时从宏观上看，没有物质由一相向另一相的净迁移。但从微观上看，不同相间分子转移并未停止，只是两个方向的迁移速率相同。

当达到了相平衡状态时，在此温度和压强下共存的两相的化学势相同，可用下式的形式表示：

$$\mu^{*\alpha}(p_e, T_e) = \mu^{*\beta}(p_e, T_e) \rightarrow \Delta_\alpha^\beta \mu(p_e, T_e) \tag{3.81}$$

假设温度和压强发生了无限微小的变化，可以看做这两相之间此时仍然维持在平衡状态。这可以理解为，温度和压强的改变所对应的状态在两相平衡线上移动，即点($p_e + \mathrm{d}p$, $T_e + \mathrm{d}T$)仍然在两相的平衡线上。由于温度和压强发生了改变，因此化学势也随之发生变化，可以通过等式(3.72)来计算化学势的这种变化。如果体系在新的状态下重新达到了平衡，则化学势会再次相等，这说明 α 相的化学势的变化量与 β 相的相同，可以表示为下式的形式：

$$\mathrm{d}\mu^{*\alpha} = \mathrm{d}\mu^{*\beta} \rightarrow -s^{*\alpha}\mathrm{d}T + v^{*,\alpha}\mathrm{d}p = -s^{*\beta}\mathrm{d}T + v^{*\beta}\mathrm{d}p \tag{3.82}$$

对等式(3.82)进行重排，可以得到下式：

$$-\Delta_\alpha^\beta s^*\,\mathrm{d}T + \Delta_\alpha^\beta v^*\,\mathrm{d}p = 0 \tag{3.83}$$

式中，$\Delta_\alpha^\beta s^*$ 和 $\Delta_\alpha^\beta v^*$ 分别为摩尔熵变和摩尔体积变化。由此可以得出，在两相平衡曲线中的压强和温度的变化满足以下关系式：

$$\left(\frac{\mathrm{d}p}{\mathrm{d}T}\right)_{\mathrm{eq,curve}} = \frac{\Delta_\alpha^\beta s^*}{\Delta_\alpha^\beta v^*} \tag{3.84}$$

等式(3.84)即为 Clapeyron 方程。

对于 α 相和 β 相而言，将等式(3.82)代入等式(3.84)中，可得

$$\Delta_\alpha^\beta h^*(p_e, T_e) - T_e \cdot \Delta_\alpha^\beta s^*(p_e, T_e) = 0 \rightarrow \Delta_\alpha^\beta s^*(p_e, T_e) = \frac{\Delta_\alpha^\beta h^*(p_e, T_e)}{T_e} \tag{3.85}$$

联立等式(3.84)和等式(3.85)，可以得到另外一种形式的 Clapeyron 方程式：

$$\left(\frac{\mathrm{d}p}{\mathrm{d}T}\right)_{\mathrm{eq,curve}} = \frac{\Delta_\alpha^\beta h^*}{T_e \cdot \Delta_\alpha^\beta v^*} \tag{3.86}$$

由于从 α 相到 β 相的转变焓 $\Delta_\alpha^\beta h^*$ 可以通过量热仪器方便地测得，因此以上这种表达形式的 Clapeyron 方程式更为常用。

对于凝聚态(通常为液相和固相)与蒸气相之间的平衡而言，可以通过一些假设来对 Clapeyron 方程式进行简化。一般情况下，物质在蒸气状态下的摩尔体积远大于处于凝聚相的同一物质的摩尔体积。因此，摩尔体积的变化可以近似看成是蒸气的摩尔体积变化(即凝聚相的摩尔体积变化量可以忽略不计)：

$$\Delta_{\mathrm{cond}}^{\mathrm{vap}} v^* = v^{*\mathrm{vap}} - v^{*\mathrm{cond}} \approx v^{*\mathrm{vap}} \tag{3.87}$$

如果假设蒸气相具有类似理想气体的性质，则可以根据理想气体方程得出摩尔体积，如下式所示：

$$v^{*\text{vap}} = \frac{V}{n} = \frac{RT}{p} \tag{3.88}$$

将等式(3.87)和等式(3.88)两式同时代入 Clapeyron 方程式(即等式(3.86))，可得

$$\left(\frac{\mathrm{d}p}{\mathrm{d}T}\right)_{\text{eq,curve}} = \frac{\Delta_{\text{cond}}^{\text{vap}} h^*}{T \cdot \left(\frac{RT}{p}\right)} \rightarrow \frac{\mathrm{d}p}{p} = \frac{\Delta_{\text{cond}}^{\text{vap}} h^*}{R\,T^2}\mathrm{d}T \tag{3.89}$$

以上等式也可以变形为

$$\mathrm{d}\{\ln(p)\} = -\frac{\Delta_{\text{cond}}^{\text{vap}} h^*}{R}\mathrm{d}\left(\frac{1}{T}\right) \tag{3.90}$$

以上这两个非常有用的方程是等价的，通常称之为克劳修斯-克拉佩龙方程式(Clausius-Clapeyron Equation)。该方程表明，由相平衡曲线(用平衡条件下的压强的自然对数与温度的倒数表示)的斜率可以得到负数形式的汽化或升华焓变对气体常数的比值。虽然汽化焓变(对应于液相与蒸汽相的平衡)和升华焓变(对应于固相与气相的平衡)与温度有关，但是其对温度的导数值变得很小。因此在温度变化范围不是很大的情况下，可以将升华熵变与汽化熵变看做一个常数。因此，等式(3.90)经积分后可以得到以下的 Clausius-Clapeyron 方程的第三种表达形式：

$$\ln\left(\frac{p_2}{p_1}\right) = -\frac{\Delta_{\text{cond}}^{\text{vap}} h^*}{R}\left(\frac{1}{T_2} - \frac{1}{T_1}\right) \tag{3.91}$$

在等式(3.91)中，点(p_1, T_1)和点(p_2, T_2)不仅可以是固相-气相平衡线上的两个点，也可以是液相-汽相平衡线上的两个点。如果平衡蒸汽压可以表示为温度的函数形式，则可以通过该方程得到汽化焓或升华焓。另外，如果已知凝聚相-蒸气相平衡线上某点的升华焓或者汽化焓，则可以通过计算得到平衡线上的其他点。

3. 相变(phase transitions)

热力学体系具有相态的多样性。在不同的宏观约束条件下，物质能够呈现为不同的相态，既可以是单相形态，也可以是多相平衡共存的态。各个相具有显著不同的宏观行为，微观上的行为也明显不同。

对于凝聚态相变和很多其他相变的情形而言，在相变过程中的摩尔熵变与摩尔体积的变化不等于0。然而，在实际应用中仍有许多相变过程的摩尔熵变和摩尔体积变化等于0。

一种常见的相变为一级相变，其典型特征为如果体系的强度性质发生变化，一旦这些变量或其中之一达到相变发生的临界值时，相变将在宏观上突然发生。一级相变是一种不连续的突变现象，表现出在确定的强度性质的数值时发生，体积、熵、焓等热力学函数值同时发生不连续的但有限的突变。物质的气、液、固态之间的转变都属于这类相变。

另一类相变的特点是热力学函数值的变化是连续的。相变是在强度性质的热力学函数的某一定范围内发生(不是在确定值时发生)，而且相变并不表现出体积、熵、焓等的急剧变化，即它们在相变时是连续的。但其比热容、膨胀系数等性质在相变点附近会发生比较明显的变化，物质的正常状态与超导状态的转变、铁磁铁与顺磁体的转变以及合金的有序与无序的转变等均属于这类相变。此外，还有在相变点时体积、熵、焓连续，而比热容、膨胀系数等性质呈现出不连续但较为有限的突变。在零磁场下超导态金属与正常态金属的转变过程属于这种类型的相变。图3.3中给出了在一级相变与二级相变过程中的化学势(μ)、焓(h)和

热容(C_p)变化随温度变化的情况。

可以用 Clapeyron 方程(式 3.86)来确定一级相变平衡曲线的斜率,但其对连续相变失去意义。Ehrenfest 从理论上导出了二级相变平衡曲线的斜率公式,称为 Ehrenfest 方程。[14]

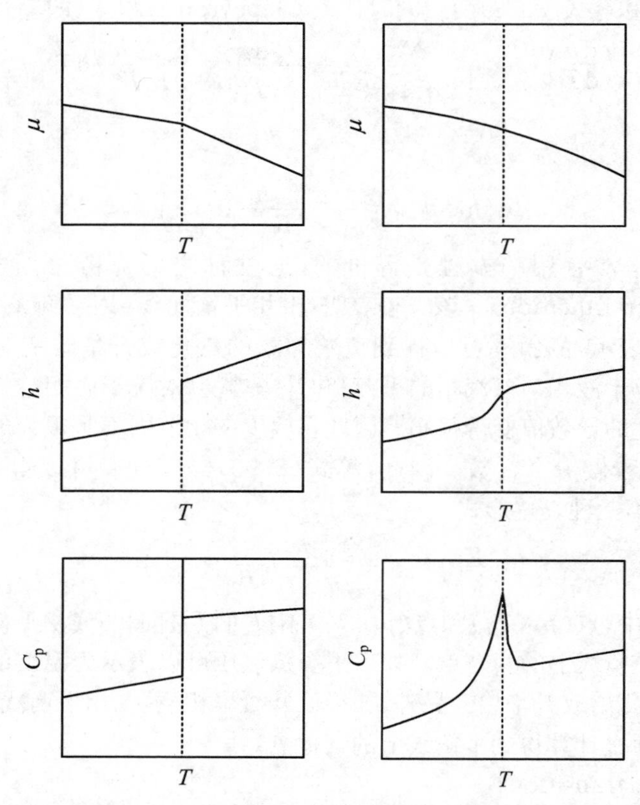

图 3.3　在相变过程中的化学势(μ)、焓(h)和热容(C_p)随温度变化的关系曲线

图中从上到下依次为化学势、焓变和热容,从左到右分别为一级相变和二级相变。图中的虚线垂线所示的为相变温度

Ehrenfest 按照级数对相变进行了分类。[2,14] 将满足等式(3.84)假设的相变(在转变过程中,摩尔熵变和摩尔体积的变化均不等于 0)称作一级相变(phase transitions of the first order)。在这种情况下,可以认为相变前后的摩尔熵变与摩尔体积的变化分别是摩尔吉布斯自由能(或化学势)对温度与压强的一阶偏导数。因此,可以定义吉布斯自由能对温度与压强的一阶偏导数不为 0 的一级相变如下:

$$\text{一级相变:}\begin{cases}\left(\dfrac{\partial \Delta_\alpha^\beta \mu^*}{\partial T}\right)_p = -\Delta_\alpha^\beta s^* \neq 0 \\ \left(\dfrac{\partial \Delta_\alpha^\beta \mu^*}{\partial p}\right)_T = \Delta_\alpha^\beta v^* \neq 0\end{cases} \tag{3.92}$$

由于在一级相变的过程中摩尔体积发生了变化,因此可以用热膨胀法测定一级相变。另外,量热法同样也是一种可以用来研究一级相变的非常的工具。由于在相变过程中摩尔熵发生了变化,由此引起了焓变。因此,可以通过量热法测量得到相变热(通常也称为相变潜热)。

当一个相变的吉布斯自由能和摩尔体积变化对温度与压强的一阶偏导数为0时,我们称其为高阶相变(phase transitions of a higher order)。对于一个二级相变来说,根据Ehrenfest的相变理论,其吉布斯自由能对温度与压强的二阶偏导数不等于0,有如下关系式:

$$\text{二级相变:}\begin{cases}\Delta_\alpha^\beta s^* = 0;\Delta_\alpha^\beta v^* = 0\\ \left(\dfrac{\partial^2 \Delta_\alpha^\beta \mu^*}{\partial T^2}\right)_p = -\left(\dfrac{\partial \Delta_\alpha^\beta s^*}{\partial T}\right)_p = -\dfrac{\Delta_\alpha^\beta c_p^*}{T} \neq 0\\ \left(\dfrac{\partial^2 \Delta_\alpha^\beta \mu^*}{\partial p^2}\right)_T = -\left(\dfrac{\partial \Delta_\alpha^\beta v^*}{\partial p}\right)_T \neq 0\\ \left(\dfrac{\partial^2 \Delta_\alpha^\beta \mu^*}{\partial p \partial T}\right)_{p,T} = -\left(\dfrac{\partial \Delta_\alpha^\beta v^*}{\partial T}\right)_p \neq 0\end{cases} \tag{3.93}$$

因此,对于一个二级相变来说,不存在相变熵(因此也不存在相变焓),同时在相变时摩尔体积也不会发生变化。但是,在发生二级相变时,体系的热容、热膨胀系数及压缩系数会发生变化。许多所谓的有序-无序相转变(例如铁和镍在居里温度下发生的铁磁到顺磁的相变)都是二级相变的例子。在这些相变过程中,它们的热容随温度的变化曲线往往在转变温度下会表现为一个峰。由于这个峰的形状与字母 λ 的相似,因此这些相变也通常被称为 λ 相变。

在通常情况下,对于一个 n 级相变而言,其吉布斯自由能对温度与压强函数关系的 n 阶偏导数不为0,而其更低阶的偏导数则为0。

4. 玻璃态(the glassy state)及玻璃化转变(the glass transition)[2]

由于目前热分析或量热技术已经广泛应用于玻璃态材料的研究领域,因此在这一节中我们将讨论与玻璃态相关的热力学方面的问题,与此相关的更多的细节问题可以参阅参考文献[15,16]。

玻璃态是指组成原子不存在结构上的长程有序或平移对称性的一种无定形固体状态,可以看成是保持类玻璃特性的一种固体状态。玻璃态不是物质的一种状态,它是一种无定形的固体结构形式。固态物质分为晶体和非晶体,构成晶体的原子(或离子或分子)具有一定的空间结构(即晶格),晶体具有一定的晶体形状和固定熔点,具有各向异性。玻璃态是一种非晶形态,非晶态是固体中除晶体以外的固体的存在状态。其没有固定的形状和固定的熔点,具有各向同性。它们随着温度的升高逐渐变软,最后呈现熔化状态,外观变软后可加工成各种形状。

在分子尺度上,玻璃态(the glassy state,也称 the vitreous state)可以被看做"冻结"(frozen)的液态。在温度发生变化的过程中,相当多的液体可能会出现过冷却(undercooled)现象。当体系被冷却至热力学熔点温度以下时,会形成一种亚稳态的液体(metastable liquid)。如果进一步冷却这种液体,体系往往在一定的过冷温度下开始结晶,即形成稳定的或者亚稳状态的晶体。但在某些情况下,即使在(非常)高的过冷温度下,形成晶体的过程在动力学上仍然是受到限制的。由于此时的(亚稳态)液体的黏度在冷却过程中变大,液体分子的流动速度变得十分缓慢,因此会导致无法形成过冷液体的现象(即无法结晶)。在这种条件下就形成了一种分子构象被冻结的状态,它在更高的温度下会形成典型的液体,通常将这种状态称为玻璃态。但是从机械性质的角度(比如硬度)看,玻璃态具有类似固体的性质。形成玻璃态的过程被称作玻璃化转变过程。通过以上表述我们可以清楚地知道，玻璃态并不是一种平衡状态。

从动力学角度来看，当高分子链段构象重排时，涉及主链上的单键的旋转，键的旋转存在着能垒。当温度在 T_g 以上时，分子运动导致有足够的能量去克服能垒，最终达到平衡。当温度降低时，分子热运动的能量不足以克服能垒，于是发生分子运动的冻结。由于在转变过程中两个能量状态之间存在着能量差，这种能量的差异驱动着高聚物玻璃化转变。因此，玻璃化转变现象具有明显的动力学性质，能垒理论从理论上验证了这一点，它可以很好地解释玻璃化转变中的弛豫现象。但是，根据能垒理论无法从分子结构的角度预测玻璃化转变温度。根据热力学理论很难解释玻璃化转变时复杂的时间依赖性，而由动力学理论则难以从分子结构角度预测 T_g。

通常将过冷液体从类似液体的状态转变为玻璃态的温度称为玻璃化转变温度（glass transition temperature），用符号 T_g 表示。玻璃化转变温度与冷却速率有关。如果一种材料冷却得很慢，那么它的玻璃化转变温度将比材料在淬冷条件下的低。这一点与我们在前面一节中所讨论的热力学稳定状态下的相变（无论是一级相变还是更高级的相变）不同。对于这些相变而言，相变温度只与热力学性质有关，而与动力学性质无关。Gibbs 和 DiMarzio 在 20 世纪 60 年代末为解释聚合物玻璃化转变而提出玻璃化转变的热力学理论，简称为 G-D 理论。[15] G-D 理论认为：当温度降低时，构象熵随着温度降低而减少；当构象熵降低至零时，物质发生玻璃化转变（构象熵随温度变化）。构象熵包括所有聚合物的构型、位置及取向。通过 G-D 理论可以成功地解释高聚物玻璃化转变过程中的增塑效应、交联度等问题。

Fox 和 Flory 提出了玻璃化转变的自由体积理论[16]，他们认为：液体或固体的体积由两部分组成：一部分是被分子占据的体积，称为已占体积；另一部分则是未被占据的体积，称为自由体积。后者以“空穴”的形式分散于整个物质之中，自由体积的存在为分子链通过转动和位移调整构象提供可能性。当高聚物冷却时，自由体积先逐渐减小，当达到某一温度时，自由体积将达到最低值，并维持不变。此时，高聚物呈现玻璃态。因而高聚物的玻璃态可视为等自由状态。自由体积理论采用一个参量——自由体积描述玻璃化转变过程中物性的变化，能够很好地解释玻璃化转变温度附近的黏度和热容随温度的变化关系。但是研究发现：淬火后高聚物在 T_g 以下，自由体积随着放置时间延长而不断减小。这是自由体积理论的不足之处。

在对一个可以形成玻璃态的材料进行冷却的过程中，如果在高于或者低于玻璃化转变温度时体积是温度的函数并且体积对温度曲线的斜率不相同，则意味着玻璃态的热膨胀系数与过冷液体的不相同。但是，在玻璃化转变温度时，玻璃态材料的体积与过冷液体的体积相同。同样，在二级相变中也有同样的规律。实际上，玻璃化转变与二级相变的相似之处远不止如此。等式（3.93）中对二级相变的所有判据也适用于玻璃化转变，但该过程是准二级相变（pseudo second-order transition），并不是一个真正意义上的二级相变过程。这主要是因为玻璃态并非一个热力学平衡状态，玻璃化转变温度的数值并不只依赖于其热力学性质，也依赖于其动力学性质（冷却速率）。

在玻璃态形成之后，可以从热力学上定义玻璃化转变温度。此时，玻璃态的体积、熵或焓与过冷液体的相应参数的数值相等。通常情况下，由过冷液体形成玻璃态的过程往往不在一个确定的温度下发生，而是在一个温度范围内发生（反之亦然）。在某些情况下，这个温度的范围变得相当宽。必须通过外推在玻璃态范围与过冷液态范围的体积、熵或焓对温度所得到的曲线的交叉点的方式来确定玻璃化转变温度，交点的温度即为玻璃化转变的温度。

通常用热分析或量热法来研究玻璃化转变，以热容对温度的函数形式来表示测量结果。

在玻璃化转变温度附近，热容曲线呈现出不连续性的特征。图 3.4 给出的是一条典型的甘油的热容对温度曲线。[16]

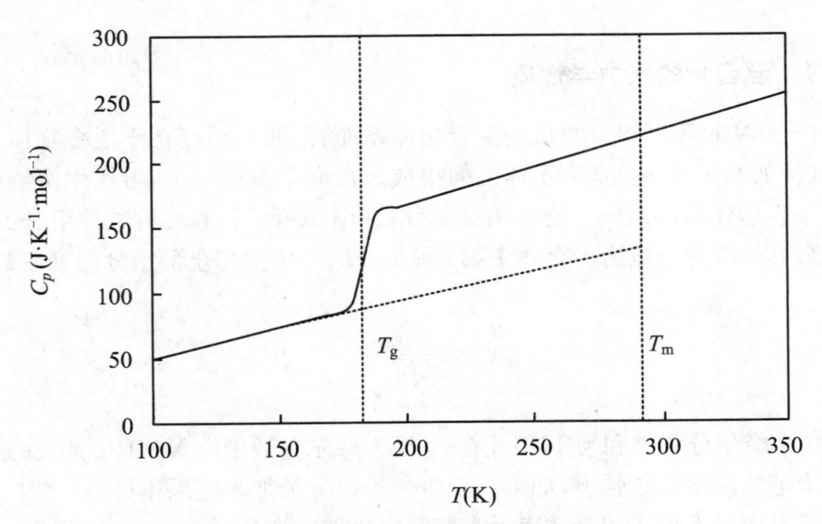

图 3.4　甘油的热容对温度曲线

图中的实线为玻璃态，虚线为晶态；垂直的虚线为玻璃化转变温度（T_g）和熔融温度（T_m）

如果玻璃化转变发生在比较宽的温度范围内，则很难直接按照以上的方法由测得的热容对温度曲线确定玻璃化转变温度。通常采用的方法是将在玻璃态与过冷液态的热容数据外推到转变区域，由实验得到的热容曲线中两条外推曲线的中间值所对应的温度即为玻璃化转变温度；在有些情况下，也可以将由实验得到的热容曲线的拐点温度所对应的温度表示为玻璃化转变温度。显然，通过这两种方式得到的结果都不是本节所定义的严格意义上的玻璃化转变温度。为了得到本节定义的严格的玻璃化转变温度（即准二级相转变温度(pseudo second-order phase transition temperature)），最好将热容对温度的曲线转化为焓对温度的函数曲线。最后通过外推法找到玻璃态与过冷液态的交叉点，该交点所对应的温度即为玻璃化转变温度（参见图 3.5）[16]。

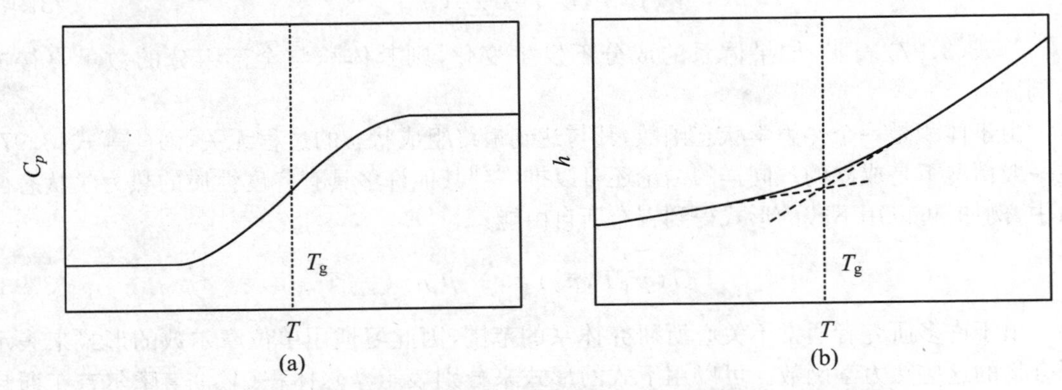

图 3.5　玻璃化转变的热容(a)与焓曲线(b)随温度变化的示意图

玻璃化转变温度为将玻璃态的热容或焓与过冷液态的热容或焓曲线外推至转变区域所得到的切线的交点

3.5.3 混合物的热力学性质与相图[2,17]

3.5.3.1 混合物的热力学性质

对于一个由 N 种不同组分组成的混合物体系而言，通常用存在于混合物体系中的每种成分的数量(例如摩尔数 n_i)来表示体系的组成。在大多数情况下，习惯用不依赖于体系的成分的变量来表示体系的组成。通常用摩尔分数(用 x_i 表示)来表示每种组分的相对组成，定义第 i 种组分的摩尔分数为混合物中第 i 种组分的摩尔数与全部组分的摩尔数之比，用下式表示：

$$x_i \equiv \frac{n_i}{\sum_{i=1}^{N} n_i} \tag{3.94}$$

显然，由于 N 个摩尔分数之和为1，因此在这 N 个摩尔分数中有 $N-1$ 个独立的量。

在一个确定的温度及压强下，如果有至少一种组分被加入体系中(即体系中的组分发生了变化)，则可以用以下形式的等式表示吉布斯自由能的变化量：

$$(\mathrm{d}G)_{p,T} = \sum_{i=1}^{N} \mu_i \mathrm{d}n_i \tag{3.95}$$

式中，组分 i 的化学势 μ_i(或偏摩尔吉布斯自由能)是温度、压强及组成的函数。另外，很多其他热力学广度性质的变化都满足与此相似的等式。例如，可以用下式来表示体积的变化：

$$(\mathrm{d}V)_{p,T} = \sum_{i=1}^{N} v_i \mathrm{d}n_i \tag{3.96}$$

组分 i 的偏摩尔体积 v_i 也是温度、压强及组成的函数。

假设以一种特殊的方式将每种组分加入混合物体系中，并使该混合物体系的组成不发生变化。这意味着在这样一个理想的实验中，组分的偏摩尔体积保持不变。因此，如果对等式(3.96)进行积分，则可以用下式表示其结果：

$$V(p,T,n_i) = \sum_{i=1}^{N} v_i n_i \tag{3.97}$$

等式(3.97)表明，如果体系的成分不发生变化，则其体积与全部组分的数量直接成比例。

由于体积是一个热力学状态函数，其与达到最终组成状态的过程无关，因此等式(3.97)在一般情况下是成立的。同样的结论还可以推广到其他许多具有广度性质的热力学状态函数中，例如，可以用下式的形式得到吉布斯自由能：

$$G(p,T,n_i) = \sum_{i=1}^{N} \mu_i n_i \tag{3.98}$$

由于许多研究者通常不关心所研究体系的范围，因此习惯用单位摩尔数的形式来表示混合物的这些热力学函数。可以用下式的形式来分别表示摩尔体积(V_{m})与摩尔吉布斯自由能(G_{m})：

$$V_{\mathrm{m}}(p,T,x_i) = \frac{V(p,T,n_i)}{\sum_{i=1}^{N} n_i} = \sum_{i=1}^{N} v_i x_i \tag{3.99}$$

$$G_{\mathrm{m}}(p,T,x_i)=\frac{G(p,T,n_i)}{\sum_{i=1}^{N}n_i}=\sum_{i=1}^{N}\mu_i x_i \tag{3.100}$$

由下列等式可以得到无限小的摩尔体积与摩尔吉布斯自由能之间的变化关系：

$$(\mathrm{d}V_{\mathrm{m}})_{p,T}=\sum_{i=1}^{N}v_i\mathrm{d}x_i \tag{3.101}$$

$$(\mathrm{d}G_{\mathrm{m}})_{p,T}=\sum_{i=1}^{N}\mu_i\mathrm{d}x_i \tag{3.102}$$

对于仅含有两种组分的混合物体系而言，组成可以由一个独立变量的摩尔分数 x 来表示。通常定义 x 为体系中第二种组分的摩尔分数，则体系中第一种组分的摩尔分数可以表示为 $1-x$ 的形式。因此，对于二元混合物体系来说，可以用以下形式的等式来表示摩尔体积与它的(无限小的)变化量：

$$V_{\mathrm{m}}(p,T,x)=(1-x)\cdot v_1+x\cdot v_2=v_1+x\cdot(v_2-v_1) \tag{3.103}$$

$$(\mathrm{d}V_{\mathrm{m}})_{p,T}=(v_2-v_1)\mathrm{d}x \tag{3.104}$$

根据这两个等式可以计算出每一种组分的偏摩尔体积，如以下等式所示：

$$v_1(p,T,x)=V_{\mathrm{m}}(p,T,x)-x\cdot\left(\frac{\partial V_{\mathrm{m}}}{\partial x}\right)_{p,T} \tag{3.105}$$

$$v_2(p,T,x)=V_{\mathrm{m}}(p,T,x)+(1-x)\cdot\left(\frac{\partial V_{\mathrm{m}}}{\partial x}\right)_{p,T} \tag{3.106}$$

分别对等式(3.105)和等式(3.106)以 x 求偏导，可得到下式：

$$\left(\frac{\partial v_1}{\partial x}\right)=-x\cdot\left(\frac{\partial^2 V_{\mathrm{m}}}{\partial x^2}\right) \tag{3.107}$$

$$\left(\frac{\partial v_2}{\partial x}\right)=(1-x)\cdot\left(\frac{\partial^2 V_{\mathrm{m}}}{\partial x^2}\right) \tag{3.108}$$

联立以上两个等式就可以得到著名的 Gibbs-Duhem 方程式[10]。通过该方程式可知，当压强与温度不发生变化时，由于组分发生的微小变化而导致的偏摩尔体积之间的变化关系如下式所示：

$$\frac{\partial v_1}{\partial v_2}=-\frac{x}{1-x} \tag{3.109}$$

可用类似形式的等式来表示其他的热力学函数及其偏摩尔量，如偏摩尔吉布斯自由能、熵与焓等。例如，可用图3.6表示(积分)摩尔吉布斯自由能与偏摩尔吉布斯自由能(化学势)之间的关系。

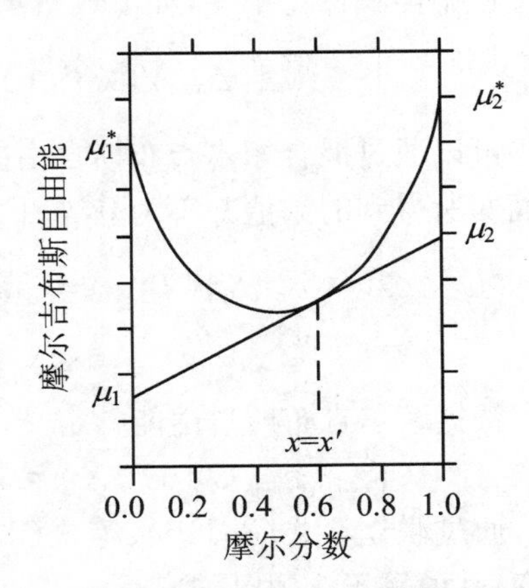

图3.6　二元混合物体系中摩尔吉布斯自由能与偏摩尔吉布斯自由能(化学势)之间的关系

对于理想气体混合物体系，可以将描述理想气体的全部物理量视为体系中每种组分的各自贡献的总和。[2,10]根据摩尔分数的定义，可以得到一种组分(组分 i)的分压等于总压强与在混合气体中该组分的摩尔分数的乘积，可用下式表示：

$$p_{\mathrm{i}}=p\cdot x_{\mathrm{i}} \tag{3.110}$$

如果混合物中第一种组分和第二种组分的摩尔内能分别为 $u_1(p_1,T)$ 和 $u_2(p_2,T)$，则体系中总摩尔内能等于两种组分的各自贡献的总和，可以用下式表示：

$$U_m(p,T,x)=(1-x)\cdot u_1(p_1,T)+x\cdot u_2(p_2,T) \tag{3.111}$$

对于理想气体而言，内能仅仅与温度有关，而与压强无关。因此，等式(3.111)可以简化为以下等式的形式：

$$U_m(T,x)=(1-x)\cdot u_1^*(T)+x\cdot u_2^*(T) \tag{3.112}$$

理想气体混合物体系的摩尔吉布斯自由能受组分的影响主要来源于偏摩尔吉布斯自由能或化学势，可以用以下等式表示：

$$\begin{aligned}G_m(p,T,x)=&(1-x)\cdot \mu_1^*(p,T)+x\cdot \mu_1^*(p,T)\\&+R\cdot T\cdot[(1-x)\cdot\ln(1-x)+x\cdot\ln x]\end{aligned} \tag{3.113}$$

在等式(3.113)中，第一项表示摩尔分数为 $1-x$ 的第一种纯组分在压强 p 与温度 T 下的吉布斯自由能，第二项表示摩尔分数为 x 的第二种纯组分在相同的压强 p 与温度 T 下的吉布斯自由能。显然，第三项表示在混合状态下各组分的吉布斯自由能与未混合状态下的相同组分的吉布斯自由能的差值。因此，这一项是由于理想气体混合物的混合所导致的(摩尔)吉布斯自由能变化(可以记作 $\Delta_{mix}G_m$的形式)。

对于一个无论是气态、液态还是固态的混合物体系而言，只要它们的吉布斯自由能可以用等式(3.113)来描述，就可以将其视作理想混合物(ideal mixture)，即可以认为这类混合物的混合行为与理想气体混合物的混合行为相似。这意味着对于理想状态的混合物而言，可以用下式来表示其混合摩尔吉布斯自由能变化：

$$\Delta_{mix}G_m^{id}(T,x)=R\cdot T\cdot[(1-x)\cdot\ln(1-x)+x\cdot\ln x] \tag{3.114}$$

通过等式(3.14)，可以计算出混合物体系的其他热力学函数。在混合的过程中，可以通过对混合(摩尔)吉布斯自由能对压强的偏微分求得体系的摩尔体积变化。由等式(3.114)可见，对于理想混合物而言，混合摩尔吉布斯自由能的变化与压强的变化无关。因此，在混合过程中体积保持不变，如下式所示：

$$\Delta_{mix}V_m^{id}(T,x)=\left\{\frac{\partial[\Delta_{mix}G_m^{id}(T,x)]}{\partial p}\right\}_{T,x}=0 \tag{3.115}$$

可以通过混合摩尔吉布斯自由能变化对温度求偏导得到理想混合物在混合过程中的摩尔熵变所得到的数值并不为0，如下式所示：

$$\begin{aligned}\Delta_{mix}S_m^{id}(T,x)&=-\left\{\frac{\partial[\Delta_{mix}G_m^{id}(T,x)]}{\partial T}\right\}_{p,x}\\&=-R\cdot[(1-x)\cdot\ln(1-x)+x\cdot\ln x]\end{aligned} \tag{3.116}$$

根据摩尔吉布斯自由能的定义，等式(3.35)可以变换为下式的形式：

$$\Delta_{mix}G_m^{id}(T,X)=\Delta_{mix}H_m^{id}(T,X)-T\cdot\Delta_{mix}S_m^{id}(T,X) \tag{3.117}$$

通过联立等式(3.116)、等式(3.117)以及等式(3.114)，可以求得在混合过程中的摩尔焓变，其值等于0，用下式表示：

$$\Delta_{mix}H_m^{id}(T,X)=0 \tag{3.118}$$

对于实际状态的混合物体系而言，通常用理想混合物的摩尔吉布斯自由能与偏离理想状态混合物行为的表达式项的总和来表示体系的摩尔吉布斯自由能。[2,10] 通常称这个偏离项为摩尔剩余吉布斯自由能(excess Gibbs energy，用 G_m^E 表示)。由于该摩尔剩余吉布斯自由能可能是一个关于压强、温度及组分的函数，因此可以用以下形式的等式来表示实际状态混合物的摩尔吉布斯自由能：

$$G_m(p,T,x) = G_m^{id}(p,T,x) + G_m^E(p,T,x) \tag{3.119}$$

将表示理想状态混合物的摩尔吉布斯自由能的等式(3.114)代入等式(3.119)中,可得下式:

$$G_m(p,T,x) = (1-x)\cdot\mu_1^*(p,T) + x\cdot\mu_1^*(p,T) + R\cdot T\cdot[(1-x)\cdot\ln(1-x) + x\cdot\ln x] + G_m^E(p,T,x) \tag{3.120}$$

在等式(3.120)中,前两项表示两种纯组分的各自的贡献量(即未混合状态的吉布斯自由能),第三项表示理想状态的混合物在混合时的吉布斯自由能变化量,第四项是实际状态的混合物在偏离理想状态时的吉布斯自由能变化。可以用下式表示实际状态的混合物在混合过程中的吉布斯自由能变化:

$$\begin{aligned}\Delta_{mix}G_m(p,T,x) &= \Delta_{mix}G_m^{id}(p,T,x) + G_m^E(p,T,x)\\ &= R\cdot T\cdot[(1-x)\cdot\ln(1-x) + x\cdot\ln x] + G_m^E(p,T,x)\end{aligned} \tag{3.121}$$

与以上理想混合体系的表示方法类似,如果已知混合过程中的摩尔吉布斯自由能的变化值,则可以计算出在实际的混合过程中的摩尔体积变化、摩尔熵变以及摩尔焓变,如以下等式所示:

$$\begin{aligned}\Delta_{mix}V_m(p,T,x) &= \left\{\frac{\partial[\Delta_{mix}G_m(p,T,x)]}{\partial p}\right\}_{T,x}\\ &= \left\{\frac{\partial[\Delta_{mix}G_m^{id}(T,x) + G_m^E(p,T,x)]}{\partial p}\right\}_{T,x}\\ &= 0 + \left(\frac{\partial G_m^E(p,T,x)}{\partial p}\right)_{T,x}\\ &= V_m^E(p,T,x)\end{aligned} \tag{3.122}$$

$$\begin{aligned}\Delta_{mix}S_m(p,T,x) &= -\left\{\frac{\partial[\Delta_{mix}G_m(p,T,x)]}{\partial T}\right\}_{p,x}\\ &= -\left\{\frac{\partial[\Delta_{mix}G_m^{id}(T,x) + G_m^E(p,T,x)]}{\partial T}\right\}_{p,x}\\ &= -R\cdot[(1-x)\cdot\ln(1-x) + x\cdot\ln x] - \left[\frac{\partial G_m^E(p,T,x)}{\partial p}\right]_{p,x}\\ &= -R\cdot[(1-x)\cdot\ln(1-x) + x\cdot\ln x] + S_m^E(p,T,x)\end{aligned} \tag{3.123}$$

$$\begin{aligned}\Delta_{mix}H_m(p,T,x) &= \Delta_{mix}G_m(p,T,x) + \Delta_{mix}S_m(p,T,x)\\ &= -R\cdot T\cdot[(1-x)\cdot\ln(1-x) + x\cdot\ln x] + G_m^E(p,T,x)\\ &\quad + T\cdot\{-R\cdot[(1-x)\cdot\ln(1-x) + x\cdot\ln x] + S_m^E(p,T,x)\}\\ &= G_m^E(p,T,x) + T\cdot S_m^E(p,T,x)\\ &= H_m^E(p,T,x)\end{aligned} \tag{3.124}$$

由等式(3.122)与等式(3.124)可见,混合过程中的体积变化等于剩余体积,混合中的焓变也就是剩余焓。

由等式(3.124)还可以得出这样的一个特别有意义的结论:如果在混合物的混合过程中压强保持不变,则在混合过程中的焓变(即剩余焓)等于混合过程中的热量变化(即混合热)。这表明,可以通过量热技术测量得到剩余焓。通常,许多液体混合物的热量都可以通过量热仪直接测量得到。对于固态混合物体系而言,只能通过间接的方法测量。例如,可以通过量热法测量得到混合物溶解过程中的热量变化,并可以与纯组分的溶解热进行比较。

3.5.3.2 多组分相图

对于多相体系而言，体系的各相之间的相互转化、新相的形成以及旧相的消失均与其温度、压力、组成密切相关。由实验数据得到的表示相变规律的各种几何图形称为相图。通过这种几何图形可以直观地得到多相体系中的各种聚集状态和它们所处的条件（温度、压力、组成）。相图（phase diagrams）是在给定条件下体系中各相之间建立平衡后热力学函数的轨迹的曲线表达形式，是表示不同相的稳定区域的图。相图是用来表示材料相的状态和温度及成分关系的综合图形，其所表示的相的状态是体系的平衡状态，通常由量热或热分析技术测量得到。由于在前面的内容中已经讨论了仅由一种组分（即一元体系）组成的体系相图，因此在本节中仅讨论二元组分体系（即由两个组分组成的体系）的相图。

1. 分相区（region of demixing）[2]

可以用等式(3.121)来描述实际状态的混合物体系的吉布斯自由能。对于理想状态的混合物体系，$G_m^E=0$。在整个组成范围内，通过吉布斯自由能对组成（即摩尔比）作图可以得到一条向上凸起的曲线。而当实际状态的混合物体系与理想的混合物存在正偏差（即 $G_m^E>0$）时，通过其吉布斯自由能对组成（即摩尔比）作图所得到的曲线在整个组成范围内不呈向上凸起状。图 3.7(a)中绘制了一条在一定温度 $T=\Theta$（和一定压力）下的摩尔吉布斯自由能与摩尔组成之间的函数关系曲线。对于组成为 $X'<x<Y'$ 范围内的混合物而言，如果体系分为两相，其中一相的组成为 $x=X'$，而另一相的组成为 $x=Y'$，则吉布斯自由能将下降，一般称这种现象为分相（demixing）。

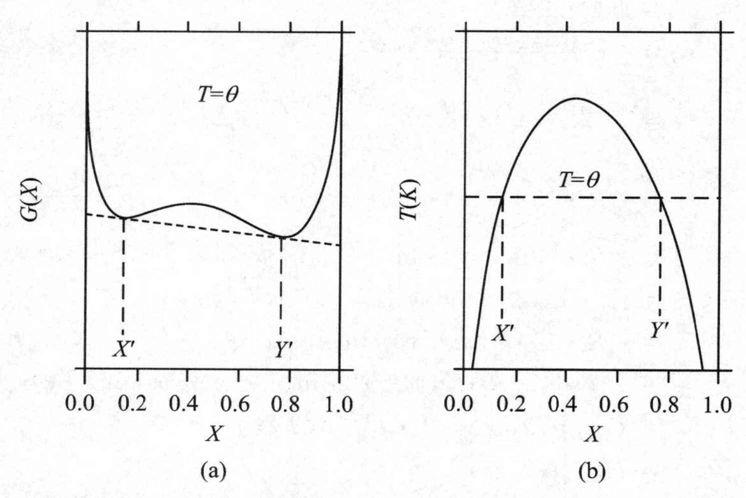

图 3.7 (a) 当温度 $T=\Theta$ 时，摩尔吉布斯自由能与发生分相情况下的组成之间的关系曲线。可以由与公共切线（虚线）的切点得到共存相的组成。(b) 与图(a)相对应的分相区域

由于分相体系的吉布斯自由能低于混合体系的吉布斯自由能，因此分相体系在热力学上是稳定的。在其他的温度下，X'和 Y'的值也会发生改变。通过数据点(T,X')和(T,Y')可以绘制得到温度随组成的变化关系曲线，通常称该曲线为双结线（binodal）。由双结线包围的区域通常称为分相区（region of demixing）或不相混溶区（miscibility gap），典型的分相区如图 3.7(b)所示。在这种情况下，组分的相互混溶性随着温度的升高而增加。在曲线中温度随组成的变化出现了最大值，通常称该最大值为临界点（critical point），与此相对应的温度称为临界温度(critical temperature)。然而,在体系中还存在着组分的相互混溶性随着温度升高而降低的分相区。由于这些分相区在双结点处存在最小值,因此该临界点较低。由于封闭的分相区域(closed regions of demixing)具有低临界点和高临界点,因此这意味着均匀混合物在冷却时可以分为两相,并且在进一步冷却时可能会出现再次混合的现象。

图3.7(a)中,当温度 $T=\Theta$ 时,平衡状态的组成为 $x=X'$ 和 $x=Y'$。可以绘制出在这两个值($X'<x<Y'$)之间的全部组成的混合相的吉布斯自由能曲线。当体系被分为 $x=X'$ 和 $x=Y'$ 的两相时,体系的吉布斯自由能曲线用虚线表示。绘制的虚线曲线由吉布斯自由能曲线在 $x=X'$ 处以及在 $x=Y'$ 处的切线连接而成。因此,此虚线被称为公切线(common tangent)。由于吉布斯自由能曲线的切线与吉布斯自由能的坐标轴在 $x=0$ 和 $x=1$ 处相交,因此对应的组分分别为 μ_1 和 μ_2(也可参见图3.6)。可以用以下两式来表示平衡条件:

$$\mu_1(\chi = X') = \mu_1(\chi = Y') \tag{3.145}$$

$$\mu_2(\chi = X') = \mu_2(\chi = Y') \tag{3.146}$$

注意,以上这两个平衡条件必须同时满足。由图3.7可见,这些平衡条件相当于

$$\left(\frac{\partial G_\mathrm{m}}{\partial x}\right)_{x=X'} = \left(\frac{\partial G_\mathrm{m}}{\partial x}\right)_{x=Y'} = \frac{G_\mathrm{m}(x=Y') - G_\mathrm{m}(x=X')}{Y'-X'} \tag{3.147}$$

2. 热力学相图分析[2]

如果纯组分的热力学性质和热力学混合性质已知,可以根据以上所述平衡条件计算相图。此外,从已知的(实验确定的)相图来推导热力学混合特性也是可以实现的,这个过程被称为热力学相图分析。

热力学相图分析是一种拟合方法,它利用了剩余热力学函数,在拟合过程中需要根据实际来调整的参数是这些函数的系数。

热力学相图分析的结果,即剩余热力学函数的数学表达式,对应于与热力学相一致的计算相图,据其还可以很好地再现实验相图。因此,热力学相图分析是一种可靠地拟合实验相图数据的方法,也是测试这些数据内在一致性的手段。如果需要从二元相图的数据估计三元和高阶相图,则首先需要进行热力学相图分析。

有关热力学相图分析的更深入的信息,可以参阅参考文献[14]。

3.5.4　化学反应的热力学平衡[2,6,10]

3.5.4.1　反应吉布斯自由能、反应熵和反应焓

化学反应是一种或多种组分的分子结构(这些组分称为反应物)变化的过程,所形成的新组分称为产物。反应物中一部分化学键断裂,同时在产物中有新的化学键形成。一般使用化学计量方程式来描述化学反应,例如:

$$N_2(g) + 3H_2(g) \rightarrow 2NH_3(g) \tag{3.148}$$

这意味着1 mol N_2 与3 mol H_2 反应形成2 mol NH_3。原则上如果改变温度和分压,反应也可以在逆方向上进行:

$$2NH_3(g) \rightarrow N_2(g) + 3H_2(g) \tag{3.149}$$

对于特定的温度，可以实现这样的分压条件，使得 NH_3 既不形成也不分解。在这种情况下，体系处于平衡状态：

$$N_2(g) + 3H_2(g) \leftrightarrow 2NH_3(g) \tag{3.150}$$

在恒定的压力和温度下，自发（不可逆）过程的特征是体系吉布斯自由能降低。因此，当需要探究组分之间是否可以发生自发反应时，必须确定由化学反应引起的吉布斯自由能的变化。假设反应物 A 和 B 之间发生化学反应，生成了产物 C 和 D，如下式所示：

$$|\nu_A|A + |\nu_B|B \rightarrow \nu_C C + \nu_D D \tag{3.151}$$

值得注意的是，在以上方程式中，系数 ν_A 和 ν_B 均带绝对值符号。这是因为系数 ν_A 和 ν_B（即反应物的系数）被定义为负值，而系数 ν_C 和 ν_D（即产物的系数）被定义为正值。使用符号 ξ 表示反应程度，为 0 到 1 之间的数值。若 $\xi = 0$，表明体系中只有反应物；若 $\xi = 1$，则表示体系中只存在产物。当反应程度 $d\xi$ 发生微小的变化时，将导致反应物数量的减少（即 A 和 B 的量分别减去 $dn_A = \nu_A d\xi$ 和 $dn_B = \nu_B d\xi$）和产物数量的增加（即 C 和 D 量分别加上 $dn_C = \nu_C d\xi$ 和 $dn_D = \nu_D d\xi$）。

由于吉布斯自由能属于状态函数，因此由反应程度变化所引起的吉布斯自由能的变化即为反应吉布斯自由能变化值，在反应过程中，如果 A 和 B 按照 dn_A 和 dn_B 摩尔数从体系中可逆地除去，则 dn_C 和 dn_D 摩尔数的 C 和 D 将可逆地被加入体系中。因此，根据等式(3.73)，在恒定温度和压力下，可以由下式给出化学反应吉布斯自由能的变化：

$$(dG)_{p,T} = \mu_A dn_A + \mu_B dn_B + \mu_C dn_C + \mu_D dn_D \tag{3.152}$$

或者

$$(dG)_{p,T} = (\nu_A\mu_A + \nu_B\mu_B + \nu_C\mu_C + \nu_D\mu_D)d\xi \tag{3.153}$$

该等式可以改写为更加通用的表达式：

$$(dG)_{p,T} = \left[\sum_i (\nu_i\mu_i)\right]d\xi \tag{3.154}$$

式中，求和式涵盖了反应中所有反应物和产物。如果吉布斯自由能处于其最低值，则反应达到平衡状态，即

$$\left(\frac{\partial G}{\partial \xi}\right)_{p,T} = 0 \rightarrow \sum_i (\nu_i\mu_i) = 0 \tag{3.155}$$

通常定义反应吉布斯自由能为化学势与化学计量系数的乘积总和，为方便起见，该自由能用符号 $\Delta_r G$ 表示：

$$\Delta_r G = \sum_i (\nu_i\mu_i) \tag{3.156}$$

原则上，由于（在恒定的温度和压力下）吉布斯自由能趋于最小值，因此若反应的吉布斯自由能为负值，则反应趋于向化学计量方程式的右侧进行；若吉布斯自由能变化值为正值，则反应趋于向化学计量方程式的左侧进行。

可以由下式得出反应吉布斯自由能对于温度的依赖性，即反应的熵：

$$\left(\frac{\partial(\Delta_r G)}{\partial T}\right)_p = \left(\frac{\partial\left[\sum_i (\nu_i\mu_i)\right]}{\partial T}\right)_p = \sum_i \left[\nu_i\left(\frac{\partial \mu_i}{\partial T}\right)_p\right] = -\sum_i \nu_i s_i = -\Delta_r s \tag{3.157}$$

结合等式(3.156)和等式(3.157)可推导出反应焓，如下式所示：

$$\Delta_r H = \sum_i (\nu_i h_i) = \sum_i [\nu_i(\mu_i + Ts_i)] = \Delta_r G + T\Delta_r S \tag{3.158}$$

反应焓是一个重要的物理量，对于恒定压力下的过程，反应焓等于反应热，可通过量热

技术实验获得反应焓。

3.5.4.2　化学平衡

反应吉布斯自由能的定义如等式(3.155)所示。如果反应涉及混合物(固体、液体或气体)和/或纯气体,那么等式(3.155)中的化学势是混合物组成的函数。由于在反应期间,混合物的组成和/或分压可能改变,因此反应吉布斯自由能也可能会发生改变。若反应的吉布斯自由能为零,则达到了平衡态。

可以按照此标准来计算分解过程的化学平衡,这种情形在热重分析实验中十分常见。

例如,对于以下的碳酸钙分解反应的吉布斯自由能:

$$CaCO_3 \rightarrow CaO + CO_2 \tag{3.159}$$

其反应吉布斯自由能 $\Delta_r G$ 可以表示为

$$\Delta_r G = \mu(CaO) + \mu(CO_2) - \mu(CaCO_3) \tag{3.160}$$

上式中,碳酸钙(方解石)和氧化钙都处于固体状态,并且这两种组分之间不形成混合态固相。因此,可用星号标记这些组分化学势,表明它们是纯组分的特性。气态二氧化碳的化学势是二氧化碳分压的函数。若假设气体为理想气体,则可用等式(3.75)描述二氧化碳的化学势。考虑到上述因素,可以将等式(3.160)重新改写为

$$\Delta_r G = \mu^*(CaO) + \mu^0(CO_2) + RT\ln\left[\frac{p(CO_2)}{p^0}\right] - \mu^*(CaCO_3) \tag{3.161}$$

$$= \left[\mu^*(CaO) + \mu^0(CO_2) - \mu^*(CaCO_3)\right] + RT\ln\left[\frac{p(CO_2)}{p^0}\right] \tag{3.162}$$

$$= \Delta_r G^0 + RT\ln\left[\frac{p(CO_2)}{p^0}\right] \tag{3.163}$$

通常物理量 $\Delta_r G^0$ 为反应的标准吉布斯自由能。反应的标准吉布斯自由能定义为:在没有形成混合物(即所有反应物和产物都是纯的),并且所有分压都等于标准压力(通常为1 bar)的(假想)情况下反应的吉布斯自由能。虽然反应的标准吉布斯自由能原则上是温度的函数,但根据定义知它不是压力的函数。

当涉及更多气体组分参与反应时,等式(3.163)变形为

$$\Delta_r G = \Delta_r G^0 + RT\sum_i\left[\nu_i \ln\left(\frac{p_i}{p^0}\right)\right] \tag{3.164}$$

式中的求和部分涵盖反应中涉及的所有气态组分。

当反应的吉布斯自由能等于零时,反应处于化学平衡状态。因此,可用下式的形式表示平衡压力 $p_e(CO_2)$ 与反应的标准吉布斯自由能之间的关系:

$$\ln\left[\frac{p_e(CO_2)}{p^0}\right] = -\frac{\Delta_r G^0(T)}{RT} \tag{3.165}$$

下式中给出了从生成吉布斯自由能($\Delta_f G$)计算反应吉布斯自由能的过程:

$$\Delta_r G = \Delta_f G(CaO) + \Delta_f G(CO_2) - \Delta_f G(CaCO_3) \tag{3.166}$$

等式(3.166)中的 CaO、CO_2、$CaCO_3$ 的生成吉布斯自由能的数值可以通过查表得到。因此,可以将等式(3.165)重新改写为下式的形式:

$$\ln\left[\frac{p_e(CO_2)}{p^0}\right] = -\left[\frac{\Delta_f G^0(CaO,T) + \Delta_f G^0(CO_2,T) - \Delta_f G^0(CaCO_3,T)}{RT}\right] \tag{3.167}$$

根据上式可以计算得到不同温度下的二氧化碳的平衡分压。如果二氧化碳的分压大于

平衡压力，那么碳酸钙是稳定的（或氧化钙将会被转化为碳酸钙）；如果二氧化碳的分压低于平衡压力，则可以观察到碳酸钙被分解成氧化钙。同时，在热重分析实验中可以观察到质量损失（因为二氧化碳气体将离开样品容器）。若这样的实验在常压下的纯二氧化碳气氛中进行，则当温度高于 1169 K 时碳酸钙会发生分解；若此实验在大气条件下（即空气中）进行，当总压为 1 bar 时，二氧化碳分压 $p(CO_2)=3.3\times10^{-4}$ bar，则在当温度高于 802 K 时碳酸钙会发生分解。在实际应用中可以通过以上的热力学分析方法来与实际的实验结果进行对比。

参 考 文 献

[1] Klotz I M，Rosenberg R M. Chemical thermodynamics：basic theory and methods[M]. 5th ed. New York：Wiley，1994.

[2] Brown M E. The handbook of thermal analysis and calorimetry [M]//van Ekeren P J. Thermodynamic background to thermal analysis and calorimetry. Amsterdam：Elsevier，1998：75-145.

[3] Oonk H A J. Phase theory：the thermodynamics of heterogeneous equilibria [M]. Amsterdam：Elsevier，1981.

[4] 孙传友. 现代检测技术及仪表[M]. 北京：高等教育出版社，2006.

[5] 方修睦. 建筑环境测试技术[M]. 北京：中国建筑工业出版社，2008.

[6] 沈维道，蒋智敏，童钧耕. 工程热力学[M]. 3 版. 北京：高等教育出版社，2000.

[7] 杨永华. 物理化学[M]. 北京：高等教育出版社，2012.

[8] 史蒂芬. 霍金. 时间简史[M]. 长沙：湖南科学技术出版社，2009.

[9] 赵峥，裴寿镛，刘辽. 钟速同步的传递性等价于热力学第零定律[J]. 物理学报，1999，48(11)：2004-2010.

[10] Atkins P，De Paula J，Keeler J. Atkins' physical chemistry[M]. 17th ed. Oxford：Oxford University Press. 2017.

[11] 傅鹰. 化学热力学导论[M]. 北京：科学出版社，1963.

[12] Van Ekeren P J. Phase diagrams and thermodynamic properties of binary common：ion alkali halide Systems[D]. Holland：Utrecht University，1989.

[13] Guggenheim E A. Thermodynamics：an advanced treatment for chemists and physicists[M]. 5th ed. Amsterdam：North-Holland Publishing Company，1967.

[14] Oonk H A J. Phase theory：the thermodynamics of heterogeneous equilibria [M]. Amsterdam：Elsevier，1981.

[15] Gutzow I，Schmelzer J. The vitreous state：thermodynamics，structure，rheology and crystallization [M]. Berlin：Springer，1995.

[16] Nemilow S V. Thermodynamic and kinetic aspects of the vitreous state [M]. Boca Raton：CRC Press，1995.

[17] Klotz I M，Rosenberg R M. Chemical thermodynamics：basic theory and methods[M]. 5th ed. New York：Wiley，1994.

第 4 章 热分析动力学基础

4.1 引 言

化学反应动力学大多被用来确定反应的速率方程(rate equation)和确定温度对反应速率的影响。

首先,可以通过动力学分析来确定反应的速率方程,用来描述反应过程中反应物或产物随着时间的转化程度,这类实验通常在恒定的温度下进行。通常将实验数据与根据理论动力学表达式计算出的预测值进行比较以确定最佳的速率方程,该速率方程可以用来准确地描述实验测量过程。还可以通过这种动力学表达式推断出反应机制,即反应物转化成产物的具体的化学反应步骤(包括可能的非常缓慢的速率控制步骤)。

另外,还可以用动力学分析来确定温度对反应速率的影响。在反应速率方程式中,温度变化对速率常数 k 的影响较大,通常用阿伦尼乌斯(Arrhenius)方程来定量地描述这种温度依赖性:

$$k = A \cdot \exp\left(\frac{E_a}{R \cdot T}\right) \tag{4.1}$$

式中,k 为速率常数;A 为指前因子,单位为 s^{-1};E_a为活化能,单位为 $J \cdot mol^{-1}$;T 为温度,单位通常为 K;R 为理想气体常数,数值为 8.314。

长期以来,Arrhenius 方程中的 E_a和 A 的值已经得到了广泛的认可。其中活化能是对反应能量势垒的度量,而指前因子(也称频率因子,常用 A 表示)则是对导致产物生成频率的度量。在下面的内容中将进一步讨论 Arrhenius 参数的理论意义。此外,这些动力学参数提供了一种方便、可广泛使用的方法。这种动力学分析方法可以方便地比较不同体系的反应性,估算(并作适当的预测)在实验测量范围以外的温度下的反应性或稳定性。

4.2 理论基础[1]

任何一种动力学研究的重要基础是以时间和温度为函数关系的一系列反应程度的测量数据。可以将在时间为 t 时的反应物和/或产物的总量(或与此相关的任何定量参数)看做对反应程度或反应分数用 α 表示)的度量;或者说,可与反应温度 T 一起测量 α 的变化率($d\alpha/dt$)。当根据这些可测量的参数来定义 α 时,需要知道反应的化学计量关系,还需要考虑任何并列的或连续的速率过程的贡献。

等温条件广泛地应用于动力学研究，通过在几个不同的恒定温度下测量待测的反应速率可获得 Arrhenius 参数。在热分析领域，由程序升温实验、动态或非等温实验中获得动力学信息的方法已受到越来越广泛的关注。这些实验通常在一系列不同的、恒定的加热速率（$\beta = \mathrm{d}T/\mathrm{d}t$）下进行，主要测量一些直接与反应分数 α 相关的物理量（例如质量、热效应等）。

4.2.1 均相反应的动力学

对于等温均相反应的动力学研究而言，其通常是在恒定温度下测量一种（或多种）反应物或产物的浓度随时间的变化关系。速率方程的一般形式如下：

$$\frac{\mathrm{d}C}{\mathrm{d}t} = k(T) \cdot f(C) \tag{4.2}$$

$$\frac{\mathrm{d}\alpha}{\mathrm{d}t} = k(T) \cdot f(\alpha) \tag{4.3}$$

式中，$f(C)$和 $f(\alpha)$分别为浓度和转化率的表达式。

等式(4.2)为以生成物的浓度表示的速率方程式，而等式(4.3)则是以生成物的反应进度（转化率）表示的速率方程式。

4.2.2 非均相反应动力学

非均相反应与均相反应有着很大的差别。对于涉及固体的反应而言，化学反应一般优先发生在晶体表面或反应物和产物之间的过渡相区域（即反应界面），在该区域一般反应能力局部增强。反应物组分一般位于固体产物的表面附近，以增加产物相的数量。

反应界面是在成核过程中产生的，随后通过核生长进入其所在的由晶体组成的反应物原料中。由于界面的反应性保持不变，因此在其整个反应过程中，界面线性推移或生长的速率保持恒定。因此，在这种类型的反应中的反应固体内的产物形成速率与反应物-产物界面的总面积成正比。

与均相反应不同，在涉及固体反应速率过程的动力学分析中，浓度项通常不再具有明确的物理意义。在反应物晶体的内部空间内，各处的浓度均相同。而一旦超出这些边界，则发生化学变化的物质的数量均为零。由于存在浓度的空间变化，因此材料在扩散控制反应中的分布是不均匀的。因此，固体组分的反应性随着位置和时间的变化而不同，这意味着当该组分位于活性界面的影响区域内时，反应发生的概率将会显著增加。因此，在进行动力学分析时需要考虑系统变化的活性界面影响，以及由反应物或产物物质的扩散速率所带来的影响或控制。[1]

在定量描述反应进行程度的表达式中，为了描述上的方便仍习惯采用如等式(4.3)所示的表达式，等式中的 $f(\alpha)$习惯称为机理函数或者模式函数。

在与固态反应的动力学有关的文献中，“机制”或“机理”这个术语被使用得相当模糊不清。一些研究者使用这个术语来描述速率方程与其数据的拟合程度，而另一些研究者则用这个术语来描述反应物和生成物在反应过程中的结构变化过程。对于前一种情形而言，“动力学模型”是更准确的描述形式。许多研究者[2-5]倾向于采用均相动力学的方式来描述反应物转化成产物的反应的反应级数用来强调固态反应的化学基础，但在实际应用时往往忽略固态反应的化学基础，倾向有利于确定动力学模型的数学分析。

4.3　热分析动力学方程式

对于一个等温下的固态反应而言，通常可用下式描述其反应速率：

$$\frac{d\alpha}{dt} = Ae^{-\left(\frac{E_a}{RT}\right)}f(\alpha) \tag{4.4}$$

式中，A 为指前因子（也称频率因子）；E_a 为活化能；T 是绝对温度，单位为 K；R 是理想气体常数；$f(\alpha)$是机理函数；α 是转化率。

对于由热重法得到的数据而言，α 定义为下式的形式：

$$\alpha = \frac{m_0 - m_t}{m_0 - m_\infty} \tag{4.5}$$

式中，m_0是反应开始时的初始质量，m_t是时间 t 时的质量，m_∞是反应结束时的最终质量。

可以通过上述速率方程式（式(4.1)）由等温动力学数据获得反应过程中的动力学参数（机理函数、A 和 E_a）。对于由非等温实验得到的实验数据而言，可以通过利用下式将式(4.1)进行变形，从而得到在恒定的加热速率下的反应速率作为温度的函数的非等温下的速率表达式：

$$\frac{d\alpha}{dT} = \frac{d\alpha}{dt} \cdot \frac{dt}{dT} \tag{4.6}$$

式中，$d\alpha/dT$ 为非等温反应速率，$d\alpha/dt$ 则为等温反应速率，dT/dt 是恒定加热速率，通常用 β 表示。

将式(4.1)代入式(4.6)，可以得到恒定加热速率下的非等温速率方程式的微分形式：

$$\frac{d\alpha}{dT} = \frac{A}{\beta} \cdot e^{-\left(\frac{E_a}{RT}\right)} \cdot f(\alpha) \tag{4.7}$$

分离变量，并积分等式(4.4)和等式(4.7)可以分别得到等温和非等温条件下的速率方程的积分形式，如下式所示：

$$g(\alpha) = k \cdot t = Ae^{-\left(\frac{E_a}{RT}\right)}t \tag{4.8}$$

$$g(\alpha) = \frac{A}{\beta}\int_0^T e^{-\left(\frac{E_a}{RT}\right)}dT \tag{4.9}$$

式中，$g(\alpha)$是积分形式的机理函数，定义为

$$g(\alpha) = \int_0^\alpha \frac{d\alpha}{f(\alpha)} \tag{4.10}$$

文献中表示这些机理函数的符号经常出现不一致的现象，在一些出版物中经常出现 $f(\alpha)$ 和$g(\alpha)$的定义颠倒的现象。[6]

4.4 常见的机理函数及其物理意义

根据其机理不同，在目前固态反应动力学研究中广泛使用的机理函数中，通常分为成核、几何收缩、扩散和级数反应四种类型。表4.1中分别列出了常见的机理函数的微分表达式 $f(\alpha)$ 和积分表达式 $g(\alpha)$。[7]

表4.1 常用的动力学机理函数

函数号	函数名称	机理	积分形式 $g(\alpha)$	微分形式 $f(\alpha)$
1	抛物线法则	一维扩散，减速 α-t 曲线	α^2	$\frac{1}{2}\alpha^{-1}$
2	Valensi方程	二维扩散，圆柱形对称，减速 α-t 曲线	$\alpha+(1-\alpha)\ln(1-\alpha)$	$[\ln(1-\alpha)]^{-1}$
3	Jander方程	二维扩散，$n=\frac{1}{2}$	$[1-(1-\alpha)^{\frac{1}{2}}]^{\frac{1}{2}}$	$4(1-\alpha)^{\frac{1}{2}}[1-(1-\alpha)^{\frac{1}{2}}]^{\frac{1}{2}}$
4	Jander方程	二维扩散，$n=2$	$[1-(1-\alpha)^{\frac{1}{2}}]^{\frac{1}{2}}$	$(1-\alpha)^{\frac{1}{2}}[1-(1-\alpha)^{\frac{1}{2}}]^{\frac{1}{2}}$
5	Jander方程	三维扩散，$n=\frac{1}{2}$	$[1-(1-\alpha)^{\frac{1}{3}}]^{\frac{1}{2}}$	$6(1-\alpha)^{\frac{2}{3}}[1-(1-\alpha)^{\frac{1}{3}}]^{\frac{1}{2}}$
6	Jander方程	三维扩散，球形对称，减速 α-t 曲线，$n=2$	$[1-(1-\alpha)^{\frac{1}{3}}]^2$	$\frac{3}{2}(1-\alpha)^{\frac{2}{3}}[1-(1-\alpha)^{\frac{1}{3}}]^{-1}$
7	G-B方程①	三维扩散，球形对称，D4，减速 α-t 曲线	$1-\frac{2}{3}\alpha-(1-\alpha)^{\frac{2}{3}}$	$\frac{2}{3}[(1-\alpha)^{\frac{1}{3}}-1]^{-1}$
8	反Jander方程	三维扩散	$[(1+\alpha)^{\frac{1}{3}}-1]^2$	$\frac{2}{3}(1+\alpha)^{\frac{2}{3}}[(1+\alpha)^{\frac{1}{3}}-1]^{-1}$
9	Z-L-T方程②	三维扩散	$[(1-\alpha)^{-\frac{1}{3}}-1]^2$	$\frac{2}{3}(1-\alpha)^{\frac{4}{3}}[(1-\alpha)^{-\frac{1}{3}}-1]^{-1}$
10	Avrami-Erofeev方程	随机成核和随后生长，A4，S形 α-t 曲线，$n=\frac{1}{4}$，$m=4$	$[-\ln(1-\alpha)]^{\frac{1}{4}}$	$4(1-\alpha)[-\ln(1-\alpha)]^{\frac{3}{4}}$
11	Avrami-Erofeev方程	随机成核和随后生长，A3，S形 α-t 曲线，$n=\frac{1}{3}$，$m=3$	$[-\ln(1-\alpha)]^{\frac{1}{3}}$	$3(1-\alpha)[-\ln(1-\alpha)]^{\frac{2}{3}}$
12	Avrami-Erofeev方程	随机成核和随后生长，$n=\frac{2}{5}$	$[-\ln(1-\alpha)]^{\frac{2}{5}}$	$\frac{5}{2}(1-\alpha)[-\ln(1-\alpha)]^{\frac{3}{5}}$

续表

函数号	函数名称	机理	积分形式 $g(\alpha)$	微分形式 $f(\alpha)$
13	Avrami-Erofeev 方程	随机成核和随后生长，A2，S 形 α-t 曲线，$n=\frac{1}{2}$，$m=2$	$[-\ln(1-\alpha)]^{\frac{1}{2}}$	$2(1-\alpha)[-\ln(1-\alpha)]^{\frac{1}{2}}$
14	Avrami-Erofeev 方程	随机成核和随后生长，$n=\frac{2}{3}$	$[-\ln(1-\alpha)]^{\frac{2}{3}}$	$\frac{3}{2}(1-\alpha)[-\ln(1-\alpha)]^{\frac{1}{3}}$
15	Avrami-Erofeev 方程	随机成核和随后生长，$n=\frac{3}{4}$	$[-\ln(1-\alpha)]^{\frac{3}{4}}$	$\frac{5}{2}(1-\alpha)[-\ln(1-\alpha)]^{\frac{1}{4}}$
16	Mample 单行法则，一级	随机成核和随后生长，假设每个颗粒上只有一个核心，A1，F1，S 形 α-t 曲线，$n=1,m=1$	$-\ln(1-\alpha)$	$1-\alpha$
17	Avrami-Erofeev 方程	随机成核和随后生长，$n=\frac{3}{2}$	$[-\ln(1-\alpha)]^{\frac{3}{2}}$	$\frac{2}{3}(1-\alpha)[-\ln(1-\alpha)]^{-\frac{1}{2}}$
18	Avrami-Erofeev 方程	随机成核和随后生长，$n=2$	$[-\ln(1-\alpha)]^{2}$	$\frac{1}{2}(1-\alpha)[-\ln(1-\alpha)]^{-1}$
19	Avrami-Erofeev 方程	随机成核和随后生长，$n=3$	$[-\ln(1-\alpha)]^{3}$	$\frac{1}{3}(1-\alpha)[-\ln(1-\alpha)]^{-2}$
20	Avrami-Erofeev 方程	随机成核和随后生长，$n=4$	$[-\ln(1-\alpha)]^{4}$	$\frac{1}{4}(1-\alpha)[-\ln(1-\alpha)]^{-3}$
21	P-T 方程③	自催化反应，枝状成核，An，B1，S 形 α-t 曲线	$\ln\left(\frac{\alpha}{1-\alpha}\right)$	$\alpha(1-\alpha)$
22	Mampel Power 法则（幂函数法则）	$n=\frac{1}{4}$	$a^{\frac{1}{4}}$	$4\alpha^{\frac{3}{4}}$
23	Mampel Power 法则（幂函数法则）	$n=\frac{1}{3}$	$a^{\frac{1}{3}}$	$3\alpha^{\frac{1}{3}}$
24	Mampel Power 法则（幂函数法则）	$n=\frac{1}{2}$	$a^{\frac{1}{2}}$	$2\alpha^{\frac{1}{2}}$
25	Mampel Power 法则（幂函数法则）	相边界反应（一维），R1，$n=1$	$1-(1-\alpha)^{\frac{1}{1}}=\alpha$	1

续表

函数号	函数名称	机理	积分形式 $g(\alpha)$	微分形式 $f(\alpha)$
26	Mampel Power 法则（幂函数法则）	$n=\frac{3}{2}$	$\alpha^{\frac{3}{2}}$	$\frac{2}{3}\alpha^{-\frac{1}{2}}$
27	Mampel Power 法则（幂函数法则）④	$n=2$	α^{2}	$\frac{1}{2}\alpha^{-1}$
28	反应级数	$n=\frac{1}{4}$	$1-(1-\alpha)^{\frac{1}{4}}$	$4(1-\alpha)^{\frac{3}{4}}$
29		相边界反应，球形对称，R3，减速 α-t 曲线，$n=\frac{1}{3}$	$1-(1-\alpha)^{\frac{1}{3}}$	$3(1-\alpha)^{\frac{2}{3}}$
30	收缩球状（体积）	相界面反应，圆柱形对称，R2，减速 α-t 曲线，$n=2$（二维）	$3[1-(1-\alpha)^{\frac{1}{3}}]$	$(1-\alpha)^{\frac{2}{3}}$
31		相边界反应，圆柱形对称，R2，减速 α-t 曲线，$n=\frac{1}{2}$	$1-(1-\alpha)^{\frac{1}{2}}$	$2(1-\alpha)^{\frac{1}{2}}$
32	收缩圆柱体（面积）	相界面反应，圆柱形对称，R2，减速 α-t 曲线，$n=2$（二维）	$2[1-(1-\alpha)^{\frac{1}{2}}]$	$(1-\alpha)^{\frac{1}{2}}$
33	反应级数	$n=2$	$1-(1-\alpha)^{2}$	$\frac{1}{2}(1-\alpha)^{-1}$
34	反应级数	$n=3$	$1-(1-\alpha)^{3}$	$\frac{1}{3}(1-\alpha)^{-2}$
35	反应级数	$n=4$	$1-(1-\alpha)^{4}$	$\frac{1}{4}(1-\alpha)^{-3}$
36	反应级数	化学反应，F2，减速 α-t 曲线	$(1-\alpha)^{-1}$	$(1-\alpha)^{2}$
37	反应级数	化学反应	$(1-\alpha)^{-1}-1$	$(1-\alpha)^{2}$
38	反应级数	化学级数为$\frac{2}{3}$级	$(1-\alpha)^{-\frac{1}{2}}$	$2(1-\alpha)^{\frac{3}{2}}$
39	指数法则	E1，$n=1$，加速 α-t 曲线	$\ln\alpha$	α
40	指数法则	$n=2$	$\ln\alpha^{2}$	$\frac{1}{2}\alpha$
41	反应级数	化学反应，F3，减速 α-t 曲线，$n=3$	$(1-\alpha)^{-2}$	$\frac{1}{2}(1-\alpha)^{3}$
42	S-B 方程⑤	固相分解反应 SB(m，n)		$\alpha^{m}(1-\alpha)^{n}$
43	反应级数	化学反应，RO（n），R$\left(\frac{1}{1-n}\right)$	$\frac{1-(1-\alpha)^{1-n}}{1-n}$	$1-\alpha^{n}$

续表

函数号	函数名称	机理	积分形式 $g(\alpha)$	微分形式 $f(\alpha)$
44	J-M-A 方程⑥	随机成核和随后生长，An，JMA(n)	$[\ln(1-\alpha)]^{\frac{1}{n}}$	$n(1-\alpha)[-\ln(1-\alpha)]^{1-\frac{1}{n}}$
45	幂函数法则	P1，加速 α-t 曲线	$\alpha^{\frac{1}{n}}$	$n\alpha^{\frac{n-1}{n}}$

注：① Ginstling-Brounstein 方程；② Zhuralev-Lesokin-Tempelman 方程；③ Prout-Tompkins 方程；④ 函数 1 和 27 称谓不同，形式相同；⑤ Šesták-Berggren 方程；⑥ Johnson-Mehl-Avrami 方程。

4.4.1　常见的机理函数

通常使用热重法研究固态反应动力学，也可以通过其他分析方法，如差示扫描量热法(DSC)[8,9]、变温粉末 X 射线衍射法（XRD）[10]和变温核磁共振法（NMR）[11,12]。无论使用何种分析方法，在进行动力学分析时，测量的参数必须能够转化为可以在动力学方程中使用的转化率 α。

另外，可以通过模型拟合或无模型（等转化率法）方法进行等温或非等温过程的动力学分析。[8] 由于通过等转化率法或无模型方法能够计算得到没有模型假设的 E_a 值，近年来使用这些方法进行动力学分析的研究呈现增加的趋势[9,13-18]。然而随着研究的深入，一些研究工作者注意到这两种方法仍存在一些不足之处[19,20]，即对一个固态反应进行完整的动力学分析通常需要反应机理函数来进行全面的动力学描述。[21] 在文献[8]中综合比较了不同的固态动力学分析方法。

4.4.2　机理函数的机理

机理函数是对实验的动力学过程的理论数学描述。在固态反应中，可以用机理函数来描述特定的反应类型，并在数学上将其转化为速率方程。目前在固态动力学的研究中已经提出了许多机理函数，这些机理函数大多是基于某些特定的机理假设而发展起来的。除此之外，还有一些其他机理函数基于经验假设，它们的提出主要出于方便数学分析的角度考虑，而从机理的角度则往往很难解释这些机理函数。通过动力学分析，可以由这些不同的机理函数得到不同的速率表达式。

在均相反应动力学（例如气相或液相）中，通常通过动力学研究直接获得可用于描述反应进程的速率常数。除此之外，通过反应动力学机理的研究以及速率常数随温度、压力或反应物/产物浓度的变化的研究通常有助于揭示反应发生的机理，而这些机理通常涉及不同程度的反应物转化成产物的多个具体的化学步骤。然而，在固态动力学中，由于与每一个反应步骤相关的信息通常难以获得，因此机理解释通常需要确定合理的反应模型。[22] 事实上，反应的机理函数的选择应该得到其他互为补充的技术，例如显微镜、光谱、X 射线衍射等实验数据的支持才能证明其更为合理。[23]

4.4.3 机理函数的分类

对于等温实验而言,通常根据其等温曲线的图形形状(α-t 或 $d\alpha/dt$-α 曲线)或其机理假设对动力学分析时用到的机理函数进行分类。基于这些曲线的形状,动力学机理函数可以分为加速、减速、线性或S形机理函数(图4.1)。加速模型机理函数是其中反应速率($d\alpha/dt$)随着反应进行而增加的一类机理函数,而减速模型机理函数的反应速率则随着反应进程的增大而减小(图4.1(b)~(d))。对于线性模型机理函数,反应速率速率对于反应进程 α 保持恒定(图4.1(e))。S形模型机理函数的反应速率和 α 之间呈现钟形关系(图4.1(f))。

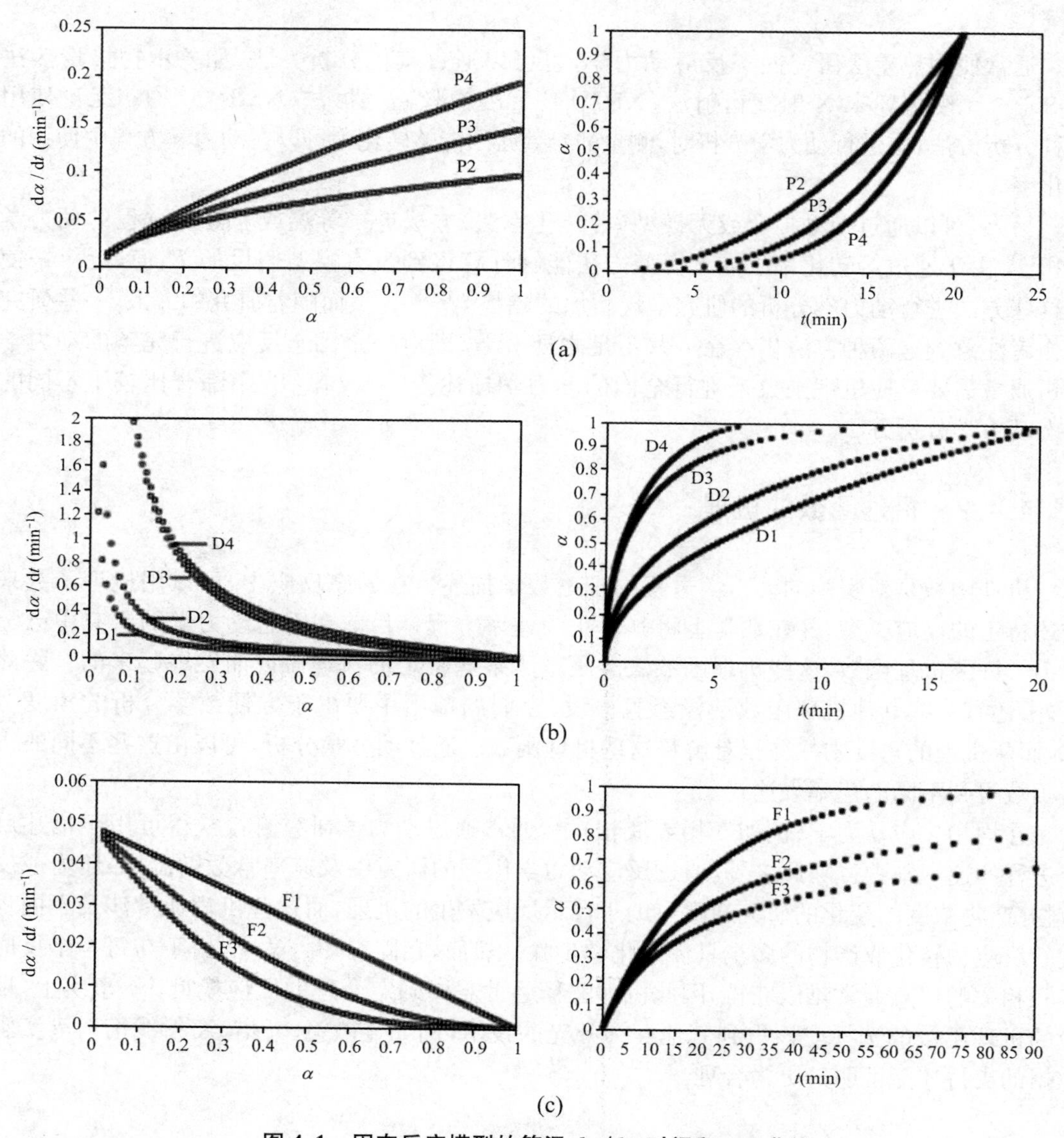

图 4.1 固态反应模型的等温 $d\alpha/dt$-时间和 α-t 曲线

速率常数为 0.049 min^{-1} 的数据模拟:(a) 加速;(b)~(d) 减速;(e) 保持恒定;(f) S形

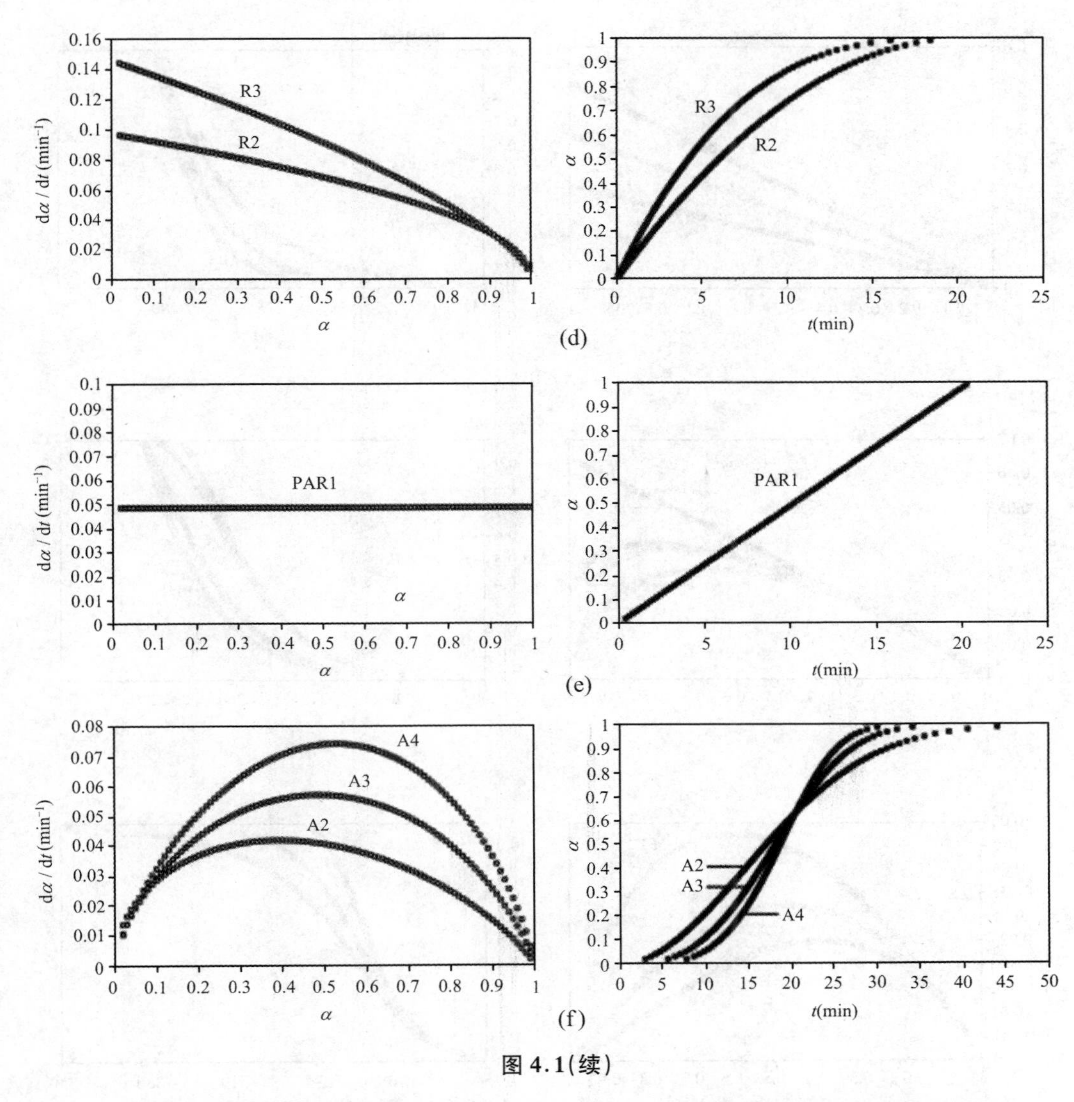

图 4.1(续)

对于非等温实验而言,反应进度与温度曲线(即 α-T 曲线)的形状不如其等温的 α-t 曲线明显。图 4.2 示出了由等式(4.7)和等式(4.9)计算得到的非等温 α-T 曲线和 $\mathrm{d}\alpha/\mathrm{d}T$-$\alpha$ 曲线。在一些特殊的情况下,对于由等温实验得到的数据而言,图 4.1 中的模型所对应的机理函数可以使用 α 或 $\mathrm{d}\alpha/\mathrm{d}t$ 对约化时间曲线作图[24];而对于非等温实验下得到的实验数据而言,图 4.2 中的模型所对应的机理函数则可以使用主曲线方法进行作图[25]。这些用于图形表示的方法是一种简化的数据处理方法,通常用于由特定数据集直观地确定最佳的机理函数。

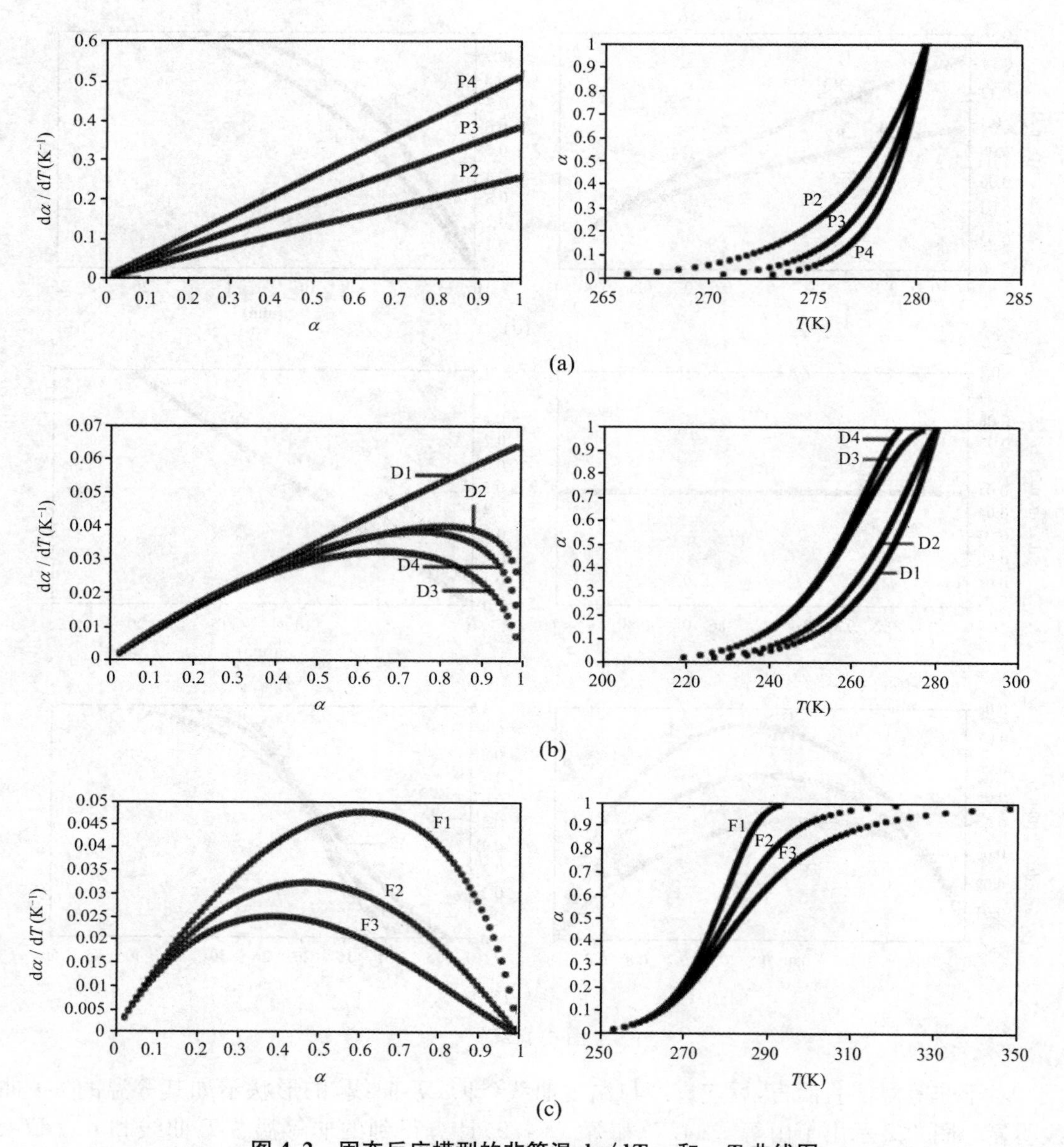

图 4.2　固态反应模型的非等温 $d\alpha/dT$-α 和 α-T 曲线图

数据模拟的加热速率为 10 $K \cdot min^{-1}$，频率因子为 11015 min^{-1}，活化能为 80 $kJ \cdot mol^{-1}$。
(a) P 模型；(b) D 模型；(c)～(e) F 和 R 模型；(f) A 模型

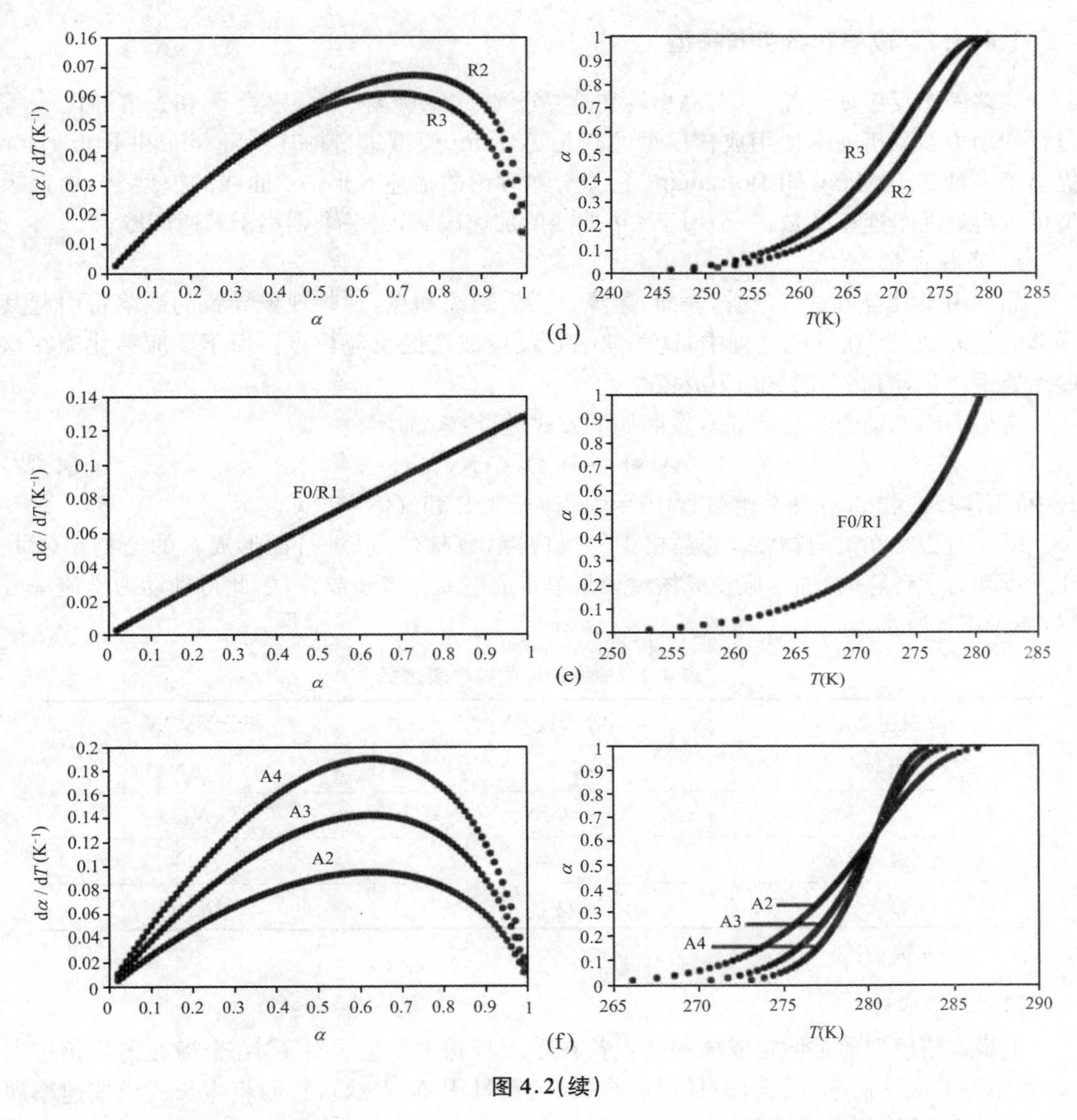

图 4.2(续)

基于机理假设，通常将机理函数分为成核、几何收缩、扩散及级数反应几类，如表 4.1 所示。

4.4.4　机理函数的推导

如前所述，机理函数的推导基于常见的几种反应机理，主要包括成核、几何形状、扩散和级数反应。Sestak 和 Berggren 提出了一种数学形式，表示单个一般表达式中的所有模型[26]：

$$g(\alpha)=\alpha^{m}\cdot(1-\alpha)^{n}\cdot[-\ln(1-\alpha)]^{p} \tag{4.11}$$

式中，m、n 和 p 均为常数。通过改变这三个变量的值，等式(4.11)可以用来表示任何一种机理函数。

在下面的内容中讨论常用的几类机理函数的推导和理论意义。

4.4.4.1 成核和核生长模型

许多固态反应如结晶[27-29]、晶型转变[30]、分解[31,32]、吸附[33,34]、水合[35]和去溶剂化[21]等过程的动力学分析通常使用成核模型尤其是 Avrami 模型进行描述。Skrdla 和 Robertson 提出了一种基于 Maxwell-Boltzmann 能量分布理论的描述 S 形 α-t 曲线的模型[36]，由该模型可以得到两个速率常数：一个用于 α-t 曲线的加速区域，另一个则用于减速区域。

1. 成核过程

晶体由于其自身具有杂质，表面、边缘、位错、裂纹和点，这些现象导致的缺陷将引起其局部能量波动。[37]在反应过程中，这些缺陷是反应成核的反应位点。由于反应活化能在这些点处最小化，因此它们被称为成核点[30,31]。

常见的固态动力学反应通常按照如下方式进行：

$$A(s) \rightarrow B(s) + C(g) \tag{4.12}$$

式中，固体反应物 A 在热分解过程中产生固体产物 B 和气体产物 C。

成核过程是在反应物(A)的晶格中的反应点(成核位点)进行而形成新的产物相(B)。在进行动力学计算时，通常假设成核过程是单步成核或者多步成核，由此得到动力学速率方程，如表 4.2 所示。

表 4.2 成核速率的数学表达式

成核速度定律	微分形式 $\mathrm{d}N/\mathrm{d}T$	积分形式 N
指数①	$k_N N_0 e^{-k_N t}$	$N_0(1-e^{-k_N t})$
线性①	$k_N N_0$	$k_N N_0 t$
瞬时①	∞	N_0
幂级②	$D\beta t^{\beta-1}$	Dt^{β}

注：① 单步成核；② 多步成核。

(1) 单步成核

单步成核模型通常假定成核和核生长在单个步骤中发生。对于 N_0 个潜在的成核位点(具有相等的成核概率)而言，一旦形成核(核的数量用 N 表示)，它们将生长。成核速率属于一级反应，可以用下式表示：

$$\frac{\mathrm{d}N}{\mathrm{d}t} = k_N(N_0 - N) \tag{4.13}$$

式中，N 为在时间 t 时存在的成核的数量；k_N 为成核的速率常数。

对等式(4.13)分离变量并积分，可得下式：

$$N = N_0(1 - e^{-k_N t}) \tag{4.14}$$

等式(4.13)微分后可得成核的指数速率：

$$\frac{\mathrm{d}N}{\mathrm{d}t} = k_N N_0 e^{-k_N t} \tag{4.15}$$

当 k_N 无限小时，式(4.15)中的指数项趋近于 1，并且成核速率近似常数，由此可得到成核的线性速率如下式所示：

$$\frac{\mathrm{d}N}{\mathrm{d}t} = k_N N_0 \tag{4.16}$$

当 k_N 非常大时，表明成核速率非常快。此时，所有成核位点迅速成核，可用下式表示成核的瞬时速率：

$$\frac{dN}{dt} = \infty \tag{4.17}$$

(2) 多步成核

多步成核通常假定需要几个不同的步骤来完成核的生长过程。因此，产物 B 的形成将在 A 的晶格内诱导应变，这使得形成的 B 核的小聚集体变得不稳定，并且易产生逆反应使 B 再形成反应物 A。如果形成的 B 核的数量高于临界数量(m_c)，则可以克服应变。因此，我们可以定义两种类型的核："子核"和"生成核"。当 B 核的颗粒数量低于临界数量($m<m_c$)时，"子核"是亚微观尺寸。在该条件下，"子核"将发生逆反应形成反应物 A 或当 B 核的颗粒数量高于临界数量($m>m_c$)时进一步长大成为"生成核"。因此，"子核"必须积累相当数量的生成物 B 分子(用 p 表示)后才有可能进一步转变成为"生成核"。

在成核过程中，单个分子依次累积，直至 p 个分子时形成一个"生成核"(此时分子数 $n<p$)。假定该过程中每个分子累积的每一步骤的速率常数是恒定的，即

$$k_0 = k_1 = k_2 = k_3 = \cdots = k_{p-1} = k_p \tag{4.18}$$

在 p 个分子已经完成(此时分子数 $n>p$)后，进一步累积分子引起核生长的速率常数(k_g)可以表示为

$$k_p = k_{p+1} = k_{p+2} = k_{p+3} = \cdots = k_g \tag{4.19}$$

假设核生长的速率大于核形成的速率(即 $k_g>k_i$)，根据 Bagdassarian 的研究结果[39]，如果形成"生成核"需要 β 次连续反应，并且每次的概率为 k_i，则在时间 t 形成的核的数目可用下式表示：

$$N = \frac{N_0(k_i t)^\beta}{\beta!} = Dt^\beta \tag{4.20}$$

式中，$D = N_0(k_i t)^\beta/\beta!$。

等式(4.20)微分后，可得到下式：

$$\frac{dN}{dt} = D\beta t^{\beta-1} \tag{4.21}$$

式(4.21)即为表 4.2 中表示成核的幂律方程[38,40]。Allnatt 和 Jacobs[40] 也曾推导出了方程(4.21)，但是他们假定在达到临界尺寸 $n=p$ 之前，分子连续累积形成"生成核"过程中的速率常数不相等。

2. 核生长过程

可以用由核生长形成的核半径表示核生长速率(用 $G(x)$ 表示)。$G(x)$ 通常随着核的尺寸大小而变化[38,40]。例如，通常为亚显微尺寸的小核的生长速率与大核的生长速率不相同。尺寸非常小的"子核"由于其不稳定性较差，生长速率较低，容易发生逆反应变回到反应物状态。

在时间 $t[r(t,t_0)]$ 时的稳定的核(即"生成核")的半径可以用下式来表示：

$$r(t,t_0) = \int_{t_0}^{t} G(x)dx \tag{4.22}$$

式中，$G(x)$ 是核生长速率，t_0 是"生成核"的形成时间。

除了核半径之外，还应考虑在核生长过程中的两个重要方面：核形状(σ)和核的生长维数(λ)。在考虑这些因素后，我们可以用单个核占据的体积($v(t)$)来定量表示核生长速率。

因此,在时间 t_0形成的稳定核在时间 t 占据的体积 $v(t)$可根据下式得到:

$$v(t) = \sigma[r(t,t_0)]^{\lambda} \tag{4.23}$$

式中,λ 为生长尺寸的数量(即 $\lambda=1,2$ 或 3),σ 为形状因子(当假设为圆球时,$\sigma=4\pi/3$),r 为在时间 t 时核的半径。等式(4.23)给出了由单个核所占据的空间体积;所有核占据的总体积($V(t)$)可以通过由成核速率($\mathrm{d}N/\mathrm{d}t$)、生长速率($V(t,t_0)$)以及核生长的不同的初始时间组成的方程进行计算得到,可以用下式来表示:

$$V(t) = \int_0^t v(t)\left(\frac{\mathrm{d}N}{\mathrm{d}t}\right)_{t=t_0}\mathrm{d}t_0 \tag{4.24}$$

式中,$V(t)$是所有生长核的体积,$\mathrm{d}N/\mathrm{d}t$ 是成核速率。将式(4.22)代入(4.23),并将式(4.23)代入式(4.24)可以得到下式:

$$V(t) = \int_0^t \sigma\left(\int_{t_0}^t G(x)\mathrm{d}x\right)^{\lambda}\left(\frac{\mathrm{d}N}{\mathrm{d}t}\right)_{t=t_0}\mathrm{d}t_0 \tag{4.25}$$

上述等式(4.25)针对成核和/或核生长速率定律的任何组合进行积分,可以得到如表 4.1 所列的速率表达式形式($g(\alpha)=kt$)。然而,由于成核和核生长之间不存在函数关系,按照这种方法并非总能奏效。因此,关于成核($\mathrm{d}N/\mathrm{d}t$)和核生长($V(t)$)速率方程通常需要按照以下的方法进行假设。

3. 幂律模型(P)

对于成核速率遵循幂定律(等式(4.21))并假设核生长为常数(即 $G(x)=k_G$)的简单情况,等式(4.25)可以变形为下式:

$$V(t) = \int_0^t \sigma\,[k_G(t-t_0)]^{\lambda}(D\beta\,t_0^{\beta-1})\mathrm{d}t_0 \tag{4.26}$$

对等式(4.26)进行积分展开[38],可得到下式:

$$V(t) = \sigma k_G{}^{\lambda} D\beta\, t^{\beta+\lambda}\left[1-\frac{\lambda\beta}{\beta+1}+\frac{\lambda(\lambda-1)}{2!}\frac{\beta}{\beta+2}-\cdots\right],\quad \lambda\leqslant 3 \tag{4.27}$$

分别定义

$$D' = D\beta\left[1-\frac{\lambda\beta}{(\beta+1)}+\frac{\lambda(\lambda-1)\beta}{(2!(\beta+2))}-\cdots\right] \tag{4.28}$$

和

$$n = \beta+\lambda \tag{4.29}$$

则等式(4.27)可简化表示为下式:

$$V(t) = \sigma k_G{}^{\lambda} D' t^n \tag{4.30}$$

由于 $V(t)$与反应进程 α 成正比,因此 α 可表示为

$$\alpha = V(t)\times C \tag{4.31}$$

在等式(4.31)中,C 为等于 $1/V_0$(V_0为初始体积)的常数。

由等式(4.21)和等式(4.22),可以得到下式:

$$\alpha = \sigma k_G^{\lambda} C D' t^n \tag{4.32}$$

等式(4.32)可以变形为

$$\alpha = [(\sigma k_G^{\lambda} C D')^{1/n}]^n t^n \tag{4.33}$$

定义

$$k = (\sigma k_G^{\lambda} C D')^{1/n} \tag{4.34}$$

则等式(4.33)可以简化为下式:

$$\alpha = (kt)^n \tag{4.35}$$

重新排列式(4.35)可得下式：

$$\alpha^{1/n} = kt \tag{4.36}$$

等式(4.36)可以用来表示各种幂律模型机理函数(P模型)(见表4.1)。由于这些机理函数假设恒定的核生长而不考虑核的生长限制,因此它们通常被应用于曲线的加速周期的分析。

4. Avrami-Erofeyev 模型(A模型)

在任何一个固态分解过程中,核的生长都会受到一定的限制。目前已经明确存在两种类型的限制作用,如图4.3所示[41]。这两种作用分别为：

(1) 摄入作用:这种作用通过现有的核的生长来消除潜在的成核位点;摄入位点由于其包含在生长核中而从不产生生长核。摄入的核通常被称为"幽灵"核。

(2) 聚集作用:当两个或更多个生长核的反应区合并时,反应物/产物界面消失引起的相互作用。

可以用以下表达式确定成核位点的数量[42]：

$$N_1(t) = N_0 - N(t) - N_2(t) \tag{4.37}$$

式中,N_0为可能的成核位点的总个数,$N_1(t)$是在时间t时的核的实际数目,$N_2(t)$是摄取的核的数目,$N(t)$是形成的核的个数。

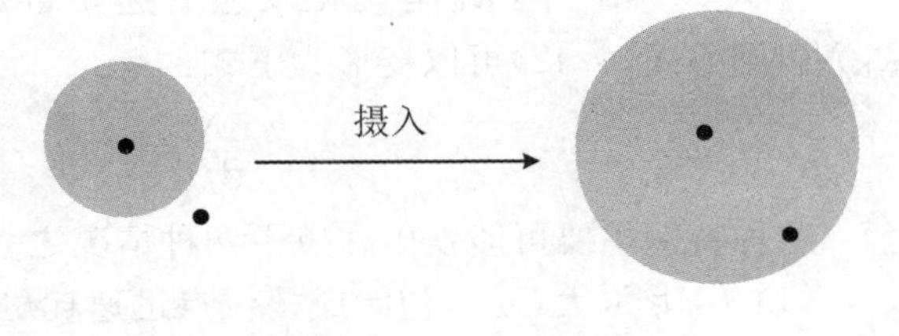

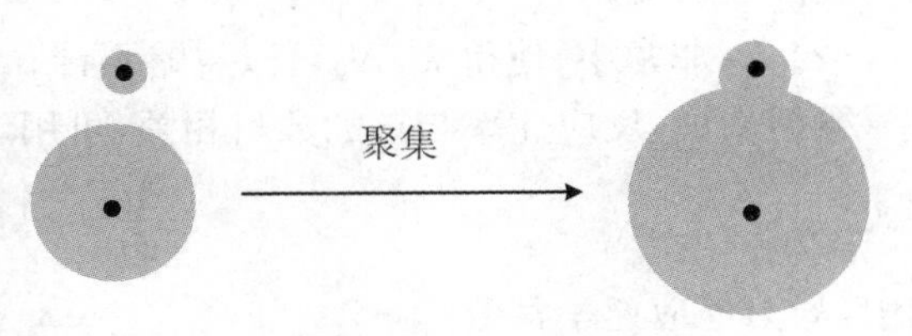

图4.3　两种类型的核生长限制

黑点是成核位点;阴影区域是核生长区域

由等式(4.37)可以得到指数修正的成核速率(dN/dt)方程。[38]然而,如果将该成核速率代入等式(4.24),则所得到的表达式没有解析解,这个问题可以通过忽略摄取作用和核聚结作用的扩展转换分数(α')来解决。[43] α'也就是我们之前在等式(4.35)中[$\alpha=(kt)^n$]定义的转换分数。因此,$\alpha'\geqslant\alpha$。我们可以通过与α'值的关系来评价α的值。

扩展的转化率(α')与实际的转化率(α)之间存在着以下的关系：

$$d\alpha' = \frac{d\alpha}{1-\alpha} \tag{4.38}$$

等式(4.38)积分后,可得下式：

$$\alpha' = -\ln(1-\alpha) \tag{4.39}$$

将等式(4.25)中的α'的值代入式(4.39)中,可得下式：

$$(kt)^n = -\ln(1-\alpha) \tag{4.40}$$

重新排列式(4.40),可得下式：

$$[-\ln(1-\alpha)]^{\frac{1}{n}} = kt \tag{4.41}$$

Erofeyev(也作Erofe′ev或Erofeev)还按照不同的方法导出对于$n=3$时的等式(4.41)的特殊情况。[44]因此,等式(4.41)可归功于Avrami和Erofeev,这二位研究者提出了不同的n值对应的不同的Avrami-Erofeev(A)机理函数(见表4.1)。在文献中,通常称这些A类机理函数为JMAEK机理函数,JMAEK分别代表Johnson、Mehl、Avrami、Erofeev和Kholmogorov五位研究者，以纪念他们对A类机理函数的发展所做出的杰出贡献。[41]

5. 自催化模型(B1模型)机理函数

在均相动力学中，当产物对反应有催化作用时发生自催化。这种现象通常在当反应物在产生所谓的“支化”的反应期间再生时发生。随着反应的进行，反应物最终被消耗，反应进入其将停止的“终止”阶段。

在固态动力学中，也可以看到类似的现象。如果核生长由于在反应界面(即分支)处形成缺陷如位错或裂纹而促进连续反应，则自催化发生将发生在固态动力学中。当反应开始扩展到已经分解的材料中时，自催化过程将终止。[45] Prout 和 Tompkins 基于高锰酸钾热分解期间产生了相当大的晶体裂纹的现象提出了自催化模型(B1)。[46]

在自催化反应中，成核速率可以用下式表示：

$$\frac{dN}{dt} = k_N N_0 + (k_B - k_T) N \tag{4.42}$$

等式(4.42)中，k_B是支化反应的速率常数，k_T是终止反应的速率常数。如果忽略$k_N N_0$，则等式(4.42)可以变形为下式：

$$\frac{dN}{dt} = (k_B - k_T) N \tag{4.43}$$

这种特例主要可能发生在以下两种情况之一：

(1) k_N非常大，使得初始成核位点迅速耗尽，并且 dN/dt 的计算在N_0位点耗尽之后的时间间隔足够短；

(2) k_N非常小，使得 $k_N N_0$可以忽略不计。

概括来说，反应速率与核的数目相关，可用下式表示：

$$\frac{d\alpha}{dt} = k'N \tag{4.44}$$

式中，k'为反应速率常数。

Prout 和 Tompkins 发现，对于高锰酸钾分解而言，α-t 曲线的形状是S形的。因此，存在一个拐点(α_i, t_i)可以改变 dN/dt 的数值符号。由在该拐点(即 $k_B = k_T$)处需满足的边界条件，定义 k_T如下：

$$k_T = k_B \frac{\alpha}{\alpha_i} \tag{4.45}$$

将等式(4.45)代入等式(4.43)，可以得到下式：

$$\frac{dN}{dt} = k_B \left(1 - \frac{\alpha}{\alpha_i}\right) N \tag{4.46}$$

由于 $dN/d\alpha = dN/dt \cdot dt/d\alpha$，因此将等式(4.44)、等式(4.46)分别代入该式中，则可以得到下式：

$$\frac{dN}{dt} = \frac{k_B}{k'}\left(1 - \frac{\alpha}{\alpha_i}\right) = k''\left(1 - \frac{\alpha}{\alpha_i}\right) \tag{4.47}$$

等式(4.47)中定义了 $k'' = k_B/k'$。

假设 k_B独立于 α，等式(4.47)分离变量并积分，可得下式：

$$N = k''\left(\alpha - \frac{\alpha^2}{2\alpha_i}\right) \tag{4.48}$$

将式(4.48)代入式(4.44)可得到下式：

$$\frac{d\alpha}{dt} = k_B\left(\alpha - \frac{\alpha^2}{2\alpha_i}\right) \tag{4.49}$$

Prout 和 Tompkins 假设 $\alpha_i = 0.5$，则等式(4.49)可以简化为下式：

$$\frac{d\alpha}{dt} = k_B\alpha(1-\alpha) \tag{4.50}$$

对等式(4.50)分离变量并积分，可得到下式：

$$\ln\frac{\alpha}{1-\alpha} = k_B t + c \tag{4.51}$$

式中，c 为积分常数。

等式(4.51)即为我们通常所说的 Prout-Tompkins 模型（也称 B1 模型）（见表 4.1），使用该类型的机理函数可以很好地拟合固体高锰酸钾的热分解过程。

注意：与其他类型的机理函数不同，在下限 $\alpha = 0$ 时，等式(4.50)的积分不受限制，该值为负无穷大，由此导致积分常数出现在 Prout-Tompkins 方程式（等式(4.51)）中。因此，在一些文献中关于这个方程的表示没有常数项，如下式所示：

$$\ln\frac{\alpha}{1-\alpha} = k_B t \tag{4.52}$$

由于由等式(4.52)可以得到当 $\alpha < 0.5$ 时的负的时间值（图 4.4），因此这样将会导致混乱。为了克服这个问题，需要在式(4.41)中带有积分常数 c，这样得到的曲线将向正的时间值移动。目前对于什么是积分常数没有明确的要求。Prout 和 Tompkins 使用最大速率（即曲线拐点）所需的时间 t_{max} 表示 c，而与 Carstensen 使用的 $t_{1/2}$ 表示相比，这两种方法得到的结果差别不大。[47] 如果使用 $\alpha = 0.01$ 所对应的时间 30.21 min 进行计算得到图 4.4 的模拟结果，使用其他值得到的结果也同样有效。

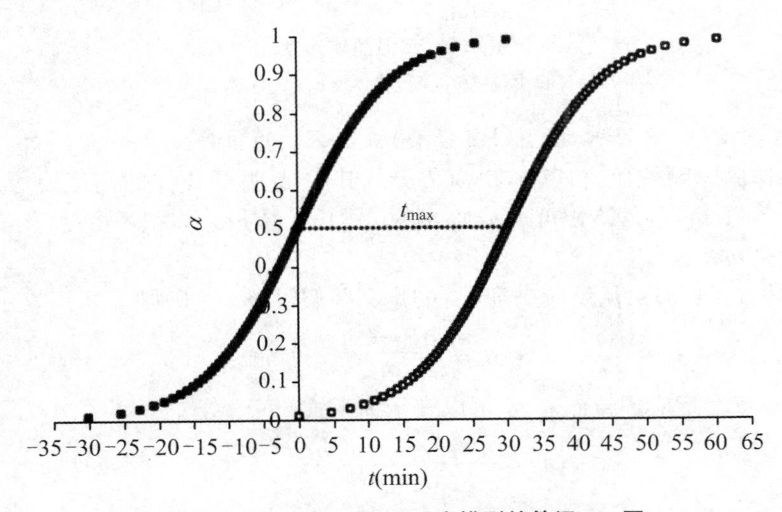

图 4.4　Prout-Tompkins 反应模型的等温 α-t 图

用速率常数 0.152 min^{-1} 模拟的数据：(■)根据等式(4.52)模拟的数据；
(□)根据等式(4.51)模拟的数据，其中 $c = t_{max}$(30.21 min)

Prout-Tompkins 模型由于在推导过程中需要的假设而受到一些争议，一些研究者针对这个问题提出了一些其他形式的建议[45,48-50]。Skrdla 认为成核和支化反应是两个独立的过程（也可认为虽独立但可以相互耦合），具有两个不同的速率常数，并基于此提出了自催化速率表达式。[51]如果成核和支化速率常数相等，则由他们所提出的表达式可以得到 Prout-Tompkins 模型[51]。Guinesi 等人的研究结果表明，钛(Ⅳ)-EDTA 在加热过程中的脱羧分为两个步骤，第一个步骤为 B1 模型，而第二个步骤则为 R3 模型。[52]

4.4.4.2 几何收缩模型（R 模型）机理函数

几何收缩模型假设成核在晶体的表面上快速发生，通过所得到的反应界面向晶体中心的推进来控制分解速率。根据晶体形状，可以导出不同的数学模型。

对于任何晶体颗粒，存在以下关系：

$$r = r_0 - kt \tag{4.53}$$

式中，r 为在时间 t 时的半径，r_0 为在时间 t_0 时的半径，k 为反应速率常数。

如果假定固体颗粒具有圆柱形或球形/立方体形状（见图 4.5），则可以分别推导得到圆柱体收缩的面积或球体/立方体的收缩体积模型机理函数。[53]研究表明，一水草酸钙的脱水过程遵循几何收缩模型。[54-56]

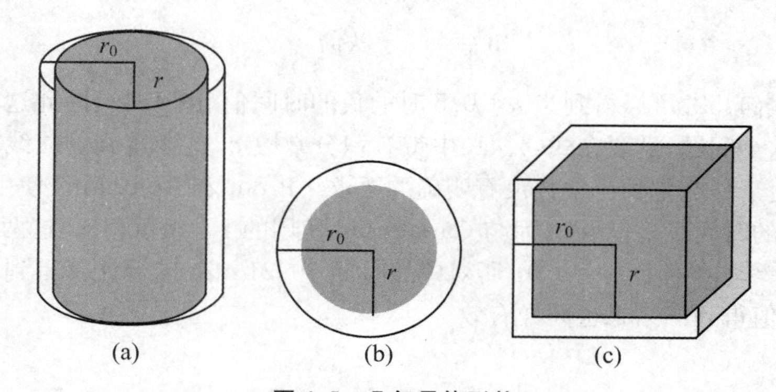

图 4.5 几何晶体形状

(a) 圆柱体；(b) 球体；(c) 立方体

1. 圆柱体收缩（收缩面积）模型（R2 模型）机理函数的推导

对于圆柱体固体颗粒而言，其体积为 $h\pi r^2$，其中 h 为圆柱体的高度，r 为圆柱体的半径。对于 n 个粒子而言，其体积可表示为 $nh\pi r^2$。由于质量 = 体积 × 密度（ρ），则 n 个圆柱状颗粒的质量是 $n\rho h\pi r^2$。

由上文中等式(4.5)对从反应进度（α）的定义并假设 $m_\infty = 0$，则 α 可以表示为下式：

$$\alpha = \frac{m_0 - m_t}{m_0} \tag{4.54}$$

因此，对于 n 个反应颗粒而言，α 可以表示为下式：

$$\alpha = \frac{n\rho h\pi {r_0}^2 - n\rho h\pi r^2}{n\rho h\pi {r_0}^2} \tag{4.55}$$

等式(4.55)可以简化为下式：

$$\alpha = 1 - \frac{r^2}{{r_0}^2} \tag{4.56}$$

将等式(4.53)中的 r 值代入式(4.56)，可以得到下式：

$$\alpha = 1 - \left(\frac{r_0 - kt}{r_0}\right)^2 \tag{4.57}$$

将等式(4.57)重新排列，可以得到下式：

$$1-\alpha=\left(1-\frac{k}{r_0}t\right)^2 \tag{4.58}$$

定义 $k_0=k/r_0$，则等式(4.58)可以变形为下式：

$$1-(1-\alpha)^{1/2}=k_0 t \tag{4.59}$$

等式(4.59)即为收缩圆柱模型。

2. 收缩球/立方体(收缩体积)模型(R3模型)的推导

当假设固体颗粒为球形或立方体形状时，可以推导出收缩球/立方体模型的机理函数。

当颗粒为球形时，已知球体的体积为 $4\pi r^3/3$，对于 n 个粒子，其体积为 $4n\pi r^3/3$。由于每个球体的质量＝体积×密度(ρ)，则 n 个球形颗粒的质量可以用下式表示：

$$质量=\frac{4}{3}n\rho\pi r^3 \tag{4.60}$$

对于涉及 n 个粒子的反应，将等式(4.60)代入等式(4.54)中，则可以得到下式：

$$\alpha=\frac{\frac{4}{3}n\rho\pi {r_0}^3-\frac{4}{3}n\rho\pi r^3}{\frac{4}{3}n\rho\pi {r_0}^3} \tag{4.61}$$

等式(4.61)可化简为

$$\alpha=1-\frac{r^3}{{r_0}^3} \tag{4.62}$$

将等式(4.53)中的 r 值代入等式(4.62)中，则可以得到下式：

$$\alpha=1-\left(\frac{r_0-kt}{r_0}\right)^3 \tag{4.63}$$

对等式(4.63)进行重新排列，可以得到下式：

$$1-\alpha=\left(1-\frac{k}{r_0}t\right)^3 \tag{4.64}$$

仍然定义 $k_0=k/r_0$，则式(4.64)可以变形为下式：

$$1-(1-\alpha)^{1/3}=k_0 t \tag{4.65}$$

等式(4.65)即为收缩球模型。

当颗粒形状为立方体形时，可用与球形假设类似的方法得到与等式(4.65)相同的表达式。

需要强调的是，与其他模型(例如扩散模型)在数学推导过程中考虑固体晶体的几何形状相比，几何收缩模型将粒径大小与速率常数(k)放在一起进行综合分析。因此，不同粒径的样品将对反应的速率常数产生明显的影响，这将引起 α-t 曲线或 α-T 曲线的偏移现象。如果使用等转化率方法进行动力学分析，也将得到“弯曲的”等转化率曲线[19,20]。如果使用分样筛筛分后的样品进行实验，在进行动力学分析时，这种影响将会变得很小。Koga 和 Criado 研究了粒子尺寸对 α-t 和 α-T 曲线形状的影响。[58,59]

4.4.4.3　扩散模型机理函数(D模型)的推导

均相反应动力学和多相反应动力学之间的主要差别是组分在体系中的移动方式不同。对于均相反应体系而言，反应物分子彼此间容易到达对方。而对于固态反应而言，其通常发生在晶格之间或者分子必须渗透到晶格中，分子的运动受到限制并且还与晶格缺陷密切相关。[59]当反应速率受反应物到反应界面的扩散或来自反应界面的产物的移动控制时，产物的界面层增加。除了少数可逆反应或当发生大的放热或消耗时，固态反应通常不通过质量传递控制。当反应物在单独的晶格中时，扩散通常在两个固体相互反应时的反应速率中发挥作用。[60] Wyandt 和 Flanagan 的研究表明磺酰胺-氨复合物的去溶剂化过程遵循扩散模型[61]。他们的研究结果还发现，由计算得到的氨复合物的去溶剂化活化能与磺酰胺的固有酸度之间存在一定的相关性，这种现象是由于磺酰胺(酸)和氨(碱)在固态下的酸-碱相互作用引起的。药物的 pKa 与氨-药物相互作用的强度成反比，其反过来影响去溶剂化活化能。

在扩散控制反应中，产物形成速率与产物层的厚度成比例减小。对于金属氧化反应而言，与界面移动有直接关系，该过程如图 4.6 所示[60,62]。根据图 4.6，一定质量的反应物 B 在时间 dt 时移动穿过界面 P(单位面积)，生成产物 AB，可以用下式表示速率方程式：

$$\frac{\mathrm{d}l}{\mathrm{d}t} = -D\frac{M_{AB}}{M_B\rho}\frac{\mathrm{d}C}{\mathrm{d}x} \tag{4.66}$$

式中，M_{AB}和 M_B分别是 AB 和 B 的分子量，D 是扩散系数，F 是产物 AB 的密度，l 是产物层 AB 的厚度，C 是 B 在 AB 中的浓度，x 是从接口 Q 到 AB 的距离。

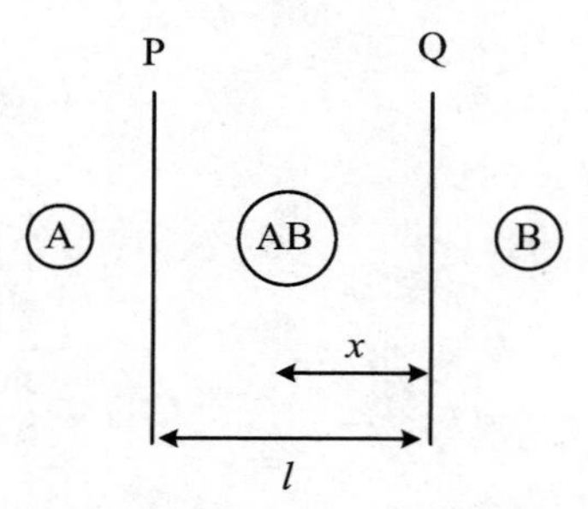

图 4.6　通过平面的一维扩散

A 和 B 是反应物；AB 是产物界面；l 是界面 AB 的厚度；x 是从界面 Q 到 AB 测量的距离

假设 AB 中 B 的线性浓度呈梯度，即

$$\frac{\mathrm{d}C}{\mathrm{d}x}\Big|_{x=l} = -\frac{C_2 - C_1}{l} \tag{4.67}$$

式中，C_2和 C_1分别是界面 P 和 Q 处的 B 的浓度，则方程(4.66)可以变形为

$$\frac{\mathrm{d}l}{\mathrm{d}t} = D\frac{M_{AB}}{M_B\rho}\frac{C_2 - C_1}{l} \tag{4.68}$$

分离变量并积分等式(4.68)，可以得到下式：

$$l^2 = 2D\frac{M_{AB}(C_2 - C_1)}{M_B\rho}t \tag{4.69}$$

假设

$$k = 2D\frac{M_{AB}(C_2 - C_1)}{M_B\rho} \tag{4.70}$$

则等式(4.69)变为

$$l^2 = kt \tag{4.71}$$

等式(4.71)被称为抛物线定律[62]。最简单的速率方程是针对不涉及形状因子(例如，一维)的无穷平面，其中转化进度 α 与产物层厚度 l 成正比。因此，等式(4.71)可以变形为

$$\alpha^2 = k't \tag{4.72}$$

式中，k'是常数。等式(4.72)表示一维扩散(D1)模型。

三维扩散(D3)模型是基于球形固体颗粒的假设(图 4.7)。使用等式(4.54)和等式(4.60)的包括 n 个球形颗粒的反应的转化率为

$$\alpha = \frac{\frac{4}{3}n\rho\pi R^3 - \frac{4}{3}n\rho\pi(R - x)^3}{\frac{4}{3}n\rho\pi R^3} \tag{4.73}$$

式中，x 是反应区的厚度。简化后，等式(4.73)可以变形为

$$\alpha = 1 - \left(\frac{R - x}{R}\right)^3 \tag{4.74}$$

等式(4.74)可以重新排列为

$$x = R[1 - (1 - \alpha)^{1/3}] \tag{4.75}$$

Jander 使用抛物线定律（等式(4.71)）来定义 x。[63] 因此，将等式(4.75)（将 x 平方后）代入等式(4.71)，可以得到以下等式：

$$R^2\left[1-(1-\alpha)^{1/3}\right]^2 = kt \tag{4.76}$$

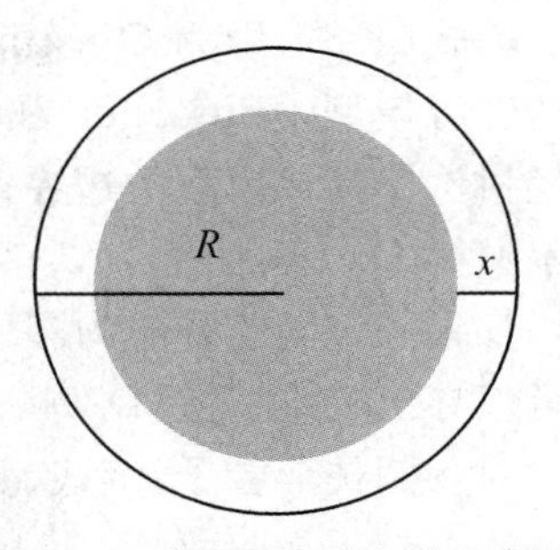

图 4.7　球形颗粒反应的示意图

假设

$$k' = \frac{k}{R^2} \tag{4.77}$$

则等式(4.76)可以变形为以下的 D3(Jander)模型：

$$\left[1-(1-\alpha)^{1/3}\right]^2 = k't \tag{4.78}$$

Ginstling-Brounshtein 的研究工作表明[64]，使用抛物线定律（针对平面表面导出）的 Jander 模型（方程(4.78)）被过度简化并且仅在低转换值（即低 x/R 值）时成立。Fick 第一定律在球体中的径向扩散的稳态解是[65]

$$C_{(r)} = \frac{aC_1(b-r)+bC_2(r-a)}{r(b-a)} \tag{4.79}$$

式中，$C_{(r)}$ 是 r 的特定值处的反应物浓度（$a<r<b$），C_1 是表面 $r=a$ 处的扩散物质的浓度，C_2 是表面 $r=b$ 处的扩散物质的浓度。假定界面处的反应以比扩散快得多的速率发生，此时 $C_1\approx 0$。因此，等式(4.79)可以变形为

$$C_{(r)} = \frac{bC_2(r-a)}{r(b-a)} \tag{4.80}$$

取上述方程相对于 r 的导数，当 $r=a$ 时，有

$$\left.\frac{\mathrm{d}C}{\mathrm{d}r}\right|_{r=a} = \frac{(b-a)bC_2}{a(b-a)} \tag{4.81}$$

根据图 4.7，$a=R-x$，$b=R$，则等式(4.81)可变形为

$$\frac{\mathrm{d}C}{\mathrm{d}r} = \frac{RC_2}{(R-x)x} \tag{4.82}$$

反应区推进速率 $\mathrm{d}x/\mathrm{d}t$ 可以与 $\mathrm{d}C/\mathrm{d}r$ 相关[65]：

$$\frac{\mathrm{d}x}{\mathrm{d}t} = \frac{D}{\varepsilon}\frac{\mathrm{d}C}{\mathrm{d}r} \tag{4.83}$$

式中，D 是扩散系数，ε 是等于 $\rho n/\mu$ 的比例常数（ρ 和 μ 分别是产物的比重和分子量，n 是反应的化学计量系数）。将等式(4.82)代入等式(8.83)得到

$$\frac{\mathrm{d}x}{\mathrm{d}t} = \frac{D}{\varepsilon}\frac{RC_2}{(R-x)x} \tag{4.84}$$

其可以被重写为

$$\frac{\mathrm{d}x}{\mathrm{d}t} = k\frac{RC_2}{(Rx-x^2)} \tag{4.85}$$

式中，$k=DC_2/\varepsilon$。

分离变量并积分等式(4.85)，可得

$$x^2\left(\frac{1}{2}-\frac{x}{3R}\right) = kt \tag{4.86}$$

用等式(4.75)中的 x 的值代替等式(4.86)中的 x，并重新给出

$$1-\frac{2}{3}\alpha-(1-\alpha)^{2/3} = kt \tag{4.87}$$

等式(4.87)即为 Ginstling-Brounshtein(D4)模型的数学表达式。D4 模型是另一种类型的三维模型。Buscaglia 和 Milanese 提出了 Ginstling-Brounshtein 模型的一般形式,并且已经讨论了与该模型的边界条件相关的限制。[66] 四氧化三锰(Mn_3O_4)和碳酸钠之间的反应显示遵循 D4 模型。[67]

如果假定固体颗粒为圆柱形,并且扩散通过具有增加的反应区的圆柱形壳体径向发生,则可以导出二维扩散(D2)模型。D2 模型可以使用用于 D3 模型的相同的一般方法导出。

对于圆柱形粒子,等式(4.75)可以定义为

$$x = R[1 - (1 - \alpha)^{1/2}] \tag{4.88}$$

如果遵循 Jander 的方法,得到的方程是

$$[1 - (1 - \alpha)^{1/2}]^2 = k't \tag{4.89}$$

式中,$k' = k/R^2$。等式(4.89)不是文献中通常使用的 D2 模型。通常使用的 D2 模型是根据 Ginstling-Brounshtein 方法导出的。Fick 第一定律在圆柱体中的径向扩散的稳态解是[68]

$$C_{(r)} = \frac{C_1 \ln(b/r) + C_2 \ln(r/a)}{\ln(b/a)} \tag{4.90}$$

式中,$C(r)$是在 r 的特定值处的反应物浓度($a < r < b$),C_1是在表面 $r = a$ 处的扩散物质的浓度,C_2是表面 $r = b$ 处的扩散物质的浓度。假设界面处的反应以比扩散快得多的速率发生,使得 $C \approx 0$。因此,等式(4.90)变形为

$$C_{(r)} = \frac{C_2 \ln(r/a)}{\ln(b/a)} \tag{4.91}$$

对等式(4.91)相对于 r 求导,当 $r = a$ 时,有如下形式的关系式:

$$\left.\frac{\mathrm{d}C}{\mathrm{d}r}\right|_{r=a} = \frac{C_2}{a\ln(b/a)} \tag{4.92}$$

根据图 4.8,$a = R - x$ 和 $b = R$,因此等式(4.92)变为

$$\frac{\mathrm{d}C}{\mathrm{d}r} = \frac{C_2}{(R - x)\ln[R/(R - x)]} \tag{4.93}$$

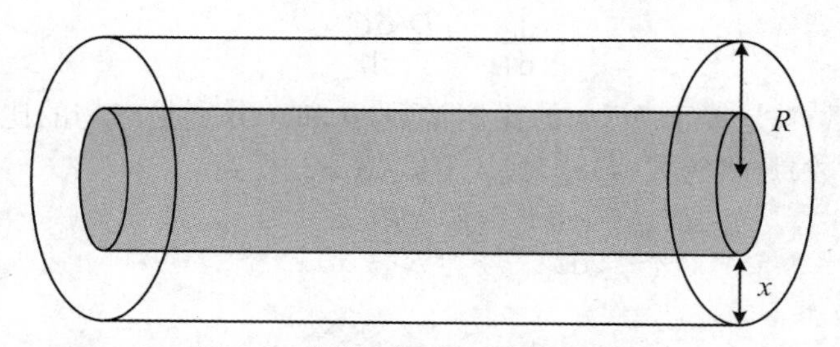

图 4.8 圆柱形颗粒反应的示意图

将等式(4.93)代入等式(4.83),可以得到下式:

$$\frac{\mathrm{d}x}{\mathrm{d}t} = \frac{k}{(R - x)\ln[R/(R - x)]} \tag{4.94}$$

式中,$k = DC_2/\varepsilon$。用等式(4.75)中的 x 代替等式(4.94)中的 x 的值,并重新排列,可得

$$\frac{\mathrm{d}x}{\mathrm{d}t} = -\frac{k}{(1 - \alpha)^{1/2} \ln(1 - \alpha)^{1/2}} \tag{4.95}$$

等式(4.75)的导数为

$$dx = \frac{R}{2(1-\alpha)^{1/2}}d\alpha \tag{4.96}$$

将方程(4.96)代入方程(4.95)中,并重新排列,可得

$$\frac{d\alpha}{dt} = -\frac{k'}{\ln(1-\alpha)} \tag{4.97}$$

式中,$k' = 4k/R^2$。等式(4.97)为D2模型的微分形式。D2模型的积分形式(见表4.1)可以通过分离变量和积分等式(4.97)得到。

最后,可以通过修正后的JMAEK模型$[-\ln(1-\alpha)]^{1/n} = k \cdot t$来考虑由于扩散所引起的影响。[70]其中,$n$为1.5时为一维扩散,$n$为2时为二维扩散,$n$为2.5时为三维扩散。扩散系数(D)包括在反应速率常数(k)中。

4.4.4.4 基于反应级数的模型(F)

基于反应级数的模型是最简单的模型,因为它们类似于均相反应动力学中使用的模型。在这些模型中,反应速率与反应物的浓度、反应物残余量或残留分数的幂指数n(即反应级数)成正比。需要特别指出,一些热分析动力学分析方法将机理函数强制假设为基于反应级数的模型,由此可能会带来错误的分析结果。[24,41]

通常用以下方程式表述基于反应级数的模型:

$$\frac{d\alpha}{dt} = k(1-\alpha)^n \tag{4.98}$$

式中,$d\alpha/dt$是反应速率,k是速率常数,n是反应级数。

如果在等式(4.98)中$n=0$,则获得零级反应模型(即F0或R1)模型,此时等式(4.98)变形为下式:

$$\frac{d\alpha}{dt} = k \tag{4.99}$$

在分离变量和积分之后,等式(4.99)可变形为

$$\alpha = k \cdot t \tag{4.100}$$

当$n=1$时,由等式(4.98)可以得到一阶反应模型(F1模型)的表达式,此时等式(4.98)可以变形为

$$\frac{d\alpha}{dt} = k(1-\alpha) \tag{4.101}$$

对等式(4.101)进行分离变量和积分,可以得到以下一阶积分表达式:

$$-\ln(1-\alpha) = kt \tag{4.102}$$

该一阶模型也称为Mampel模型[70,71],为Avrami-Erofeev(A)模型的特殊情况(当$n=1$时)。可以通过相似方法得到二阶(当$n=2$时)和三阶(当$n=3$时)的机理函数(表达式如表4.1所示)。Lopes等人的研究结果表明,钆(Ⅲ)络合物的分解过程遵循零级反应模型。[72]多孔硅[73]的热氧化和从二氧化硅表面解吸附2-苯基乙胺(PEA)[74]的过程遵循一级反应模型。

以上讨论了在固态动力学中最常用的反应机理函数的假设和数学推导。对于热分析动力学而言,固态动力学机理函数是具有理论物理意义的,在进行动力学分析时不应仅局限于基于良好的数据拟合得到复杂的数学表达式。

4.5 固态动力学分析中最重要的速率方程

在表 4.2 中总结列出了广泛应用于固态动力学的速率方程，与此相对应的等温 α-t 曲线列于图 4.9 中。这些表达式通常根据等温下的 α-t 曲线的加速、S 形或减速类型进行分类。减速类型可以根据推导过程中所假定的主导控制因素进行细分，主要可以分为几何、扩散或反应级数几种类型。

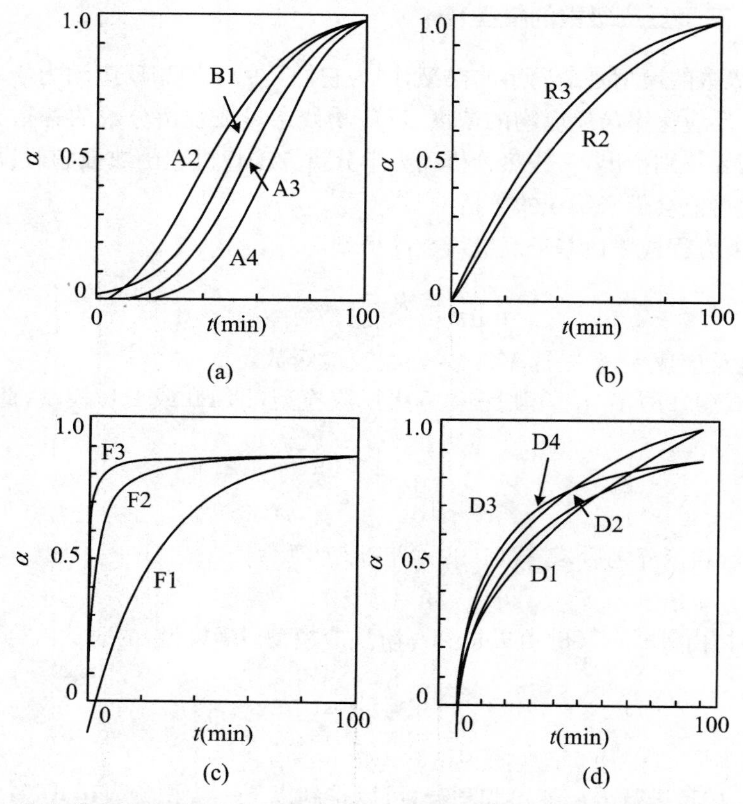

图 4.9　用来描述包含固态物质的反应动力学常用的速率方程(见表 4.2)的 α-t 图[1]

(a) S 形模型；(b) 几何模型；(c) 反应级数(RO)模型；(d) 扩散模型

可以用一般形式的速率方程来概括表示表 4.2 中列出的那些表达式[26,76,77]，以下的一个或者两个等式都可以被称为 Sesták-Berggren 方程：

$$d\alpha/dt = k \cdot \alpha^m \cdot (1-\alpha)^n \tag{4.103}$$

$$d\alpha/dt = k \cdot \alpha^m \cdot (1-\alpha)^n \cdot [-\ln(1-\alpha)]^p \tag{4.104}$$

Sesták[78] 建议将除了 $(1-\alpha)^n$ 之外的其他项都称为“调节系数”，在非均相体系中应用此方程时需要假设它们基于反应级数(Reaction Order，RO)模型来进行修正方程(参见 Koga 的研究工作[79])。

4.6　等温实验的动力学分析[1]

在进行等温动力学分析时，要求首先对一个已知的恒定温度下被选作研究对象的反应过程进行一系列的(α, t)值的测量。然后对这些数据进行准确分析，以确定表4.2中所列出的方程式中更能精确地反映体系中α随时间变化的最佳方程式。最后，根据得到的比较一致的结果，推导出动力学方程所代表的可以描述反应物/产物界面在反应中按照几何级数发展的方式的模型，并用显微镜观察到的结果来证实这种解释。

对于许多固态反应而言，与α-t数据吻合最好的表达式通常与温度无关，而速率常数的量级随着温度的升高而升高。

4.6.1　反应进度的确定

根据定义，反应进度α随着反应物(开始时$\alpha=0.00$)到产物(结束时$\alpha=1.00$)的转变过程而逐渐地发生改变。目前已经有很多实验技术可以用来测量α，主要包括在恒容体系中测量得到的反应逸出的气态产物的压强的改变、反应物的质量变化、逸出气体的分析、部分反应物质的化学和/或X射线衍射测试、热效应的测定等。每种实验技术所测得的参数必须可以定量并且明确地与所关注的反应的进行程度相关，并且其不依赖于其他过程的影响。

如果数据中包括多个速率进程的贡献，则动力学分析的难度就会增加，可靠性会降低。在分步进行的化学变化中，需要分别分析每个独立阶段的化学计量比和动力学。

对于热重实验而言，如果在一个反应中产生一种或者多种气态的产物(逸出气体的组成是常数)，则α值可以通过时间t时的质量减少m_0-m_t和反应完成时的整体的质量损失m_0-m_f，由$\alpha=(m_0-m_t)/(m_0-m_f)$来计算得到。另外，对于其他技术的测量结果，也可以通过类似的表达式来确定α值。

在需要确定合适的动力学表达式来拟合数据时，准确地测量最终产物的产率非常重要。例如，对于体积收缩(R3)模型(当界面推移到达颗粒中心时，速率过程停止)和一阶(F1)模型(速率持续减小)[80]，必须有充分的时间使反应彻底完成。通常通过提高温度来加快反应进程，但这样可能会改变产物分布和/或产生一个后续的反应。另外，测量总反应产物的产率需要与反应的化学计量比相比较。

对于可逆反应而言，使用产物的产率可能会令人产生误解，主要是因为反应是朝着一个平衡进行的，而不是代表已经彻底结束。例如，对于$CaCO_3$的分解反应而言，如果CO_2与产物中的CaO发生反应($CaO+CO_2 \rightarrow CaCO_3$)，则不能用$CO_2$的生成量来表示正向反应($CaCO_3 \rightarrow CaO+CO_2$)在反应表面的进行程度。利用实验气氛及时带走产生的CO_2是一种有效的手段，另外采用较少的样品量和直径较大的坩埚也是使反应朝着正方向进行的有效措施。

在实验中检测到的任何特定的分解产物可能形成于主要的分解步骤或者次要的反应步骤，但是无法在实验中有效地测得以上两个步骤中的α。通常假设由单位质量的反应物得到的气体产物不会随着反应的进程而发生改变。因此，对于包含分解步骤的化学过程而言，确定反应中主要的产物非常重要。

4.6.2 用于动力学分析的实验数据

用于动力学分析的数据必须足够准确并且可以重复，目前尚没有明确的标准来确定这种可重复的行为。通常的做法是在相似的实验中确定和报道 α-t 曲线，通过使用不同质量的反应物的实验来揭示自加热（自冷却）、逆反应和二次反应的程度和影响，所有的这些过程都会随着固体反应程度的增加而增加。对于反应物的破坏和预处理（例如，预照射、表面磨蚀、老化、研磨、压片、退火等）会明显地改变动力学特性，通过对比未处理和已处理过的反应物样品的反应性可以得到用于描述反应机理的信息。

因此，等温动力学分析的数据由一系列的数值，如 α 与 t、$d\alpha/dt$ 与 t、$d\alpha/dt$ 与 α 等构成，这些数据之间可以相互转换。在实验时，需要实时记录每个实验的温度。另外，在实验时可能会得到噪音相对较大的 α 与 t、$d\alpha/dt$ 与 t 等数值，在必要的时候可以对数据进行平滑处理。显然，得到的平滑曲线可能会包括一个来自于仪器自身影响的未知贡献。

4.6.3 等温数据动力学分析方法

进行动力学分析的主要目的是从表 4.3 中找出最适合用来描述每个实验的（α，t）数据的速率方程，对动力学过程进行描述时需要满足以下至少三个方面的要求：

（1）实验值和表 4.3 中所列公式的 α 与 t、$d\alpha/dt$ 与 t、$d\alpha/dt$ 与 α 之间关系的数学拟合结果的准确性。

表 4.3 在固态反应动力学分析中最常使用的重要的动力学方程[1]

	$g(\alpha)=k(t'-t_0)$	$f(\alpha)=(1/k)(d\alpha/dt)$	$\alpha=h(t)$
1. 加速 α-t			
pn 幂级法则	$\alpha^{1/n}$	$n(\alpha)^{(n-1)/n}$	
E1 指数运律	$\ln\alpha$	α	
2. Sigmoid α-t			
A2 Avrami-Erofeev	$[-\ln(1-\alpha)]^{1/2}$	$2(1-\alpha)[-\ln(1-\alpha)]^{1/2}$	
A3 Avrami-Erofeev	$[-\ln(1-\alpha)]^{1/3}$	$3(1-\alpha)[-\ln(1-\alpha)]^{2/3}$	
A4 Avrami-Erofeev	$[-\ln(1-\alpha)]^{1/4}$	$4(1-\alpha)[-\ln(1-\alpha)]^{3/4}$	
An Avrami-Erofeev	$[-\ln(1-\alpha)]^{1/n}$	$n(1-\alpha)[-\ln(1-\alpha)]^{(n-1)/n}$	$1-\exp[-(kt)^n]$
B1 Prout-Tompkins	$\ln[\alpha/(1-\alpha)]$	$\alpha(1-\alpha)$	$\{1+1/[\exp(kt)]\}^{-1}$
3. 减速 α-t			
3.1 几何模型			
R2 面积收缩	$1-(1-\alpha)^{1/2}$	$2(1-\alpha)^{1/2}$	$1-(1-kt)^2$
R3 体积收缩	$1-(1-\alpha)^{1/3}$	$3(1-\alpha)^{2/3}$	$1-(1-kt)^3$

续表

	$g(\alpha)=k(t'-t_0)$	$f(\alpha)=(1/k)(d\alpha/dt)$	$\alpha=h(t)$
3.2 扩散模型			
D1	α^2	$1/2\alpha$	$(kt)^{1/2}$
D2	$(1-\alpha)\ln(1-\alpha)+\alpha$	$[-\ln(1-\alpha)]^{-1}$	
D3	$[1-(1-\alpha)^{1/3}]^2$	$3/2(1-\alpha)^{2/3}[1-(1-\alpha)^{1/3}]$	$1-[1-(kt)^{1/2}]^3$
D4 Ginstling-Brounshtein	$1-(2\alpha/3)-(1-\alpha)^{2/3}$	$3/2[(1-\alpha)^{-1/3}\cdot 1]^{-1}$	
3.3 反应级数模型			
F0	α	1	kt
F1	$-\ln(1-\alpha)$	$1-\alpha$	$1-\exp(-kt)$
F2	$[1/(1-\alpha)]-1$	$(1-\alpha)^2$	$1-(kt+1)^{-1}$
F3	$[1/(1-\alpha)^2]-1$	$(1-\alpha)^3$	$1-(kt+1)^{-1/2}$

注：① 每一种表达式中的速率常数 k 是不同的，时间 t 假设已经进行了诱导期 t_0 的校正。

② k 的单位通常用 min^{-1} 来表示。在这些方程式中，指数表达式的形式是 $\alpha=k^n\cdot t^n$ 而不是 $\alpha=k\cdot t^n$。

(2) 可以得到理想的拟合结果的 α 的有效范围。在一定程度上允许有两个不同的方程应用于一个连续的 α 范围内，但是首先要阐明单个速率方程并不能代表整个速率过程。

(3) 对于这个确定的反应模型而言，必须有其他的实验技术提供互补的、可行的证据，这些技术主要包括光学和电子显微镜、X 射线衍射测量、光谱等。

主要采用以下方法来进行等温实验数据的动力学分析：

(1) 检查(表 4.3 中) $g(\alpha)$ 时间曲线的线性关系；

(2) 对表 4.3 中由速率方程计算得到的曲线图与 α-约化时间图进行比较。

这种方法主要通过由一定范围的测量时间值 t 得到的约化时间值 t_{red}，在所有曲线上可以找出一个共同的点。通常当 α 为 0.5 时，$t_{0.5}=1.0$。该情况适用于任何诱导期，所以 $t_{red}=t/t_{0.5}$。

(3) 将测量得到的 $d\alpha/dt$-约化时间或 α 时间图与由表 4.3 中速率方程给出的曲线相比较。

(4) 确定由测量(表 4.3)得到的 $d\alpha/dt$ 值对 $f(\alpha)$ 图的线性关系。在动力学模型中，通过这种方法比上述的方法(1)可以得到更好的分辨率[81]。

下面将详细介绍这些方法。

在确定可以选用的最合适的速率方程来对一系列的给定数据进行最合理的描述时，需要考虑以下方面的因素：

(1) 在不同反应模型的 α 范围内是最容易区分的[82]；

(2) 实验误差的影响，主要包括 α 测量值的随机分布等。

目前，并没有对于可以认为适合的 α 范围达成一个普遍的共识。Carter[83] 认为，应该将测量值和理论值之间的一致性扩展到几乎完整反应，范围为 $0.00<\alpha<1.00$。实际上，在许多文献报告中仅描述了不同的速率方程在相对有限的 α 范围内的适用性。因此，在不同的反应阶段可以提出相应的一系列的模型。如果动力学行为的改变可以由如微观观察结果等

作为补充证据来支撑这一判断,这种解释的合理性则会显著增加。另外,需注意在将由热分析法产生的平均测量结果与非常有限的部分样品(如表面)的微观细节相关联起来时可能会带来一定的风险,因为这些样品可能会在实验过程中被损坏。例如,样品可能会被电子显微镜的电子束破坏。[78]

4.6.4 $g(\alpha)$对时间的关系曲线的线性关系的确定

在进行动力学分析时,首先会通过 $g(\alpha)$-时间曲线的线性关系来确定值得更详细考虑的方程。通常在最大的 α 范围和偏离线性关系的范围之间做出折中处理,最终确定最佳的动力学表达式。对线性关系的偏离可能是由于在反应的开始阶段或最终阶段的测量中的误差造成的。通常采用标准的统计参数来评价定义的 α 范围的线性程度,这些统计参数主要包括相关系数 r、回归得到的直线斜率的标准偏差 s_b;或者由 t、S_{xy}来确定$g(\alpha)$的标准偏差,用来量化一组实验点与计算得到的回归直线之间的偏差。在文献中,已经有不少研究者指出了用 r 来表示拟合程度的不足之处。[84-86] 当 s_b的值取决于分析中使用的 t 的范围时,则需要优先考虑使用 s_b。

通过实验数据和理论方程之间的大小和方向的差异,我们可以用来确定最合适的速率方程和经常采用的残差对时间的曲线图,即($g(\alpha)_{实验} - g(\alpha)_{预测}$)-时间曲线。一旦得到了满意的拟合结果,则可以用来确定适用的速率方程 $g(\alpha) = k \cdot (t - t_0)$以及在实验温度下的 k 值,可以由曲线的斜率确定拟合的标准偏差。

对于那些包含指数 n 的速率表达式,例如,对于 Avrami-Erofeev 方程而言,通过 $\ln[-\ln(1-\alpha)]$对 $\ln(t - t_0)$图可以最方便地确定 n 的值。然而,通过这样的图得到的结果显然并不一定是最佳的结果,并且有一个关于 t_0的误差可以显著地影响 n 的表观值。在文献中已经有了关于分数形式的 n 值报道。[87]

4.6.5 约化时间和 α-约化时间图

可以通过扣除主反应开始阶段的诱导期 t_0(也包括将反应物加热到温度 T 的时间)来校正测量时间的值。可以用约化时间因子 $t_{red} = (t - t_0)/(t_{0.5} - t_0)$的形式来表示实验时间值 $t - t_0$,其中,$t_{0.5}$是当 $\alpha = 0.50$ 时的时间,$k \cdot (t_{0.5} - t_0) = 1.0$。

在包括不同的等温温度下的所有实验中,其 $\alpha - t_{red}$测量值都应该落在单条曲线上。这条复合曲线可以与由表 4.3 中的每个速率方程所计算得到的曲线(见图 4.10)进行比较。这样的计算曲线以 $\alpha = k \cdot t_{red}$的形式来进行准确的表示,可以确定每个点的偏差($\alpha_{理论} - \alpha_{实验}$)。在将这些差值的数值和其随 α 的变化情况进行比较后,可以通过动力学数据拟合得到最适合的速率方程和它适用的范围。

在复合曲线的准备过程中,可以识别出随温度变化的 α-时间曲线形状的任何系统变化。$(t_{red})^{-1}$的大小与温度 T 时的速率常数成正比,因此,这种方法可以通过约化时间的倒数计算得到活化能来定量测量速率常数 k,而不需要确定动力学模型。[88]

4.6.6 在动力学分析中导数(微分)方法的应用

在动力学分析中,可以用足够准确的导数方法来测量或计算出 $d\alpha/dt$ 的值。在实际的实

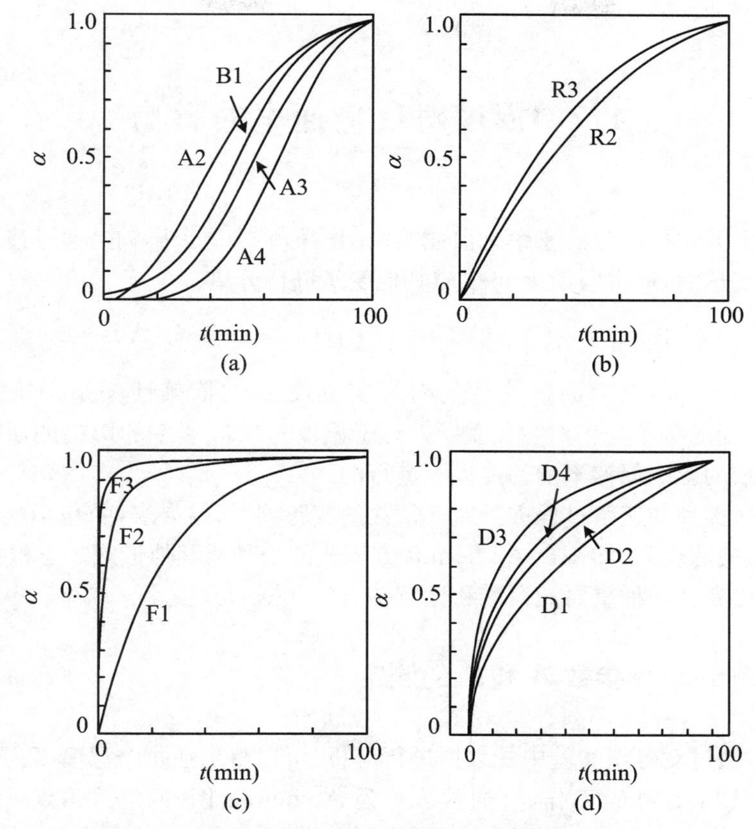

图 4.10　用来描述包含固态物质的反应动力学时最重要的速率方程的 α-时间图(见表 4.3)

(a) S形模型;(b) 几何模型;(c) 反应级数(RO)模型;(d) 扩散模型

验中,通过一些如 DSC 和 DTA 之类的实验技术可以得到一个与反应速率成正比的输出信号。

动力学分析的导数方法包括 $d\alpha/dt$ 对 α 作图法[4]或者 $d\alpha/dt$ 对 t_{red} 作图法[89],可以直接比较实验值与由每个速率方程(表 4.3)得到的计算值(图 4.10)。第三种求导方法是确认实验测量的速率 $d\alpha/dt$ 值与表 4.3 中速率方程的微分机理函数 $f(\alpha)$之间的线性关系[86]。通过这种动力学分析方法可以在现有的动力学表达式中提供更好的区分度,尤其是对于 S 形曲线所对应的方程(表 4.3 中的 A2 到 A4)而言,并且其对于几何过程(表 4.3 中的 R2 和 R3)有很好的应用前景。

4.6.7　动力学解释的验证

通过观察,对于得到的由关注的反应的动力学行为符合 $g(\alpha)=k\cdot t$ 或 $d\alpha/dt=k\cdot f(\alpha)$的结论。对于由一个特定的几何图形的界面推移所引起的动力学行为而言,应尽可能地通过独立的证据来证实这种结果。例如,由方程 A3(表 4.3)拟合得到的一组(α,t)值可以由瞬时成核之后的核的三维生长过程($\eta=0,\lambda=3$,因此 $n=3$)引起,也可以由伴随着二维生长($\eta=1,\lambda=2,n=3$)的线性成核过程引起。作为一种最直接的证实其几何推理的方法,通常通过显微镜观察由部分分解所造成的反应物样品中与界面生长有关的结构变化。

4.7 温度对反应速率的影响

温度对大多数化学反应的速率有很强的控制性影响。这个影响是通过速率常数 k 的大小来定量进行表达的,通常假设 k 可以与其他变量进行分离:

$$\text{Rate} = \frac{\mathrm{d}\alpha}{\mathrm{d}t} = k(T) \cdot C \cdot f_1(\alpha) \cdot \cdots \cdot f_n(X) \tag{4.105}$$

式中,C 是常数,$f_1(\alpha)$是上面讨论过的对反应程度 α 的依赖性关系。动力学模型函数 $f_1(\alpha)$随温度改变的例子是相对少见的[90],对于温度对反应速率的影响的研究通常是在假设所有其他贡献的影响保持不变的前提下进行的。

通过对很多类型的速率过程进行速率常数的实验测量,结果表明,包括均相和多相的化学反应(以及相关的现象)均符合 Arrhenius 方程式的一种或其他形式。方程中的参数 A 和 E_a的数值大小代表了一种重要的报道和比较动力学数据的方法。

4.7.1 Arrhenius 参数 A 和 E_a的测定

如上所述,通过对等温实验中的数据进行分析,可以得出在每个温度 T_i下的一组k_t值。这些数值通常以 $\ln k_i$对 $1/T$ 作图(通常被称为 Arrhenius 图)的形式得到。通过线性回归可以得到 E_a/R 和 $\ln A$ 的值,以及它们的标准偏差。

在实际的应用中,应该检查 Arrhenius 图的线性度,以识别出任何在曲线形状上的弯曲或不连续。曲线的任何这样的不连续性发生的温度对于解释反应物的行为都是很重要的。速率常数的表达式也很可能是复合项,其主要包括来自不同速率过程的贡献,这些过程主要有例如成核和生长过程等。k 和 A 的单位应该是(时间)$^{-1}$。

4.7.2 Arrhenius 参数 A 和 E_a 的意义

适用于固体反应的 Arrhenius 参数 A 和 E_a通常与在气体反应碰撞理论中使用的术语一致。活化能通常被认为是发生化学键重组必须克服的阈值或能量势垒,这是将反应物转化为产物的必要条件。频率因子或者指前项 A 是反映反应情况发生频率的一种度量,通常被认为是一种包括了反应坐标的振动频率。

反应的 Arrhenius 行为已经具有相当成熟的理论基础,最早被用于均相的速率过程。实际上,该模型在直接应用于固体反应时经常会受到质疑。[91-94] Garn 尤其强调,在一个具有固定成分的晶态固体中,能量的分布不能由麦克斯韦-玻尔兹曼函数(Maxwell-Boltzmann 函数)来表述,该函数假设在均匀体系中粒子之间的能量可以自由地进行交换。[93]他认为固体的分解不涉及任何离散的活化状态,通过对这些反应进行计算所得到的活化能的变化范围很大,这一现象证实了上述的结论。固体内部的能量在近邻组分间迅速传递,因此与平均能量并没有显著的区别,这是任何一个可用的活化能模型的基本特征。Bertrand 等人定义了 E_a为一个复合术语,其主要包括一些对反应的控制有贡献作用的量，例如平衡和热梯度的偏差。[94]

4.7.3　补偿效应

在许多的文献中包含了很多用补偿方程拟合计算得到的固体分解的 Arrhenius 参数的报道[95]：

$$\ln A = a \cdot E_a + b \tag{4.106}$$

式中，a 和 b 是常数。这种行为模式被称为补偿(compensation)，这是因为在出现这一趋势的一组数据内，活化能 E_a 的增加将会导致反应速率的下降，可通过 $\ln A$ 的增加来抵消，这种效应也被称为等动力学效应。因为对一组满足等式(4.106)的(A，E_a)的值而言，存在一个温度 T_K。在该温度下，所有的速率常数是相等的。对于很多反应而言，T_K 的值处于显示补偿行为的动力学测量的温度范围内。

有两类现象通常与动力学补偿效应相关：

(1) 一系列密切相关但不完全相同的反应，由类似的实验过程决定 Arrhenius 参数，并确认满足等式(4.106)。

(2) 一系列密切相关但不完全相同的单个化学反应的实验，实验条件的不同主要包括固体反应物的物理状态和热历史，可能会导致表观 Arrhenius 参数之间呈现等式(4.106)的关系。

尽管已经提出了很多关于补偿行为的理论解释，但是迄今为止还没有一个已经得到普遍认可的合理解释。

4.8　非等温实验的动力学分析

在等温动力学研究中对非等温动力学数据进行分析是为了确定速率方程(表 4.3)和用来合理地描述实验结果的 Arrhenius 参数。在一个典型的非等温动力学实验中，反应物样品所处环境的温度会根据某些特定的程序发生系统的改变(通常但不一定是温度随时间的线性增加)。所有的动力学结论的数值最终取决于由原始测量数据所得到的 α、t 和 T 的精度(或者通过微分的方式得到的 $\mathrm{d}\alpha/\mathrm{d}t$ 或 $\mathrm{d}\alpha/\mathrm{d}T$ 等)，其中最重要的是由一个确定的化学计量反应来确定 α。在非等温实验过程中，动力学性质的变化可能比一系列的等温实验更容易被忽略。这些可能的变化主要表现在 A、E_a 和动力学表达式的形式 $g(\alpha)$ 或者 $f(\alpha)$ 的变化。另外，反应的化学计量关系、产物的产率和产物的二次反应温度也可能随温度而发生变化。同时，可逆反应、同时反应和连续反应的相对贡献也会随温度的变化而变化。

在相当长的时间内，不少研究者对非等温动力学得到的结果的合理性持怀疑的态度。Boldyreva 认为，对非等温动力学研究的争议主要表现在其温度变化速率与等温研究相比加快了许多。[96] 在某些实验条件下，例如在非等温条件下进行的过程中，实验室测量时的反应速率应与实际生产或使用的工艺条件之间的尽可能接近。不能在缺乏更多、更直接的研究结果的情况下，使用非等温动力学方法来确定动力学参数和反应机制。[96] Maciejewski 则认为，将得到的动力学参数看做所研究的化合物的特性而不提到在进行动力学分析时所使用的实验条件的做法会带来很大的风险。[97]

理论上,等温和非等温方法是用来确定某一反应的动力学参数的两种互为补充的方法,这两种方法都可以用来解决同一个问题。

等温研究代表了温度变化的众多可能性中的一个极限情况,原则上可以将等温条件下的这些变化应用于非等温研究中。这两种方法都有各自的优点和缺点,在实际应用中不要试图淡化或忽视其中任何一种方法的重要性。

在许多关于非等温动力学的论文中使用了基于反应速率对浓度依赖性的速率方程进行动力学分析(表 4.3 中 F0 到 F3),这些反应类似于均相反应的行为。通过非等温测量,可以使反应中通常被认为是一个单一的反应过程变为一系列的多个步骤。

如果认为一个固态反应可以发生,那么应该对基于几何模型拟合得到的数据进行合理的评价,通过适当的其他互补的技术手段如显微镜技术等尽可能地加以证实所得到的结论。

4.8.1 实验方法

最常见的实验方法是在合适的恒定加热速率 β 的条件下完成的,大多数的商品化的仪器均可以满足这种方法,在实际上也可以采用以下的温度-时间变化方式:

(1) 恒定反应速率热分析(Constant Rate Thermal Analysis,CRTA)技术。通过该技术使样品以特定的方式进行加热,使反应以恒定的速率发生。用该方法来控制温度,使反应以不断增加的速率(即加速度)进行。[98,99]

(2) 温度跳跃式或步阶式的温度控制程序[100,101]。在单次的实验中,温度迅速发生变化(即"跳跃"),从一个值快速地达到另一个值。可以通过测量得到两个(或更多的)温度下的变化速率,用来计算在特定的 α 值时的 Arrhenius 参数。该方法假定在测量两个速率值的时间内,α 不会发生显著的变化。

(3) 温度调制程序[102-106]。这种技术常用于区别对由热行为和动力学因素所引起样品的程序温度随时间发生小的周期性的振荡变化,可用于区分可逆和不可逆的贡献。

在进行温度校准时,测量的温度和校正的样品温度之间的差异有时可能会很大。Agrawal 建议至少在 70 K 的温度变化范围内来评价 Arrhenius 参数。[107]

尽管通常将实验方法划分为等温动力学和非等温动力学分析方法两种方法,然而,在实际上由所选用的其他类型的实验条件所得到的真实的样品温度为近似值。[108]在实验过程中,从加热炉到样品之间的热传递、样品在反应期间复杂的自冷却或自加热现象、滞留在样品附近的气体产物对可逆反应的影响等因素对非等温实验条件的影响。[109]在对等温实验结果进行动力学分析的过程中,也会遇到一些问题。例如,经常会遇到如何将得到的数据在尽可能广的 α 范围内进行数据拟合,以及如何区分相似形式的动力学表达式等问题,在程序控制温度的条件下这些问题会变得更加复杂。无论温度程序如何变化,在研究化学反应、相变和结构变化等过程中的动力学过程时,都应该从其他相关分析方法和微观证据中获得有效的支持。

4.8.2 理论热分析曲线的形状

表 4.3 中列出了在等温条件下的各种动力学模型在理论上的 α-t 表达式,每种模型所对应的曲线形状如图 4.10 所示。即使是在等温条件下,通常也很难正确地区分这些模型。在

非等温过程中,即在线性程序控制温度的条件下,这些曲线的形状发生了相当大的改变,各种模型的理论 α-T 曲线如图 4.11 中(a)、(b)和(c)所示。这些曲线是通过 Doyle 近似[110]来计算温度积分 $p(x)$得到的。图 4.11(b)为根据反应的表观化学反应级数 n(n 也包括分数值)的动力学反应模型,即 F1、F2、F3、R2 和 R3 所得到的分析结果。由图可见,对于低 α 值的反应而言,很难直接进行区分。在较高的 α 取值范围内,由图可以有效地分辨出较高级数的反应。根据扩散模型,即 D1、D2、D3 和 D4,可以得到的起始温度比基于 n 级反应模型假设的更低,曲线形状也更为扁平(即由延长的温度间距所引起)(见图 4.11(c))。然而,根据 Avrami-Erofeev(JMAEK)模型,即 An(见图 4.11(a)),则可以得到具有较高的起始温度和更陡的曲线。图 4.12 中(a)、(b)和(c)给出了与由图 4.11 中所示的积分曲线得到的相对应的微分曲线。

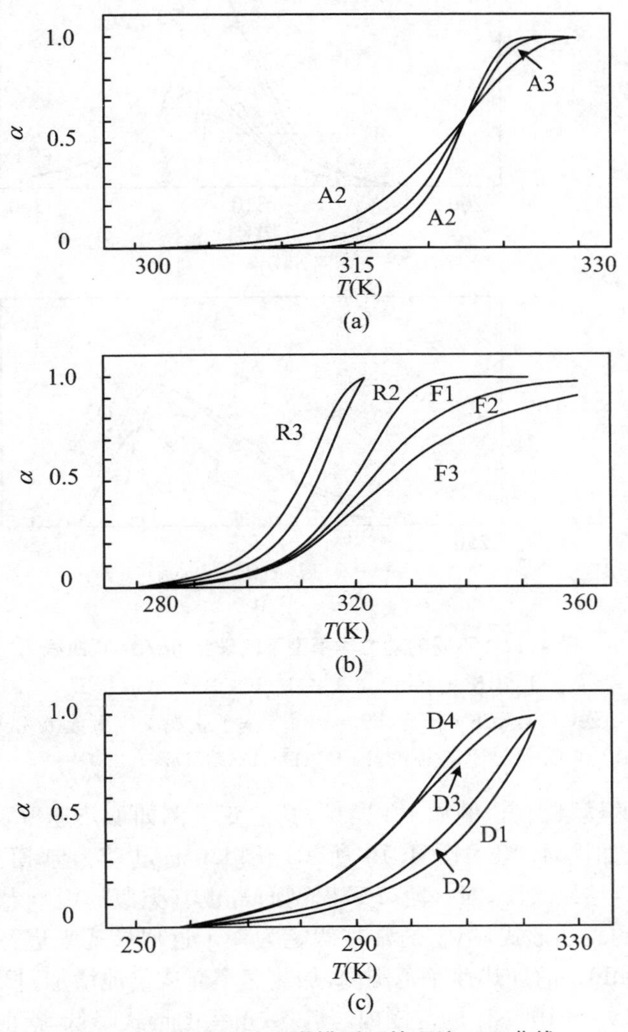

图 4.11　不同的动力学模型下的理论 α-T 曲线

加热速率 $\beta = 1.0\ \text{K} \cdot \text{min}^{-1}$, $A = 1.9 \times 10^{15}\ \text{min}^{-1}$, $E_a = 100\ \text{kJ} \cdot \text{mol}^{-1}$。(a) Avrami-Erofeev (JMAEK)模型,即 An;(b) 基于表观反应级数 n 和几何收缩模型,即 F1、F2、F3、R2 和 R3;(c) 扩散模型,即 D1、D2、D3 和 D4。图中曲线是将表达式应用于不同的温度间隔所得到的

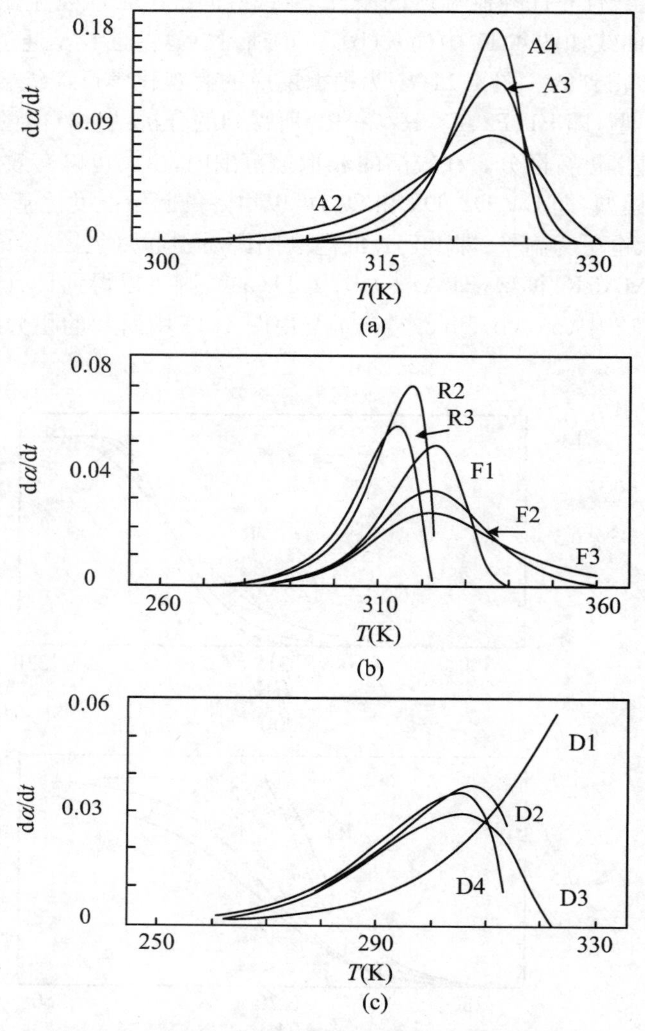

图 4.12 不同的动力学模型下的理论 $d\alpha/dt$-T 曲线

图中，加热速率 $\beta=1.0\ K\cdot min^{-1}$，$A=1.9\times10^{15}\ min^{-1}$，$E_a=100\ kJ\cdot mol^{-1}$。(a) Avrami-Erofeev (JMAEK) 模型，即 An；(b) 基于表观反应级数 n 和几何收缩模型，即 F1、F2、F3、R2 和 R3；(c) 扩散模型，即 D1、D2、D3 和 D4

对于一个固定的模型而言，例如 R3 模型，其他变量例如加热速率 β、指前因子 A 和活化能E_a的影响分别如图 4.13～图 4.15 所示。Elder 通过动力学模型得到了类似的曲线[148]，Zsakó 的研究结果表明，对一阶(F1)模型而言也有类似的影响[149]。虽然 F1 模型并不是一个非常真实的表达形式，但它通常被假定为一个近似形式来进行应用。图 4.8 显示了在$\beta=1$～$16\ K\cdot min^{-1}$的加热速率范围内，加热速率以成倍地增加对理论的 R3 曲线所产生的影响。在 $A=10^{17}$～$10^{13}\ s^{-1}$的范围内，其以数量级的形式降低，指前因子主要会影响曲线的起始温度和加速部分(见图 4.9)，其余部分则几乎平行。如果按照 $5\ kJ\cdot mol^{-1}$的间隔增加活化能，也可以得到与此非常相似的结果，如图 4.15 所示。

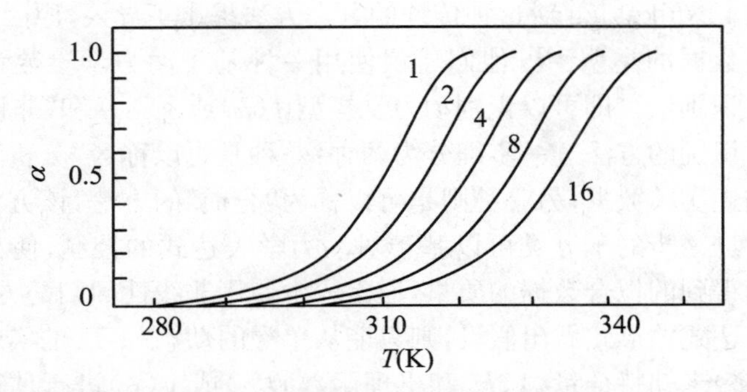

图 4.13　基于 R3 模型得出的不同的加热速率 β(变化范围为 1～16 K・min^{-1})下的 α-T 曲线

$A=1.9\times10^{15}\ \text{min}^{-1}$, $E_a=100\ \text{kJ}\cdot\text{mol}^{-1}$

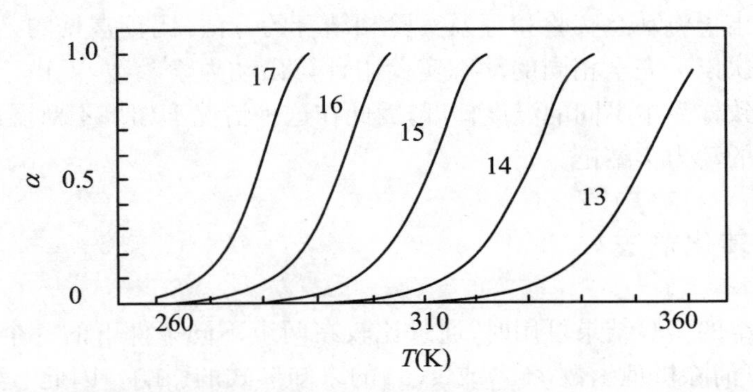

图 4.14　基于 R3 模型得出的不同的指前因子 A(变化范围为 1.9×10^{17}～1.9×10^{13} min^{-1})下的 α-T 曲线

$\beta=1.0\ \text{K}\cdot\text{min}^{-1}$, $E_a=100\ \text{kJ}\cdot\text{mol}^{-1}$

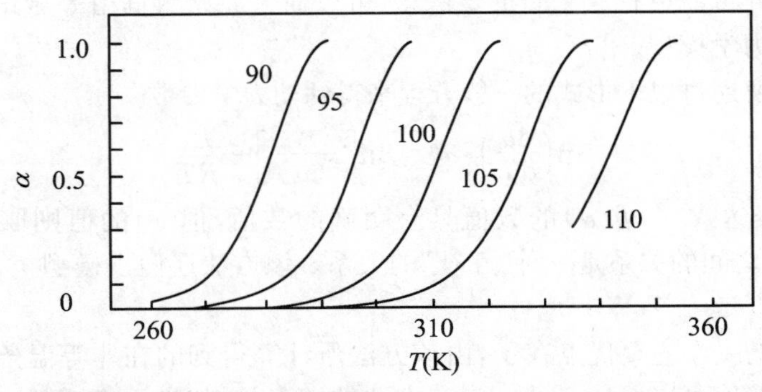

图 4.15　基于 R3 模型得出的不同的活化能 E_a(变化范围为 90×10^{13}～110×10^{13} kJ・mol^{-1})下的 α-T 曲线

$\beta=1.0\ \text{K}\cdot\text{min}^{-1}$, $A=1.9\times10^{15}\ \text{min}^{-1}$

因此,热分析曲线(α, T)的整体形状主要由动力学模型决定,而曲线在温度轴上的位置则是由 E_a、A、较低的反应程度 α 和升温速率 β 来决定的。

4.8.3　非等温动力学方法的分类

用于分析非等温动力学数据的方法可以分为基于等式(4.7)的导数或微分方法(该方法为 ICTAC 推荐首选的方法)或者是基于等式(4.9)的积分方法。

Vyazovkin 和 Lesnikovich 对这种传统的分类方法提出了异议，原因是这些分类方法特指的是使用的实验数据的类型。[111] 他们建议使用一种基于动力学参数计算方法的分类方法，该方法包括“可识别法”(即可以识别动力学模型 $f(\alpha)$ 或 $g(\alpha)$)和“非识别法”。

可以将涉及可识别的方法进一步细分为两种：一种是可以称为“分析”的方法，该方法主要用一个模型来描述实验数据；另一种则是可以称为“合成”的方法，该方法结合几个模型来更好地描述数据。进一步的子分类可以基于对动力学表达式的控制，使其适合于用线性回归的方法来测试所得到的拟合数据的质量，通常较少使用非线性回归的方法。

如果对速率表达式的形式做出假设，则只能从单次的动态(α-T)的实验数据对反应过程中的3个(或者更多)未知特征量 A、E_a 和机理函数 $f(\alpha)$ 或 $g(\alpha)$ 进行估算。许多研究者在不加合理判断的前提下，直接地将所研究的反应看做一个一级反应(F1)的过程[即 $f(\alpha)=(1-\alpha)$ 和 $g(\alpha)=-\ln(1-\alpha)$]。

尽管已经提出了将动态实验和等温实验相结合的方法，比较常见的是在不同的加热速率下从两次或两次以上完全相同的动态实验中计算出动力学参数，但由于不同加热速率的实验条件可以导致样品中不同的温度梯度，因此在这种情况下如果不对温度进行校正，仍然可能会得到错误的动力学结论。

4.8.4 等转化率法

当有超过一组的实验结果可用时，通过比较在两组不同条件下的一个相同值 α 下所得到的测量值，可以消除机理函数 $f(\alpha)$ 或 $g(\alpha)$ 的未知形式的影响。因此，这些等转化率的方法是一种通过“不依赖于模型”或“非识别”的方法来确定 Arrhenius 参数的一种技术[89]。这些方法最近由 Vyazovkin 和 Lesnikovich[111,112] 做了进一步的发展。

为了避免丢弃可能更有意义的重要信息，可以通过原始数据由等转化率法获得的参数的方法来确定动力学模型。

等转化率主要通过以下形式的一般方程来得到动力学参数[112]：

$$\ln\left(\frac{d\alpha}{dT}\right)\cdot\beta=\ln\left[\frac{A}{f(\alpha)}\right]-\frac{E_a}{RT}$$

式中，E_a 和组合表达式 $A/f(\alpha)$ 的数值具有明确的数值，但 A 的值则取决于所选的模型 $f(\alpha)$。A 与 $f(\alpha)$ 之间的关系是一种“互补”的关系。该方法还假设模型 $f(\alpha)$ 在整个 α 范围内保持不变。

等转化率法的一个主要优点在于，由该方法所计算得到的在非等温条件下的活化能数值与等温实验中的值可以保持一致。[128] 该方法的缺点是，如果不知道 $f(\alpha)$ 的模型，就会无法确定 A 值。

4.8.5 一种导数(或微分)方法：一阶导数法

这些方法是基于等式(4.7)进行变换得到的，这类方法可以表示成为多种形式，例如：

$$\frac{\ln\left(\frac{d\alpha}{dT}\right)}{f(\alpha)}=\ln\left(\frac{A}{\beta}\right)-\left(\frac{E_a}{R}\right)\cdot\left(\frac{1}{T}\right)=y \tag{4.107}$$

如果假设了 $f(\alpha)$ 的表达式形式，那么可以通过 y 对 $1/T$ 曲线的斜率和截距来确定 E_a

和 A 的值。由于等式(4.107)左侧的灵敏度与 $d\alpha/dt$ 成反比[113],因此除非使用了适当的加权因子,否则得到的动力学参数对热分析曲线的初始阶段和终止阶段的数据非常敏感。在 $d\alpha/dt$ 最大值附近区域的灵敏度降低,大部分反应都是在该处进行的。

如果有几组数据可用,例如在不同的加热速率 β_i 下进行一系列的热分析实验,则可以应用不同的数学方法来进行分析。

Friedman 方法[114]通过 $\ln(d\alpha/dt)$ 对 $1/T_i$ 作图,得到在不同加热速率下(或不同的恒温反应温度,T_i)α 相同的值。通过所得到的 $\ln(d\alpha/dt)$ 对 $1/T_i$ 的曲线,可以得到一组在不同转化率下的平行线。其斜率为 $-E_a/R$,截距为 $\ln[A\cdot f(\alpha)_i]$。每条线的斜率相同,而截距则各不相同。通过将得到的截距对 α_i 外推至 $\alpha_i=0$,可以得到 A 的值。

Carroll 和 Manche 所提出的方法[115]与上述 Friedman 方法的处理过程十分相似,区别在于该方法需要通过 $\ln[\beta\cdot(d\alpha/dT)]$ 对 $1/T$ 作图。

Flynn 对这一方法做了进一步的改进[116],改进后的方法是在不同的加热速率下,首先得到不同的加热速率下相同的转化率 α_i 对应的 T_i,然后通过 $T_i\cdot\ln(d\alpha/dt)_i$ 对 T_i 进行作图。通过这种方式得到的直线的截距都相同,为 $-E_a/R$,但是斜率不同,为 $\ln[A\cdot f(\alpha)_i]$。

被广泛使用的 Freeman 和 Carroll 方法[117],假设反应满足 $f(\alpha)=(1-\alpha)^n$ 的形式,并考虑以 $(d\alpha/dT)$、$(1-\alpha)$ 和 $1/T$ 表达增加的差异变化,可以导出下列形式的表达式:

$$\Delta\ln\left(\frac{d\alpha}{dT}\right)=n\cdot\Delta\ln(1-\alpha)-\left(\frac{E_a}{R}\right)\cdot\Delta\left(\frac{1}{T}\right) \tag{4.108}$$

通过上述形式的表达式,采用以下两种方法中的任一种进行作图,根据斜率来确定 E_a 的值:$\left[\frac{\Delta\ln(d\alpha/dT)}{\Delta\ln(1-\alpha)}\right]$ 对 $\left[\frac{\Delta(1/T)}{\Delta\ln(1-\alpha)}\right]$ 作图法或者 $\left[\frac{\Delta\ln(d\alpha/dT)}{\Delta(1/T)}\right]$ 对 $\left[\frac{\Delta\ln(1-\alpha)}{\Delta(1/T)}\right]$ 作图法。

Criado 等人[118]已经证明了利用 Freeman 和 Carroll 的处理方法无法将 n 级反应的动力学方程从其他动力学模型中成功地区分出来,这一点在 Jerez 的研究工作中得到了进一步的证实。[119]他指出,在回归过程中会产生比较大的误差,并建议对用来计算 E_a 和 n 的方法进行修改,通常的作法是使用最大速率时和实验进行到一半时所对应的数据进行计算。

4.8.6　一种导数(或微分)方法:二阶导数法

对等式

$$\frac{d\alpha}{dT}=\left(\frac{A}{\beta}\right)\cdot\exp\left(-\frac{E_a}{RT}\right)\cdot(1-\alpha)^n \tag{4.109}$$

进行微分,可以得到以下形式的关系式:

$$\frac{d^2\alpha}{dT^2}=\frac{d\alpha}{dT}\cdot\left[\frac{E_a}{RT^2}-\frac{n\cdot\frac{d\alpha}{dT}}{1-\alpha}\right]$$

由于在 TG 曲线的拐点或 DSC 峰值的最大值点上所得到的这个导数必须为零,因此存在如下的关系式:

$$\frac{E_a}{RT_p{}^2}=\left(\frac{d\alpha}{dT}\right)_p\cdot\frac{n}{1-\alpha_p} \tag{4.110}$$

如果 n 和 T_p 已知,可以通过实验曲线确定 $(d\alpha/dT)_p$ 和 α_p,则可以由上式计算出 E_a

的值。[164]

联立等式(4.109)和等式(4.110),可以得到下式:

$$\left(\frac{A}{\beta}\right)\cdot \exp\left(-\frac{E_a}{RT_p}\right)\cdot n \cdot (1-\alpha_p)^{n-1} = \frac{E_a}{RT_p{}^2} \tag{4.111}$$

由于$(1-\alpha_p)$是在给定的 n 值下所得的常数,因此可以用 Kissinger 方法[121]来获得 E_a 的值。

假设反应机理函数为 $f(\alpha)=(1-\alpha)^n$,由等式(4.7)可以得到以下的相应形式的动力学方程:

$$\frac{d\alpha}{dT} = \frac{1}{\beta}\cdot A e^{-E_a/RT}\cdot (1-\alpha)^n \tag{4.112}$$

该方程可以用来与一条相应的热分析曲线得到的转化率-温度曲线相对应,对方程(4.112)两边微分,可得

$$\begin{aligned}\frac{d}{dT}\left[\frac{d\alpha}{dT}\right] &= \frac{1}{\beta}\cdot\left[A(1-\alpha)^n\frac{de^{-E_a/RT}}{dt} + Ae^{-E_a/RT}\frac{d(1-\alpha)^n}{dt}\right]\\ &= \left[A(1-\alpha)^n e^{-E_a/RT}\frac{(-E_a)}{RT^2}(-1)\frac{dT}{dT} - Ae^{-E_a/RT}n(1-\alpha)^{n-1}\frac{d\alpha}{dT}\right]\cdot\frac{1}{\beta}\\ &= \left[\frac{d\alpha}{dt}\frac{E_a}{RT^2}\frac{dT}{dT} - Ae^{-E_a/RT}n(1-\alpha)^{n-1}\frac{d\alpha}{dT}\right]\cdot\frac{1}{\beta}\\ &= \frac{1}{\beta}\cdot\frac{d\alpha}{dt}\cdot\left[\frac{E_a\cdot\frac{dT}{dT}\cdot\frac{1}{\beta}}{RT^2} - An(1-\alpha)^{n-1}e^{-E_a/RT}\right]\end{aligned} \tag{4.113}$$

在热分析曲线的峰顶处,其一阶导数为零,即边界条件为

$$T = T_p \tag{4.114}$$

$$\frac{d}{dT}\left[\frac{d\alpha}{dT}\right] = 0 \tag{4.115}$$

将上述边界条件代入等式(4.113),可得

$$\frac{E_a\frac{dT}{dt}}{RT_p^2} = An(1-\alpha_p)^{n-1}e^{-E_a/RT} \tag{4.116}$$

式中,$n(1-\alpha_p)^{n-1}$与 β 无关,其值近似等于 1。因此,等式(4.116)可变换为

$$\frac{E_a\beta}{RT_p^2} = Ae^{-E_a/RT_p} \tag{4.117}$$

对等式(4.117)两边取对数,可得等式(4.118),也即 Kissinger 方程:

$$\ln\left(\frac{\beta_i}{T_{pi}^2}\right) = \ln\frac{A\cdot R}{E_a} - \frac{E_a}{R}\cdot\frac{1}{T_{pi}},\quad i = 1,2,3,4 \tag{4.118}$$

方程(4.118)表明,$\ln(\beta_i/T_{pi}^2)$与 $1/T_{pi}$ 呈线性关系,将二者作图可以得到一条直线,从直线斜率求 E_a,从截距求 A,其线性相关性一般在 0.9 以上。

在不同的加热速率 β_i 下进行实验得到实验曲线,通过不同的加热速率 β_i 的曲线用 $\ln(\beta/T_{pi}^2)$对 $1/T_{pi}$ 进行作图,所得到的曲线的斜率是 $-E_a/R$。

Augis 和 Bennett[122] 用适用于许多固态反应的 Avrami-Erofeev(或 JMAEK)模型(An,表 4.3)对 Kissinger 方法进行了修正,他们用 $\ln[\beta/(T_p-T_0)]$对 $1/T_p$(T_0 为在加热程序开始时的初始温度)进行作图,而不是使用 $\ln(\beta/T_p^2)$对 $1/T_p$ 进行作图。Elder 将

Kissinger 方法进行了推广[123]，使其可以应用于所有的动力学模型，该广义方程可以用下式表示：

$$\ln\left(\frac{\beta}{T_{\mathrm{p}}^{m+2}}\right)=\ln\frac{AR}{E_{\mathrm{a}}}+\ln L-\frac{E_{\mathrm{a}}}{RT_{\mathrm{p}}} \tag{4.119}$$

式中，m 为修正后的 Arrhenius 方程中指前项中的温度指数，通常取值为 0，$L=-f(\alpha_{\mathrm{p}})/(1+mRT_{\mathrm{p}}/E_{\mathrm{a}})$。

虽然这个修正项值通常相对较小，但通过它有助于区分相似的模型。

虽然 Ozawa 处理方法[124]最初是作为一种积分的方法发展起来的，但它也适用于类似于 Kissinger 法可以处理的导数曲线。

由等式(4.9)求积分，可得下式：

$$\begin{aligned}g(\alpha)&=\int_0^{\alpha}\frac{\mathrm{d}\alpha}{f(\alpha)}=\frac{A}{\beta}\int_{T_0}^{T}\exp\left(-\frac{E_{\mathrm{a}}}{RT}\right)\mathrm{d}T=\frac{A}{\beta}\int_0^{T}\exp\left(-\frac{E_{\mathrm{a}}}{RT}\right)\mathrm{d}T\\&=\frac{A\cdot E_{\mathrm{a}}}{\beta\cdot R}\int_{\infty}^{u}\frac{-\mathrm{e}^{-u}}{u^2}\mathrm{d}u=\frac{A\cdot E_{\mathrm{a}}}{\beta\cdot R}p(u)=\frac{A\cdot E_{\mathrm{a}}}{\beta\cdot R}\frac{\mathrm{e}^{-u}}{u}\pi(u)\end{aligned} \tag{4.120}$$

式中

$$p(u)=\frac{\exp(-u)}{u}\pi(u) \tag{4.121}$$

$$u=\frac{E_{\mathrm{a}}}{RT} \tag{4.122}$$

对 $p(u)$的不同处理，构成了一系列的积分法方程，其中最著名的方法为 Ozawa 法。

通过对等式(4.120)进行变换，可以得到下列形式的 Ozawa 方程：

$$\lg\beta=\lg\left(\frac{A\cdot E_{\mathrm{a}}}{R\cdot g(\alpha)}\right)-2.315-0.4567\frac{E_{\mathrm{a}}}{RT} \tag{4.123}$$

可用以下方法求得等式(4.123)中的 E_{a}：

由于不同 β_i 下各热分析曲线的峰顶温度 $T_{\mathrm{p}i}$ 处各 α 值近似相等，因此可用"$\lg\beta$-$1/T$"所呈的线性关系来确定 E_{a}值，使得

$$\begin{cases}Z_i=\lg\beta_i\\ y_i=\dfrac{1}{T_{\mathrm{p}i}},\quad i=1,2,\cdots,L\\ a=-0.4567\dfrac{E}{R}\\ b=\lg\dfrac{AE}{Rg(\alpha)}-2.315\end{cases}$$

这样由式(4.123)可以得到以下形式的线性方程组：

$$Z_i=ay_i+b,\quad i=1,2,\cdots,L \tag{4.124}$$

解此方程组可以求得 a 值，从而可以求得 E_{a}值。

Ozawa 法有效地避开了反应机理函数的选择而直接求出 E_{a}值，与其他方法相比，它避免了因反应机理函数的假设不同而可能带来的误差。因此往往被其他学者用来检验由他们假设反应机理函数的方法求出的活化能值，这是 Ozawa 法的一个突出优点。

在 Ozawa 方法中，以 $\ln\beta$ 对 $1/T_{\mathrm{p}}$ 进行作图，所得到的曲线的斜率是 $-E_{\mathrm{a}}/R$。Van Dooren 和 Muller 的研究结果表明，通过使用 Kissinger 方法和 Ozawa 方法由 DSC 实验确定的表观的动力学参数时，样品的质量和颗粒尺寸都会对动力学参数的数值产生不同程度

的影响。[125]通过这两种方法均可以得到类似的值，但 Kissinger 方法的精度稍低一些。建议使用 $\alpha=0.5$（即转化考虑为一半时）时所对应的温度，而不应该使用 T_p的数值。[125]

Borchardt-Daniels 方法[126,127]最初是在使用 DTA 法研究均相的液相反应的基础上发展起来的，可以通过以下表达式[128]来计算速率常数 k：

$$k=\frac{\left[\left(\frac{JSV}{m_0}\right)^{n-1}\cdot\left(C\cdot\frac{\mathrm{d}\Delta T}{\mathrm{d}t}+J\cdot\Delta T\right)\right]}{[J(S-s)-C\Delta T]^n}\tag{4.125}$$

在上述的速率常数的表达式中，V 为样品的体积，m_0为用摩尔数表示的初始样品量，S 为 DTA 峰的面积，s 为时间 t 时的 DTA 峰的部分面积，峰值高度 ΔT 和斜率 $\mathrm{d}\Delta T/\mathrm{d}t$ 的测量均可以由 DTA 曲线测量得到。J 为热传递系数，C 为样品和支持器的总热容。实际上，J 和 C 的数值无法准确获得，通常假设 $n=1$。由于 $C\cdot(\mathrm{d}\Delta T/\mathrm{d}t)$ 和 $C\cdot\Delta T$ 相对于与其相加的项（或者与其相减的项）比较小，可以近似为 0。因此，速率常数可以简化为以下形式：

$$k=\frac{\Delta T}{S-s}\tag{4.126}$$

对于 DSC 曲线而言，其等价形式的表达式可以用下式表示：

$$k=\frac{\frac{\mathrm{d}H}{\mathrm{d}t}}{S-s}\tag{4.127}$$

式中，H 为焓，$\mathrm{d}H/\mathrm{d}t$ 是 DSC 信号。得到的 k 值用在常规的 Arrhenius 图中。

另一种基于二阶导数的方法是 Flynn 方法和 Wall 方法。[129]

对于下式[130]：

$$\frac{\mathrm{d}\alpha}{\mathrm{d}t}=b_1\cdot T^{b_2}\cdot\exp\left(-\frac{b_3}{RT}\right)\cdot\alpha^{d_1}\cdot(1-\alpha)^{d_2}\cdot[-\ln(1-\alpha)]^{d_3}\tag{4.128}$$

假设 $b_2=d_1=d_3=0$，对等式(4.128)重新排列，可以得到以下等式：

$$T^2\frac{\mathrm{d}\alpha}{\mathrm{d}T}=\left(\frac{AT^2}{\beta}\right)\cdot\exp\left(-\frac{E_a}{RT}\right)\cdot(1-\alpha)^n\tag{4.129}$$

将上式对 α 进行微分，可以得到

$$\frac{\mathrm{d}\left[T^2\left(\frac{\mathrm{d}\alpha}{\mathrm{d}T}\right)\right]}{\mathrm{d}\alpha}=\frac{E_a}{R}+2T+\left(\frac{n}{1-\alpha}\right)\cdot\left[\frac{\mathrm{d}\alpha}{\mathrm{d}(1/T)}\right]\tag{4.130}$$

当 α 的值较小时，以上等式(4.130)中的右边的最后一项可以忽略不计。由于 $2T\ll E_a/R$，故有时甚至会将 $2T$ 这一项忽略不计。如果使用有限的差分来替代导数形式的表达式，则可以得到以下表达式：

$$\frac{\Delta\left[T^2\left(\frac{\mathrm{d}\alpha}{\mathrm{d}T}\right)\right]}{\Delta\alpha}=\frac{E_a}{R}+2T_{ave}\tag{4.131}$$

在等式(4.131)中，T_{ave}为反应区间内的平均温度。在反应的早期阶段，可以通过$(T^2(\mathrm{d}\alpha/\mathrm{d}T))$对 $\Delta\alpha$ 的曲线的斜率计算出E_a的值。

4.8.7 形状因子法

Málek[131]在热分析(TA)曲线的动力学分析中，将早期的 Kissinger 模型进行了扩展，引

入了“形状因子”(shape index,通常用S表示)的概念。S被定义为在曲线的上升和下降拐点区域的切线的斜率的绝对值的比值,切线的斜率由微商热分析曲线的峰值来确定(见图4.16),即

$$S = \frac{\left(\frac{d^2\alpha}{dt^2}\right)_{i=1}}{\left(\frac{d^2\alpha}{dt^2}\right)_{i=2}} \tag{4.132}$$

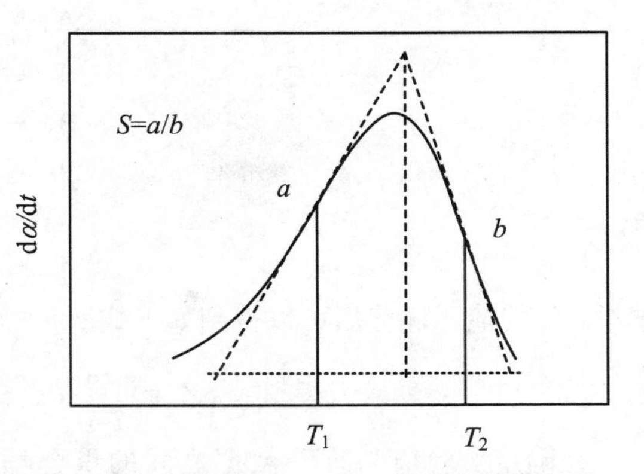

图4.16　用于动力学分析时热分析曲线的形状因子

在拐点处,S值和温度T_1和T_2的值是很容易确定的。计算用S值表示的理论速率方程取决于温度积分函数$p(x)$的表达式。如果选择了一个合适的$p(x)$的近似表达式,则可以得到一个可用于所有的具有两个拐点动力学模型的S和T_1/T_2的比值之间的线性关系(参见表4.3)。[160]

4.8.8　导数(或微分)方法和积分方法的对比

在动力学分析中,使用微分法可以有效地避免在积分法中所必需的温度积分的近似(如上所述)问题。另外,在使用微分法时的测量也不受累积误差的影响,而且在计算过程中也不会出现在进行积分时难以确定的边界条件。[129]对以积分方式测量的数值进行微分时,通常需要在进一步分析前对数据进行平滑。在确定动力学模型时,使用微分方法可能会更加灵敏。[133]但是,在进行平滑时可能会导致曲线变形。[134]

4.8.9　非线性回归方法(non-linear regression methods)

绝大多数的非等温动力学方法都涉及对速率方程进行适当的线性化处理问题,通常会进行一个对数变换来实现,由此会导致误差的高斯分布发生变形。[127]因此,通常采用非线性方法来避免这一现象。

Militkŷ、Sesták[135]和Madarász等人[136]概述了按照以下形式的关系式进行非线性回归的常规做法:

$$y_i = A_0 + \sum_{j=1}^{5} A_j \cdot x_{ij} \tag{4.133}$$

式中

$$y_i = \ln\left(\frac{d\alpha}{dt}\right)_i \tag{4.134}$$

$$x_{i,1} = \ln(T_i) \tag{4.135}$$

$$x_{i,2} = \frac{1}{T_i} \tag{4.136}$$

$$x_{i,3} = \ln(\alpha_i) \tag{4.137}$$

$$x_{i,4} = \ln(1-\alpha_i) \tag{4.138}$$

$$x_{i,5} = \ln[\ln(1-\alpha_i)] \tag{4.139}$$

$$A_0 = b_1 \tag{4.140}$$

$$A_1 = b_2 \tag{4.141}$$

$$A_2 = b_3 \tag{4.142}$$

$$A_3 = d_1 \tag{4.143}$$

$$A_4 = d_2 \tag{4.144}$$

$$A_5 = d_3 \tag{4.145}$$

式中，A_j的值经优化后可以得到如下式所示的最小值的形式：

$$Z = \sum_{i=1}^{n} (\alpha_{i,\mathrm{cal}} - \alpha_{i,\mathrm{expt}})^2 \tag{4.146}$$

在确定实验值与理论数据之间的重合程度时，必须考虑在确定最小偏差时的具体情况。[137]然而，由于E_a与A之间的补偿关系，最小值通常会出现“平坑”(flat pit)的现象，而且也有可能会找到一个局部的而不是一个整个范围内的最小值。因此，通常通过一种寻找最小值的方法来确定最小值[137]，该方法考虑到了每个参数对理论曲线的影响。

4.8.10 动力学行为的预测

动力学研究的一个主要目的是可以用来预测不仅仅局限于原始实验测量条件下的动力学行为。[138]预测结果的可靠性依赖于动力学参数A、E_a和α(或E_a)的数值，这些数值不随温度T的变化，并且其精确度已知。[139]可以由下式求得时间的相对误差$\Delta t/t$：

$$t = \frac{g(\alpha)}{[A\exp(-E_a/RT_0)]} \tag{4.147}$$

计算结果可以用下式表示：

$$\left|\frac{\Delta t}{t}\right| = \left|\frac{\Delta g(\alpha)}{g(\alpha)}\right| + \left|\frac{\Delta A}{A}\right| + \left|\frac{\Delta E_a}{RT_0}\right| \tag{4.148}$$

Flynn[140]回顾了由相对较高的温度下获得的分解参数对较低温度下聚合物使用寿命进行预测的方法，并讨论了在使用这些方法的过程中得到错误结果的原因，其中包括了外推超过相变(同时物理性质发生变化)发生的温度的因素。

4.8.11 动力学标准方法

Gallagher列举了可用于进行反应速率对比的动力学标准方法，其对反应的主要要求[141]为：

(1) 仅具有单一步骤的不可逆的基元反应。

(2) 具有较低的焓值，自加热或自冷却效应尽可能小。

(3) 有足够宽的温度范围，以确保反应在可观测的前提下尽可能缓慢地进行，注意此处所指的反应缓慢进行并不是说反应越慢越好，否则会带来温度测量的误差。

(4) 样品与实验气氛之间不发生反应。

(5) 反应不随样品的制备方法、预处理过程和样品粒径及其分布的改变而发生变化；

(6) 由反应过程引起的待测量如质量、逸出气体的量或焓变等的变化应足够明显，在此前提下可以使用少量的样品。换言之，测量仪器应对这些变化足够敏感，以满足微量反应的要求。

对于以上的这些要求而言,有的要求彼此之间并不兼容,因此必须选择出一个折中的方案。

4.9 总　结

针对动力学分析的非等温方法和等温方法的相对值而展开的讨论通常会不了了之。一方面,有的体系在非等温和等温的实验条件下可以得出较为一致的动力学研究结果;而另一方面,也存在着一些体系的动力学分析结果强烈依赖于所采取的实验方法,通过不同方法得到的动力学分析结果之间的差别较大。因此,通过这两种途径的互补,在发现如上文所述的潜在的误差来源时很有意义。通过等温和非等温这两种技术都可以针对所发生的过程提供有价值的信息,使实验者充分理解每一种方法的缺点和限制。由等温数据得到的动力学参数不受所选择的动力学模型的明显影响,而非等温过程则相反。原因在于在分析时通过等温测量确定 Arrhenius 参数,而通过非等温测量确定动力学模型。[142]

很多情况下,使用相同的实验数据,利用不同的数学分析方法,却可以得到结果明显不一致的动力学参数,这种现象使人感到十分迷惑。在某些可用于动力学分析的商用软件程序中甚至没有明确指出其所依据的具体算法,而其他的动力学分析软件包则大多使用仅限于反应级数(RO)模型的动力学表达式。

Ninan 在一篇论文[142]中概述了动力学的这种复杂性,他认为:"在等温和非等温之间,以及模式匹配和非模式法之间存在着旷日持久的争论。至少在我们的研究中,我们没能找到其中一方绝对优于另一方的证据;二者中的任何一方均拥有各自的优点和缺点。热分解反应的机理不能单从对 TG 数据的数学拟合曲线中得到不容置疑的结论,而通过等温下的质量损失数据可以给出更深层次的反应机理信息。至于所关心的动力学参数的数值,从表现出相同程度波动和变化趋势的角度来说,在等温和非等温、模式匹配和非模式法之间并不存在着明显的差别,对于这个问题需要结合具体的问题进行具体的分析。因此,如果我们以计算动力学常数为目的,非等温方法具有更加简便的优势。然而,在提出某固态热分解反应的机理和得到其动力学信息的结论之前,我们必须要明确过程中实验条件的因素对动力学参数的影响。最后,在了解过程中每个可能因素的影响之后,我们才有可能通过动力学分析来预测动力学参数,从而获得一整套实验参数的设想是可行的。"

参考文献

[1] Galwey A K, Brown M E. Kinetic background to thermal analysis and calorimetry[M]//The Handbook of Thermal Analysis and Calorimetry. 1,1998:147-224.

[2] Coats A W, Redfern J P. Kinetic parameters from theromgravimetric data[J]. Nature, 1964, 201: 68-69.

[3] Jiang Z Y, Zheng G P, Han Z, et al. Enhanced ferroelectric and pyroelectric properties of poly (vinylidenefluoride) with addition of graphene oxides[J]. Journal of Applied Physics, 2014, 115: 1-6.

[4] Kissinger H E. Reaction kinetics in differential thermal analysis[J]. Analytical Chemistry, 1957, 29 (11): 1702-1706.

[5] Beme B J, Borkovec M, St raub J E. Classical and modern methods in reaction rate theory[J]. The Journal of Physical Chemistry, 1988, 92(13): 3711-3725.

[6] Khawam A, Flanagan D R. Solid-State kinetic models: basics and mathematical fundamentals[J]. The Journal of Physical Chemistry B, 2006, 110 (35): 17315-17328.

[7] 胡荣祖，高胜利，赵凤起，等. 热分析动力学[M]. 2 版. 北京：科学出版社，2008.

[8] Khawam A, Flanagan D R. Basics and applications of solid-state kinetics: a pharmaceutical perspective[J]. Journal of Pharmaceutical Sciences, 2006, 95(3): 472-498.

[9] Vyazovkin S, Dranca I. Physical stability and relaxation of amorphous indomethacin[J]. The Journal of Physical Chemistry B, 2005, 109 (39): 18637-18644.

[10] Kirsch B L, Richman E K, Riley E, et al. In-Situ X-ray diffraction study of the crystallization kinetics of mesoporous titania films[J]. The Journal of Physical Chemistry B, 2004, 108 (34): 12698-12706.

[11] Jones A R, Winter R, Florian P, et al. Tracing the reactive melting of glass-forming Silicate batches by in situ 23Na NMR[J]. The Journal of Physical Chemistry B, 2005, 109 (10): 4324-4332.

[12] Bertmer M, Nieuwendaal R C, Barnes A B, et al. Solid-State photodimerization kinetics of α-trans-cinnamic acid to α-truxillic acid studied via solid-state NMR[J]. The Journal of Physical Chemistry B, 2006, 110 (12): 6270-6273.

[13] Yu Y F, Wang M H, Gan W J, et al. Polymerization-Induced viscoelastic phase separation in polyethersulfone-modified epoxy systems[J]. The Journal of Physical Chemistry B, 2004, 108 (20): 6208-6215.

[14] Premkumar T, Govindarajan S, Coles A E, et al. Thermal decomposition kinetics of Hydrazinium Cerium 2,3-Pyrazinedicarboxylate Hydrate: a new precursor for CeO_2[J]. The Journal of Physical Chemistry B, 2005, 109 (13): 6126-6129.

[15] Bendall J S, Ilie A, Welland M E, et al. Thermal stability and reactivity of metal halide filled single-walled carbon nanotubes[J]. The Journal of Physical Chemistry B, 2006, 110 (13): 6569-6573.

[16] Vyazovkin S, Dranca I. A DSC study of α- and β-Relaxations in a PS-clay system[J]. The Journal of Physical Chemistry B, 2004 108 (32): 11981-11987.

[17] Vyazovkin S, Dranca I, Fan X W, et al. Degradation and relaxation kinetics of polystyrene: clay nanocomposite prepared by surface initiated polymerization[J]. The Journal of Physical Chemistry B, 2004, 108 (31): 11672-11679.

[18] Milev A S, McCutcheon A, Kannangara G S K, et al. Precursor decomposition and nucleation kinetics during platelike apatite synthesis[J]. The Journal of Physical Chemistry B, 2005, 109 (36): 17304-17310.

[19] Khawam A, Flanagan D R. Role of isoconversional methods in varying activation energies of solid-state kinetics. Ⅱ[J]. Thermochimica Acta, 2005, 436: 101-112.

[20] Khawam A, Flanagan D R. Role of isoconversional methods in varying activation energies of solid-state kinetics. Ⅰ[J]. Thermochimica Acta, 2005, 429: 93-102.

[21] Khawam A, Flanagan D R. Complementary use of model-free and modelistic methods in the

analysis of solid-state kinetics[J]. The Journal of Physical Chemistry B, 2005, 109 (20): 10073-10080.

[22] Brown M E. Stocktaking in the kinetics cupboard[J]. Journal of Thermal Analysis and Calorimetry, 2005, 82(3):665-669.

[23] Brown M E. Introduction to thermal analysis: techniques and applications[M]. 2nd ed. London: Kluwer Academic Publishers, 2001.

[24] Vyazovkin S, Wight C A. Kinetics in solids[J]. Annual Review of Physical Chemistry, 1997, 48: 125-149.

[25] Gotor F J, Criado J M, Malek J, et al. Study of the kinetics of the mechanism of solid-state reactions at increasing temperatures[J]. The Journal of Physical Chemistry A, 2000, 104 (46): 10777-10782.

[26] Sestak J, Berggren G. Study of the kinetics of the mechanism of solid-state reactions at increasing temperatures[J]. Thermochimica Acta, 1971, 3(1): 1-12.

[27] Yang J, McCoy B J, Madras G. Kinetics of nonisothermal polymer crystallization[J]. The Journal of Physical Chemistry B, 2005, 109(39): 18550-18557.

[28] Yang J, McCoy B J, Madras G. Temperature effects for isothermal polymer crystallization kinetics [J]. The Journal of Chemical Physics, 2005, 122(24):244905.

[29] Liu J, Wang J J, Li H H, et al. Epitaxial crystallization of isotactic poly(methyl methacrylate) on highly oriented polyethylene[J]. The Journal of Physical Chemistry B, 2006, 110 (2): 738-742.

[30] Burnham A K, Weese R K, Weeks B L. A distributed activation energy model of thermodynamically inhibited nucleation and growth reactions and its application to the β-δ phase transition of HMX[J]. The Journal of Physical Chemistry B, 2004, 108 (50):19432-19441.

[31] Graetz J, Reilly J J. Decomposition kinetics of the AlH_3 Polymorphs[J]. The Journal of Physical Chemistry B, 2005, 109 (47): 22181-22185.

[32] Wang S, Gao Q Y, Wang J C. Thermodynamic analysis of decomposition of thiourea and thiourea oxides[J]. The Journal of Physical Chemistry B, 2005, 109 (36): 17281-17289.

[33] Hromadova M, Sokolova R, Pospisil L, et al. Surface interactions of s-triazine-type Pesticides: an electrochemical impedance study[J]. The Journal of Physical Chemistry B, 2006, 110 (10): 4869-4874.

[34] Wu C Z, Wang P, Yao X D, et al. Effects of SWNT and metallic catalyst on hydrogen absorption/desorption performance of MgH_2[J]. The Journal of Physical Chemistry B, 2005, 109 (47): 22217-22221.

[35] Peterson V K, Neumann D A, Livingston R A. Hydration of tricalcium and dicalcium silicate mixtures studied using quasielastic neutron scattering[J]. The Journal of Physical Chemistry B, 2005, 109 (30): 14449-14453.

[36] Skrdla P J, Robertson R T. Semiempirical equations for modeling solid-state kinetics based on a Maxwell-Boltzmann distribution of activation energies: applications to a polymorphic transformation under crystallization slurry conditions and to the thermal decomposition of $AgMnO_4$ crystals[J]. The Journal of Physical Chemistry B, 2005, 109 (21): 10611-10619.

[37] Boldyrev V V. Topochemistry of thermal decompositions of solids[J]. Thermochimica Acta, 1986, 100(1):315-338.

[38] Jacobs P W M, Tompkins F C. Classification and theory ofsolid reactions[M]//Garner W E. Chemistry of the solid state. New York: Academic Press, 1955.

[39] Bagdassarian C. Acta Physicochim. U.S.S.R., 1945, 20:441.①

[40] Allnatt A R, Jacobs P W M. Theory of nucleation in solid state reactions[J]. Canadian Journal of Chemistry, 1968, 46(2): 111-116.

[41] Galwey K, Brown M E. Thermal decomposition of ionicsolids: chemical properties and reactivities of ionic crystalline phases[M]. Amsterdam: Elsevier, 1999.

[42] Guo L, Radisic A, Searson P C, et al. Kinetic monte carlo simulations of nucleation and growth in electrodeposition[J]. The Journal of Physical Chemistry B, 2005, 109 (50): 24008-24015.

[43] Avrami M. Kinetics of phase change. Ⅰ[J]. The Journal of Chemical Physics, 1939, 7(12): 1103.

[44] Avrami M. Kinetics of Phase Change. Ⅱ[J]. The Journal of Chemical Physics, 1940, 8(2): 212.

[45] Erofeyev B V. A generalized equation of chemical kinetics and ist application in reactions involving solids[J]. Doklady Akademii Nauk SSSR, 1946, 52:511.

[46] Jacobs P W M. Formation and growth of nuclei and the growth of interfaces in the chemical decomposition of solids: new insights[J]. The Journal of Physical Chemistry B, 1997, 101 (48): 10086-10093.

[47] Prout E G, Tompkins F C. The thermal decomposition of silverpermanganate[J]. Transactions of the Faraday Society, 1946, 42: 468.

[48] Carstensen J T. Drug stability: principles and practices [M]. 2nd ed. New York: Marcel Dekker, 1995.

[49] Brown M E, Glass B D. Pharmaceutical applications of the Prout-Tompkins rate equation[J]. International Journal of Pharmaceutics, 1999, 190(2): 129-137.

[50] Brown M E. The Prout-Tompkins rate equation in solid-state kinetics[J]. Thermochimica Acta, 1997, 300: 93-106.

[51] Prout E G, Tompkins F C. The thermal decomposition of silverpermanganate[J]. Transactions of the Faraday Society, 1946, 42: 468.

[52] Skrdla P J. Use of coupled rate equations to describe nucleation-and-branching rate-limited solid-state processes[J]. The Journal of Physical Chemistry A, 2004, 108 (32): 6709-6712.

[53] Guinesi L S, Ribeiro C A, Crespi M S, et al. Titanium(IV)-EDTA complex[J]. Journal of Thermal Analysis and Calorimetry, 2006, 85(2): 301-307.

[54] Carstensen J T. Stability of solids and solid dosage forms[J]. Journal of Pharmaceutical Sciences, 1974, 63(1): 1-14.

[55] Guan C X, Shen Y F, Chen D H. Comparative method to evaluate reliable kinetic triplets of thermal decomposition reactions[J]. Journal of Thermal Analysis and Calorimetry, 2004, 76(1): 203-216.

[56] Lin L Q, Chen D H. Application of iso-temperature method of multiple rate to kinetic analysis[J]. Journal of Thermal Analysis and Calorimetry, 2004, 78(1): 283-293.

[57] Gao Z M, Amasaki I, Nakada M. A description of kinetics of thermal decomposition of calcium oxalate monohydrate by means of the accommodated Rn model[J]. Thermochimica Acta, 2002, 385 (1/2): 95-103.

[58] Koga N, Criado J M. Kinetic analyses of solid-state reactions with a particle-size distribution[J]. Journal of the American Ceramic Society, 1998, 81(11): 2901-2909.

[59] Koga N, Criado J M. Influence of the particle size distribution on the CRTA curves for the solid-

① 书中部分文献为作者间接引用，因时间较久，文献信息收集不全。希望有机会再补充完整。

state reactions of interface shrinkage type[J]. Journal of Thermal Analysis and Calorimetry, 1997, 49(3):1477-1484.

[60] Welch A J E. Solid-solid reactions. In Chemistry of the solidstate[M]. New York:Academic Press, 1955.

[61] Brown M E, Dollimore D,Galwey A K. Reactions in the solidstate[M]//Bamford C H, Tipper C F H. Comprehensive chemical kinetics. Amsterdam:Elsevier Scientific Publishing Company,1980.

[62] Wyandt C M,Flanagan D R. Solid-State non-isothermal kinetics of sulfonamide-ammonia adduct desolvation[J]. Thermochimica Acta,1992,196(2):379-389.

[63] Booth F. A note on the theory of surface diffusion reactions[J]. Transactions of the Faraday Society,1948, 44:796.

[64] Jander W Z. Reaktionen im festen Zustande bei höheren Temperaturen. Reaktionsgeschwindigkeiten endotherm verlaufender Umsetzungen [J]. Zeitschrift Für Anorganische Und Allgemeine Chemie, 1927,163, 1.

[65] Ginstling A M,Brounshtein B I. Concerning the diffusion kinetics of reactions in spherical particles [J]. J. Appl. Chem. USSR,1950,23: 1327-1338.

[66] Crank J. The mathematics of diffusion[M]. 2nd ed. England:Clarendon Press,1975.

[67] Buscaglia V,Milanese C. Diffusion-Controlled solid-state reactions of spherical particles: a general model for multiphase binary systems[J]. The Journal of Physical Chemistry B, 2005, 109 (39): 18475-18482.

[68] Eames D J, Empie H J. Direct causticizing of sodium carbonate with manganese oxide[J]. Nordic Pulp & Paper Research Journal ,2001.

[69] Crank J. The mathematics of diffusion[M]. 2nd ed. Oxford : Clarendon Press, 1975.

[70] Perez-Maqueda L A, Criado J M, Malek J. Combined kinetic analysis for crystallization kinetics of non-crystalline solids[J]. Journal of Non-CrystallineSolids,2003,320(1/2/3):84-91.

[71] Mampel K L Z. Time conversion formulas for heterogeneous reactions at the phase boundaries of solid bodies. Ⅰ: the development of the mathematical method [J]. Physikalische Chemie A, 1940, 187: 43-57.

[72] Mampel K L Z. Time - Versus - Amount of reaction formulas for heterogeneous reactions at the phase boundaries of solids. Ⅱ[J]. Physikalische Chemie A, 1940, 187:235-249.

[73] Lopes W S, Morais C R D, De Souza A G,et al. Synthesis and non-isothermal kinetic study of the thermal decomposition of gadolinium (Ⅲ) complexes [J]. Journal of Thermal Analysis and Calorimetry,2005, 79(2): 343-347.

[74] Pap A E, Kordas K, George T F, et al. Thermal oxidation of porous silicon: study on reaction kinetics[J]. The Journal of Physical Chemistry B, 2004, 108 (34): 12744-12747.

[75] Carniti P, Gervasini A, Bennici S. Experimental and modelization approach in the study of acid-site energy distribution by base desorption. Ⅰ[J]. The Journal of Physical Chemistry B, 2005, 109 (4): 1528-1536.

[76] N-G W L. Thermal decomposition in the solid state[J]. Australian Journal of Chemistry,1975,28 (6): 1169-1178.

[77] Málek J, Criado J M. Is the šesták-berggren equation a general expression of kinetic models? [J]. Thermochimica Acta,1991, 175(2): 305-309.

[78] Sesták J. Diagnostic limits of phenomenological kinetic models introducing the accommodation function[J]. Journal of Thermal Analysis,1990,36(6):1997-2007.

[79] Koga N. Kinetic analysis of thermoanalytical data by extrapolating to infinite temperature[J].

Thermochimica Acta, 1995, 258:145-159.
[80] Brown M E, Galwey A K. Reliability of kinetic measurements for the thermal dehydration of lithium sulphate monohydrate: Part 1. Isothermal measurements of pressure of evolved water vapour[J]. Thermochimica Acta,1992,203(13): 221-240.
[81] Galwey A K, Brown M E. A theoretical justification for the application of the Arrhenius equation to kinetics of solid state reactions (mainly ionic crystals)[J]. Thermochimica Acta, 1995, 450 (1940):269-270.
[82] Brown M E, Galwey A K. The distinguishability of selected kinetic models for isothermal solid-state reactions[J]. Thermochimica Acta,1979,29(1): 129-146.
[83] Brown M E, Galwey A K, Mohamed M A. et al. A mechanism for the thermal decomposition of potassium permanganate crystals based on nucleation and growth[J]. Thermochimica Acta,1994, 235(2): 255-270.
[84] Brown M E, Dollimore D, Galwey A K. Reactions in the Solid State[M]. Amsterdam: Elsevier, 1980.
[85] Sestúk J. Thermophysical properties of solids, comprehensive analytical chemistry [M]. Amsterdam:Elsevier, 1984.
[86] Budnikov P P, Ginstling A M. Principles of solid state chemistry(translated by Shaw K)[M]. London:MacLaren, 1968.
[87] Tanaka H, Koga N. Kinetic study of the thermal dehydration of copper(Ⅱ) acetate monohydrate. II[J]. Thermochimica Acta,1990, 173: 53-62.
[88] Brown M E, Galwey A K. Arrhenius parameters for solid-state reactions from isothermal rate-time curves[J]. Analytical Chemistry, 1989, 61: 1136-1139.
[89] Selvaratnam M, Gam P D. Kinetics of thermal decompositions: an improvement in data treatment [J]. Journal of the American Ceramic Society,1976,59(7/8):376-376.
[90] Bircumshaw L L, Newman B H. The thermal decomposition of ammonium perchlorate. [J]. Proceedings of the Royal Society of London Series A, 1954,227(1168):228.
[91] Anderson H C. Thermal Analysis[M]. Proc. 2nd Toronto Symp. Canada:Chem. Inst, 1967.
[92] Redfern J P. Differential Thermal Analysis[M]. New York:Academic Press, 1970.
[93] Garn P D. Temperature coefficient of reaction[J]. Thermochimica Acta,1979, 28(1):185-187.
[94] Bertrand G, Lallemant M, Watelle G. Propos sur l'interpretation de l'energie d'activation experimentale[J]. Journal of Thermal Analysis,1978, 13(3): 525-542.
[95] Koga N. A review of the mutual dependence of Arrhenius parameters evaluated by the thermoanalytical study of solid-state reactions: the kinetic compensation effect[J]. Thermochimica Acta, 1994,244:1-20.
[96] Boldyreva E V. Problems of the reliability ofkinetic dataevaluated by thermal analysis [J]. Thermochimica Acta,1987,110: 107.
[97] Maciejewski M. Thermal analysis and kinetic concepts of solid-state reactions [J]. Journal of Thermal Analysis, 1988, 33(4):1269-1277.
[98] Reading M, Dollimore D, Rouquerol J,et al. The measurement of meaningful activation energies: Using thermoanalytical methods. A tentative proposal [J]. Journal of Thermal Analysis and Calorimetry, 1984,29(4): 775.
[99] Ortega A, Pérez-Maqueda L A, Criado J M. Shape analysis of theα-T curves obtained by CRTA with constant acceleration of the transformation[J]. Thermochimica Acta,1994, 239:171-180.
[100] Sorensen O T. Quasi-isothermal methods in thermal analysis[J]. Thermochimica Acta,1981,50(1/

2/3):163-175.

[101] Flylm J H, Dickens B. Steady-state parameter-jump methods and relaxation methods in thermogravimetry[J]. Thermochimica Acta, 1976,15(1):1-16.

[102] Reading M, Luget A, Wilson R. Modulated differential scanning calorimetry[J]. Thermochimica Acta, 1994,238:295-307.

[103] Reading M, Elliott D, Hill V. A new approach to the calorimetric investigation of physical and chemical transitions[J]. Journal of Thermal Analysis and Calorimetry,1993,40 (3): 949.

[104] Schawe J E K. Modulated temperature DSC measurements: the influence of the experimental conditions[J]. Thermochimica Acta,1996, 271:127-140.

[105] Riesen R, Widmann G, Trotmann R. Alternating thermal analysis techniques[J]. Thermochimica Acta,1996,272: 27-39.

[106] Wunderlich B, Yinn Y, Boller A. Mathematical description of differential scanning calorimetry based on periodic temperature modulation[J]. Thermochimica Acta,1994, 238:277-293.

[107] Agrawal R K. Analysis of non-isothermal reaction kinetics. Part 1[J]. Thermochimica Acta,1992, 203: 93-110.

[108] Criado J M, Ortega A A, Gotor F. Correlation between the shape of controlled-rate thermal analysis curves and the kinetics of solid-state reactions[J]. Thermochimica Acta,1990,157 (1): 171-179.

[109] Garn P D, Hulber S F. Kinetic investigations by techniques of thermal analysis[J]. Journal C R C Critical Reviews in Analytical Chemistry,1972, 3(1):65-111.

[110] Doyle C D. Estimating isothermal life from thermogravimetric data[J]. Journal of Applied Polymer Science, 1962,6 (24): 639-642.

[111] Vyazovkin S V, Lesnikovich A I. On the methods of solving the inverse problem of solid-phase reaction kinetics[J]. Journal of thermal analysis, 1989, 35(7):2169-2188.

[112] Vyazovkin S V, Lesnikovich A I. On the method of solving the inverse problem of solid-phase reaction kinetics[J]. Journal of thermal analysis,1990,36 (2):599-615 .

[113] Váhegyi G. Reaction kinetics in thermal analysis: a brief survey of fundamental research problems[J]. Thermochimica Acta,1987,110:95-99.

[114] Friedman H. Thioureas and isothiuronium salts. Polymeric derivatives[J]. Journal of Polymer Science,1965,3(10): 3625-3634.

[115] Carroll B, Manche E P. Kinetic analysis of chemical reactions for non-isothermal procedures[J]. Thermochimica Acta,1972,3 (6): 449-459.

[116] Flynn J H. A general differential technique for the determination of parameters for $d(\alpha)/dt = f(\alpha)A\exp(-E/RT)$ energy of activation, preexponential factor and order of reaction (when applicable)[J]. Journal of Thermal Analysis and Calorimetry,1991, 37 (2): 293.

[117] Freeman E S, Carroll B. Interpretation of the kinetics of thermogravimetric analysis[J]. The Journal of Physical Chemistry,1969,73: 751-752.

[118] Criado J M, Dollimore D, Heal G R. A critical study of the suitability of the freeman and carroll method for the kinetic analysis of reactions of thermal decomposition of solids[J]. Thermochimica Acta,1982,54(1/2):159-165.

[119] Jerez A. A modification to the Freeman and Carroll method for the analysis of the kinetics of non-isothermal processes[J]. Journal of Thermal Analysis and Calorimetry, 1983,26 (2) :315-318.

[120] Fuoss R M, Sayler O, Wilson H S. Evaluation of rate constants from thermogravimetric data[J]. Journal of Polymer Science, 1964,2 (7): 3147-3151.

[121] Kissinger H E. Reaction kinetics in differential thermal analysis[J]. Analytical Chemistry, 1957, 29 (11): 1702-1706.

[122] Augis J A, Bennett J E. Calculation of the Avrami parameters for heterogeneous solid state reactions using a modification of the Kissinger method[J]. Journal of Thermal Analysis and Calorimetry, 1978, 13 (2): 283-292.

[123] Elder J P. The general applicability of the Kissinger equation in thermal analysis[J]. Journal of thermal analysis, 1985, 30 (3): 657-669.

[124] Ozawa T. A new method of analyzing thermogravimetric data[J]. Bulletin of the Chemical Society of Japan, 1965, 38(11): 1881-1886.

[125] Van Dooren A A, Muller B W. Effects of experimental variables on the determination of kinetic parameters with differential scanning calorimetry. I[J]. Thermochimica Acta, 1983, 65 (2-3): 257-267.

[126] Borchardt H J, Daniels F. The application of differential thermal analysis to the study of reaction kinetics[J]. Journal of the American Chemical Society, 1957, 79 (1): 41-46.

[127] Reed R L, Weber L, Gottfried B S. Differentilal thermal analysis and reaction kinetics[J]. Industrial & Engineering Chemistry Fundamentals, 1965, 4(1): 38-46.

[128] Koch E, Stikerieg B. DTA curves and non-isothermal reaction rates[J]. Thermochimica Acta, 1976, 17 (1): 1-16.

[129] Flynn J H, Wall L A. General treatment of the thermogravimetry of polymers[J]. Journal of Research of the National Bureau of Standards A, 1966, 70A (6): 487.

[130] Militky Y J, Sesták J. Building and statistical interpretation of non-isothermal kinetic mode[J]. Thermochimica Acta, 1992, 203: 31-42.

[131] Málek J. The shape of thermoanalytical curves as a function of the reaction kinetics[J]. Thermochimica Acta, 1993, 222 (1): 105-113.

[132] Sesták J, Satava V, Wendlandt W W. The study of heterogeneous processes by thermal analysis [J]. Thermochimica Acta, 1973, 7 (5): 333.

[133] Criado J M, Málek J, Sesták J. 40 years of the van krevelen, van heerden and Hutjens non-isothermal kinetic evaluation method[J]. Thermochimica Acta, 1991, 175 (2): 299-303.

[134] Van Krevelen D W, Van Heerden C, Huntjens F J. Physicochemical aspects of the pyrolysis of coal and related organic compounds[J]. Fuel, 1951, 30: 253.

[135] Militky J, Sesták J. Building and statistical interpretation of non-isothermal kinetic mode[J]. Thermochimica Acta, 1992, 203: 31-42.

[136] Madarász J, Pokol G, Gál S. Application of non-linear regression methods for the estimation of common kinetic parameters from several thermoanalytical curves[J]. Journal of Thermal Analysis and Calorimetry, 1994, 42 (2/3): 559.

[137] Karachinsky S V, Peshkova O Y, Dragalov V V, et al. Utilization of criterial equations for quantitative processing of thermogravimetric results[J]. Journal of Thermal Analysis and Calorimetry, 1988, 34 (3): 761.

[138] Vyazovkin S V, Lesnikovich A I. The influence of errors of Arrhenius parameter calculation on the exactness of the solution of the direct kinetic problem[J]. Thermochimica Acta, 1991, 182 (1): 133-142.

[139] Vyazovkin S V, Linert W. Reliability of conversion-time dependencies as predicted from thermal analysis data[J]. Analytica Chimica Acta, 1994, 295(1/2): 101-107.

[140] Flynn J H. A critique of lifetime prediction of polymers by thermal analysis[J]. Journal of Thermal

Analysis and Calorimetry，1995,44（2）：499.
[141] Brown M E，Flynn R M，Flylm J H. Report on the ICTAC Kinetics Committee（August 1992 to September 1994）[J]. Thermochimica Acta，1995,256(2)：477-483.
[142] Ninan K N. Kinetics of solid state thermal decomposition reactions [J]. Journal of Thermal Analysis and Calorimetry，1989,35：1267-1278.

第 5 章　热分析仪器的发展

5.1 引　言

在加热过程中观察材料中所发生的变化为实验化学奠定了基础。冶金、玻璃和陶器的生产工艺不仅依赖于所选择的材料，还与所采用的热处理工艺密切相关。在文献[1,2]中，Mackenzie 对这种早期的以经验为主的与热相关的工作研究进行了更为详尽的总结。

由于温度测量是热分析的基础[3]，因此，Fahrenheit 于 1713 年提出的一个普遍可接受的温标被认为是热分析的开端[4]。在公元 17 世纪，佛罗伦萨学派（Florentine school）所设计制造的温度计主要局限在较低的温度范围内。在 18 世纪后半叶，Fahrenheit 和 Celsius 发明了温度计和温度的计量方法。1760 年，Black 发明了冰量热仪，这些奠定了热量的定量研究的基础。值得一提的是，1780 年，Lavoisier 和 Laplace 完成了《论热》论文，标志着量热学正式成立。另外，人类使用各种工具来称量物质的重量变化已经有几千年的历史。1780 年，英国人 Higgins 首先使用天平称量了石灰黏结剂和生石灰在不同温度下的质量变化，这是把质量与温度联系在一起的最早的记录。[5]

1905 年，德国学者 Tammann 在学术杂志《应用与无机化学学报》上用德文首次使用了"Thermische Analyse"这一术语来定义一种新的方法，即"热分析"。之后，多个国家的研究者基于此称谓分别用各自国家的语言对热分析进行了命名。比如热分析的英文表达方式为"Thermal Analysis"，法文的表达方式为"Thermique Analyse"，俄文的表达方式为"Термический анализ"，日文为"熱分析"，中文为"热分析"[5,6]。

作为分析仪器的一个重要分支，热分析仪器已经有了一百多年的历史。在本章中将对热分析仪器在过去的一百多年中的发展历程作一简要的回顾。

5.2 国外仪器发展历程简要回顾

5.2.1 差热分析与差示扫描量热技术的发展历程

1739 年，Martine 通过比较在较大的火焰上彼此靠近放置的等体积的汞和水的加热速率从而使热量均匀地集中释放出来的过程，最早证明了差示测温法的优势。[7,8]其研究结果表明，水银比水的加热速率更快，而在冷却实验过程中水银柱的冷却速率更快，这可能是通过差热分析比较材料的热容差别的最早的例证。

现在用于测量较高温度的高温计通常利用的就是金属的膨胀原理，但是早期的 Wedgwood 高温计是由陶瓷体组成的，在缓慢烧成红色后将其切成精确的尺寸。[4] 在加热前，这些陶瓷块被插入到炉中。加热过程结束后冷却，并在经过校准的 V 形槽中测量其收缩率。由于该方法没有考虑到收缩率对温度的关系不一致的情况，因此在测量更高的温度时会出现被高估的现象。[13]

1787 年，Fordyce 研究了多种固体物质的传热能力实验[14]。1887 年法国著名科学家 Le Chatelier 创建了一种可以将热电偶用于温度测量的可行性的理论，通过使用热电偶直接测定了在一定的温度范围内水、硫、硒、金以及黏土样品的温度随时间的变化速率($\mathrm{d}T_S/\mathrm{d}t$)数据[15, 16]，试图通过实验得到的一系列加热降温曲线来鉴定矿物，这通常被认为是最早进行的热分析研究的工作。在文献[17]中对 Le Chatelier 和他的同事的工作进行了最全面的介绍，其中包括了在实验时所使用的设备。他们利用热电偶，经检流计照相记录矿物温度变化时电动势的变化来反映加热过程中的热量变化，并采用水、Se、S、Au 等物质作为标准物质进行温度的标定。

此外，Le Chatelier 还首次使用参比物质并采用差示法记录数据，他的这些创造性贡献使其在国际上被公认为是差热分析的创始人。Le Chatelier[14, 15] 认为，通过测量样品温度对时间的函数关系，可以记录材料在加热时所发生的物理和化学变化的信息。1899 年，英国学者 Roberts-Austern[18] 对 Le Chatelier 的测量做了进一步的完善。他构建了一台可以连续记录铂/铂-铑热电偶输出信号的设备，这台设备是最早的可以自动记录连续冷却曲线的装置。之后他与他的助手 Stansfield 一起，通过测量温度差 ΔT_{SR} 来提高仪器的灵敏度。其中，ΔT_{SR} 可以用以下的表达式来表示：

$$\Delta T_{SR} = \Delta T_S - \Delta T_R \tag{5.1}$$

首先把试样和参差温测量物质放在同一加热炉中进行加热和降温实验，同时将两对热电偶进行反向串联，并分别将热电偶插入到试样和参考物质中测量二者的温度变化。这些改进措施极大地提高了仪器的灵敏度和重复性，改进后的实验装置为几十年后出现的商品化差热分析仪打下了基础。在相同的热环境中，通过并排放置样品 S 和合适的参比物质 R，Roberts-Austen 发表了最早的 DTA 曲线[19]，在曲线中得到了在冷却过程中非常灵敏的铁的转变(参考文献[3]中的图 5)。1908 年，Burgess[20] 对温度-时间和温度差-时间曲线进行了发展和应用。在参考文献[3]和[16]中，全面地讨论了对这些时间曲线的构建、控制和定量理论。

1821 年，Seebeck[13] 首先对在不同温度时不同的金属连接处所产生的电势差进行了实验研究，通常称这种现象为热电效应(thermoelectric effect)。在加热过程中常用热电偶作为传感器，这是差热分析仪和加热炉控制温度的重要组件之一。现在人们已经可以生产出可靠性高、性能稳定、测量重复性好的热电偶，这些热电偶具有良好的温度-热电势关系，可适用于测量很宽温度范围。Siemens[21] 描述了金属电阻随温度的变化规律，并对温度和电阻之间的关系进行了精确的测量。尽管其适用范围是在有限的低温范围内，热敏电阻和其他半导体器件仍可以被用作温度传感器。

需要特别指出的是，这一阶段的差热分析实验装置主要是将热电偶的测量端直接插入至试样和参比物中。实验时需要的试样量通常比较大，这就导致了较快的加热/降温速率引起试样表面和内部的温度不均匀,而且试样与热电偶之间直接进行接触还会引起样品污染和热电偶老化。而现在的商品化仪器的热电偶则直接与样品容器(即坩埚)或支持器接触,有效地避免了样品污染和热电偶老化。

以上这些事实表明,将温度测量和差示测温测量方式结合起来用于相转变和反应的热量测定是可行的。1845 年,Joule 首次采用“双量热计”的原理,比较了通过样品量热计与参比量热计的实验结果,二者得到的结果几乎相同。[22, 23]此外,焦耳还对电流的加热效应进行了许多研究,他被一些人称为差示扫描量热法(DSC)的先驱者。[4]

显然,可以用经过合理校准的热电偶来测量发生的热变化时的温度。此外,Burgess 注意到 DTA 的峰面积与热过程中所涉及的焓变之间也存在着一定的关系。[20]另外,许多研究者也已经逐渐地意识到样品质量、加热速率、热电偶的位置和气氛等因素对测量得到的 DTA 曲线有着显著的影响。Mackenzie 认为:对于直到 1939 年的文献研究而言,即使大多数的研究者没有具体说明,但他们已经普遍意识到 DTA 具有定量分析的潜力。[3]事实上,对于混合物组成的评估[24]就是 DTA 的半定量分析的典型应用的实例。

Berg 和 Anosov 首先提出了一个一般性的理论,[25]其表达式如下:

$$m \cdot \Delta H = K \cdot \int_{t_i}^{t_f} \Delta T \mathrm{d}t \tag{5.2}$$

式中,质量和比焓变的乘积(即峰面积)是起始时间 t_i 与结束时间 t_f 之间的积分值,K 为常数。

Speil[26]与 Kerr、Kulp [27]也得出了峰面积和焓变之间的关系,对样品热性质的影响提出关注并在理论中提出了一些假设。Vold 提出了一个更先进的一般性理论[28],Boersma 为热流型 DSC 提供了理论依据[29]。

同时期的 Kissinger[30]与 Borchardt、Daniels[31]的研究工作在用应用理论来解释热效应的反应动力学改变 DTA 特征峰值方面起到了非常重要的作用。

20 世纪四五十年代后,随着仪器自动化技术的日益成熟,电路的集成化程度日益提高,很多分析仪器开始商品化、规模化地生产,在此阶段热分析仪器也开始发生巨大的变化。20 世纪 40 年代末期,美国的 Leeds 和 Northrup 公司研制成立部分商品化的电子管式的差热分析仪。毫无疑问,早期的商品化仪器的体积庞大、造价昂贵,实验需用的样品的量也比较多,灵敏度和重复性(一次实验至少需要几百毫克试样)与之后的商品化也不具有可比性。

1955 年,荷兰学者 Boersma 改造了差热分析装置中的差示热电偶的传统串联结构。[29]这种结构形式把热电偶的连接点埋入到具有两个空穴的金属镍制成的金属均温块中,实验时将试样和参比物分别放入到传热性较好的金属坩埚中,这样可以避免热电偶与试样直接接触而引起的污染和老化,至今还在采用这种方法。Boersma 还特别强调实验时所使用的试样的颗粒应尽可能地保持均匀,以及在实验过程中对于热量变化较大的试样使用参比物进行稀释的必要性。[29]

1958 年,Smothers 和 Chiang[16]参考了那个时代非常多的文献资料出版了关于 DTA 的历史、理论和应用的最有用的信息汇编。在 20 世纪 70 年代初,Mackenzie[32]编辑了两本关于 DTA 的书,具有里程碑式的意义,书中涵盖了 DTA 方法的背景、理论、设备及其在材料领域中十分广泛的应用。

1964 年,Watson、O'Neill、Justin 和 Brenner[33]在美国《分析化学》(Analytical Chemistry)杂志上共同发表了题为《用于定量差热分析的差示扫描量热仪》(Differential

Scanning Calorimeter for Quantitative Differential Thermal Analysis)的研究工作,该工作完全改变了之前的仪器的工作状态。关于这种类型的仪器的最早的工作是由 Sykes[34]、Kumanin[35]、Eyraud[36]和 Clarebrough 等人[37]完成的。其中,Eyraud[36]将这种技术称为"差示焓分析"(differential enthalpic analysis),将差示功率(differential power)作为温度的函数来进行测量。Clarebrough、Hargreaves、Mitchell 和 West[37]描述了一种测量方式,这种装置通过使用两个小的加热元件来测量变形样品所储存的能量。这两个元件中的一个位于样品的内部,而另一个则放置在等质量的退火样品的内部。在加热期间,通过差示功率计测量输入到样品的功率差(difference in power)来计算得到待测的存储的能量。Watson 等人[33]提出了一种商业化的差示扫描量热仪,这种仪器具有独立的样品支持器和参比支持器,每个支持器中都密封有其独立的铂电阻温度传感器和加热器。关于该技术的理论由 O'Neill 在其另外一篇论文[38]中提出。实验时,首先由程序控制平均温度,然后根据热效应来调节输入到样品端和参比端加热器的功率。可以用差示温度控制回路来检测样品和参比之间的温度差,并通过差分功率来校正偏差,同时适当考虑所需的电压的方向和幅度。还可以用来自仪器这部分的信号直接提供纵坐标信号作为差分功率 ΔP 对程序温度 T 来反映样品的热效应的变化信息。

这个新概念后来被称为"功率补偿式 DSC"(power compensation DSC),其优势是使用恒定的电学式校准因子,并且它不随样品性质、样品质量、加热速率或温度而变化。

由于在许多热过程中都可以产生可以测量的热流,因此通过这些技术可以研究材料的热容、热导率、扩散系数和发射率、转变热、反应或混合过程的热量以及反应动力学和机理。然而,像这样的非常广泛的热过程的组合有时可能会同时集中出现,因此有时我们不能确定所得到的峰值究竟是由于反应、转变、热特性变化还是仪器自身行为发生变化而引起的。通过将 DTA 或 DSC 与其他互为补充技术(如 TG 或热台显微镜)相结合,可以用来解决和解释曲线中的许多重叠阶段问题。但是对于同时发生的两个热过程例如热容变化和反应而言,从测量的角度可能难以分离这两个过程。

此时,需要用其他的仪器分析方法来以不同的方式反映特定的热变化过程。近年来,温度调制 DSC 新技术的提出为量热研究提供了一种新的方法。研究结果表明,通过用正弦波调制温度随时间变化的斜率,可以使获得的信息量增加。[39]目前已经开发了几种与温度调制 DSC 相关但彼此间不相同的技术。

从最简单的 DTA 到最新、最复杂的 DSC,都可以通过与计算机连接进行改进。温度程序的控制、实验数据的平滑、微分曲线的计算或峰的积分都是通过现代化的计算机进行的。必须强调的是,在对热分析数据进行报告或评价时,必须考虑计算机数据的采集和处理的方式。

随着 20 世纪六七十年代电子技术的飞速发展和计算机技术的日益成熟,分析仪器的自动化和智能化越来越高。对于热分析仪器而言,随着温度控制和测量技术日益成熟,仪器的功能越来越多,同时其造价也越来越低,这一时期多种热分析仪器开始逐渐商品化和规模化生产。到了 20 世纪六七十年代,几家仪器公司已经成功研制了各具特色的微处理机温控装置,使仪器小型化。

近二十年来,随着电子技术的飞速发展,特别是计算机技术、半导体器件以及微处理机的发展,在自动记录数据、程序温度控制、信号放大数据等方面智能化和小型化均有很大的发展和提高,对仪器精密度、重复性、分辨率等性能指标均有较大改善和提高。

5.2.2 热重技术的发展历程[40]

在历史上，构成热重仪的各组成部分已存在了相当长的时间。作为改变温度的主要方式——火的出现远早于天平。文献资料表明，天平早在公元前3800年就已经存在了。[41]考古研究发现，火和天平共同出现在古埃及时代的墓室壁画上，二者的结合使用开始于中世纪的金匠以及其他现代冶金学的先驱者手中。[42]1780年，英国人Higgins首先使用天平称量了石灰黏结剂和生石灰在不同温度下的重量变化，这是把重量与温度联系在一起的最早的记录。直到1915年，日本东京大学学者本多光太郎（Honda）首次提出了"热天平"的概念，这样就将这两种性质的测量结合在了一起，这标志着它们正式地结合在了一起。[43]热天平意味着将样品放置于一个温度可控的热环境中，但并不是指将天平也放置在相同的热环境中。实际上，天平或者其他的质量测量工具总是处在与周围的环境温度相同或相近的温度。本多光太郎在分析天平的基础上发展了热天平装置，该热天平装置为下皿式（即吊篮式）结构。本多光太郎对分析天平的改进方法是把分析天平的称量放置于加热炉中，通过加热称盘中的试样来获得试样在不同温度下的质量变化（见图5.1[43]）。横梁（A、D）由膨胀系数极小的石英制成。采用石英横梁，可以减小由于温度变化而造成的横梁长度改变所带来的误差。天平横梁的一端固定有一支细瓷管（F），它与横梁（A、D）成直角放置，向下用铂丝吊着铂或氧化镁制的小坩埚（G），坩埚中装试样，处在炉膛（J）中。加热炉是铂丝炉，炉膛内径为2.5 cm、长为15 cm，炉丝采用无感绕法。加热炉采用铂铑-铂热电偶测温，采用准静态加热方式，升温速率很慢，升温到1000 ℃要用10～14 h。测量质量变化的方法有两种，一种是读取横梁的偏移量，另一种是零位法，即调节天平横梁另一端的弹簧拉力（H、E），或改变盛油杜瓦瓶（L）的位置，使横梁保持零位（B、C、M）。

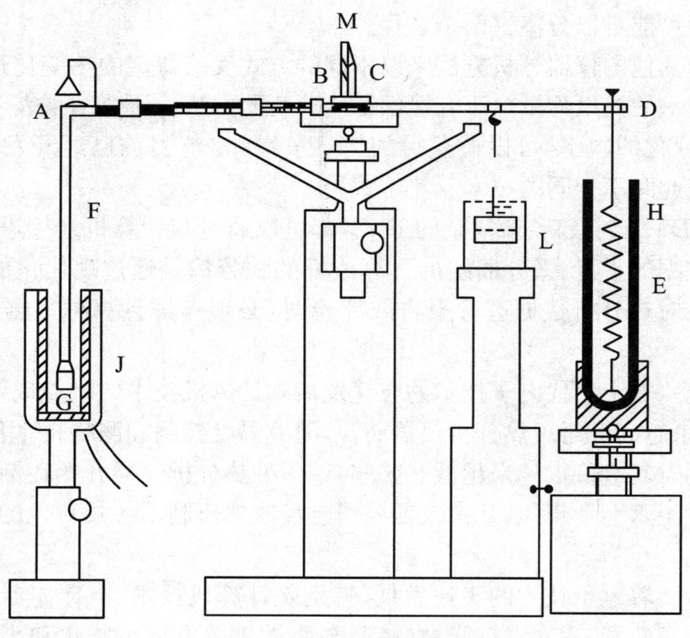

图5.1 本多光太郎热天平

本多光太郎使用自制的热天平(这种热天平也称为 Honda 天平)获得了硫酸锰和硫酸钙在不同温度下的质量变化曲线。随后,Saito 总结了日本早期开展的 TG 研究[44]。

1923 年,法国学者 Guichard 也研制出了一台与本多光太郎类似的热天平。以上的装置由于测试时间过长、操作复杂,仅限于实验室阶段使用,在当时无法得到大范围推广使用。[45]

早期与热重相关的研究工作主要受定量化学分析中对样品进行沉淀、过滤和随后的灼烧至恒定质量工作的推动,以此来确定化学分析时的"质量因子"[46]。许多早期的高温下的恒温研究工作的重点为材料尤其是金属材料的氧化或腐蚀方面,天平的结构形式多种多样,主要为石英弹簧天平[47]、改造的传统天平等结构形式。

虽然当时 Chévenard 石英弹簧天平已经商用化,之后仍有相当多数的研究者还在继续对现有的常规分析天平[48]和半微量天平[49]进行改造。基于 Chévenard 天平和导数分析装置的传统商用热天平出现于 20 世纪 60 年代,由 Ainsworth 和 Mettler 公司生产。[50]然而,由于 Cahn 和 Schultz[51]发明的电子天平的出现,现代化的热重设备仍保持着不断的改进与创新。其他的传统热天平生产厂商也快速地将电子天平应用在其产品上,并逐渐形成了我们现在可以普遍看到的形式。

1992 年,美国 TA 公司发明了调制控温的方法[52-54],该方法是在传统的线性控温基础上叠加一个正弦振荡的变化信号。由此出现了调制 DSC、调制 TGA。MTGA 可以连续获得无模型动力学参数对时间、温度和转化率的函数。[55]

5.2.3　其他热分析技术的发展历程

20 世纪四五十年代后,随着仪器自动化技术的日益成熟,电路的集成化程度日益提高,很多分析仪器开始商品化、规模化生产,热分析仪器此时也开始发生巨大的变化。作为一种同时期出现的一种热分析领域的新技术,Teitelbaum 于 1953 年提出了逸出气体检测法(Evolved Gas Detetion, EGD)[56]。这种方法可以对试样加热时产生的气体产物进行检测。1959 年,Grim 设计了一种逸出气体分析仪(Evolved Gas Analyzel, EGA)。与 EGD 不同的是,EGA 可以对试样加热时逸出的气体进性定性和定量分析。

1963 年,Langer 和 Gohlke 首先利用飞行时间质谱仪的真空室对 $BeSO_4 \cdot 4H_2O$、$CaSO_4 \cdot 2H_2O$ 和 $CuSO_4 \cdot 5H_2O$ 等样品进行线性程序加热,在设定的时间间隔内,测定相应分解产物的质谱。[57]1965 年,Wendlandt 和 Southern 介绍了一种能同时记录气体检测(EGD)和质谱(MS)曲线的装置,它可以在大气压力下对样品进行加热,将逸出气体通过很短的毛细管送入质谱仪。[58]后来对其加以改进,使得在进行差热分析的同时也能进行 EGD 和 MS 测定。[59]

1968 年,Zitomer 设计了热天平和飞行时间质谱联用装置,并首次应用于高聚物的热分解研究。[60]同年,Wiedeman 及其同事设计了一种可直接在真空条件下降温的 Mettler 仪器公司的热天平和 Balzers 公司的四极质谱仪耦合联用的热重——四级质谱装置[61],这种仪器既可以在高真空条件下,又可以在大气压力条件下测试样品。1970 年,Friedman 等在管式炉内进行高温烘烧使样品发生裂解,再用质谱法对逸出气体进行分析。[62]

由此可见,在 20 世纪六七十年代,Langer、Gohlke、Wandlandt、Wiedeman、Zitomer 和 Friedman 等一批科学家先后提出了热分析和质谱分析联用技术的设想,并通过实践,将这一联用技术用于各类物质如聚合物、无机物和有机物的热分解、热裂解的研究。此后的30多年中,由于计算机技术的应用和发展,使热分析技术及其与质谱的联用技术又有了许多新的发展甚至突破。现在,热分析联用技术的自动化程度有了更大的提高,应用领域也越来越广泛,已经可以实现热重仪和同步热分析仪与红外光谱以及气相色谱-质谱仪的多种联用方式,在本书第10章中将对这些技术进行详细的介绍。

1962年,Gillbam提出并实现了扭辫分析法,这种方法主要可以用来测量高分子材料和复合材料的模量和内耗等参数随温度的变化关系曲线[63]。

一些新的热分析技术如热膨胀仪、热机械分析仪、热发声测定仪(TS)、热电测定仪(TE)、热光测定仪(即热释光,TP)及热分析测定仪等多种分析仪,在20世纪七八十年代也相继问世[63]。

目前,美国TA仪器公司(前身为杜邦分析仪器部,现已并入美国Waters公司)、美国Perkin Elmer公司、瑞士Mettler Toledo公司、法国Setaram公司、德国耐驰公司、德国林赛思公司、日本理学电机公司、岛津公司、精工科技公司(其热分析部后并入日立公司)等均有商品化的热重仪、差示扫描量热仪以及热机械分析仪出售,也可以通过登录公司网站或参阅文献[63]来了解每种型号的商品化仪器之间的原理与差别。

5.3 我国自主研发热分析仪器的发展过程[63]

在热分析仪器发展初期,我国自主研制的热分析仪器与国外的差距并不是十分明显。

早在1952年,中国科学院地质研究所就已经自主设计并制造了我国第一台差热分析仪,并在国内相关科研单位中得到了应用。1967年,上海天平仪器厂(现为上海精密科学仪器公司)成功研制了国内第一台可自动记录的热差分析仪(TR-632型)。1969年,该单位又研制成功了国内第一台可自动记录的热重-差热分析仪(DTA-A型),之后又相继研制成功了功率补偿式差示扫描量热仪(CDR-1型和CDR-2型)。20世纪80年代,国内一些单位相继研制成功热机械分析仪、热释电仪、扭辨分析仪、动态黏弹谱仪、微量热仪以及纤维热机械分析仪等,这些仪器经过几十年的发展,现在已经在不同领域中获得了应用。

近几年,我国热分析仪器厂商和公司发展很快,特别是民营企业,如上海天平仪器厂、长沙开元仪器有限公司、长春非金属试验机厂、承德仪器厂、丹东仪器厂、北京恒久科学仪器厂、北京博渊精准科技发展有限公司、北京金信正数码科技有限公司以及国外的合资和独资企业等,产品有差热天平、差热分析仪系列、热天平、DSC扫描热量计、差热膨胀仪等。DTAS-3全自动卧式差热分析仪是北京博渊精准公司自主研发生产的国内第一台卧式热分析产品。

目前,我国生产的热分析仪器产品已从初期的机械式控制记录仪发展成智能型微机控制,并已基本实现一体化。功能上也已由单功能发展成多功能联合型仪器(如DTA-TG、TG-DTA-DTG等),使该产品的体积进一步缩小,可靠性和稳定性提高,外形美观、操作方便。目前,已经有差热-热重分析仪、差热分析仪、热膨胀仪、差示扫描量热仪以及等温量热仪等多种商品化的仪器。

随着电子技术和工艺以及机械工艺的发展，加速了热分析仪器更新换代的频率。目前，国内外生产的热分析仪器基本都采用了高精度的采集系统而取代了原有的A/D采集器，这大大减少了信号之间由于线路复杂而造成的干扰。在加工时采用先进的电子芯片和焊接工艺，硬件集成度越来越高。采集软件的设计功能强大，可以同时分析多个参数，通过软件编程对应的算法来对数据进行分析，在软件中自动显示数据分析结果。

在仪器的机械结构上，国产仪器已经实现机械、电子、气氛一体化，仪器的结构更紧凑，仪器的操作稳定性和得到的数据可靠性都得到了很大程度的提高。目前已有一些国产仪器实现了自动装载样品，减少了人为操作引起的误差，实现了全自动化。

我国热分析仪器大多采用以卧式天平为基本结构。近几年，多家仪器厂商对传统的热分析仪器产品进行了升级改造，如对热分析仪器的传感器、差热测量、热重测量、数据处理、串行通信接口及测控软件等方面进行升级改造，对国产热分析仪器质量的提高起到巨大的推动作用[63]。现在的过程仪器已经基本可以实现曲线的智能化分析处理，实现微量化、联用化、快速化的切换控制与分析，自动调节控制加热速率，扩大温度校准范围等，保证仪器的采样精度和速度，提高仪器系统的稳定性、可靠性和集成化程度，增强抗干扰能力。

但是概括来说，目前国产热分析仪器仍然存在以下问题：

1. 与国外公司差距显著

国产仪器的主要竞争对手是德国耐驰仪器公司、日本理光、美国TA仪器公司（其前身为美国杜邦公司仪器部）等企业。与国产仪器厂商相比，国外的热分析仪器厂商拥有强大的技术力量和多年的热分析软、硬件研发经验。国外仪器的每一个类别根据应用领域不同，有多种不同型号和温度范围。

另外，多家知名厂商如美国TA仪器公司、日本理学等国际知名的热分析仪生产商，近年来纷纷在我国设立代理公司和合资企业。他们以技术优势不断扩大并占领我国热分析仪器市场，给国产仪器带来了很大的竞争压力。

2. 我国热分析仪器科研力量和科研投入显著不足

一些高校和科研单位的研究成果无法及时有效地转换成新的产品，应用技术开发显著不足，无法加快产品自行研发生产的开发速度。如差示扫描量热仪DSC、热机械分析仪、教学差热仪、动态热机械分析仪、热导仪、热膨胀仪、熔点仪、热分析联用仪等，没有很好地进行综合研究开发，进行产品化和商品化。

随着电子技术和机械工艺的进一步发展，未来的热分析仪器必然会朝着高精度、高灵敏度，全自动化、外观美观和结构紧凑型的方向发展。

随着现代电子学的兴起和计算机的广泛应用，热分析仪器已经逐渐走向成熟，自动化、智能化、多功能、高精度以及良好的可操作性是热分析仪器现阶段发展的方向。就整体行业发展情况，我国热分析技术正处于蓬勃发展之中，前景十分可观。在大批国产优质仪器的创新研制下，我国科学仪器的研制无论从数量上还是质量上，都在向好的方向发展。作为一种衡量标准，热分析仪正不断优化性能，提高自身产品品质。相信随着科研水平的不断提高，我国在热分析仪研发方面能够取得更大的突破。国产仪器厂商应不断地提升自主创新能力，才能使其在日益激烈的市场竞争中处于不败之地。

5.4 商品化热分析仪的主要组成

现在的商品化热分析仪主要由仪器主机(主要包括程序温度控制系统、炉体、支持器组件、气氛控制系统、物理量检测单元)、仪器辅助设备(主要包括自动进样器、湿度发生器、压力控制装置、光照、冷却装置、压片装置等)、仪器控制和数据采集及处理等各部分组成。

热分析仪的结构框图如图 5.2 所示。

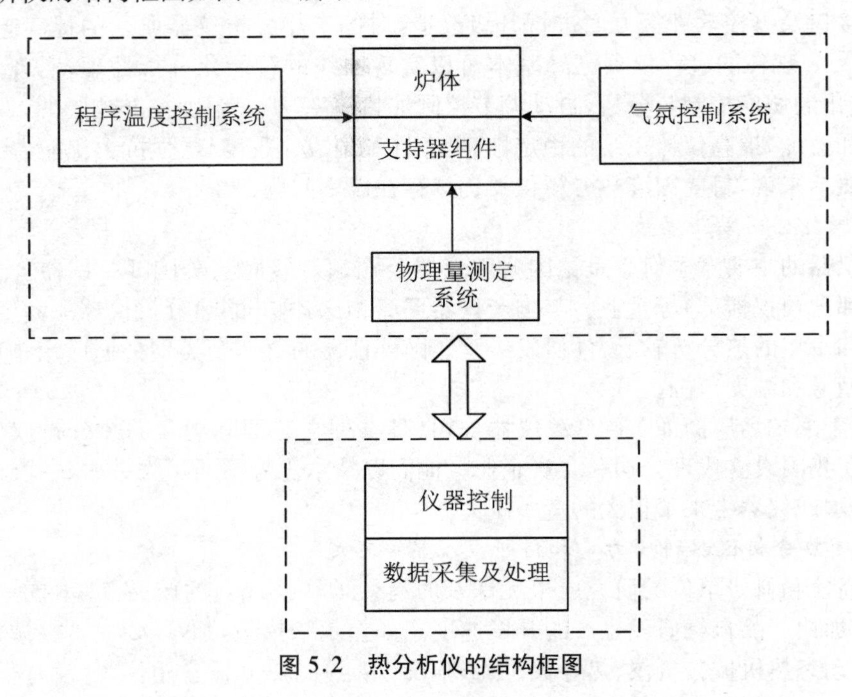

图 5.2 热分析仪的结构框图

5.4.1 仪器主机部分

仪器主机中的测量单元是仪器核心部分,它的性能和指标决定着热分析仪的质量,如热重分析仪的测量单元是一台灵敏度的天平,天平的参考臂置于室温或同时放于加热炉中,测量臂上通过吊篮或支架装有试样,测量臂位于加热炉的恒温区域中。测量单元中除检测部分外还包括物理量传感器和测量电路等部分,物理量传感器大多由原始敏感元件和变量转换装置两部分组成。原始敏感元件一般与测量对象直接接触差热分析仪器的由两只相同的热电偶同极串联而成的差热热电偶,检测到试样和参比物的温度差信号(℃)后,通过转换装置将其转换为电信号,单位为 μV,然后将其输送给测量电路,测量电路可把传感器输出的微弱的电信号加以放大,以便于记录和进一步处理。经放大后的电信号转换为适合记录或显示的参量后由数据采集软件给予记录,以便数据处理。现在仪器大多通过计算机来实现数据之后的记录和处理。温度控制单元的作用是在一定温度范围内对试样进行线性升温/降温、等温以及其他温控操作。

热分析仪的温度控制单元主要包括温度程序系统和加热炉两部分。其中加热炉的主要作用是对试样进行加热,通常由加热丝(通常为电阻丝)、耐火材料组成的炉壁以及外层的隔热材料等组成。加热炉由温度程序系统来控制,温度程序系统的主要作用是使加热炉按照设定的与温度有关的程序工作。温度控制单元还包括温度测量部分。

大多热分析仪是通过热电偶和热电阻来实现温度测量的,热电阻测温的优点在于其测温准确度高、稳定性好、测温范围宽、使用寿命长等,缺点是由于电势较小,导致其灵敏度低、成本高,高温下机械强度差且污染。此外与热电偶测温相比,热电阻可以直接测量温度,具有线路简单、性能稳定、灵敏度和精密度高等优点。热电阻测温的缺点是工作的温度范围较窄且要经常进行校准,一些灵敏度较高的微量量热仪上经常使用热电阻温度计来测量微小的温度变化。

气氛控制单元也是热分析仪主机的一个主要组成部分。当前,商品化热分析仪几乎都具有气氛控制系统。该系统一般由三个以上的气路组成,有些仪器还单独具有吹扫气路。吹扫气路的流量一般要大于实验用的气氛的气路流量,三个气路一般有两路气体可以通过三通阀的切换来方便地实现试样周围的气体的快速切换。有的仪器还会单独设计一路反应气路,以便于满足一些特殊的实验需求(如实验中用到两种以上的气体的情况)。高纯气体经减压、干燥和过滤器过滤后,在稳压阀和稳流阀的调节下可以恒定的流速输入试样所在的空间。

一些特殊设计的仪器还可以实现真空和高压条件下的热分析实验,真空和高压实验对仪器的气密性要求很高。为了防止粉末或较轻的试样在抽真空或加压过程中发生飞溅,在机械泵、扩散泵和试样室之间一般要设计一个直径较大的主通道和较狭窄的支通路,并需要安装蝶阀和真空微调阀。在抽真空时,支通道与机械泵相通,这样抽气速率会下降很多,可以有效地避免试样测出。

在仪器气体出口,可以通过安装一个能够加热的保温管,由此引出高温的气体。出口管路与一些可以作气体分析的仪器如气相色谱、傅里叶变换红外光谱仪、质谱仪、气相色谱-质谱联用分析仪相连,可以实时地在线分析高温下的气体分解产物。

一些商品化的热分析仪主要除具有以上三个主要部分之外,有时还会配有一些特殊的附件用来满足一些特殊的实验需要,这些附件主要包括自动进样器、各种制冷附件(主要有气冷、水冷、液氮制冷等)、压力附件、真空附件、温度控制附件、光照附件、外延附件、外加磁场附件、气体转移附件等。

(1) 自动进样器的主要作用是可以提高仪器的工作效率,减少一些人员操作;

(2) 制冷附件可以拓宽热分析仪器的工作温度范围;

(3) 压力和真空附件可以用于一些特殊的领域如用于研究氧化诱导期、含能材料的热稳定性,以及模拟材料在极限状态下的热行为;

(4) 光照附件可以用于研究材料在不同温度和波段的紫外光或可见光的作用下的一些相变行为,如光氧化、光交联、光分解等光敏相变等;

(5) 外加电场或磁场附件可以用来研究材料在电场和磁场作用下物理性质的变化;

(6) 气体转移装置用于将试样在高温下分解的气体,并实时地转移至与其相连的傅里叶变换的红外光谱仪、质谱仪以及气相色谱-质谱联用分析仪中。气体转移装置具有加热功能,以防止气体在较低的温度下发生冷凝。

5.4.2 控制软件和分析软件

现在的商品化的热分析仪大多在工作时与装有控制软件和分析软件的计算机相连，通过计算机来实现仪器的实时控制和实验数据的分析处理等工作。在目前比较成熟的商品化热分析仪的控制软件中，可以方便地输入并保存相关的实验信息（主要包括试样名称、质量、浓度、尺寸、文件名、操作者姓名、送样人、送样单位、检测日期等）、实验程序（包括升温/降温速率、等温、温度及时间）、实验气氛切换、温度范围、外力的作用方式、力的变化情况，外加光源、磁场变化、湿度变化、温度调制周期、力的作用频率等信息，以及仪器的工作参数（如数据采集频率、仪器校正信息、实验用坩埚类型、支架类型、探头类型、工作时间、实验用的气氛及流速等信息）。

图 5.3 是某仪器的操作系统的软件界面。

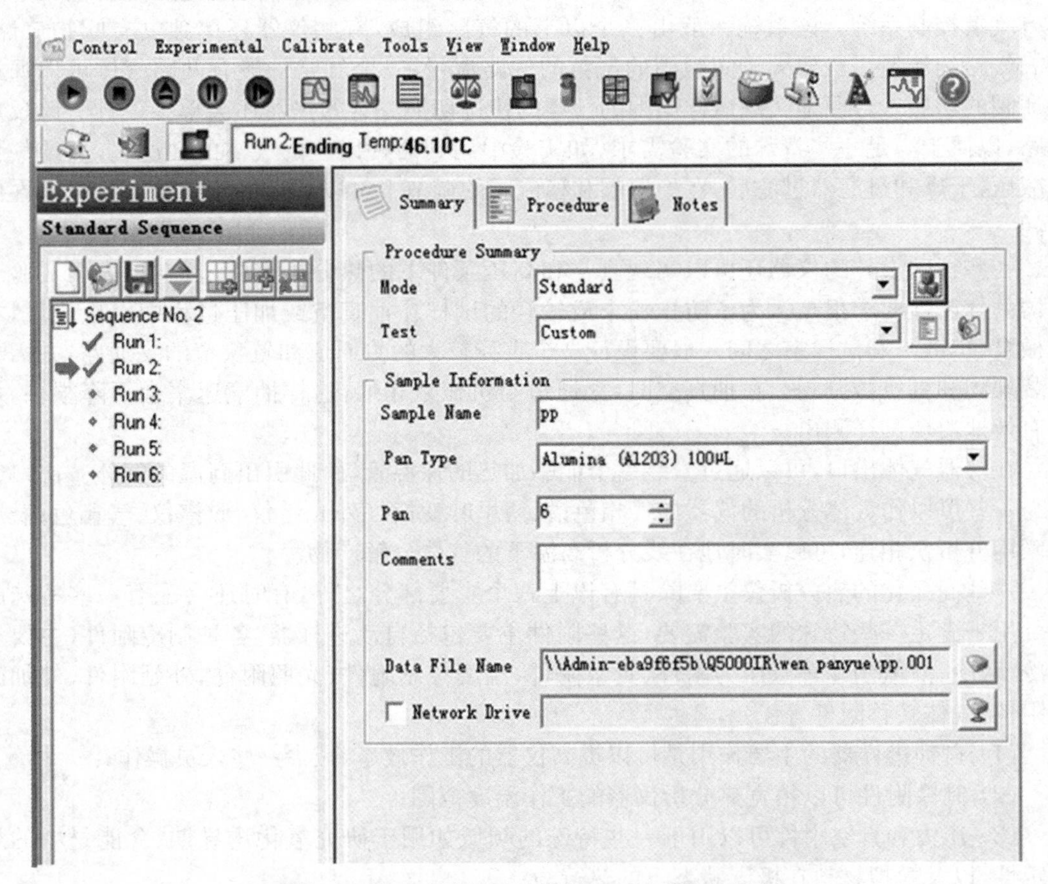

图 5.3 某厂商的热重仪的操作系统的软件界面

图 5.3 中，可以方便地输入样品的名称、坩埚信息、文件名称等信息。实验条件信息在软件中的“Procedure”选项中进行设置，可以输入温度范围、加热速率、气体切换、等温等信息。图中所示的操作系统具有自动进样器，在界面上可以看到一些样品的信息，实验时，仪器按照顺序逐步完成一系列的指令。

在分析软件中，可以实现对由仪器操作软件所采集到的数据进行各种校正处理（主要包括基线校正、温度校正、热量校正、长度校正、质量校正、力校正、夹具校正、探头校正等)。此外,还可以方便地在屏幕上选用部分或全部显示并打印校正前后的实验曲线。分析软件除了各种校正功能外,还可以对实验曲线进行各种处理,主要包括:

(1) 标注各种变化的起始温度、峰值温度、终止温度、峰面积、二级相变的特征温度等;

(2) 计算膨胀系数、质量变化率、杨氏模量等特征参数,以及对曲线的平滑处理、实验曲线的上下左右平移、多条实验曲线的数学运算、肩峰的分峰处理、畸形峰的积分、实验曲线的微分和积分运算、曲线的对数和指数运算处理等信息。

通过一些比较高级的分析软件(大多为仪器公司配套出售的商品分析软件)还可以用来计算动力学参数(如活化能、指前因子、反应级数或机理函数等)、纯度以及比热容等。另外,目前大多数分析软件可以实现把采集到的原始数据和分析处理后的数据导出为可以用通用数据处理软件如 Origin 、Excel、MATLAB 等处理格式(主要包括. txt 文件、. dat 文件以及. csv 格式的文件)。为了便于比较,在分析软件中处理后的曲线除可以打印外,也可以分别保存为. pdf 文件或图片文件格式。

以上简要介绍了热分析仪的组成,各种热分析仪的结构及工作原理将在本书中相关章节中给予详细的介绍。

5.5　热分析仪的校准及维护

热分析仪在安装完毕正常使用前,正常使用中的以及发生较大的故障维修后均需要对其进行检定,以确保仪器的工作状态是否正常、性能指标能否达到使用要求。对于应用最广泛的热重分析仪、热重-差热分析仪、热重-差示扫描量热仪以及差示扫描量热仪,可以根据已经发布的校准规范或鉴定规程来对仪器进行校准或检定。近几年随着各行业检测标准的逐渐健全,国际上和国内有关热分析技术的标准或规范越来越多。应根据实际的需要,采用相应的标准规范或规程来对仪器进行校准或检定。

不同的热分析仪的检定或校准方法有不同的要求,这些内容将在具体的热分析技术的内容中详细介绍,在此不再赘述。

与其他分析仪一样,热分析仪的维护工作十分繁琐,负责仪器维护的工作人员一定要有很高的工作责任心和工作热情。在仪器工作期间不能出现任何的差错和疏漏,有时一些看似简单的实验操作往往会给仪器带来不可估量的损害。对于一些不确定现象一定要多查阅相关的参考资料(如操作手册、维修手册、教科书以及文献等),必要时应及时向仪器公司的维修工程师或技术工程师请教。在仪器发生故障维修后,在重新使用前,主要按照相关规程对仪器进行校准或检定。即使仪器工作状态一直正常,在一个检定周期期间(一般为两年)也要对仪器进行一次期间检查,期间核查的内容比仪器检定的项目可以减少一些,主要确认仪器的主要性能指标符合检测要求即可。

对于一些需要较高温度下会熔融或分解的试样一定要有足够高的警惕性,一些高温下熔融的无机物(尤其是金属)在试样量过大时,往往会污染热重分析仪、热重-差热分析仪以及热重-差示扫描量热仪的支架或检测器。对于这类实验,一般尽可能使用较少的试样量,若较少的试样量无法满足实验需求，可以用加扎孔的盖子或添加稀释剂的方法来弥补。对于一些强烈分解的有机物或含能材料在进行分解温度以上的实验时，有可能由于试样强烈分解而引起支架或检测器的污染，强烈的分解有时还会造成支架或坩埚的变形。在进行此类实验时，使用试样量一定要尽可能少，必要时也需要使用稀释剂。单独使用的差示扫描量热仪一般不进行分解过程的研究，因为分解产物可能会对仪器的检测器造成污染。对于一些不确定其分解温度的未知试样，在进行 DSC 实验时有条件的最好先使用热重分析法来确定其分解温度，在无法获得热重分析曲线时，应及时向试样提供者了解关于试样尽可能详细的信息（如试样的组成、来源、实验目的等），以便根据这些信息来确定合适的实验温度范围。

5.6 热分析仪的发展趋势

在热分析仪器方面，未来热分析仪器的发展应在以下几个方面有所突破：

1. 提高仪器的准确度灵敏度，以及稳定性

提高仪器的灵敏度和稳定性是多年来热分析仪研发人员一直努力的目标，随着电子技术和自动化技术的发展，这些性能指标还有提升空间。

2. 扩展仪器功能

例如：① 在不影响灵敏度的前提下拓宽温度范围；② 可实现超快的加热/降温温度调制、热惯性能的快速等温实验；③ 配置自动进样装置来提高仪器的利用率；④ 开发适用于仪器的光照装置、温度控制装置、高压实验装置、真空实验装置、电磁物装置等可用于特殊用途的实验附件；⑤ 在研发时，应注重加强热分析仪标准化、全局化、微型化、智能化，实现高新技术的集成，加强仪器网络化和测控软件的研发。

3. 加强并推广与其他分析方法的联用

目前，热分析仪可以实现与红外光谱、质谱、气相色谱、气相色谱-质谱联用仪、拉曼光谱、显微镜、X 射线衍射仪等技术的联用，由于联用时连接部件的不完善以及成本和应用领域等多方面的限制，联用技术自 20 世纪五六十年代出现以来，直到近二十年才开始出现迅速发展，这类方法由于功能较常规仪器强大，因此有着十分远大的发展前景。

4. 拓展软件功能

随着计算机硬件和软件的飞速发展，实验数据的记录和分析越来越方便。随着热分析技术在不同领域的应用的不断深入，这些需求对热分析软件的数据处理的要求越来越高。

目前动力学分析虽有商品软件，但由于动力学方法本身的复杂性和快速的发展，一款成型的商品软件很难满足大多数要求，这就要求商品化的动力学软件要功能强大，并且可以及时反映动力学的最新发展。

5. 开发可以满足特殊领域需求的新型热分析仪

为了满足一些特殊的测试需求，近年来新型的热分析仪不断出现，如 Mettler Toledo 公司推出的一种可以实现每分钟几百万度加热速率的差示扫描量热仪，这些仪器有的已经实现商品化，有的仅限于实验室使用，使用这些新型仪器完成的科研论文在一些学术期刊中可以经常见到。研制新的机种，需要提高仪器的性能；单元化、系列化及通用化；联用技术成为

现代高新技术的集成;注重与计算机通讯及网络的结合、融合和测控软件技术。切入热分析仪与质谱仪、色谱仪的联用仪器研制工作,实现热分析联用技术,加以推广,促进新的热分析仪器产品的开发生产。[64]

6. 在不影响仪器性能的前提下减小仪器体积,节约成本、提升产品的竞争力

美国TA仪器公司于2010年推出了Discovery系列热分析仪,仪器的电路部分适用于热重分析仪、热重-差热分析仪、差示扫描量热仪、静态热机械分析仪和动态热分析仪。可以实现几台仪器共用一种控制单元,这样降低了购买多台仪器的用户成本,提升了仪器的竞争力。

7. 不断拓宽热分析技术的应用领域

随着科技的进步,人们生活质量的不断提高,热分析仪的应用范围得到了快速扩展,市场需求呈现出良好态势。随着科学研究的进一步发展,热分析技术有望在新的领域中发挥其独特的作用。

我们有充分理由相信,在全球热分析工作者的共同努力下,热分析技术将继续保持现有的高速发展势头,其在各领域中将得到更加广泛和更加深入的应用。

参考文献

[1] Agricola. De Re Metallica. Baselaea Froben: 1556.

[2] Neri A, De Arte Vitraria. Florence, 1640.

[3] Mackenzie R C. Thermochimica Acta, 1989,148:57.

[4] Hainea P J, Reading M, Wilbum F W. Differential thermal analysis and differential scanning calorimetry[M]//Brown M E. The Handbook of Thermal Analysis & Calorimetry. Amsterdam: Elsevier 1998:279-361.

[5] 刘振海,张洪林. 分析化学手册. 8[M]. 3版. 北京:化学工业出版社,2016.

[6] 蔡正千. 热分析[M]. 北京:高等教育出版社,1993.

[7] Mackenzie R C. An eraly thermal analyst? [J]. J. Thermal Analysis, 1989,35:1823.

[8] Martine G. Essays on the construction and graduation of thermometers and on the heating and cooling of bodies[M]. Edinburgh: A. Donaldson, 1772 :1738-1740.

[9] Wedgwood J[J]. Philosophical Transactions of the Royal Society (London),1784,74:358.

[10] 杜洛金. 固体热物理性质导论:理论和测量[M]. 奚同庚,王梅华,编译. 北京:中国计量出版社,1987.

[11] Pope M I, Judd M D. Differential thermal analysis[J]. London: Heyden, 1977.

[12] Smothers W J, Chiang Y. Handbook of differential thermal analysis[M]. 2nd ed. New York: Chemical Publishing Co., 1966.

[13] Seebeck T. Annual Review of Physical Chemistry, 1826,6(130):253.

[14] Chatelier H L, Acad C R. Sci., 1887,104: 1443.

[15] Pope M I, Judd M D. Differential thermal analysis[M]. London: Heyden and Son Ltd., 1977.

[16] Smothers W J, Chiang Y. Handbook of differential thermal analysis[M]. 2nd ed. New York: Chemical Publishing Co., 1966.

[17] Mackenzie R C. Origin and development of differential thermal analysis[J]. Thermochimica Acta, 1984,73:307.
[18] Roberts-Austen W C. On the melting points of the gold-aluminium series of alloys[M]//Proceeding of the Institution of Mechanical Engineers,1891:543.
[19] Roberts-Austen W C. Proceeding of the Institution of Mechanical Engineers,1899:35.
[20] Burgess G K. Washington:Bull. Bur. Stan. , 1908,4:180.
[21] Siemens C W. On the increase of electrical resistancein conductors with rise of temperature[C]. Proceedings of the Royal Society of London,1871.
[22] Joule J P. Scientific papers of James Prescoott Joule[J]. Physical Society of London, 1884, 1887.
[23] McCullough J P,Scott D W. Experimental thermodynamics. 1[M]. London:Elsevier, 1968:437.
[24] Orcel J. Int. J. Miner. Metall. , Geol. Appl. ,1936,1:359.
[25] Berg L G, Anosov V A. Zh. Obsch. Khim. , 1942,12:31.
[26] Speil S, Berkelhamer L H, Pask J A,et al. Differential termal analysis:its application to clays and other aluminous minerals[J]. Tech. Pap. U. S. Bur. Mines, 1945:664.
[27] Kerr P F , Kulp J L. American Mineralogist,1948,33:387.
[28] Vold M J. Different thermal analysis[J]. Analysis Chemistry,1949,21:683.
[29] Boersma S L. Journalof the American Ceramic Society, 1955,38:281.
[30] Kissinger H E. Variation of peak temperature with heating rate in differential thermal analysis[J]. Journal of Research of the National Bureau of Standards, 1956,57:217.
[31] Borchardt H J,Danels F. The application of differential thermal analysis to the study of reaction kinetics[J]. Journal of the American Chemical Society, 1957,79: 41.
[32] R C Mackenzie. Differential Thermal Analysis. 2[M]. London:Academic Press , 1970:1972.
[33] Watson E S, O'Neill M J, Justin J, et al. A differential scanning calorimeter for quantitative differential thermal analysis[J]. Analysis Chemistry,1964,36:1233.
[34] Sykes C. Methods for investigating thermal changes occuring during transformations in a solid solution[M]. Proceedings of the Royal Society of London,1935,148:422.
[35] Kumanin K G. Zh. Prikl. Khim. , 1947,20:1242.
[36] Eyraud C. C. R. Acad. Sci, Paris, 1955,240:862.
[37] Clarebrough L M, Hargreaves M E, Mitchell D, et al. The release of energy during annealing of deformed metals[M]. Proceedings of the Royal Society of London,1952,A215:507.
[38] O'Neill M. The Analysis of a temperature-controlled scanning calorimeter[J]. Analysis Chemistry, 1964, 36:1238.
[39] Reading M, Elliott D, Hill V L. A new approach to the calorimetric investigation of physical and chemical transitions[J]. Journal of Thermal Analysis and Calorimetry, 1993,40:949.
[40] Gallagher P K. Thermogravimetry and thermomagetmetry[M]. Brown M E. The handbook of thermal analysis & calorimetry. Amsterdam:Elsevier, 1998: 225-277.
[41] Viweeg R. Progress in Vacuum Microbalance Techniques. 1[M]. London: Heyden & Son,1972:1.
[42] Szabadvary F. History of analytical chemistry[M]. Oxford: Pergamon Press, 1966:16.
[43] Honda K. Scientific Reports of Tohoku University, 1915,4:97.
[44] Satio H. Thermobalance analysis[M]. Tokyo:Technical Books Publication Co. ,1962.
[45] Chévenard P,Wach X, De La Tullayne R. Métaux, 1943,18:121.
[46] Duval C. Inorganic thermogravimetric analysis[M]. 2nd ed. , Amsterdam: Elsevier,1963.
[47] Garn P D, Geith C R, Deballa S. Furnace mounting and control system for ainsworth vacuum automatic recording balance [J]. Review of Scientific Instruments, 1962,33:293.

[48] Gallagher P K, Schery F. Thermal decomposition of some substituted barium titanyl oxalates and its effect on the semiconducting properties of the doped materials[J]. Journal of the American Ceramic Society, 1963, 46: 567.
[49] Brown M E. Introduction to thermal analysis[M]. London: Chapman and Hall, 1988.
[50] Plant A F. Ind. Res., 1971, 13: 36.
[51] Cahn, Schultz H. Aerodynamic forces in thermogravimetry[J]. Analysis Chemistry, 1963, 35: 1729.
[52] Reading M, Luget A, Wilson R. Modulated differential scanning calorimetry[J]. Thermochimica Acta, 1994, 238: 295.
[53] Reading M. A comparison of different evaluation methods in modulated temperature DSC[J]. Thermochimica Acta, 1997, 292: 179.
[54] Gill P S, Sauerbrtmn S R, Reding M. Modulated differential scanning calorimetry[J]. Journal of Thermal Analysis, 1993, 40: 931.
[55] Blaine R L, Hahn B K. Obtaining kinetic parameters by modulated thermogravimetry[J]. Journal of Thermal Analysis, 1998, 54: 695.
[56] 左洋,赵秀云,易明琴.热重-质谱联用技术在理化分析测试领域的研究与应用[J].真空与低温, 2011,增刊2:292-296.
[57] Langer H G, Lodding M. Gas effluent analysis[M]. New York: Marcel Dekker, 1963, 35: 3
[58] Wendlandt W W, Southern T M. An apparatus for simultaneous gas evolution analysis and mass spectrometric analysis[J]. Anal. Chem. Acta, 1965, 32: 45.
[59] Wendlandt W W, Southern T M, Williams J R. A simultaneous DTA-GEA-MSA apparatus[J]. Anal. Chim. Acta, 1966, 35: 254.
[60] Zitomer F. Thermogravimetric mass spectrometric analysis[J]. Anal. Chem., 1968, 40: 1091.
[61] Giovanoli R, Wiedeman H G. Thermoanalytische und massenspektrometrische untersuchung der zersetzung von zinkoxalat-dihydrat. XII[J]. Helv. Chim. Acta, 1968, 51: 1134.
[62] Friedman H L. Mass spectrometric thermal analysis: a review[J]. Thermochim Acta, 1970, 1: 199.
[63] 刘振海,徐国华,张洪林,等.热分析与量热仪及其应用[M].2版.北京:化学工业出版社,2011.
[64] 孙利杰.热分析方法综述[J].科技资讯, 2007(9):17.

第6章 热 重 法

6.1 引 言

对于一种物质或一种材料进行分析时,第一步通常是确定其质量。质量是确定物质含量的主要方法,因此出现了在常规分析的基础上进行高精度质量测量的技术。这些仪器不仅是科学仪器,也常可以作为商用的工具被广泛应用于各行各业,例如各种秤或天平。热重法(Thermogravimetry,TG)或热重分析法(Thermogravimetric Analysis,TGA)也仅仅是作为这一基础性质测量的拓展,只不过其主要用来研究偏离室温或长时间进行的质量的测量。

作为热分析方法中应用领域最广的一种技术,热重法广泛应用于物理、化学、化工、矿物、食品、医药等材料相关的领域。[1]在本章中,将主要介绍热重方法的工作原理/仪器组成、影响热重实验的因素、数据分析和应用等内容。

6.2 与热重法相关的术语与定义

6.2.1 热重法

热重法也称热重分析,是在程序控制温度和一定气氛下,测量试样的质量与温度或时间的关系的技术。[1]

在早期与热重法相关的文献中,少数研究人员习惯将其称为“热失重分析法”。其实这种称谓是不合适的,这是因为有些试样在实验中会发生质量几乎不变(即恒重)或质量增加(即增重)等现象。例如,许多金属在空气气氛下加热至某一温度时,往往会由于发生氧化反应而开始增重。

热重法的数学表达式为

$$M = f(T, t) \tag{6.1}$$

在上式中,M 为任意时间或温度下的质量,一般用质量的百分比表示;T 为温度,单位通常为℃。在进行动力学和热力学分析时,其单位为 K;t 为时间,一般用秒(s)作为单位。当实验时间较长时,也可用分钟或小时等作为单位。

根据热重法的定义,其可以用来研究液态或固态物质的质量随温度或时间的连续变化,并且这种变化可在不同的气氛环境下进行。

通过热重法可以在不同气氛下进行实验,可以模拟物质在这些环境中质量的变化过程。实验中所用的气氛可以是惰性的,即在实验过程中不与试样发生任何作用,其作用是使试样分解时产生的分解产物及时脱离试样周围,使反应得以顺利进行。另一方面,实验气氛也可以与试样或试样在加热或等温过程中的中间产物发生作用,起到改变反应机理的作用。在一些特殊条件下,需要研究试样在特殊环境下(例如氧化、还原等环境下)的反应过程。

目前,商品化的热重仪的工作温度范围可以从室温至 2800 ℃。实验时,温度的变化方式不仅仅可以实现线性升温和降温,还可以采用更加复杂的温度程序。

在表述热分析法时如果使用简称,应尽可能地使用"TG"。这是因为 TG 所对应的英文名称 Thermogravimetry 中已包含了"方法"的含义,如果再加上分析,在逻辑上略显冗余。在实际应用中,仍有相当多的文献采用"TGA"的表达方式。但在表示由热重法得到的曲线时,大多数人习惯于用"TG 曲线"而不是"TGA 曲线"来表示。另外,当热重法与其他方法联用时,热重部分的简称一般用 TG 表示。例如,热重-差热分析简称为"TG-DTA",热重/红外光谱联用法简称为"TG/IR"。

6.2.2 热重法的测量模式

热重法的测量模式主要有动态质量变化测量和等温质量变化测量两种。

6.2.2.1 等温质量变化测量模式

等温质量变化测量(isothermal mass-change determination)简称等温模式(isothermal mode),是在恒温 T 和一定气氛下,测量试样的质量随时间 t 变化的技术。[2]

上述定义中所指的等温可以通过加热使试样处于高于室温的某一个恒定温度,也可以通过降温使试样处于低于室温的某一个恒定温度。从其他温度达到恒定温度的时间应尽可能短,即温度扫描速率越快越好。另外,在达到目标恒定温度时,不能出现"过冲"的现象(见图 6.1)。

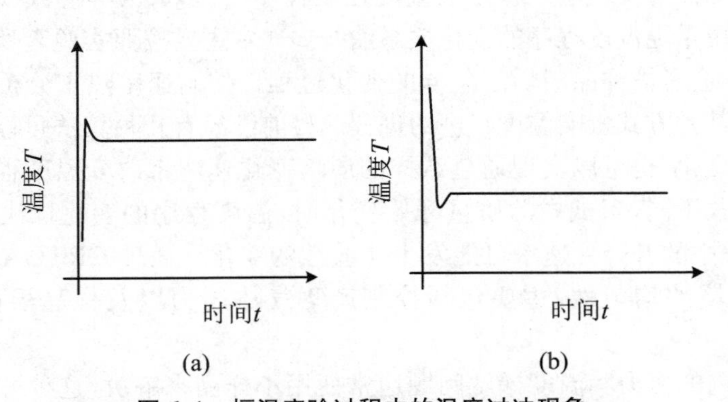

图 6.1 恒温实验过程中的温度过冲现象

(a) 加热至指定温度时;(b) 降温至指定温度时

上述两种方法是 TG 实验中常用的两种实验方法。需要特别指出,在实际应用时可能在一次实验中会用到以上两种实验方式,例如,试样可以在以一定的加速速率加热至某一温度后等温一段时间，然后再继续加热。在该温度程序中，包含了“非等温—等温—非等温”三个阶段(图 6.2)。

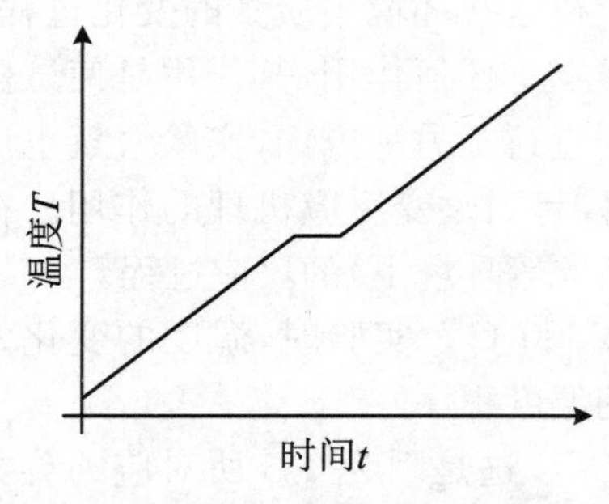

图 6.2 “非等温—等温—非等温”的温度控制程序示意图

理论上，等温实验方法比非等温实验方法准确，但耗时长，操作繁琐，不宜广泛采用。

6.2.2.2 动态质量变化测量模式

动态质量变化测量模式(dynamic mass-change determination mode)，又称温度扫描质量变化测量模式(temperature-scanning mass-change mode)，是在程序升温、降温和一定气氛下，测量试样的质量随温度变化的技术。[2]

这种模式是热重实验中最常用的测量模式。实验时，根据需要选择合适的温度扫描范围和温度扫描速率，在一定的实验气氛下测量试样的质量变化。

与等温法相比，非等温热重法快捷方便，一次实验可以获得较宽的温度范围的质量变化情况。但是，这种方法得到的实验结果受加热速率的影响较大，与真正的反应温度相比，有一定偏离。

6.2.3 控制速率热重分析

控制速率热重分析(Controlled-Rate Thermogravimetric Analysis，CRTGA)，也称高分辨热重分析法；是控制速率热分析中的一种技术，其通过控制温度-时间曲线，使试样的质量按照恒定的速率变化的技术。[2]

该方法是一种根据试样的失重速率而自动调整加热速率的热分析方法。目前，采取控制反应速率的主要方式有多阶恒温控制(即步阶升/降温方式)、动态速率控制和恒定分解速率控制等几种温度控制技术。[3] 主要通过热重仪器的软件来实现以上温度控制方式。

大多数常规的热重实验基于预定的温度控制程序(大多数为等温或线性控制的温度程序)，测量试样的质量随温度程序的变化关系曲线。通常主要按照实验者所选择的温度程序来进行实验，很少会考虑样品经历了怎样的变化过程。控制速率热重分析通过允许测量样品的质量变化以某种方式影响温度程序的进程。目前已经有几种算法可以用来确定温度程序随试样行为的变化，也可以实现通过试样的质量变化速率来改变温度程序。与常用的线性升降温加热方式不同，当试样的质量开始变化时，温度程序的变化取决于试样的分解过程，即在实验过程中的升降温速率可能发生非线性的变化。通过 CRTGA 的方法能够更精确地控制反应环境的均匀性，主要包括控制产物气体压力以及样品层内的温度和压力梯度。[3, 4]

对于样品层内的压力和温度梯度问题通常使用小样品来解决，这种方式可以减少质量和热传输问题。另一个重要因素是反应速率。吸热分解的反应速率越高，样品内出现显著的温度和压力梯度的机会就越大。这样就对等温实验提出了一个特殊的问题，因为在实验开始时反应速率太高所引起的潜在危险必须与结束时的反应速率太慢的问题相平衡，从而导致在实际时间尺度上反应不完全。线性升温实验也会带来类似的问题。对于这种类型的实验而言,反应速率在反应步骤的中点附近达到最大值。通过调整加热速率来限制这个最大值,会造成实验时间的不必要的延长。一旦选择了足够低的速率来避免过度大的温度梯度,在使用CRTGA方法时须确保实验可以在尽可能短的时间内完成,并且获得的结果不会发生失真。利用这种方法不仅可以有效地提高热重仪的分辨力,还可缩短实验时间。

这种实验方式可以通过调整敏感度因子和分辨因子来实现加热速率对质量变化速率的判断。

图6.3为线性加热和高分辨实验条件下 $CuSO_4 \cdot 5H_2O$ 的热重实验曲线。[5] 由图可见,5 ℃ · min^{-1} 的线性加热速率无法使 $CuSO_4 \cdot 5H_2O$ 的5个结晶水的失去过程分离开来。而通过高分辨热重实验方法可以清楚地看到5个结晶水的失去过程。根据所设置的实验参数的不同,使用这两种方法所需的运行时间也将有所不同。

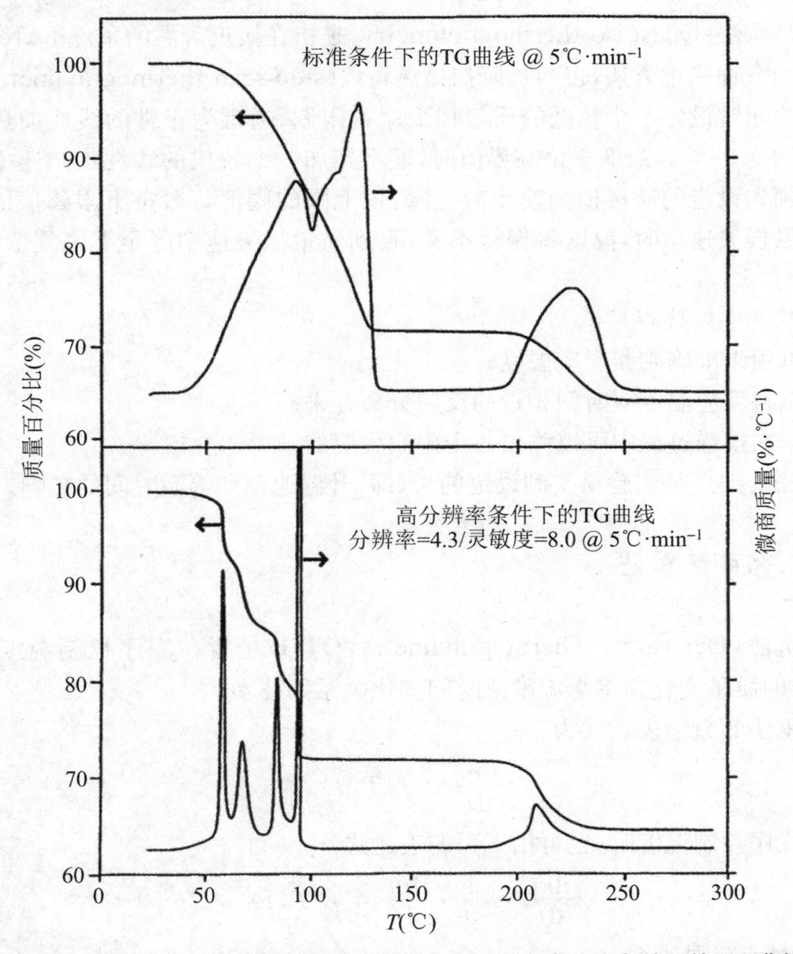

图6.3　$CuSO_4 \cdot 5H_2O$ 在标准条件下的TG曲线和在高分辨条件下的TG曲线

6.2.4　步阶式热重分析

步阶式热重分析,也称自动分步TGA(auto step TGA),是控制速率热重分析的一种方法,这种方法的原理是:在温度达到或者高于设定的失重速率时,仪器自动降低升温速率或者等温。而当失重速率低于设定的速率时,试样继续按照升温程序升温,从而达到失重台阶自动分步的解析效果。

这种方法可以提高热分析仪的分辨能力,有时会节省时间。但对于多个质量变化阶段的实验而言,其实验时间相比于线性升降温过程则会延长很多。在设定实验程序时,可以通过调整软件中的敏感度因子和分辨率因子来设定何时开始调整温度扫描速率。

该方法常用来使多连续分解的多步过程得到有效的分离,常用于研究多结晶水化合物或混合物。

6.2.5 准等温热重法

准等温热重法(Quasi iso thermogravimetry)是指在接近等温的条件下研究试样的质量与温度关系的一种热重方法,也叫步阶扫描热重法(step-scan thermogravimetry)[2]。

这种方法通常设定一个较低的质量损失率的限制,通常为正常的线性加热速率下最大质量损失率的0.08%。当低于该临界值时,通常施加一个较快的线性加热速率直到质量损失速率超过预先设定的质量损失速率的上限,该上限的阈值一般是下限阈值的100倍。当达到这种质量损失速率时,温度将保持不变,直到质量损失速率降至下限阈值,之后继续重复该循环。[6]

这种方法的主要优点是:

(1) 可以用来准确判断反应温度;

(2) 可以将反应温度或时间相近的反应分离开来;

(3) 在一次扫描过程中可以测出每个中间反应的动力学参数。

这种方法的缺点是实验易受到设定的长(即)升温速率和等温时间的影响。

6.2.6 微商热重法

微商热重法(Derivative Thermogravimetry,DTG)是指在程序控制温度和一定气氛下,测量试样的质量变化速率与温度或时间变化关系的技术。[2]

微商热重法的数学表达式为

$$\frac{\mathrm{d}m}{\mathrm{d}t} = f(T, t) \tag{6.2}$$

当线性程序控制温度时,也可用下面的表达式:

$$\frac{\mathrm{d}m}{\mathrm{d}t} = \frac{1}{\beta} \cdot \frac{\mathrm{d}m}{\mathrm{d}t} = f(T, t) \tag{6.3}$$

式中,β 为加热或降温速率。

微商热重法是1953年由Dekersey首先提出来的,是通过热重曲线的一阶导数得到的[7]。对于目前的大多数商品化仪器而言,热重曲线的微分曲线可以使用仪器的分析软件附带的微分功能转换得到。早期的热重仪器的DTG曲线是通过热重仪信号输出部分增加一个微商线路单元来获得的。[7, 8]与TG曲线相比,DTG曲线可以更加清晰地显示出试样的质量随温度的变化信息。图6.4是 $CaC_2O_4 \cdot H_2O$ 在20 ℃ · min^{-1} 的加热速率下得到的热重曲线和微商热重曲线,由图可见,$CaC_2O_4 \cdot H_2O$ 随着温度的升高在99~220 ℃范围内逐步失去结晶水，DTG 曲线的峰面积对应于 TG 曲线的失重台阶。图 6.4 中，DTG 曲线的峰面积为 0.602% · min^{-1} · $℃^{-1}$，该数值乘以加热速率（即 20 ℃ · min^{-1}），其值为 0.602×20 = 12.04%，与由 TG 曲线计算得到的台阶的失重量（12.27%）接近。一般来说，由 DTG 曲线得到的数值略低于 TG 曲线，这与在对峰进行积分时所选取的虚拟基线有关。

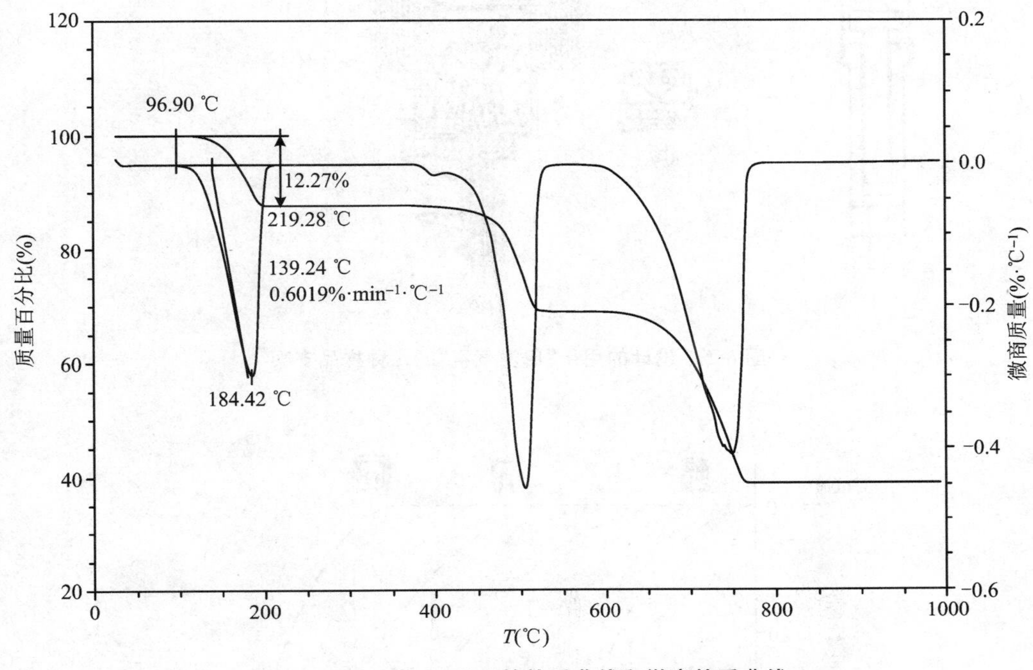

图 6.4 $CaC_2O_4 \cdot H_2O$ 的热重曲线和微商热重曲线

6.2.7 自发气氛热重法

在某些情况下，需要获得物质在自身产生的气态产物氛围下的分解信息。通过这样的条件，可以更好地模拟在正常工艺条件下所发生的实际情况。在文献[9-12]中设计了几种不同形式的样品支架来实现所希望的“自发气氛”（self generated atmosphere），在图 6.5 中描述了其中的三种样品支架[9]。在这些支架中，每种条件下都有受限路径提供从较少的样品量中逸出的气体。由于在实验中样品的用量有限，因此可以通过快速地填充产物气体来置换原来的气体。图 6.6 给出了分解产物的累积对可逆过程的特征温度产生很大影响的实例。另外，也可以由这些气态分解产物的反应活性来确定这些分解反应的热力学平衡常数。

与动态气氛热重法不同，自发气氛热重实验是在气氛的流速为零的条件下进行的。自发气氛是由反应过程中分解的气体产物组成的，气体产物主要分布于试样的周围，并与试样紧密接触。随着气体产物浓度的增加，气体逐渐扩散到气相中，由不同的坩埚得到的热重曲线会有较大的差异。

研究自发气氛下材料的热分解过程有利于模拟材料在自然状态下随温度或时间变化的反应过程，有利于更深入地了解过程中的热力学和动力学信息。

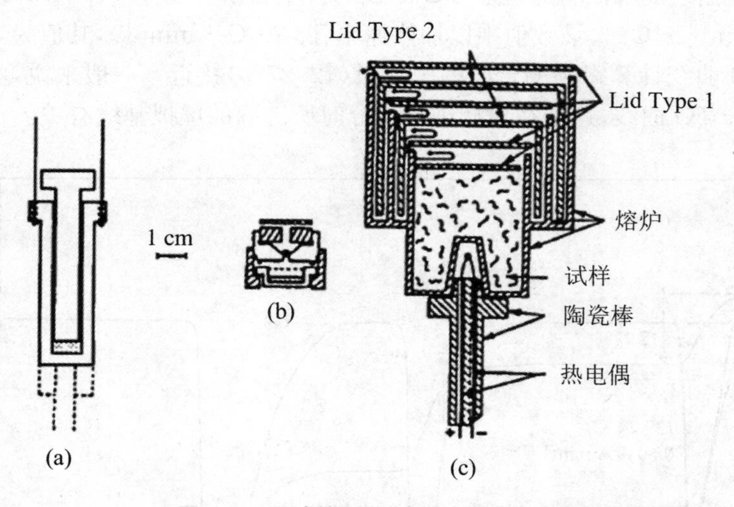

图 6.5　设计的用于“自发气氛”的几种样品支架

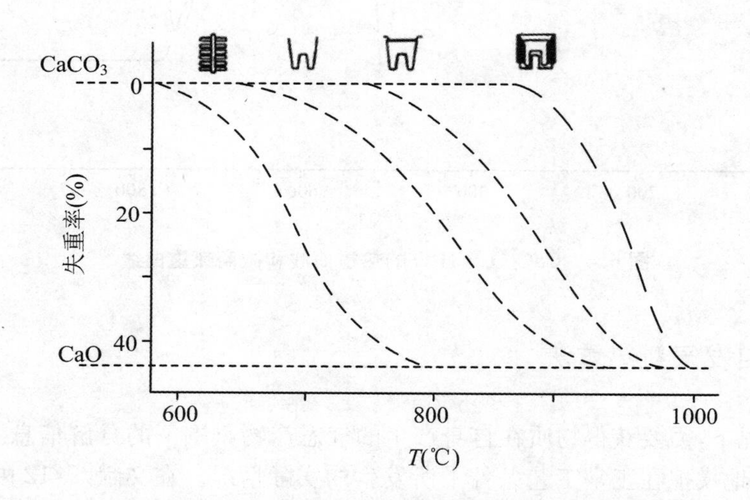

图 6.6　使用不同的样品支架测量得到的碳酸钙热分解的 TG 曲线

6.2.8　热重曲线

热重曲线(Thermogravimetric curve，TG curve)，也称 TG 曲线，是将热重法测得的数据以质量(或质量分数)随温度或时间变化的形式而表示的曲线，[2] 是热重实验结果的最直接的表现形式。

曲线的纵坐标为质量 m 或者质量百分数，向上表示质量增加，向下表示质量减小；横坐标为温度 T 或时间 t，自左向右表示温度升高或时间增长。图 6.7 所示为试样按照一定的加热速率所得到的 TG 曲线。为便于比较，热重曲线的纵坐标大多用质量百分比表示，而不用试样的绝对质量表示。

6.2.9　微商热重曲线

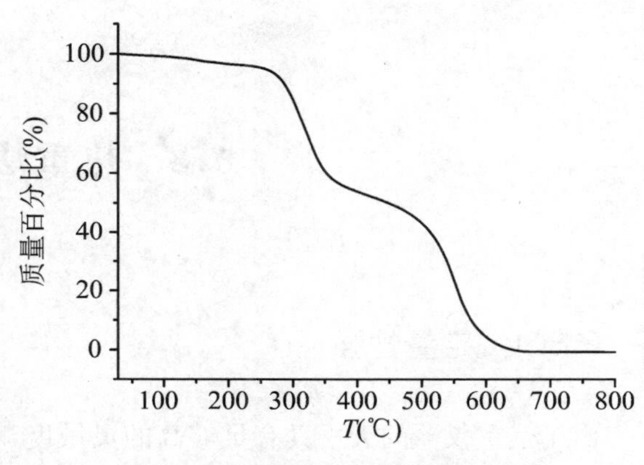

图6.7　由TG实验得到的TG曲线

微商热重曲线(Derivative Thermogravimetric curve,DTG curve),是对由热重法得到的实验曲线进行微商处理得到的曲线,通常指一阶微商的TG曲线。

图6.8中的曲线为由图6.7中的TG曲线求导得到的DTG曲线,曲线上的每一点对应于TG曲线对横坐标(温度)的变化速率,峰值对应于质量减小的最大速率。对于线性加热所得到的DTG曲线,其单位一般是%·℃$^{-1}$,表示温度每变化1℃时质量变化的百分比。对于等温实验而言,DTG曲线的单位一般是%·s^{-1}或%·min^{-1}。

有些情况下,需要对一阶微商曲线(即DTG曲线)再次进行微商处理,所得到的曲线称为二阶微商热重曲线。

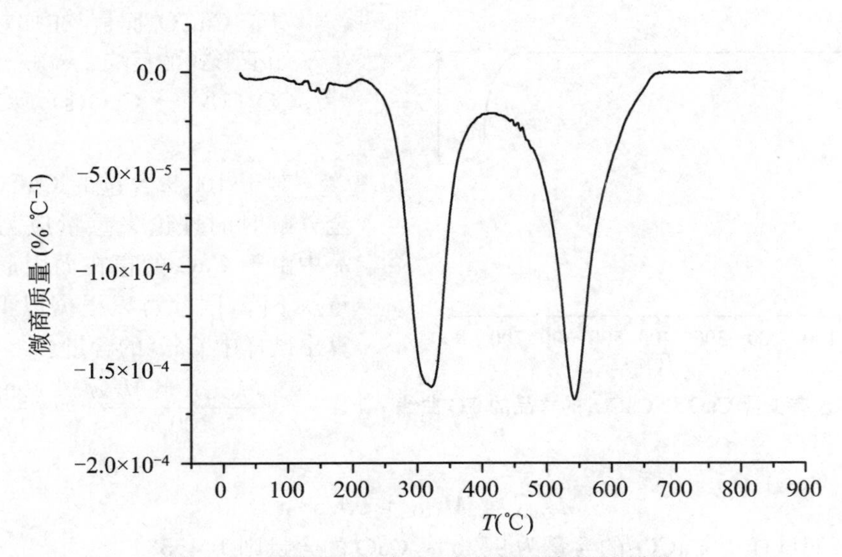

图6.8　由图6.7中的TG曲线得到的DTG曲线

6.3 热重法的特点

6.3.1 定量性强

由于热重仪器的天平具有足够高的灵敏度,利用热重法可以连续地定量记录下试样随温度或时间变化而发生的微小的质量变化。因此,可以用热重法来定量地确定材料中组分的含量及一些未知物结构等,也可以根据物质热稳定性的差异对一些含量较高的多元混合物进行定量和定性分析。

例如,对于含有氧化钙和 $CaCO_3$ 的混合物,可以通过热重曲线计算出这两种组分的含量。图 6.9 为由含有少量 CaO 和 $CaCO_3$ 的样品进行热重实验所得到的 TG 曲线,由图可以看出试样在 650～750 ℃范围内表现出一个明显的质量损失过程,失重量为 42%。

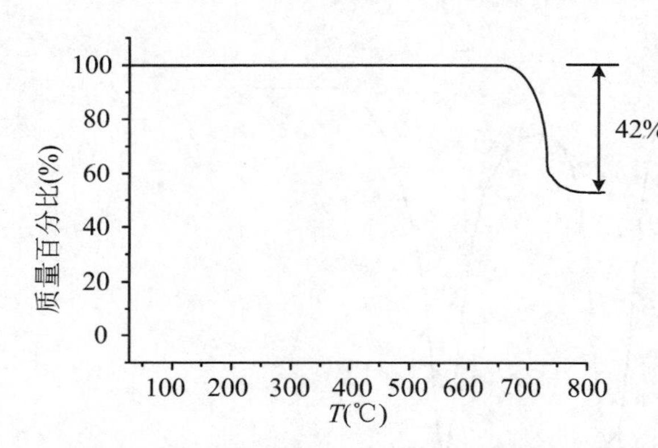

图 6.9　含有少量 CaO 和 $CaCO_3$ 的样品的 TG 曲线

对于 $CaCO_3$ 而言,在加热过程中发生了如下形式的反应:

$$CaCO_3(s) \longrightarrow CaO(s) + CO_2(g) \tag{6.4}$$

对于 100% 含量的 $CaCO_3$,在其完全分解时的理论失重量应为 44%。样品中由于 CaO 的存在而引起 CO_2 的失重量下降,因此可以根据以下比例式计算出试样中 CaO 的含量。

$$\frac{M_{CaCO_3} + M_{CaO}}{100\%} = \frac{42\%}{44\%} \tag{6.5}$$

因此,有

$$M_{CaCO_3} + M_{CaO} = 95.5\% \tag{6.6}$$

以上计算表明试样中 $CaCO_3$ 的含量为 95.5%,CaO 的含量则为 4.5%。

再如,我们可以使用热重法来计算复合材料中无机填料的含量。与常规经典的质量分析方法比较,用热重法研究高分子材料的组成的方法简便、快速、准确。通过一条 TG 曲线即可得到高分子材料的各种组成成分,而经典的质量分析法复杂且耗时。

图 6.10 为一种含有聚合物和炭黑的塑料制品的 TG 曲线。在实验条件的选择上,通常先在惰性气氛环境中测定聚合物含量,然后再在氧化性的气氛环境中测定炭黑的含量。在这样的实验条件下,聚合物和其他挥发组分在合适的温度下会发生挥发和分解,稳定性比较高的无机物通常会在较高的温度下分解或者继续保持稳定。对于炭黑,在 550 ℃以上时,如果有氧气分子存在,则会快速发生氧化而形成一氧化碳或者二氧化碳。这样可以通过在不同温度范围下由于聚合物分解和炭黑氧化引起的失重量的变化来分别确定相应组分的含量。对于一些结构复杂的聚合物(如结构中含有杂环或者芳香环),在惰性气氛下随着温度

的升高,会在300 ℃以上逐渐形成比较稳定的碳化物。而在这种情况下,如果在550 ℃以上切换成氧化性气氛,则会使试样中由聚合物发生热裂解形成的炭和炭黑同时发生氧化分解。对于这种类型的样品体系而言,则需要分别进行惰性气氛和氧化性气氛下的热重实验。在氧化性气氛下,聚合物在较低的温度下裂解形成的炭会在比较低的温度下氧化分解,而炭黑则会在较高的温度下发生氧化分解。

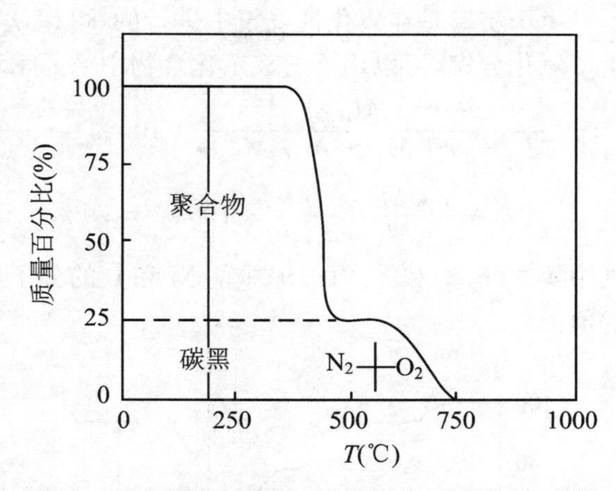

图 6.10 含有聚合物和炭黑的复合材料的 TG 曲线

另外,使用热重法可以与其他常用的表征手段如红外光谱法、质谱法、气相色谱-质谱联用法相结合来确定化合物的结构式。例如,对于一个含有结晶水的未知化合物,通过在其他分析手段确定其结构式和分子量后,可以使用热重法来确定其结晶水的个数。图 6.11 为一种药物巴洛沙星(分子式:$C_{20}H_{24}FN_3O_4 \cdot nH_2O$,分子量为 425)的 TG 曲线。由图可见,在加热过程中,在 60~150 ℃会失去结晶水。图中的热重曲线显示,在该温度范围内失重量为 8.6%,故可以根据以下关系式计算该药物的结晶水个数:

$$\frac{n \cdot M_{H_2O}}{M_{C_{20}H_{24}FN_3O_4 \cdot nH_2O}} = \frac{n \cdot 18}{425} = 8.6\% \tag{6.7}$$

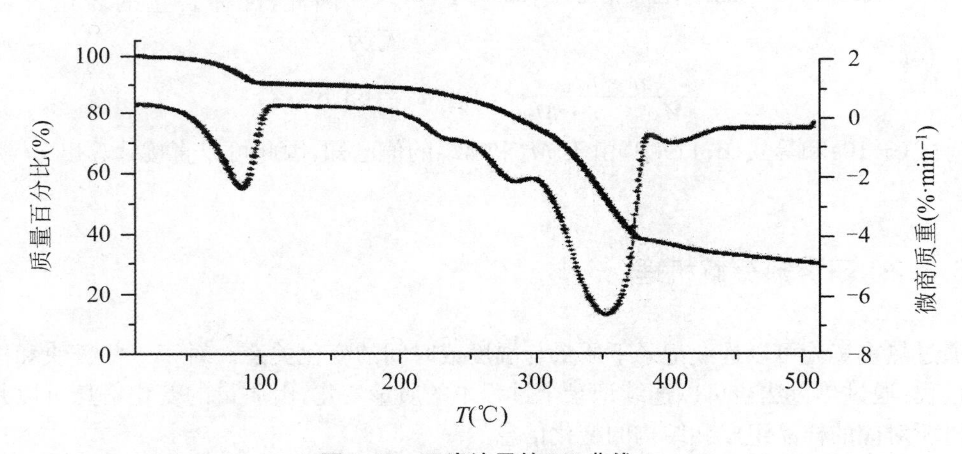

图 6.11 巴洛沙星的 TG 曲线

求解以上方式程式(6.7),可以得到 n 值为 2.03,因此,可以确定该化合物中结晶水的个数为 2。

另外,还可以用热重法来确定金属有机化合物的配体的个数和结晶水的含量。假设有一种配体个数(假设为 n)和结晶水个数(假设为 m)未知的配位化合物(用 $M \cdot L_n \cdot mH_2O$ 表示),现通过热重实验来确定其配体个数 n 和结晶水个数 m。实验条件为空气气氛,加热速率为 10 ℃ · min^{-1},实验温度为 25~800 ℃。实验所得的热重曲线如图 6.12 所示。由图可见,试样在 100~180 ℃内出现一个失重过程,失重量为 11%,在 290~600 ℃内出现 3 个连续的失重过程,失重量为 79%。

由于实验是在氧化性气氛中进行的，可以认为配合物中的绝大多数的有机配体已经发生了氧化分解，可以用下式表示化合物中结晶水和配体的含量：

$$\frac{m \cdot M_{H_2O}}{M_M + n \cdot M_L + m \cdot M_{H_2O}} \times 100\% = \frac{18m}{M_M + n \cdot M_L + 18m} \times 100\% = 11\% \quad (6.8)$$

$$\frac{n \cdot M_L}{M_M + n \cdot M_L + 18m} \times 100\% = 79\% \quad (6.9)$$

其中等式(6.8)和等式(6.9)中的M和L的分子量已知，可以通过联立以上二式确定m和n的值。

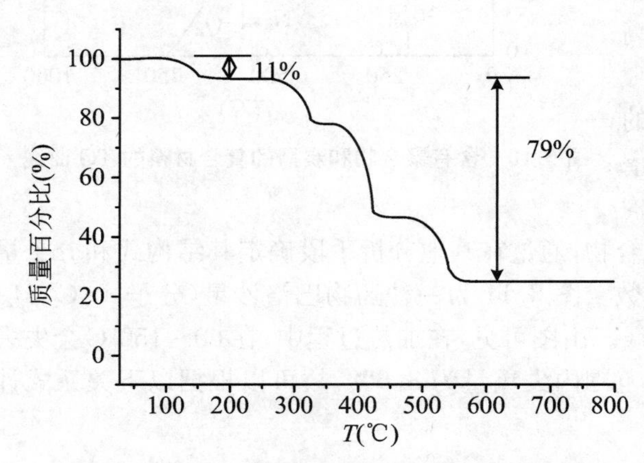

图 6.12　配位化合物的热重曲线(空气气氛，加热速率为 10 ℃·min⁻¹，温度范围为～800 ℃)

在以上实例中，我们还可以直接通过配体的含量来确定配体的个数，通过配体的个数确定结晶水的含量，具体方法如下：

图6.12中，试样在290～500 ℃内出现了79%的失重，假设试样中不含结晶水，则配体的含量应该为

$$\frac{79\%}{100\% - W_{H_2O}\%} = \frac{79\%}{100\% - W_{H_2O}\%} = \frac{79\%}{100\% - 11\%} = 88.8\% \quad (6.10)$$

因此，配体含量的表达式可以改写为

$$\frac{n \cdot M_L}{M_M + n \cdot M_L} \times 100\% = 88.8\% \quad (6.11)$$

其中等式(6.10)和等式(6.11)中，由于M_L和M_M的值已知，因此可以直接计算出m和n的数值。

6.3.2　研究热分解机理

通过热重实验可以连续记录下质量与温度或时间的变化关系。对于一些极快和极慢的反应过程，通过热重法也可以连续记录全过程中的质量变化，由质量的变化信息可以判断各个阶段所对应的样品组成和结构的变化信息。

通过不同物质的质量随温度或时间的变化关系来研究其分解机理。对于大多数物质而言，当质量发生变化时，其组成中的一些溶剂分子会发生气化。随着温度的升高，其结构中的一些不稳定部分也会发生气化以气体形式逸出，直至最终完全分解或分解成最稳定的结构形式。通过热重仪可以实时记录下这些气化过程所伴随的质量变化，我们也可以通过得到的热重曲线了解物质的热分解过程，进一步讨论其热分解机理。

一般来说，物质在不同温度范围内的质量变化主要对应于以下几个过程：

(1) 25(室温)～120 ℃：物质在合成或保存过程中吸附的水分，有机溶剂等小分子的气体过程；

(2) 80～300 ℃：对应于物质本身含有的结晶水、羟基化合物的脱水、一些分子量较大的

有机物的不稳定基团的分解，以及一些较高沸点的有机物的气化等过程。此外，一些高价(二价以上)的无机碳酸氢盐、碱式碳酸基的分解也通常发生在该温度范围。

(3) 200～550 ℃：大多数无机盐、氢氧化物失水变成氧化物，绝大多数有机物分解成小分子，大多数聚合物分解成单体或其他短键的低聚物，大多数草酸盐等有机酸盐和硝酸盐化合物也在此温度范围内分解。此外，一些低价态的化合物或金属在此温度范围内也易发生氧化过程。

(4) 500～900 ℃：大多数高价态(二价以上)的无机碳酸盐在此温度范围内分解变成无机氧化物，一些有机大分子化合物的炭化物、活性炭等无机碳化物材料在此范围内也比较容易在氧化性气氛中氧化分解为 CO_2 或 H_2O。另外，一些硫化物、硒化物、低价态的碳酸盐和磺酸盐化合物也通常在此温度范围内发生分解。

(5) 800～1500 ℃：大多数高价态的无机盐的硫酸盐、磷酸盐在此温度范围内开始分解成相应的氧化物和二氧化硫，大多数低价态氧化物和硅酸基在该温度范围也容易发生熔融，一些无机复合氧化物在此温度范围内通常会相互作用形成新的化合物。另外，一些高价态的化合物在此温度范围内会发生分解变成低价化合物，如 Co 的氧化物的变化[14]。

需要特别指出的是，以上不同温度范围内可能发生的一些过程主要是针对大多数化合物而言，一些特殊的化合物的分解温度可能会低于或高于此温度范围，在分析相应的温度范围内的过程时应特别注意。

下面结合 TG 曲线来分析乙酰氨基苯酚新型偶氮染料的热分解过程[15]。图 6.13 为邻苯基偶氮($C_{14}H_{13}N_3O_2$)化合物的热重曲线。

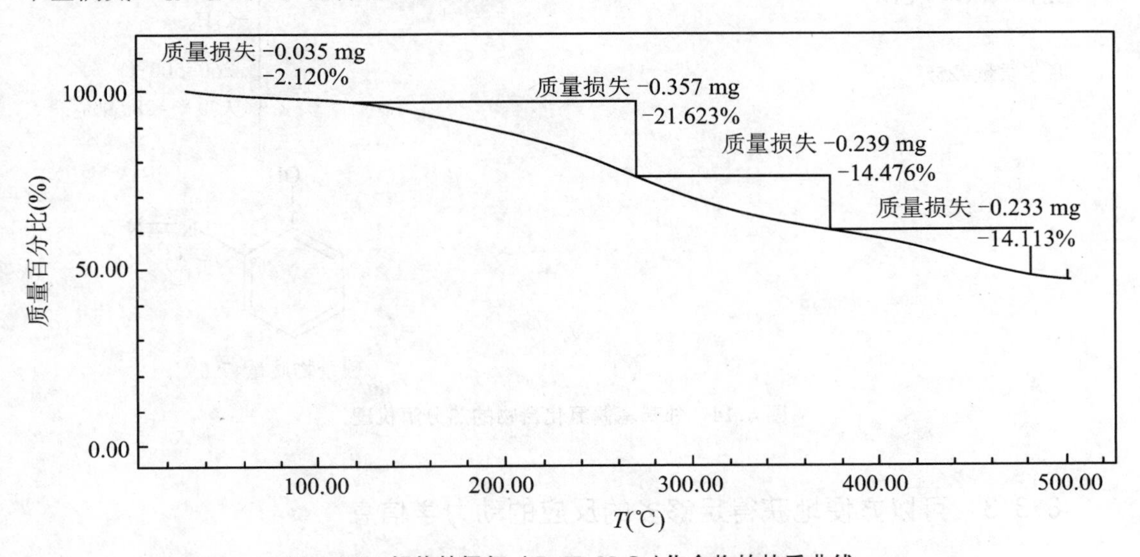

图 6.13 邻苯基偶氮-($C_{14}H_{13}N_3O_2$)化合物的热重曲线

由图可见：

(1) 化合物在室温 25～100 ℃有一个较弱的失重台阶，该过程对应于样品中溶剂的气化过程，其失重量为 2.1%；

(2) 化合物在 100～260 ℃有一个较为明显的失重台阶，其失重量为 21.6%；

(3) 化合物在 260～380 ℃的失重台阶的失重量为 14.5%；

(4) 化合物在 380～500 ℃的失重台阶的失重量为 14.1%；

(5) 当温度为 500 ℃时，剩余的质量为 47.7%。

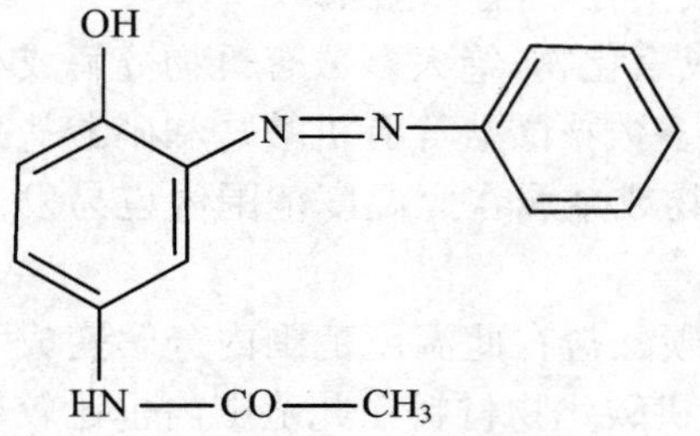

OH

N═N

HN—CO—CH_3

邻苯基偶氮（$C_{14}H_{13}N_3O_2$）化合物的结构式如左图所示。结合图 6.13 中的不同分解阶段可以推测，该化合物的结构在温度变化过程中发生了如图 6.14 所示的结构变化过程[15]。

图 6.14 中的机理图表明，在该化合物发生分解时首先失去一分子的分子乙酰氨胺基片断，该过程对应于 260 ℃以下的失重量，为 23.7%，与理论值一致；随着温度的进一步升高，在 260～500 ℃连续发生两步失重过程，该过程对应于分子中的苯环的脱去过程，失重量为 28.6%，与理论值也一致；当温度为 500 ℃时，最终产物为邻偶氮苯酚，其在结构中所占的重量百分比为 47%，与 TG 曲线中残余物质量（47.7%）一致。

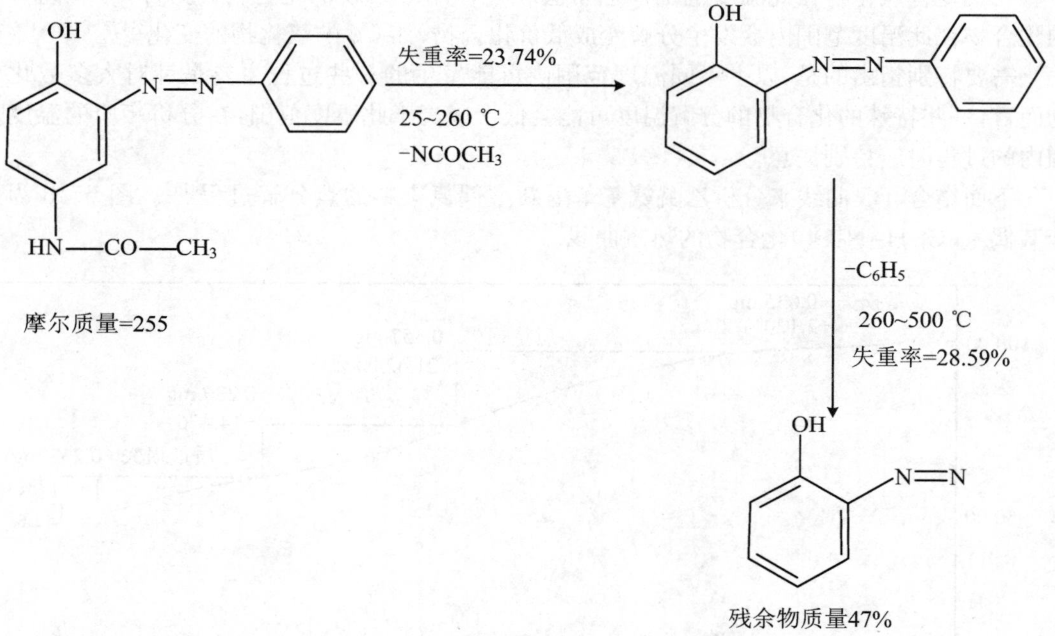

OH

N═N

HN—CO—CH_3

摩尔质量=255

失重率=23.74%

25~260 ℃

$-NCOCH_3$

OH

N═N

$-C_6H_5$

260~500 ℃

失重率=28.59%

OH

N═N

残余物质量47%

图 6.14　邻苯基偶氮化合物的热分解机理

6.3.3　可以方便地获得足够多的反应的动力学信息

一般来说，通过热力学分析可以判断一个反应能否发生，而对于一个反应在进行时的速率、反应物减少和生成物增加、催化剂等对反应速率的影响以及寿命预测等问题，则需要用动力学方法进行研究。由于反应本身的复杂性，到目前为止，许多动力学理论不如热力学完善。由于热重实验的主要研究对象是固体或液体试样的质量随温度或时间的变化过程，在温度或时间发生变化的过程中，大多数反应由于有新物质生成（包括气体逸出）而导致这些反应是非均相反应，而这些现象加大了动力学分析的难度。另外，对于非等温实验，温度的变化又使非均相反应的动力学分析变得更加困难。

在本书第4章中,介绍了等温和非等温动力学相关的内容,因此与此相关的理论和背景知识在本部分不再做重复介绍。

对热重实验得到的曲线进行动力学分析是当前热分析动力学中的主要内容。概括来说主要有以下几个优点:

(1) 实验需要的样品量较少。一般每次实验只需要几毫克或十几毫克的试样,对于一些不同温度下的等温实验和不同加热速率下的热重实验而言,每次实验所用的试样状态(包括粒径、形状等)和试样量应尽可能一致,以免由于试样本身的差异引起曲线的变形,从而影响动力学分析结果。

(2) 可以得到某一反应从开始至结束的整个过程的动力学参数。

(3) 耗时较短,操作方便。一般一组实验(按4～5条曲线计算)需要十几个小时,且重复性和规律性一般较好。

但是,热重法研究动力学过程也有它本身的一些不足,如影响热重实验的因素很多,使用不同的实验条件得到的动力学参数往往有很大的差别。此外在进行动力学分析时,采用不同的动力学模型也会得到不同的分析结果。除了可以通过微商热重曲线得到不同温度或时间下的反应速率外,还可以由TG曲线通过多种动力学模型来得到反应的动力学参数(活化能、指前因子、机理函数等)。

6.3.4 可以方便地与其他分析技术联用

热重仪可以方便地与其他气体分析仪联用,实时定性和定量分析反应过程中产生的气体产物。目前,常用的可以与热重法联用的气体分析仪主要有傅里叶变换红外光谱仪、气相色谱仪、气相色谱-质谱联用仪和质谱仪等。[16-19] 通过这种联用技术可以由气体产物的信息进一步揭示反应机理,在本书第10章中将对这些联用技术进行介绍。

另外,热重仪还可以与差热分析、差示扫描量热技术联用,实现对物质在温度变化或等温时的质量和热效应的同时测量,通常称这类仪器为同步热分析仪。

6.3.5 可以方便地在不同气氛下进行实验

现在的商品化热重仪可以通过改变气氛的组成和控制温度程序来模拟生产过程中的工艺,为新工艺研究提供直接的实验证据。

6.3.6 影响因素复杂多变

除了以上优势,我们还应清楚地看到热重法本身的复杂性,即影响热重法的因素十分多,主要包括仪器因素、实验条件因素、人为因素等,在分析热重实验数据时一定要清楚这些因素对数据的影响程度。

6.3.7 应用领域广泛

基于以上所列出的主要特点,热重法当前已在大多数的材料科学相关领域获得了广泛的应用。热重法是所有热分析技术中应用最多、最广泛的一种技术。

热重法经过将近一百年的发展,目前已经广泛应用于物理、化学、材料、生物、医学、食品、矿物、冶金、化工等材料相关的科学领域。

6.4 热 重 仪

6.4.1 工作原理

顾名思义,热重分析仪(通常简称为热重仪或 TG 仪)是在程序控制温度和一定气氛下,测量试样的质量随温度或时间连续变化关系的仪器,它把加热炉与天平结合起来进行质量与温度测量。测试时,将装有试样的坩埚置于与热重仪的质量测量装置相连的试样支持器中,在预先设定的程序控制温度和一定气氛下对试样进行测试,通过质量测量系统实时测定试样的质量随温度或时间的变化情况。

热重仪常用的质量测量方式主要有变位法和零位法两种[20]。变位法是根据天平梁倾斜度与质量变化成比例的关系,用差动变压器等检知倾斜度,并自动记录所得到的质量随温度或时间的变化,从而得到 TG 曲线。零位法是采用差动变压器法、光学法测定天平梁的倾斜度,通过调整安装在天平系统和磁场中线圈的电流,使线圈转动恢复天平梁的倾斜。由于线圈转动所施加的力与质量变化成比例,该力与线圈中的电流成比例,所以通过测量并记录电流的变化,即可得到质量随温度或时间变化的曲线。

6.4.2 仪器组成及结构

6.4.2.1 仪器组成

热重仪主要由仪器主机(主要包括程序温度控制系统、炉体、支持器组件、气氛控制系统、样品温度测量系统、质量测量系统等部分)、仪器辅助设备(主要包括自动进样器、压力控制装置、光照、冷却装置等)、仪器控制和数据采集及处理各部分组成。

6.4.2.2 仪器结构

按试样与天平刀线之间的相对位置划分,常用的热重仪有下皿式、上皿式和水平式三种,这三种结构类型的仪器的结构框图如图 6.15～6.17 所示。

由图 6.15～图 6.17 可见,质量检测单元的天平与常规的分析天平不同。这种天平的横梁的一端或两端置于气氛控制的加热炉中,通常称为热天平(thermobalance),热天平可以记录试样的质量随温度或时间的连续变化过程。温度的变化可通过程序控制温度的加热炉实现,试样周围的温度变化通常用热电偶实时测量,以减少试样与加热炉的温度的差异。热天平和热电偶测量到的质量信号经过变换、放大、模数变换后实时采集下来,由仪器附带的专业软件进行数据记录、处理，最终得到实验曲线。

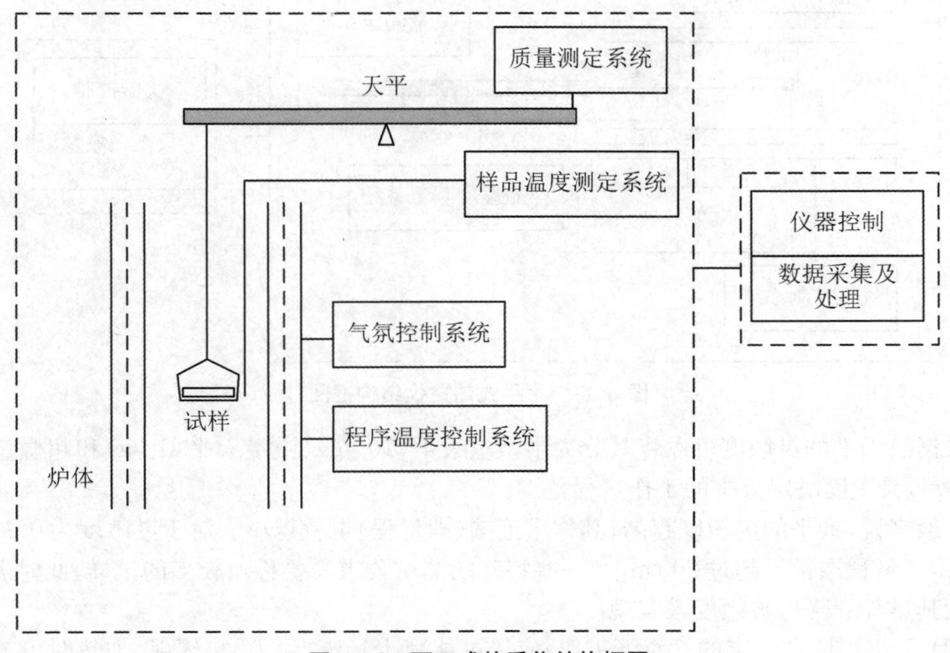

图 6.15 下皿式热重仪结构框图

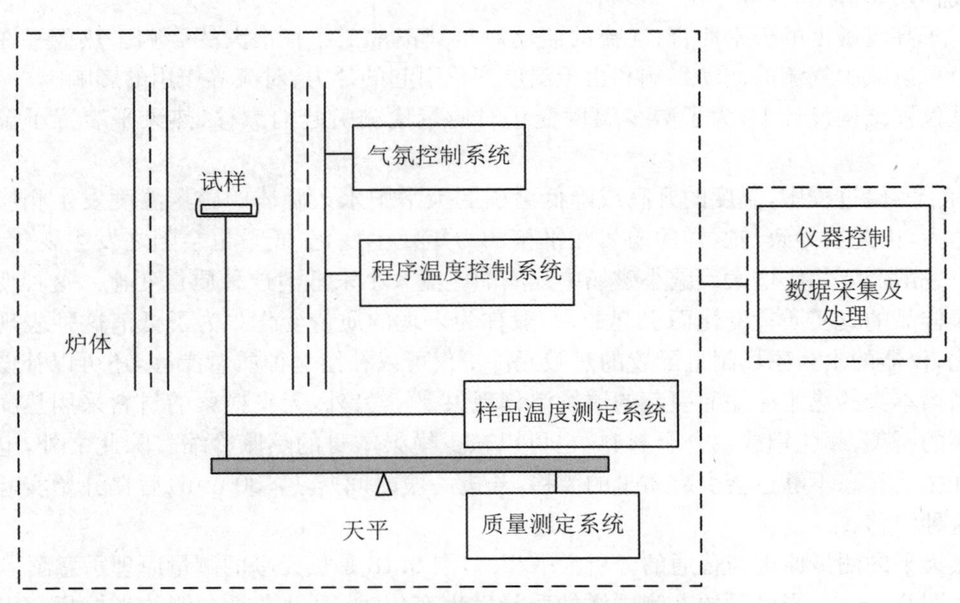

图 6.16 上皿式热重仪结构框图

6.4.2.3 热天平系统

热天平系统是热重仪的核心部分，该系统可以实时记录试样的质量随温度和时间的连续变化关系，热天平与普通的分析天平的主要差别在于以下几点：

(1) 天平的灵敏度足够高，一般热天平的灵敏度在 0.1～1.0 μg。

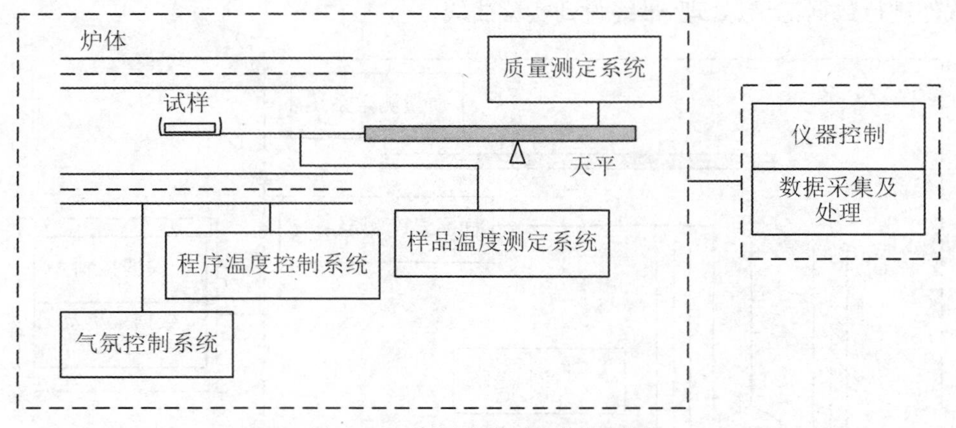

图 6.17　水平式热重仪结构框图

根据热天平的灵敏度可以将其分为半微量天平(10 μg)、微量天平(1 μg)和超微量天平(0.1 μg),灵敏度决定天平的工作量程范围。

一般来说,天平的灵敏度越高,其称重范围(即量程)也就越小。对于灵敏度为 0.1 μg 的热天平,其量程通常不超过 200 mg。一些特殊的测试要求需要称量较多的试样,此时需要通过扩大其量程和降低灵敏度来实现。

(2) 天平可以在一定的气氛下工作,应尽可能减少气流、浮力、热辐射、加热时电流产生的磁场作用、气体腐蚀等作用的影响。

对于高灵敏度的天平而言,气流的波动对于其正常工作有很大的影响。热天平在结构设计上可以减少气流的波动影响和由于温度变化引起的浮力、对流等作用的影响。

从仪器结构设计上,为了减少温度变化对质量检测引起的漂移,热天平装置了温度补偿器。

由于实验过程中,温度的升高或降低会引起天平中永久磁体的磁场温度发生相应的减小和增大,由此会导致与试样的质量相平衡的力矩发生变化,质量也会随之发生变化,这种情况下一般需要相应增大或减小磁场中线圈的电流大小来抵消这种质量变化。这种变化不是由于样品的真实质量变化而引起的,一般称为表现的质量变化。为了抵消这种表现的质量变化,仪器的永久磁场附近配置的热敏元件不仅可以补偿这种质量漂移,还可以补偿由于天平横梁本身的热胀冷缩而引起的质量漂移现象[20]。另外,天平横梁的材料采用热膨胀系数较小的石英、氧化铝或铝合金材料,也可以减少横梁本身的热胀冷缩。除此之外,电子器件在开拓后状态不够也会引起质量的漂移,开机一段时间(至少 30 min)后在开始实验可以消除这种漂移。

热天平的测量原理与普通的分析天平相似,图 6.18 是热天平的测量原理示意图[20]。

在图 6.18 中,当横梁的右侧试样的质量发生变化时,通过横梁左侧的光挡板会发生偏移,光挡板一侧的光电位移检测器可以灵敏地记录这种漂移过程,并将漂移量转换为电压号(直流电压或电流),这种电压号正比于质量信号,可以通过质量校准转换为试样的质量。

实验时,当加一质量为 m 的物体在秤盘左边时,天平横梁支架连同扁形张丝、线圈和铝制遮光小旗一起逆时针转动。此时光敏三极管所受到光源的照射强度大,内阻减小;放大器就有输出电压,其输出电流流进后张丝到线圈,再流出前张丝经电阻到地,线圈中的电流在永久磁场下将受力而产生一个顺时针的力矩,来克服质量为 m 的物体所产生的力矩,而达到平衡。

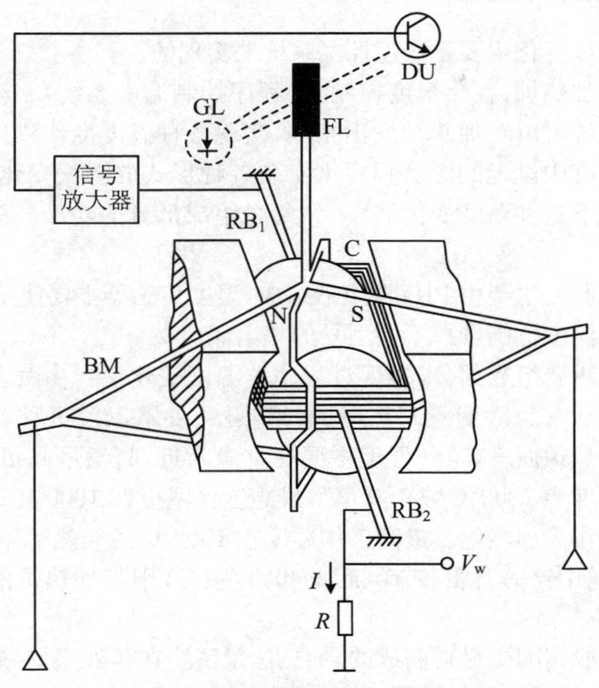

图 6.18 扭力式微量电子天平的结构

GL. 发光二极管;DU. 光敏三极管;RB_1. 后张丝;BM. 横梁支架
FL. 铝制遮光小旗;C. 线圈;RB_2. 前张丝

被测质量为 m 的物体所产生的力矩:

$$M_1 = mgL_1 \tag{6.12}$$

式中,L_1 为被测质量与支点间的下垂平行距离;g 为自由落体的加速度

线圈电流 I 在磁场中所产生的力矩为

$$M_2 = WFD = WBIL_2D \tag{6.13}$$

式中,W 为线圈匝数,F 为线圈一根导线在磁场中所受的力,B 为线圈所处的磁通密度,L_2 为线圈在磁场下的有效长度。

当天平达到平衡时,有如下关系式:

$$M_1 = M_2 \tag{6.14}$$

因此

$$I = \frac{mgL_1}{WBL_2D} \tag{6.15}$$

对于被测质量为 m 的物体的输出电压,有以下关系式:

$$V_m = IR = \frac{mgL_1}{WBL_2}R = Cm \tag{6.16}$$

其中

$$C = \frac{gL_1}{WBL_2}R \tag{6.17}$$

6.4.2.4 温度控制系统

热重实验时的温度变化主要是通过控温系统来实现的。

控温系统主要由加热炉、程序温度控制器(程序控制温度系统)和温度传感器几部分组成。程序控制温度系统可以对加热炉发出指令,实现各种温度变化程序。加热炉的功能是按照程序控制温度系统中设定的温度程序来实现各种形式的温度变化,试样周围的温度传感器(热电偶)则记录下这种温度变化信号。[20]每个组成部分的功能及结构信息参见本书第5章。

程序控制温度控制器主要由PID调节器组成,温度传感器主要使用热电偶来实现,热重仪需根据仪器的工作温度范围选择不同型号的热电偶。

加热炉是仪器的重要组成部分,实现过程中的温度变化主要由其实现。加热炉主要由加热元件、耐热炉体(通常为陶瓷管)、热电偶、绝热层、外罩以及可移动炉体的机械部分组成。对于热重仪器加热炉而言,工作温度主要在室温附近,高温最高可达2800 ℃。大多数热重仪的最高使用温度为1000 ℃或1500 ℃,最高工作温度在1000 ℃以下的加热炉可以使用康铜或镍铬合金丝作为加热丝。最高工作温度在1500 ℃的加热炉则使用铂或铂-铑合金丝作为炉丝,如果炉丝中铑的含量较多(通常40%左右),则其加热炉的工作温度最高可达1750 ℃。

加热炉的内胆一般是陶瓷材料制成的,加热丝紧密绕在其外层,一般涂装一层陶瓷浆料来固定加热丝,以免相邻的加热丝缠结在一起引起短路。[20]

由于热重仪器的加热炉在使用过程中反复升降温,有时还要在高温下等温工作相当长的时间,这种长年累月的高温工作对加热炉加热丝的寿命影响很大。加热炉的寿命是必须要面对的具体问题。一般的加热炉可以使用5～8年,具体的寿命与加工工艺和仪器的使用频率有关。对于1500 ℃高温炉来说,当加热温度超过1200 ℃时,尽量不要采用较慢的加热速率和较长的等温时间,这种超高温的实验对加热炉的使用寿命影响很大。

此外,加热炉的体积对控温有较大的影响。一般来说,较小体积的加热炉升/降温速率快,但控温效果差,恒温实验时温度的波动较大。而体积较大的加热炉加热恒温时温度起伏小,但加热速率较慢。对于非室温温度下的恒温实验来说,除了要求恒温阶段温度的波动小之外,为了防止试样在加热阶段发生反应,还要求从实验开始的温度到指定温度的时间越短越好,即加热速率尽可能快。这对于传统的加热方式来说,是一个很难得到完美解决的难题。红外线加热炉可以使这个问题得到较好的解决,这种加热炉高温一般可以达到1200 ℃,瞬间加热速率超过2000 ℃,线性可控加热速率为500 ℃ · min^{-1}。通过红外加热可以在一两分钟之内达到指定的温度,适用于恒温实验和超快加热速率下的热分解实验研究。图6.19为利用红外加热炉进行恒温实验时的时间-温度曲线。由图

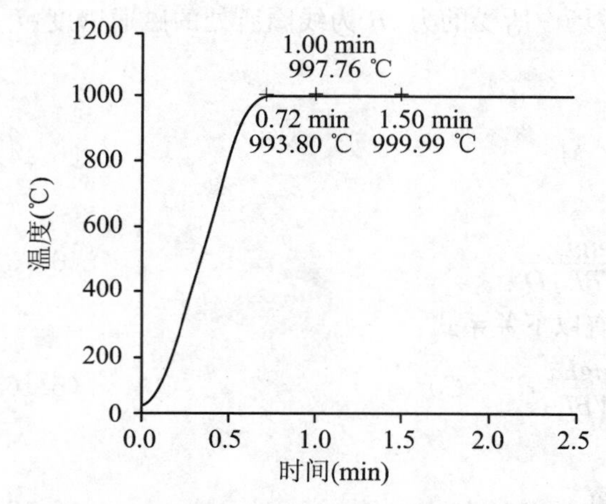

图6.19 由采用红外加热炉的热重仪得到的恒温实验时间-温度曲线

可见，在当加热速率高于500 ℃ · min^{-1}时，加热炉仍然不存在热惯性现象，可以实现很好的恒温效果。

炉温程序控制器发出指令来控制加热炉的温度变化，可以通过PID参数的调节使炉子按照设定的加热降温、等温等方式实现温度变化速率和等温时间的变化。一般通过一对或两对热电偶来控制炉温变化。当采用一对热电偶时，热电偶既用来驱动控制系统又用来记录温度变化。如果采用两对热电偶来控温，则可以方便地实现一对用于驱动控制系统，另外一对用于测量炉子的温度变化情况。

另外，加热炉与天平的相对位置对于最终实验结果也有较大的影响。

对于吊篮式热重仪而言，为了使试样保持自由的悬挂状态，加热炉一般位于天平的下方。对于有梁支架式热天平来说，炉子可以位于天平的上部，也可以下方，还可以位于天平的一侧。通常为了减少加热炉在高温工作时辐射产生的热量影响天平的工作状态，一般情况下应将炉子放置于天平上方。

6.4.2.5 温度测量系统

与控温系统中的炉温测量不同，这里所指的温度测量是指使用温度传感器（通常为热电偶）来测量试样周围实际的温度变化。对于可以程序控制温度的加热炉而言，由于加热炉的热电偶一般位于炉胆外层的加热丝附近，和试样之间存在着一定的距离，因此试样周围的温度变化一般与加热炉的温度有差异。另外，试样在反应时自身一般会有因吸热或放热的热量变化，这种热量变化也会引起试样周围的温度变化。为了如实地反映试样在实验过程中的温度变化，通常使用试样周围热电偶的温度变化来表示试样的温度变化。当工作温度低于1100 ℃时，一般用镍铬-镍铝热电偶；对于最高工作温度为1500～1600 ℃的热重仪，通常使用铂-铂铑热电偶。当温度超出此温度时，通常用钨-铼热电偶来测量温度变化。

由于测量实验温度的热电偶与试样距离很近或直接接触，在选用热电偶时应考虑以下几个主要原则：

(1) 热电偶所用的材料必须是惰性的，不能与试样或试样的分解产物发生任何反应，以防污染热电偶、降低其测温精度。

(2) 热电偶的热电势与温度的关系在工作的温度范围内应保持线性关系。

如果热电偶与样品的相对位置发生变化，将会给温度的测量结果带来较大的影响。一般来说，热电偶与样品的相对位置应保持恒定；实验中如果热电偶的位置发生了变化，应对仪器及时进行温度校正。

需要特别指出的是，由于热电偶在高温下工作时间过长，并且经常与等温的分解产物接触，其状态会发生变化，需要定期对热电偶进行温度校准，以保证其温度测量的准确性。

热重仪器的温度校准方法将在接下来的内容中进行介绍，在此不做赘述。

6.4.2.6 气氛控制系统

热重实验时，试样周围的气氛对于热重曲线有着非常大的影响，在分析实验结果和制订实验方案时必须充分考虑实验气氛的影响。由于本书将在热重实验影响因素部分详细阐述气氛对实验曲线的影响，因此在本节中只讨论热重仪的气氛控制系统的作用。

除了早期的商品化热重仪没有气氛控制器外，现在几乎所有的热重仪器都配有气氛控制系统。进行热重实验时，气氛主要有以下作用：

（1）气氛可以将试样发生质量变化时的气体产物及时带离反应体系，有利于反应的进一步进行；对于一些有毒或腐蚀性的气体产物，气氛可以及时将这些产物带离仪器的检测系统，有利于保护仪器样品的支架和天平系统。

（2）对于一些易发生氧化的试样，使用惰性的气氛可以对试样起到保护的作用。

（3）可以通过实验气氛的变化来研究试样的一些反应特性，如可以通过改变气氛的组成来研究物质的氧化、还原、加成等反应过程中的质量的变化，有利于实现更加真实的反应过程。

（4）对于与热重仪联用的一些分析技术，如有气体逸出，气氛可以及时将分解产物带到气体分析仪中，以实现实时分析反应时生成的气体产物。

（5）可以通过改变气氛的压力实现一些特殊实验条件下的热重实验，这些特殊条件主要包括真空和高压等类型的实验。气氛的流量一般由流量控制器来控制，流量计主要有转子流量计、质量流量计（数字流量计）等类型，其中数字流量计可以记录实验过程中流量的实时变化，并可以通过软件保存下来这些变化过程。无论是数字流量计还是转子流量计，均要定期使用皂膜流量计进行校准，以免炉子出口由于分解产物的冷凝造成堵塞而引起流量下降。在使用一些危险性的气体（如 H_2、CH_4、CO 等）做实验气氛时，必须仔细检查气路和仪器的密封性，以免由于气路泄漏而引起爆炸或中毒事故的发生。

气氛在不同结构的热重仪内部的流动方式不同，共同之处在于气氛在仪器内部流动的方向一般是先经过气氛控制器、天平室，然后到加热炉，最后将气态分解产物经炉子出口带离炉体。现在的商品化仪器一般可以实现同时使两路以上的气体进入加热炉。大多数仪器的天平室还设计了独立的保护气路系统，以有效避免分解产物进入天平室而引起污染。当使用两种组分以上的混合物气体作为气氛时，应在仪器外部或前端先将气体经稳压后充分混合。然后，保持流量稳定地输出，经截止阀输入到测量室。一般不应简单地将两种不同流速的气体通过各自独立气体路在加热炉内进行混合，这样混合的效果通常比较差，也无法有效保证实验结果的重复性。当使用一些危险气体时，局部浓度过高容易引起爆炸事故。通常的做法是直接使用已经充分混合物的气体的标准气体钢瓶作为气源。

热重仪在真空条件下的实验主要通过将加热炉口与时机械泵或扩散泵相连接来实现。一般来说，单独使用机械泵可以获得较低的真空，而如果将机械泵与扩散泵配合使用到可以实现高真空。为了防止在抽真空的过程中粉末状试样发生飞溅现象，一般在机械泵、扩散泵和测量室（即原样品室）之间（通常在炉子出口附近）配置一个直径较大的管道，这两个管道上分别安装蝶阀和真空微调阀。在抽真空时，使支管道与机械泵相通。由于抽气速率较低，可以有效地避免试样发生飞溅。当达到机械泵极限值时再打开主管道使真空继续下降，从而可以实现在真空条件下的热重实验。

6.4.2.7 仪器控制和数据采集及处理

在实验过程中，待测物理量的原始信号首先经过传感器或相应的电路单元转换为电压模拟信号，然后再通过模数转换器将这些模拟信号（通常为电信号）转换成数字信号。[22]

较早的商品化仪器的模/数转换是通过安装在计算机上的数据采集卡或专用的数据采集装置来实现的，现在通用的商品化热重仪大多采用 RS232 通信口、USB 接口或网线接口来实现与仪器的通信。具体方式是首先将热重仪工作时的温度、质量、流速等实时信息通过单片机(即微处理机)与计算机相应的接口(如 RS232 串口、USB 接口、网线接口等)进行通信,把数据传送到计算机存储系统。同时,也可以将试样信息、实验程序等信息由计算机的控制软件发送至仪器的程序温度控制系统、气氛控制系统等单元。可以用仪器的分析软件实时显示实验时的数据,并可在实验结束后对数据进行分析、计算和导出等操作。

实验时数据的采集频率通常是每一秒钟采集 1 个数据点。对于一些反应速率较快的反应来说,应该提高采点频率,一些仪器的软件中最高可以设置为一秒钟采集 200 个数据点。对于一些反应速率较慢的反应而言,其采点间隔可以适当加大。一般来说,采点间隔越大,得到的实验曲线越平滑。但过大的实验间隔有时会遗漏一些实验的中间过程,造成实验曲线变形。而较高的采点频率通常会导致实验曲线的噪声比较大,会给分析某些特征变化值一些困难。

6.4.3 热重仪的校准

由于热重仪测量的是试样的质量与温度或时间的变化关系,在仪器的使用过程中应定期使用相应的校准方法或规范对仪器的质量和温度进行校准或标定。另外,对于一些对实验气氛要求比较高的实验来说,还需要对仪器的气氛的流速进行校准。

6.4.3.1 热重仪的质量校准

与常规的分析天平的质量校准不同,由于热天平具有较高的灵敏度(灵敏度在微克量仪),因此在校准时使用的微克级别的砝码无法方便地获得。实际上,由于热重实验用的试样量一般在几毫克至几十毫克不等,大多数热天平的质量校准通常使用 10 mg 或 100 mg 的标准的砝码来标定天平的称量质量。通常的做法是:将一只已知质量的标准砝码放在天平的样品盘上,确定天平显示的质量与标准值是否一致。如有差异,通过仪器附带的软件或在仪器的显示面板上修改相关的设置、使显示的质量的数值与标准值一致。

对于一台灵敏度较高的热天平而言,在较长的时间内的质量漂移程度也是评价仪器性能好坏的一个重要的指标。在正式实验开始之前,必须对这种表观质量变化进行校正,通常的做法是:

(1) 将不加试样的空的坩埚放置在相应的支架上,设定温度程序和气氛流速等条件,运行实验。由该实验得到的热重曲线为空白基线。需要注意,空白实验的温度程序、气氛流速、坩埚类型等条件应与正常实验一致。理论上,如果在正常实验时以上的操作条件发生了变化,应该再进行相应的空白实验操作。

(2) 根据仪器的校准程序,在分析软件中打开空白曲线(正常实验模式下,由空白坩埚得出的实验曲线),标出不同温度下的质量变化,按照软件设置将此空白曲线调入至仪器的校准方法文件中,在之后的实验中将对这些质量漂移自动进行校准。对于一些质量变化较小的过程,有时还要对质量进行二次校准。即在完成以上质量校准操作后,在正常的实验模式下,在正式实验开始前,先用空白坩埚获得一条空白实验曲线,之后用相同的条件向空白坩埚中加入试样后开始实验获得试样的热重曲线,最后在分析软件中用试样的曲线与空白曲线相减,得到的曲线即为二次校正后的热重曲线。一般来说,通过这种校正方法所得到的热重曲线的质量漂移现象会减弱很多,但这种方法比较繁琐。另外,当仪器的状态发生了变化时，若再扣除空白曲线则容易引起热重曲线的变形。

有时还会采用已知分解过程的高纯化合物的质量变化来标定天平称量的准确度。

6.4.3.2 热重仪的温度校准

对于下皿式热重仪，热重仪的测温热电偶不与试样直接接触，与试样有一定的距离。当炉体的温度发生变化时，不可避免地会在试样周围产生温度滞后。当在实验过程中试样发生了较大的放热或吸热效应时，试样和热电偶之间的温度差将会变得十分明显。通常情况下，将热电偶放置在装有试样的支持器的下方 1～2 mm 处。如果将热电偶放置在装有试样的支持器的上方，则在加热过程中产生的气体产物可能会污染热电偶。

通常采用以下几种方法对热重仪进行温度校正：

1. *居里点法*

在基于磁性标准物质的校准方法中，通常使用具有确定的居里温度（Curie temperature）值 T_c 的纯金属或合金作为标准物质。该方法最初被用于由美国珀金埃尔默（Perkin-Elmer）公司开发的小型加热炉温度的校准中。[21] 由于加热炉中均匀加热区的尺寸有限，因此十分有必要对其进行精确的校准。尽管在早期的研究中使用的磁性材料是由 Perkin-Elmer 公司提供的，然而，经过几十年时间的发展，目前该方法已广泛用于热重仪的温度校准和数据处理中。[22] 该校准过程其实就是磁性温度的测量，其中磁效应的外推终止点即为 T_c 的数值。图 6.20 为使用几种磁性标准物质进行校准得到的 TG 曲线，由此可见，TG 曲线和 DTG 曲线都可以使用该方法进行温度校准。通过这种方法可以方便地在单次实验中测量多个磁性样品的转变过程。

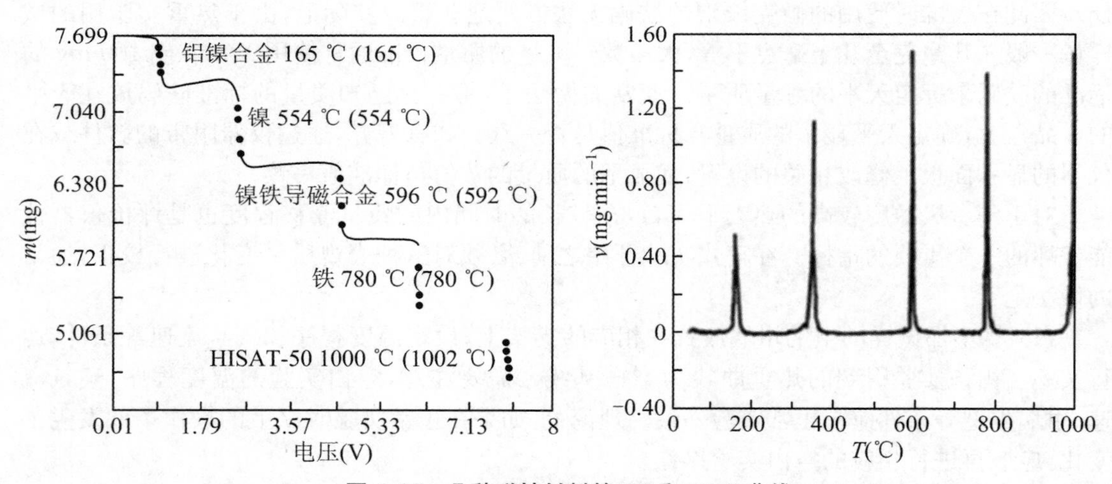

图 6.20 几种磁性材料的 TG 和 DTG 曲线

每个转变的外推终点所对应的温度为每种物质的特征转变温度，数值列于每种物质名称的括号中[23]

在磁场的作用下，当将铁磁性材料加热到某一温度时，其导磁性能很快完全消失，通常称此处所对应的温度为铁磁性材料的居里温度。居里点温度只与材料的组分有关，当材料的组分保持不变时，居里温度也不会发生改变。

校正时，将铁磁性材料放在天平的试样坩埚内，并在炉体外侧的试样位置处放置一块永久磁铁。由于磁场的作用，此铁磁性材料产生一个向下的力，位于试样上方的天平发生增重。当炉子升温到该铁磁性材料的居里温度时，铁磁性材料快速失去永久磁铁对它的向下拉力，表现为失重过程。实验结束后，在分析软件中根据曲线的拐点来确定居里温度（见图6.21）。

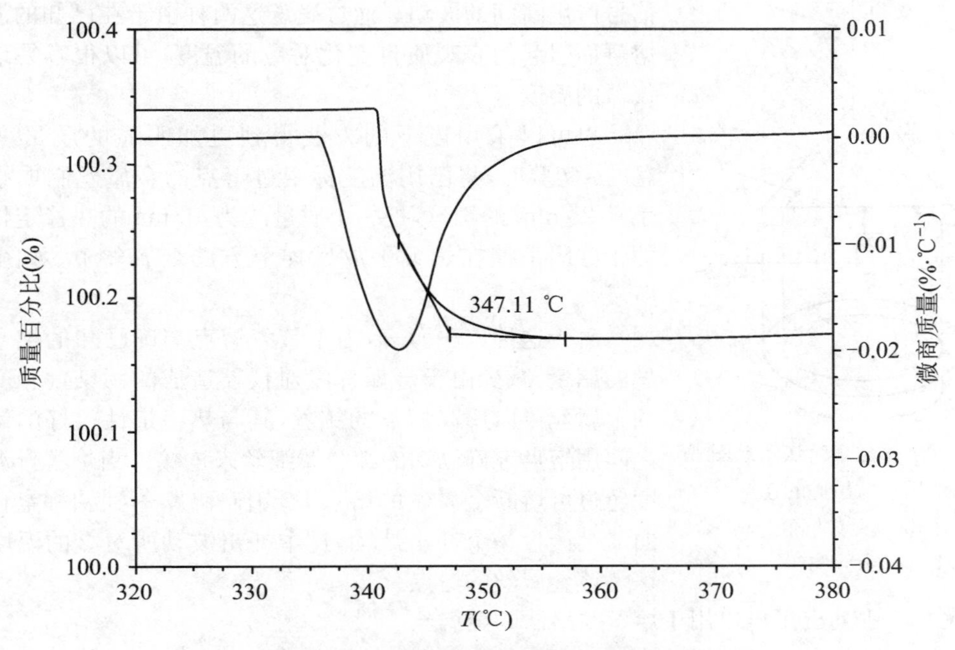

图6.21 用Ni标准物质校准热重仪得到的TG曲线

当使用已知居里温度的铁磁性材料所得到的测试结果与标准值不一致时，应在仪器的控制软件或者控制面板中进行校正。

在校正热重仪的温度时，应注意：

(1) 应选择居里温度接近试样测试温度的材料；

(2) 升温速率应与测试条件保持一致，一般为10～40 ℃ · min^{-1}；

(3) 实验时的试样量应适中，不宜太小，否则曲线不明显；

(4) 温度读数为TG曲线的台阶的最大斜率与台阶结束后基线外延线的交点所对应的温度（见图20）。

表6.1中列出了可用于热重仪的温度校准的磁性材料。

表6.1 可用于热重仪的温度校准的磁性材料

磁性材料名称	转变温度(℃)	磁性材料名称	转变温度(℃)
蒙乃尔合金	65	深拉镍铬合金	438
阿卢梅尔镍铝锰电阻合金	163	磁渗透合金	596
镍	354	铁	780
穆镍铁坡莫合金	393	海沙特50	1000

2. 吊丝熔断法[24, 25]

吊丝熔断法通过将熔点准确已知的纯金属细丝固定悬挂在样品支撑系统附近非常接近样品的位置上，当温度升高至纯金属细丝的熔点时，金属丝发生熔化并从其支撑件滴落。对于这种方法而言，样品具体放置的位置很重要，滴落时的质量可能会减小并造成突然的质量损失。金属丝也可能会滴落在样品盘上，导致检测到的质量信号产生瞬间的波动。通过确定这两种由于在已知的温度下熔融而引起的表观质量变化对应的温度，可以很容易地校准仪器的温度。

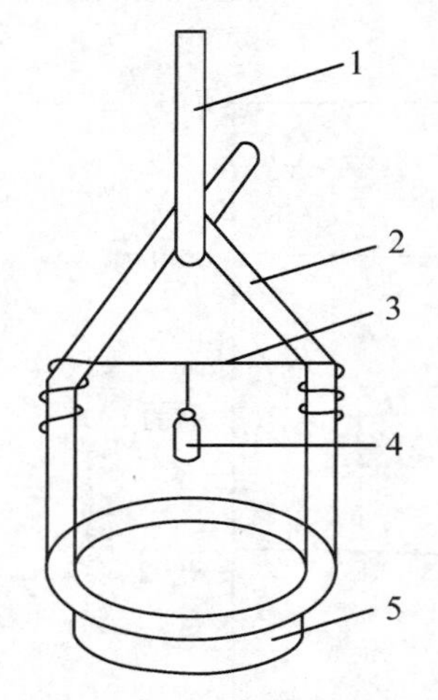

图 6.22　吊丝熔断法示意图[20]

1. 天平横梁与吊篮的连接吊丝；2. 吊篮；3. 熔点准确已知的金属丝；4. 砝码；5. 坩埚

也可以采用以下的方法得到更加明显的质量变化信息[20]：实验时，将已用温度标定过熔点的金属丝制成直径小于 0.25 mm 的细丝，把一个质量约为 10 mg 的热稳定性很高的铂砝码吊挂在热天平放试样上方的金属丝上，如图 6.22 所示。

对于这种方法而言，为了节省熔点准确已知的纯金属细丝的用量，减少由于金属挥发对仪器造成的污染，图 6.22 中的金属丝可以用高熔点的铂丝，其与热稳定性很好的铂砝码之间用熔点准确已知的纯金属细丝来连接。当炉子升温到温度超过可熔断金属丝的熔点时，铂砝码跌落到铂秤盘内，TG 曲线上产生一个冲击波动，这个冲击波动所对立的温度就应该是该金属丝的熔点。

表 6.2 中列出了可以用于熔丝跌落法的金属丝[20, 24-25]。

表 6.2　可用于熔丝跌落法的金属丝的温度值

材料	观测温度（℃）	校正温度（℃）	文献值 θ（℃）	与文献值的偏差 θ（℃）	材料	观测温度（℃）	校正温度（℃）	文献值 θ（℃）	与文献值的偏差 θ（℃）
铟	159.90±0.97	154.2	156.63	−2.43	铝	652.23±1.32	659.09	660.37	−1.28
铅	333.02±0.91	331.05	327.50	3.55	银	945.90±0.52	960.25	961.93	−1.68
锌	418.78±1.08	419.68	419.58	0.10	金	1048.70±0.87	1065.67	1064.43	1.24

在用熔断铁落法校正热天平温度时，也应注意以下两点：

(1) 标定金属丝的熔点选择接近试样温度的材料；

(2) 升温速率一般选 10～40 ℃ · min^{-1}。最好是被测试样的升温速率与校正时所用的升温速率相同。

3. 特征分解温度法

在早期的校准工作中，相当多的研究者曾尝试使用具有明显的特征分解温度的材料对热重仪进行温度校准。通过结构已知的物质的初始分解温度来对热重仪进行温度校正。此处所指的初始分解温度为质量变化速率达到某一预先规定值之前某一时刻试样的温度，因此，所选用的标准物质应满足以下条件[26]：

(1) 在分解温度前的温度区域里应有足够的稳定性；

(2) 初始分解温度应具有较好的重现性；

(3) 由不同来源得到的同种标准物质，其初始分解温度应具有较小的差异。

表 6.3 中列出了可用于热重仪温度校正的物质。

表 6.3 用于热重仪温度校正的标准物质的特征分解温度

标准物质	特征分解温度 t(℃)	标准物质	特征分解温度 t(℃)
$K_2C_2O_4 \cdot 2H_2O$	80	$KHC_6H_4(COO)_2$	245
$K_2C_2O_4 \cdot H_2O$	90	$Cd(CH_3COO)_2 \cdot H_2O$	250
H_3BO_3	100	$Mg(CH_3COO)_2 \cdot 4H_2O$	320
$H_2C_2O_4$	118	$KHC_6H_4(COO)_2$	370
$Cu(CH_3COO)_2 \cdot H_2O$	120	$Ba(CH_3COO)_2$	445
$Ca(C_2O_4) \cdot H_2O$	154	$Ca(C_2O_4) \cdot H_2O$	476
$NH_4H_2PO_4$	185	$NaHC_4H_4O_4 \cdot H_2O$	545
$(CHOHCOOH)_2$	180	$KHC_6H_4(COO)_2$	565
蔗糖	205	$CaC_2O_4 \cdot H_2O$	688
$KHC_4H_4O_6$	260	$CuSO_4 \cdot 5H_2O$	1055

然而,对于相同的化合物样品而言,由于所用的样品之间的成分或存在形态存在微小差异,通过实验所得到的结果往往是不一样的。即使对于完全可逆的反应而言,在实验中采用的样品量的差异也会引起温度的漂移。同样的,由于样品分解引起的吸热或放热变化也会引起测量得到的样品的表观温度发生变化。

因此,这种方法受到试样用量、升温速率、填装情况以及炉内气氛性质和种类等因素的影响,得到的结果经常出现重复性较差的现象,不同的仪器和不同实验室得到的结果的差异较大。现在经常用这种方法来验证经校正后的仪器的工作状态。

4. 特征转变温度法

对于与差热分析或差示扫描量热法联用的热重仪而言,通常通过一些具有可逆的固↔固转变或固↔液转变的物质来进行温度校正。表 6.4 中列出了常用的标准物质,这种方法的特点是同一试样在炉内可以升温—降温—升温反复测定。

此外,对于水平式和上皿式结构的热重仪而言,其大多是将热重法与差热分析或差示扫描量热法联用。这类结构形式的仪器可以用已知熔融温度的标准物质通过初始熔融温度来标定仪器的温度,常用的标准物质列于表 6.4 中。

表 6.4 可用于温度校准的标准物质的熔融温度

标准物质	熔融温度(℃)	标准物质	熔融温度(℃)
Hg	−36.9	Al	660.4
H_2O	0.0	Ag	961.9
$C_{12}H_{10}O$(二苯醚)	26.9	Au	1064.4
$C_7H_6O_2$(苯甲酸)	122.4	Cu	1084.5
In	156.6	Ni	1456
Bi	271.4	Co	1494
Pb	327.5	Pd	1554

续表

标准物质	熔融温度(℃)	标准物质	熔融温度(℃)
Zn	419.6	Pt	1772
Sb	630.7	Rh	1963
Ir	2447		

由于高温下热辐射的影响,不同温度下测得的温度与实际的温度并非线性关系。[26]对于温度范围较宽的实验,一般要选用几个标准物质来校准。如对于相变实验温度范围在25～1500 ℃的实验,一般要选用两种或两种以上的物质来校正不同的温度范围的特征温度。

曲线的峰面积通常随着温度的升高而降低。因此,应选择熔点与所研究的反应温度范围相近的物质进行温度校正。例如,如果物质的分解温度在150 ℃附近发生,则应选择金属铟进行温度校正。另外,表6.4中所列的熔融温度的数值随样品的来源不同而略有差异。

6.5 热重实验过程

在经过温度、质量等一系列的校正,并达到要求之后,热重仪可以开始正式实验。一般来说,热重实验包括样品的准备、实验条件的选择、测量、数据处理等过程。在下面的内容中,将逐一介绍在这些过程中需要注意的问题。

6.5.1 样品的准备

理论上,一切非气态的试样都可以直接通过热重实验测量其质量在一定气氛和程序控制温度下随温度或时间的连续变化过程。但我们也应清醒地认识到,由不同状态的试样所得到的热重曲线的差别也很大。因此,选择合适的试样状态对得到合理的实验结果显得十分关键。

一般来说,对于不同状态的试样而言,需做一些相应的处理才可以应用于热重实验。

6.5.1.1 固体试样

对于不同状态的固体试样应采用不同的制样方式:

(1) 对于粉末状的试样而言,如果颗粒比较均匀可以直接进行实验。如果试样之间的粒径差别较大,最好经过研磨或筛分处理。另外,如果试样易吸湿或含有较多的水分或溶剂,则在实验前应进行干燥处理。

(2) 对于薄膜样品而言,在实验时可以将其切割成比坩埚内径略小的圆片,将其均匀平铺到坩埚底部,以使重心在坩埚中间。不要在坩埚内任意堆积试样,这样会导致试样在分解过程中由于重心发生变化而带来表观的质量变化。

(3) 对于大块的样品而言,实验时可根据需要决定块状样的粉碎程度。由于试样的粒径对其分解过程也有影响，因此，如果需要考查块状样品的热稳定性，则应将样品加工成较薄的碎片后将其铺在坩埚底部即可开始实验。如果要了解试样在粉末状态下的分解行为，则可以使用相应的粉碎技术将试样进行粉碎处理。粉碎后应进行筛分处理，使用尺寸相近的试样进行实验，这样得到的实验数据的重现性较好。

(4) 对于纤维状的样品而言，应使用相应的切割工具将纤维分成小于坩埚内径的小段，实验时将小段试样平铺在坩埚底部即可。切勿将纤维试样揉成团直接加入到坩埚中，这样得到的实验曲线极易出现由于在加热过程中重心变化而带来的表观质量变化，影响实验数据的分析。

对于固态试样而言，如果试样本身是物理混合的混合物，在实验时应考虑取样的位置差异。由于在一次实验中热重实验需要的试样量很少，一般在几毫克到十几毫克之间，因此每次实验取样不一定有代表性。为了使实验数据具有较好的重复性和代表性，在取样前应将试样进行混匀，必要时还应进行平行实验，平行实验的次数一般为3～5次。

6.5.1.2 液体试样和黏稠试样

液体试样一般包括液态物质和溶液两种状态的试样。

由于液体状态的物质大部分具有较强的挥发性，因此在将试样加入到坩埚后应尽快开始实验。对于单一组分的化合物而言，试样的挥发对TG曲线的总体形状影响不大。对于多组分的化合物而言，较长时间的挥发会影响试样的组成。

浓度较低的溶液试样不宜直接进行热重实验，尤其是浓度在3%以下的溶液。由于溶剂的挥发是一个十分缓慢的过程，并且这个过程会影响溶质的热分解过程，因此，对于较低浓度的溶液而言，应在实验开始前对溶液进行浓缩或干燥处理。

黏稠状试样或凝胶试样可以直接进行实验，试样中如含有较多的溶剂，则应尽可能地把溶剂去除。这类试样在取样时应先混匀，从中间部位选取试样进行分析。另外，对于含有悬浮物的液体，在取样前应摇匀。

6.5.2 实验条件的选择

如前所述，影响热重实验条件的因素很多，除了试样状态，仪器本身因素外，实验时选用的实验条件如实验气氛、温度程序、实验容器和实验气氛等都会影响最终的实验结果。

6.5.2.1 实验气氛气体的选择

在选择热重实验的实验条件时，应根据实验目的和试样本身的性质来灵活选择。

一般来说，当物质发生质量变化时，主要有汽化(挥发)、升华、分解、氧化还原/加成等反应。在以上的过程中：

① 当试样发生挥发和升华时，其不会与气氛发生反应，气氛的作用是及时将汽化产物带离试样周围，以利于反应的进一步进行。

② 对于试样的分解过程而言，如果其在分解的过程中仅是自身的结构发生分解而未与气氛中的气体进行反应，则一般称这种分解过程为热裂解。热裂解是物体本身在温度变化时发生分解的真实体现。如果仅仅通过热重实验来考察试样在不同温度下的热分解过程或热稳定性，则一般会选用不与试样发生反应的气氛(即惰性气氛)作为实验气氛。对于大多

数分解反应而言，常用的惰性气氛主要有氦气(He)、氩气或氮气。此处所指的惰性气氛是相对的，例如氮气气氛对于大多数有机物的分解是具有惰性的，而对于一些金属样品而言，其在高温下则会与氮气发生反应形成相应的氮化物，此时的氮气气氛变成了反应性的实验气氛。

从另一个角度来说，如果我们要考察试样在不同的温度下与环境中的气氛气体如氧化性气体(氧气等)、还原性气体(氢气、甲烷、一氧化碳等)或反应性气体(CO_2、NO_2等)发生反应的过程，试样会与气氛中的反应性气体进行反应。与自身的热裂解过程相比，氧化过程进行的速度要快得多。例如，对于结构复杂的有机物而言，在氮气气氛下，分解产物会逐步分解成性质相对稳定的炭化物。而同样的化合物在氧化性气氛的作用下，裂解形成的碳化物会继续与氧气发生氧化反应，最终氧化成结构最稳定的小分子化合物，如二氧化碳、水等物质。一般来说，对于无机/有机(或高分子)混合物、复合材料而言，可以通过有机组分在加热过程中氧化分解时的质量变化信息来判断样品中的无机化合物与有机化合物或高分子化合物的比例。

在图6.23中给出了同一化合物在氧气和空气气氛下的热重曲线[27]，由图可以看出这两个过程有着十分显著的区别。

因此，在实验前一定要根据具体的实验目的来合理选择实验气氛。

无论是静态还是动态，如果气氛与试样或产物发生反应，将促进反应的进行，使反应提前。

热重实验时的气氛通常分为以下几类：

(1) 惰性气氛，如He、N_2、Ar；

(2) 氧化性气氛，常用的是空气、强氧化气氛，如O_2；

(3) 还原性气氛，如H_2、CO；

(4) 腐蚀性气氛，如Cl_2、F_2等；

(5) 在没有以上气氛流通时，试样在发生汽化或分解时产生的气体在试样周围形成的静态气氛；

(6) 真空或控制压力。

需要指出，以上所指的氧化性、还原性以及腐蚀性气氛都是相对的。

通过比较不同气氛下的TG曲线，有助于理解试样发生的反应。例如，在空气气氛下，只含C、H、N的有机物比在氮气气氛下分解速度快，且最终残重将为零，而在氮气中C以碳的形式留下来无法分解。如果试样在氮气气氛中最终分解产物中含有金属单质，则在空气中将形成氧化物。

6.5.2.2 实验容器的选择

热重实验中用来放置试样的容器一般为坩埚。由于试样在实验过程中一般会随着温度升高而发生熔融、汽化、分解等强烈反应，这些过程的产物会与仪器的支架或吊篮发生反应而损坏仪器。为了使仪器尽可能地少受这些干扰，一般每次实验前都要将试样放置在坩埚中。坩埚的形状多种多样，用来制作坩埚的材料也多种多样，常用坩埚材料主要有铝、氧化铝、石英、不锈钢、铜、镍、铂、金等。坩埚的形状和结构也对热重实验曲线有较大的影响。

由于在实验过程中的坩埚只是起到实验容器作用，因此，坩埚在实验过程中不能与试样或分解产物发生任何作用，应根据试样和分解产物的信息来灵活选择合适的坩埚材料，同时还应注意所用坩埚的最高使用温度。

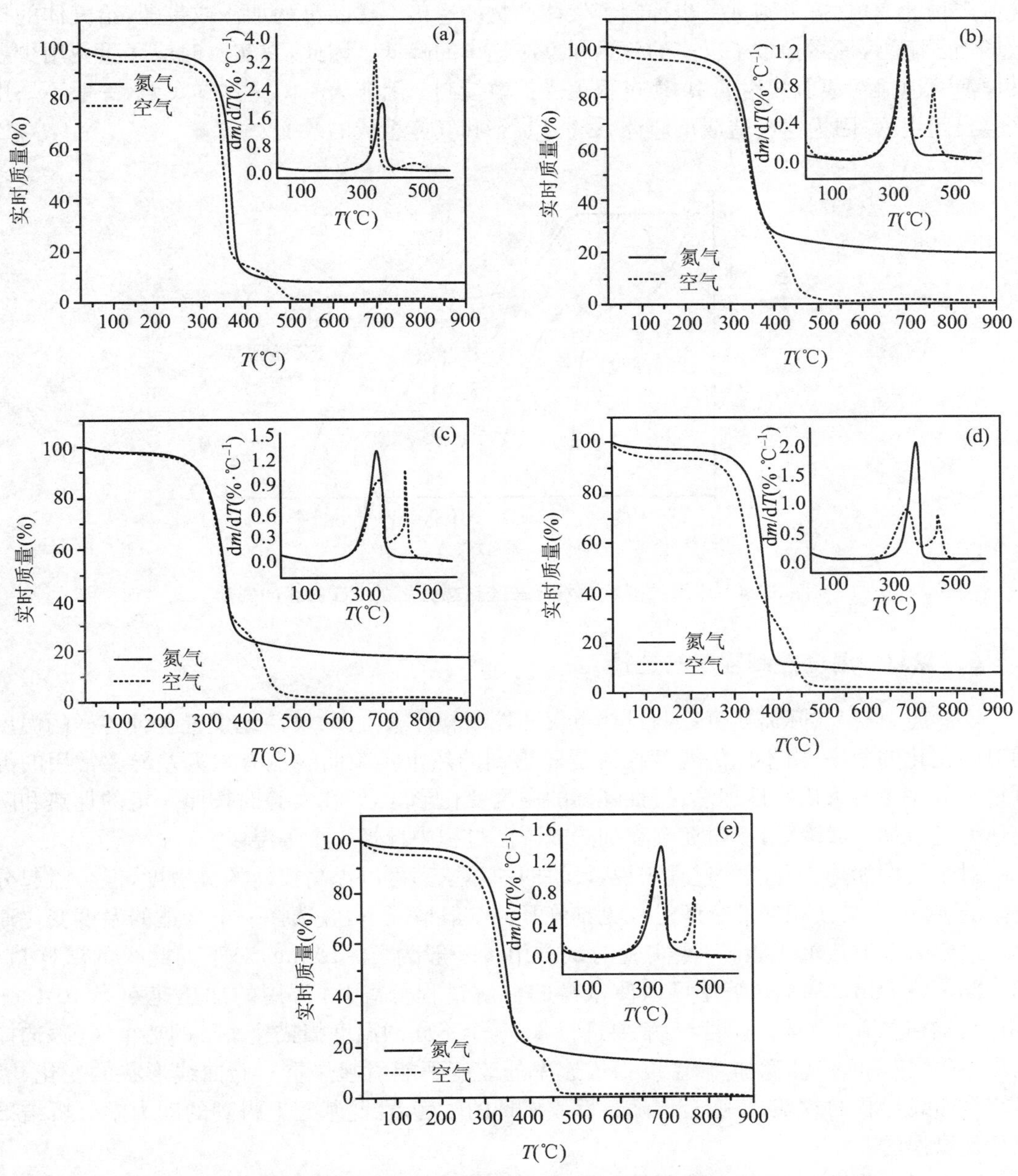

图 6.23 不同颜色的棉纤维在氮气和空气气氛中的 TG 和 DTG 曲线[27]

(a) 白色;(b) 红宝石;(c) 米色;(d) 棕色;(e) 绿色

合理选择实验坩埚对能否得到真实的分解过程曲线十分关键。对于无论是试样受热分解出气体的还是试样与周围气体相互作用的反应而言,反应时相关的气体都要通过试样表面逸出或渗入,都要通过试样颗粒之间进行扩散。

在试样量、试样颗粒度、填装松密度等实验条件都相同的情况下,样品盘的形状不同对 TG 曲线也有影响。图 6.24 中给出了不同的样品形状对于同一种水合草酸钴化合物的 TG 曲线的影响。由图可见,在实验时采用较浅的坩埚有利于气体产物的逸出,分解温度较低。

而由带盖子的较深的坩埚所得到的 TG 曲线中的分解温度最高，这表明较深的坩埚不利于气体产物的逸出，盖子则进一步抑制了气体产物的逸出。样品盘的加深或带盖，给气体的扩散增加了阻力，最终导致了反应的延迟和反应速率的降低。因此，在实验时应尽量使用少量试样薄薄地摊在浅皿状坩埚中，使过程免受扩散控制。除非为了防止试样飞溅，一般不采用加盖封闭坩埚，因为这会造成反应体系气流状态和气体组成的改变。

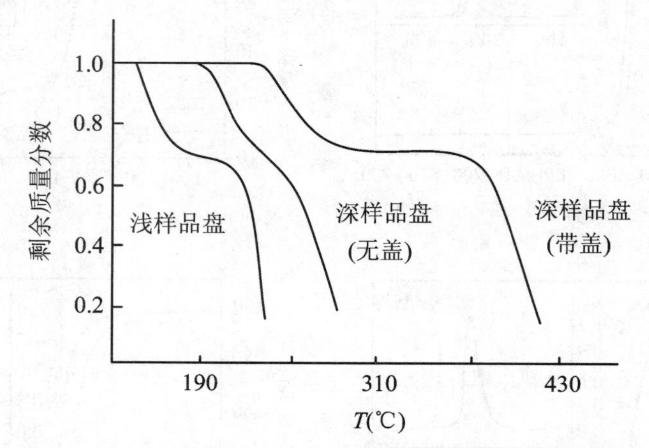

图 6.24　坩埚的形状对水合草酸钴热分解的 TG 曲线的影响

6.5.2.3　温度控制程序的选择

实验时，根据实际需要可以通过热重仪的控制软件来方便、灵活地设置各种各样的温度随时间变化的程序，由不同的温度控制程序得到的热重实验曲线也有很大差异。常用的温度控制程序主要采用线性加热、线性降温的温度变化形式，即在实验时按照一定的加热和降温速率进行加热或降温，有时还会在加热或降温过程中选择一个等温段。

对于线性加热或降温的过程来说，较快的加热速率可以提高仪器的灵敏度，但会引起分辨率的下降，容易使相邻的分解过程更难分开。一般情况下，应选择一个合适的温度变化速率。对于大多数热重实验，一次实验的试样用量一般为 5～10 mg，对于如此少的试样量，10～20 ℃ · min^{-1}的加热速率可以使试样的分解过程分离开，常用的加热速率为 10 ℃ · min^{-1}。在进行动力学分析时，一般要进行 4～5 个不同的温度扫描速率下的热重实验，选择加热/降温速率时应注意加热/温度扫描速率的改变不能引起热重实验曲线形状的变化，因为热重曲线形状的改变，往往会伴随着反应机理的改变，在此基础上得到的动力学分析结果往往是错误的。

综合以上分析，在热重实验开始前需要合理地确定气氛气体、温度范围、温度程序、坩埚等实验条件。概括来说，需要注意以下几个方面的问题：

① 选择何种气氛，测试中是否要根据情况更换气氛。

② 选择合适的温度程序。含有多个结晶水则采用较慢升温速率以提高分辨率；测定物质中含有的各种形式的溶剂时也需要采用尽量慢的升温速率。

③ 选择合适材质和形状的坩埚。

6.5.3 测量

在完成样品准备和实验条件选择工作之后，接下来就可以开始使用热重仪进行测量了。一般来说，整个测量过程大致包括：仪器准备、样品制备、设定实验条件和样品信息、实验测量、数据处理。以下将逐一介绍这些过程。

6.5.3.1 仪器准备

一般情况下，如果热重仪在一段时间内连续使用，在实验室用电正常的前提下，仪器一般 24 h 开机。如果仪器在关闭后重新开机，在正式使用之前应保证仪器有至少 30 min 的预热平衡时间。如果仪器在使用过程中，因实验需要对气氛气体做调制，也应使仪器在通气氛气体的条件下，平衡至少 30 min，以使炉内气体的浓度保持一致。

在仪器处于平衡稳定的状态下，在正式开始实验前还应对实验中使用的坩埚进行质量扣除操作（即“清零”或“去皮”操作），具体做法如下：

(1) 取一个洁净的空坩埚小心地将其放在样品支架或吊篮上。

如果热重仪为水平式或上皿式热重-差热分析仪，应保证参比支架上有一质量相近的相同类型的坩埚。关闭加热炉，使显示屏或仪器数据采集软件中显示的天平质量几乎不变。这一过程一般至少需要几分钟，按下面板上或仪器控制软件中的“清零”按钮（一般为“tare”或“Auto Zero”）。完成这一操作后，如果质量在很小的范围内变化或者不变，则表明实验中所用的坩埚的空白质量已经扣除完毕，在装入试样后软件显示的质量即为试样的绝对质量。

需要特别指出的是，在一些特殊的情况下，在热重实验过程中需要使用扎孔的盖的坩埚或向坩埚中加稀释剂，在该过程中对于坩埚盖和加入的稀释剂的质量也应在此过程中进行扣除；以确保实验过程中记录下的质量变化为试样本身的质量变化。

(2) 打开加热炉，将坩埚取下准备向坩埚中加入待实验的样品。

对于配置自动进样器的热重仪，一般可以集中对几个空白坩埚依次进行清零操作，软件会对自动进样器中每一个编号的坩埚清零过程中的质量差异进行记录，在使用时应注意不要混淆坩埚的顺序。

6.5.3.2 样品制备

将待实验的试样加入至经过扣除空白质量坩埚中，加入试样的质量一般不应超过坩埚体积的三分之一至二分之一。对于一些在高温下会剧烈分解（如炸药等）或熔融的样品而言，试样用量一般为能够覆盖坩埚底部即可，有时需要的样品量更少。对于一些剧烈分解的样品，可以通过使用大尺寸坩埚或加入稀释剂的方法来减少试样的热分解过程对支架或吊篮的损害。

每次热重实验时所用的试样量应视具体试样而定。由于实验用试样的密度不尽相同，完全根据试样的质量来确定一次实验所需的试样质量是不合适的。对于一些密度很小的碳材料试样而言，将坩埚装满后，试样的质量不超过 1 mg，此时若仍要求每次实验时试样的质量为 5～10 mg 显然是不合理的。对于不同组成结构相近的一系列试样而言，为了消除实验时的试样量对实验曲线的影响，每次实验用的试样量应接近。

另外，对于一些性质已知的试样而言，在研究其在不同温度下的微小的质量变化时，通常通过加大试样量来提高实验的灵敏度。例如，对于一些复合氧化物而言，由于其结构中存在缺陷会产生一些氧空位。在有氧条件下，加热时会产生一个微小的增重过程。这一过程中的质量变化通常小于0.5%，用较少的试样量很难检测到这一过程。再如，在研究试样的升华过程时，通常使用不加盖坩埚和加扎孔盖坩埚条件下得到的热重实验曲线进行对比。

制样时，将适量的试样加入至坩埚中。用镊子夹住坩埚在桌面上振动几下，使试样均匀地分布在试样底部。

对于一些较易挥发和不稳定的液体黏稠试样或易吸潮的粉末试样而言，摇匀试样的操作要快，以免试样在空气中停留太久而发生变化。

打开加热炉，用镊子小心地将试样加入到热重仪的吊篮或支架上。及时关闭加热炉，在仪器控制软件中设定试样信息和操作条件，待软件显示的质量读数不发生变化时，即可开始实验。

对于一些较易挥发的液体试样而言，由于试样的质量一直在发生变化，此时应在天平清零操作后提前在控制软件中设定好相应的信息，然后将试样放入支架或吊篮中并关闭加热炉，尽快开始实验。

6.5.3.3 设定实验条件和样品信息

目前的商品化热重仪都配有可以控制仪器的控制软件和数据分析软件，不同厂家的仪器的软件界面各不相同，但在软件中需要输入的试样信息和实验条件信息大多十分相似。在软件中输入的与实验相关的信息，可以在后期的数据分析过程中被方便地查看和显示。

一般来说，在正式实验开始前，需要向控制软件中输入的信息主要有：

1．样品信息

样品信息主要包括样品名称、编号、送样人、实验人、批次、文件名等。目前大多数仪器的软件不支持中文输入，在有些软件中可以输入试样的中文名称，建议用英文字母和数字表示以上信息，其中最好不要出现“%”“?”“\”以及汉字等不能识别的符号。

对于配有自动进样装置的仪器而言，除了以上信息外，还应输入装有样品的坩埚所对应的自动进样器的位置序号。

2．实验条件信息

与实验条件相关的信息主要有：

(1) 试样质量

一般不需要手动输入试样的质量，可以通过软件读取天平的示数来实现，由于试样加入坩埚之前，空白坩埚的质量已经进行了扣除，软件显示的质量即为试样的质量。目前普遍采用实验开始时采集到的每一个质量信号作为试样的初始质量，在大多数软件中还有一个备注选项，可以在其中输入一些需要特别注明的实验信息，如试样来源、取样、处理方法等。

(2) 温度程序信息

温度程序信息主要包括实验时的升温/降温速率、不同温度下的等温时间以及实验开始温度、最高温度等。对于温度调制热重实验，还应输入温度调制的振幅和调制周期。对于速率控解析热重实验，除输入实验温度范围和线性温度变化速率外，还应输入有质量变化时的最小速率以便仪器在此速率以上自动调整加热/降温速率。

(3) 试样信息

试样信息主要包括实验时使用的坩埚类型(开口还是加盖)、坩埚材料、坩埚体积等。

由于坩埚对实验数据也会产生影响，因此，在实验时一定要及时在软件中输入坩埚体积等信息。不应出现在实验时实际使用的坩埚与软件中记录的坩埚的信息不一致的现象。

(4) 气氛种类及流速

在控制软件中应及时记录下实验时使用的气氛的种类和流速。对于一些配有数字控制的质量流量计的仪器而言，输入的流量即为实验时气氛的流速。对于其他流量计，需先调节流量计的示数，再将流量输入到软件中。无论使用以上何种流量计，都应使用皂膜流量计测量气氛在加热炉出口的流速，将其数字作为实验时所用气氛的最终流速。

(5) 其他信息

除了以上试样信息和温度程序信息外，还要在控制软件中设置数据点采集频率，常用的采点频率为 1 秒/点。对于实验周期很长的实验可以用较小的采点频率为 10 秒/点，相反地，对于一些较快的反应，则需要较高的采点频率记录下实验过程中的每一个细节变化。一般来说，采点频率越高，得到的实验曲线的信噪比较差。

6.5.3.4 实验测量

在输入以上信息后，待试样的质量信号稳定后(易挥发试样除外)，可以按下控制软件中的"开始"按钮开始实验，加热炉按照已经设定温度控制信息对试样进行加热、降温、等温等操作，仪器的测量装置实时记录下这些过程中的质量变化信息并保存。在实验结束后，实验过程中试样信息、实验程序、实验数据等信息将单独生成一个文件，这个文件可以使用仪器附带的分析软件打开并进行相关的数据处理。

由于热重仪天平的灵敏度非常高，在实验过程中实验室内仪器工作台旁尤其不可以出现较大的振动，炉子出口附近也不能有较大的气流波动。例如，由于实验室内空调口和电风扇易引起气流波动，因此其应与炉子出口保持足够大的距离。

6.5.4 数据处理

在获得热重实验数据之后，用仪器附带的分析软件打开实验时生成的原始文件。由于数据采集软件是以时间为单位进行计时的，对于恒定加热/降温速率的实验而言，可以通过下式将时间换算成温度：

$$T = T_0 + \beta t \tag{6.18}$$

式中，T_0为实验开始温度，t 为实验时间，β 为加热速率。

对于 TG 曲线，在数据采集软件中的每一时刻 t 都记录下了相对应的温度和质量变化。在作图时，可以直接用温度轴作为横轴，也可以根据等式(6.18)将时间直接转换为温度。通常用纵轴表示质量。为了便于比较，一般通过软件将试样的绝对质量(单位一般为毫克)转换为相对质量(用百分数表示)。实验开始时的质量为100%，实验中每一时刻(即温度)的质量百分数为以百分比表示的试样质量，如图 6.25 所示。

由图 6.25 可见，试样质量变化的实际过程通常为一个渐变的过程，并不是在某温度瞬间完成的，因此热重曲线的形状不呈直角台阶状，而是有过渡和倾斜区段。

在热重曲线中，纵坐标表示质量(一般用百分比表示)从上向下表示减少，横坐标表示温度或时间从左向右表示增加。

微商热重曲线通常用来表示质量变化速率与随温度或时间的变化关系，由质量曲线对温度或时间求导得到，如图 6.26 所示。

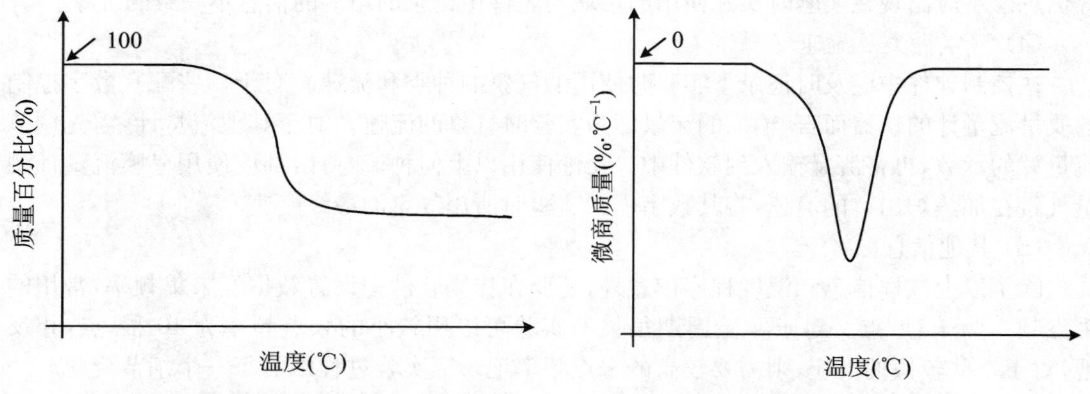

图 6.25　典型的 TG 曲线的表示方法

图 6.26　典型的 DTG 曲线的表示方法

由实验直接得到的 DTG 的单位一般是 mg·s⁻¹，可以用以下关系式分别将 DTG 的单位转化为%·s⁻¹、%·min⁻¹或%·℃⁻¹：

$$\mathrm{mg\cdot s^{-1}} \xrightarrow{\div m_0\times 100\%} \%\cdot \mathrm{s^{-1}} \xrightarrow{\times 60} \%\cdot \mathrm{min^{-1}} \xrightarrow{\div(℃\cdot \mathrm{min^{-1}})} \%\cdot ℃^{-1} \tag{6.19}$$

为了便于比较，DTG 的单位应该换算为%·s⁻¹（时间较短时）、%·min⁻¹（时间较长时）、%·℃⁻¹（线性加热时）的形式。早期的热分析仪的微分单元可以直接记录 DTG 曲线，现在的商品化仪器主要通过分析软件的微分功能直接将热重曲线进行微分得到 DTG 曲线，实验时的数据采集频率对 DTG 曲线的形状影响较大。微分时的取点间隔越小所得到的 DTG 曲线越符合实际，但得到的各点的数据点之间的波动大，即曲线上毛刺较多，如图 6.27 所示。由图可见，由于数据采集频率较大，通过微商得到的 DTG 曲线的基线的毛刺较为明显。

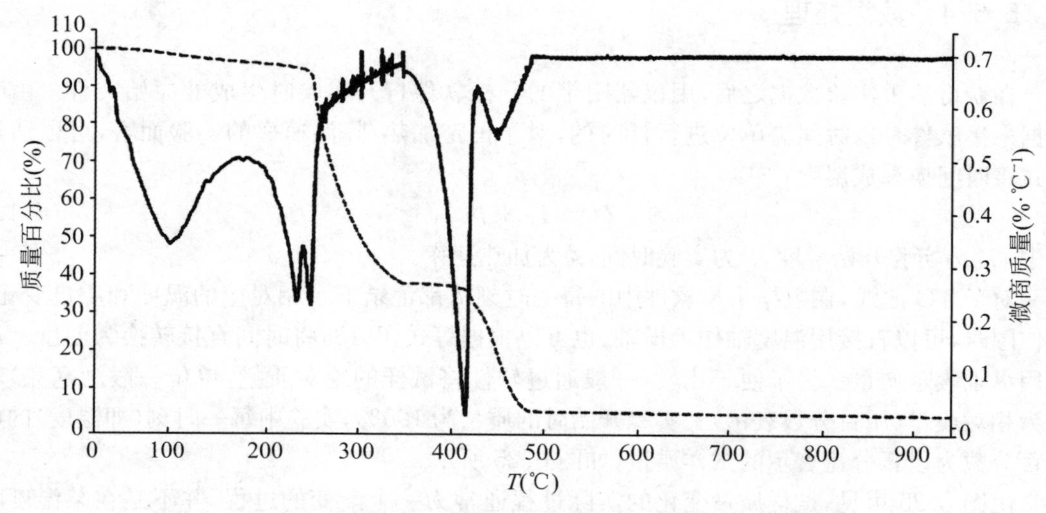

图 6.27　数据采集频率较大时得到的 TG(虚线)和 DTG 曲线(实线)

一般情况下，采用相同的数据采集频率得到的不同加热速率下的热重曲线经微分后，加热速率下的 DTG 曲线则较平滑。这是因为对于较快的加热速率而言，完成相同的温度范围的温度扫描所需要的时间较短，采集到的数据点也比较少，因此曲线较为平滑。可以通过调整数据采集频率的方法来改善这种现象，即较小的加热速率由于时间较长，可以加大采集点间距，而较大的加热速率由于实验较短，则应适当加大数据采集频率。

从数学上也可以按照牛顿二项式定理由 TG 曲线来得到各点的 DTG 曲线[20]，即

$$\frac{\mathrm{d}m_n}{\mathrm{d}t}=\frac{(-m_{n+2}+8m_{n+1}-8m_{n-1}+m_{n-2})}{12h} \tag{6.20}$$

式中，h 为质量变化时的等时间间隔，即采集时间间距，m_{n-2}，m_{n-1}，m_{n+1}，m_{n+2}是前后相邻的四个点 $n-2$、$n-1$、$n+1$、$n+2$ 的质量。由等式(6.20)可见，h 值越小则得到的 $\mathrm{d}m_n/\mathrm{d}t$ 值越大，即基线的波动越明显。

使用分析软件可以方便地实现上述热重曲线作用，并对图中每一个质量变化台阶的质量百分比和相应特征温度进行计算，并将处理结果转化成相应的图片文件和可以在其他常用绘图和数据分析软件（如 Excel、Origin 等）运行的 ASCII 码文件。

有时也用试样质量损失百分比作为纵坐标来表示热重曲线，如图 6.28 所示。

与图 6.25 不同，这种作图方式的纵坐标表示的是质量变化，开始为零。这种方式一般不常用。

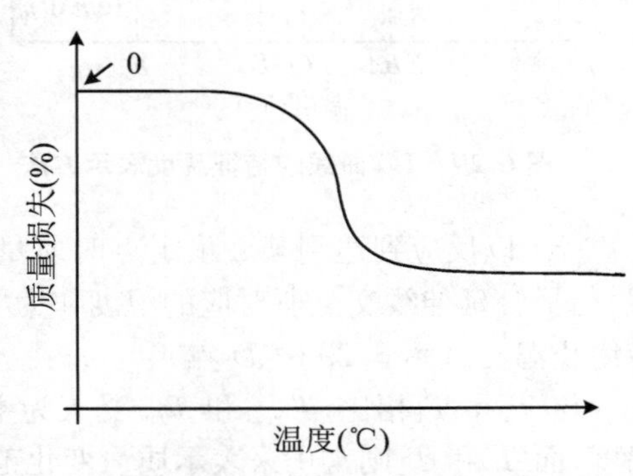

图 6.28 以质量损失百分比为纵坐标的热重曲线示意图

6.6 TG 曲线的特征物理量的确定方法

6.6.1 常用的特征温度表示方法

对于得到的热重曲线而言，所使用的仪器的灵敏度对曲线的形状的影响很明显。而对于同一台仪器，由于实验条件的不同也会对曲线形状的变化产生较为显著的影响。为了便于比较和研究，人们规定了 TG 曲线的一些特征温度。

热重曲线中质量变化反映了试样的性质在温度变化过程中发生的变化，对于一个变化过程，一般用温度和质量来同时进行描述。常用的物质温度主要有初始温度（initial temperature，一般用 T_i 表示）、外推起始温度（extra plot onset temperature，用 T_{onset} 表示）、终止温度（final temperature，用 T_f 表示）、外推终止分解温度（end temperature，用 T_e 或 T_{end} 表示）、n%分解温度（n% temperature，用 $T_{n\%}$ 表示）和最快质量变化温度（DTG 峰值温度，peak temperature，用 T_p 表示），这些特征温度可以方便地使用分析软件在图上标注出来。

目前主要有以下几种确定 TG 曲线的特征温度“起始温度”的方法[26]（见图 6.29）：

(1) 以失重数值达到最终失重量的某一百分数时的温度值作为反应起始温度（图 6.29

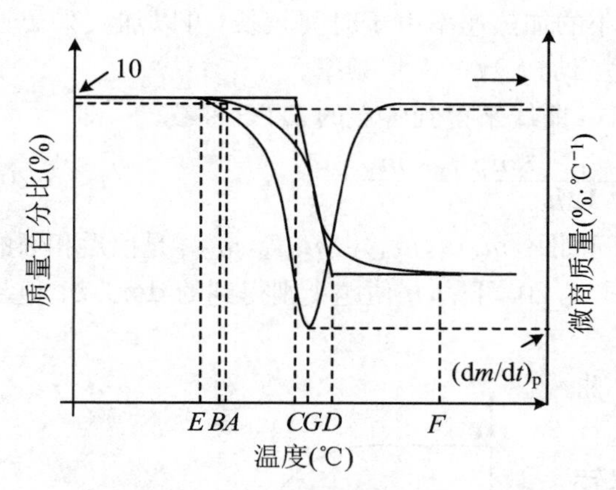

图 6.29 TG 曲线的特征温度表示方法

中 A 点)。

n%反应温度为质量减少 n%时的温度,可以直接由热重曲线标出($T_{n\%}$),常用的 n%分解温度主要有 0%、1%、5%、10%、15%、20%、25%、50%时的 $T_{n\%}$,0%分解温度是指试样保持质量不变的最高温度。

这种温度比较容易确定,可以用来简单比较相同条件下得到的热重曲线之间的反应温度的差异。

(2) 以质量变化速率达到某一规定数值时的温度作为反应起始温度(图 6.29 中 B 点)。

(3) 以反应到达到某一预定点时质量变化曲线的切线(如 TG 曲线斜率最大点处的切线)与平台延伸线交点所对应的温度作为"外推反应起始温度"(图 6.29 中 C 点)和"外推反应终止温度"(图 6.29 中 D 点)。

与 T_i和 T_f相比,T_{onset}和 T_{end}受人为主观判断的影响较小,常用来表示试样的特征分解温度,而 T_i和 T_f则常用来表示质量变化范围的起征温度。

(4) 以反应达到 TG 曲线上某两个预定点的连线(切割线)与平台延伸线交点所对应的温度作为反应的起始温度(图 6.29 中 E 点)和反应终止温度(图 6.29 中 F 点)。

但是无论采用何种方法确定初始温度,都具有相应的特殊性和局限性,至今尚未得到一种公认的普遍适用的方法。

最快质量变化温度也称最大速率温度或 DTG 峰值温度(T_p),是指质量变化速率最大的温度(图 6.29 中 G 点),可以直接由 DTG 的曲线的峰值获得,T_p对应的质量变化速率即为反应的最大质量变化速率,常用$(dm/dt)_p$表示(见图 6.29)。

常用图 6.29 中 C 点外推起始温度或 A 点预定质量变化百分比(通常为 5%)温度来表征物质的热稳定性。

除了以上特征温度外还经常用 10%正切温度(TTN)、加和温度($\sum T$)和积分程序分解温度(Integral Procedural Decomposition Temperature,IPDT)来表示一个过程的特征温度[28, 29]。其中:

(1) 10%正切温度(TTN)是通过正切温度(TN)与失重量为 10%时的面积比的乘积得到的,而正切温度则通过 TG 曲线上最大失重速率点的切线与温度轴的交点(温度)来确定。正切温度与起始分解温度有关,而面积比涉及起始分解程度。试样越稳定,这两个数值就越大。

(2) 在分解完成后达到恒重时的残余质量 C 值加 1 再除以 2,以此商值为余重 C 时所对应的温度,即为加和温度 $\sum T$。

(3) 积分程序分解温度法根据失重曲线下面的面积来分析高聚物的热稳定性,提供了对不同材料进行比较的共同基础。

6.6.2 由 TG 曲线确定质量变化信息

第一步,按照下式计算质量变化百分比 Δm:

$$\frac{m_0 - m_1}{m_0} \times 100\% \tag{6.21}$$

式中，m_0 为样品起始的质量，m_1 为质量变化结束后的质量百分比。

对于含有两个质量变化步骤的 TG 曲线而言，第二步的质量变化百分比为

$$\frac{m_1 - m_2}{m_1} \times 100\% \tag{6.22}$$

式中，m_1为第二步质量变化开始时(即第一步质量变化结束时)的质量，m_2则为第二步质量变化结束时的质量。

某些物质在一定温度范围还可能会发生多个反应，而且很有可能多个反应同时发生或相互有重叠、覆盖，表现在 TG 曲线上就是台阶之间不明显，这时候通过微分曲线往往可以获得更多有价值的信息。TG 曲线上的一个台阶，对应于 DTG 曲线为一个峰(图 6.27 和图 6.29)，通过这个峰可以更加容易地确定质量变化的开始温度 T_i、结束温度 T_f、分解最快的温度(峰温)T_{max}，从而区分从 TG 曲线上难以辨别的台阶；DTG 曲线下的峰面积与质量变化成正比；DTG 曲线的任一点都代表在该温度时质量变化的速率，因此可应用于反应动力学的研究。

6.7 TG 曲线的解析

如前所述，热重曲线是实验过程的最终体现，不同的试样和实验条件下所得到的曲线各不相同。由于试样、实验条件、仪器本身等因素对实验曲线均会产生不同的程度的影响，因此，合理、全面地分析热重实验曲线显得十分重要。在分析曲线时要充分结合试样本身的组成、结构和性质以及实验条件等因素进行综合分析。

在对 TG 曲线进行分析时，除了需要确定以上的特征温度外，还需对热重实验曲线中每一个质量变化过程作更为详细和具体的解释和说明，但有时仅通过热重曲线得到的信息难给出全面、合理的解释，此时需要与由其他的表征手段得到的实验数据结合起来进行综合分析，在之后的相关章节中将对这些内容加以阐述。

由实验直接记录得到的是以直流电动势形式反映试样温度的和反映试样质量变化的数据，由此绘制的图形称为原始热重记录曲线，对原始曲线作适当处理后就能得到基本的热重数据：试样在一定范围内的质量变化量和变化过程的起始温度与终止温度，以及符合规定表达方式的热重曲线。

由于相当多的原始的热重曲线并不符合有关热重曲线的表达要求和规范，因此通常不能将其直接作为最终形式的实验数据直接列入正式报告，通常需要将原始的热重曲线转换成规范的热重曲线。

对于热重曲线，有时还需对每步变化过程的本质进行更为详细具体的解释和说明，但是很多情况下仅由 TG 曲线提供的信息显然是难以做到的，还需要结合其他分析方法的结果来进行综合分析。

下面首先以 $CuSO_4 \cdot 5H_2O$ 脱去结晶水的过程(见图 6.30)为例，说明由曲线可以得到

的信息。

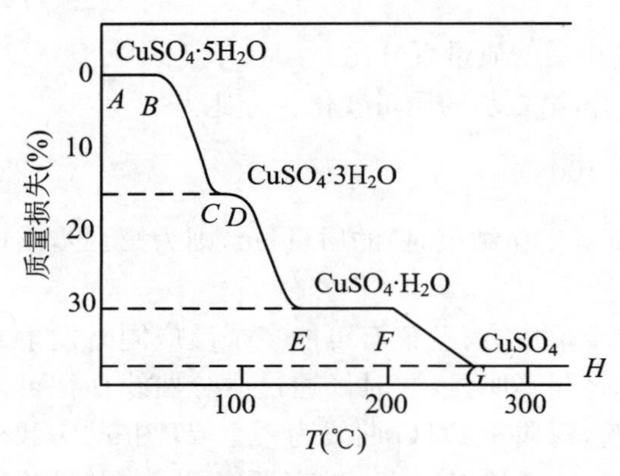

图 6.30 $CuSO_4 \cdot 5H_2O$ 的 TG 曲线

图 6.30 中的 TG 曲线在 A 点和 B 点之间没有发生质量变化,即试样是稳定的。在 B 点开始脱水,曲线上呈现出失重,失重的终点为 C 点。这一步的脱水过程为

$$CuSO_4 \cdot 5H_2O \longrightarrow CuSO_4 \cdot 3H_2O + 2H_2O$$

在该阶段,$CuSO_4 \cdot 5H_2O$ 失去两个水分子。在 C 点和 D 点之间试样再一次处于稳定状态。然后在 D 点进一步脱水,在 D 点和 E 点之间脱掉两个水分子。在 E 点和 F 点之间生成了较为稳定的化合物,从 F 点到 G 点开始脱掉最后一个水分子。由 G 点到 H 点的平台表示形成了更加稳定的无水化合物。

$$CuSO_4 \cdot 3H_2O \longrightarrow CuSO_4 \cdot H_2O + 2H_2O$$

$$CuSO_4 \cdot H_2O \longrightarrow CuSO_4 + H_2O$$

根据热重曲线上各平台之间的质量变化,可计算出在各个步骤中样品的失重量。图 6.30 中的纵坐标通常表示为质量的标度和总的失重量。

利用热重法测定试样时,往往开始有一个很小的质量变化,这是由试样中所存在的吸附水或溶剂引起的。当温度升至 T_1 时,才产生第一步失重。第一步失重量为 $W_0 - W_1$,其失重量 ΔW 为

$$\frac{W_0 - W_1}{W_0} \times 100\% \tag{6.23}$$

式中,W_0 为试样的质量,W_1 为第一次失重后试样的质量。

在热重曲线中,水平部分表示质量是恒定的,曲线斜率发生变化的部分表示质量的变化。根据热重曲线上的各阶段的失重量可以很简便地计算出各步的失重量,从而判断试样的热分解机理和各步的分解产物。从热重曲线可看出热稳定性温度区、反应区、反应所产生的中间体和最终产物。

另外,通过热重曲线可以确定化合物的分解机理。

下面以 $CaC_2O_4 \cdot H_2O$ 为例,来说明由 TG 曲线确定热分解机理的过程。

含有一个结晶水的草酸钙的热重曲线和微商热重曲线,如图 6.31 所示。

一般地,$CaC_2O_4 \cdot H_2O$ 的热分解过程分下列几步进行:

$$CaC_2O_4 \cdot H_2O \longrightarrow CaC_2O_4 + H_2O$$

$$CaC_2O_4 \longrightarrow CaCO_3 + CO$$

$$CaCO_3 \longrightarrow CaO + CO_2$$

在 100 ℃以前,$CaC_2O_4 \cdot H_2O$ 没有失重现象,其热重曲线呈水平状,为 TG 曲线中的第一个平台。在 100～200 ℃之间失重并开始出现第二个平台。这一步的失重量占试样总质量的 12.5%,相当于每摩尔 $CaC_2O_4 \cdot H_2O$ 失去 1 mol H_2O。在 400～500 ℃之间失重并开始呈现第三个平台,其失重量占试样总质量的 18.5%,相当于每摩尔 CaC_2O_4 分解出 1 mol CO。最后,在 600～800 ℃之间失重并出现第四个平台,为 $CaCO_3$ 分解成 CaO 和 CO_2 的过程。

图 6.31 中的 DTG 曲线所记录的三个峰是与 $CaC_2O_4 \cdot H_2O$ 三步失重过程相对应的。根据这三个 DTG 的峰面积,同样可算出 $CaC_2O_4 \cdot H_2O$ 各个热分解过程的失重量。

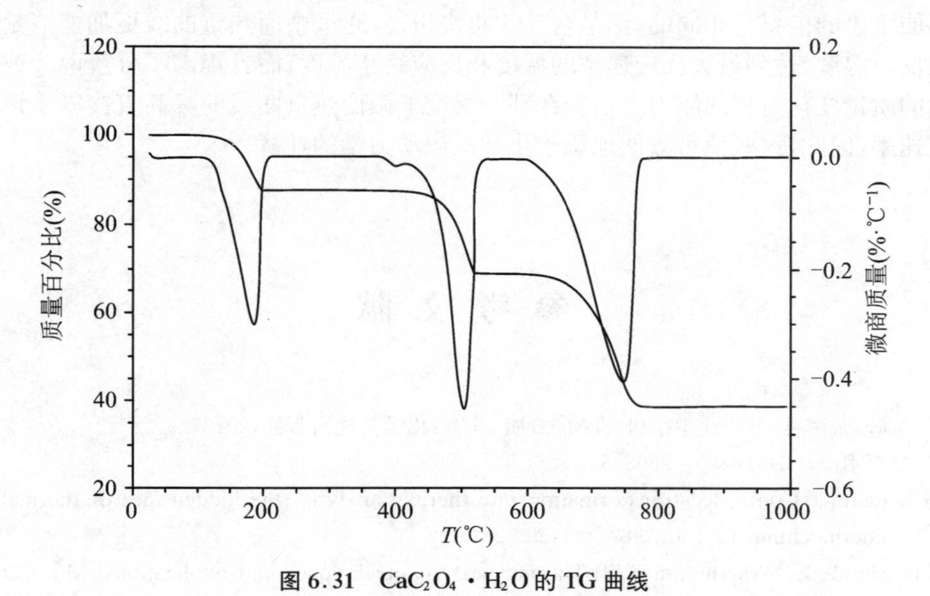

图 6.31 $CaC_2O_4 \cdot H_2O$ 的 TG 曲线

在热重法中,DTG 曲线比 TG 曲线更为有用,因为它与 DTA 曲线相类似,可在相同的温度范围进行对比和分析而获得有价值的资料。

6.8 TG 曲线的描述

对 TG 曲线的描述十分重要,应结合实验条件、样品的组成和结构、前处理、制备方法等相关信息对 TG 曲线进行合理、准确、全面的描述。

由热重实验得到的是在程序控制温度下物质质量与温度关系的曲线,即热重曲线(TG 曲线),横坐标为温度或时间,纵坐标为质量。必要时,后者也可用失重量等其他形式表示。由于试样质量变化的实际过程不是在某一温度下同时发生并瞬间完成的,因此热重曲线的形状不呈直角台阶状,而是形成带有过渡和倾斜区段的曲线。

从上述应用实例可以看出:当原始试样及其可能生成的中间体在加热过程中因物理或化学变化而有挥发性产物释出时,从热重曲线可以得到它们的组成、热稳定性、热分解及生成的产物等与质量相关联的重要信息。另外,由热重曲线还可以得到其他许多有用的信息。例如,从 TG 曲线可以方便地得到分解温度和热稳定的温度范围。

为了获得可靠的曲线并能对曲线作出正确解释,首先应确定合理的实验条件,并尽可能用其他方法,例如 X 射线分析、逸出气分析以及差热分析等作进一步的补充。这是因为热重法易受许多因素的影响,由热重曲线确定的反应温度只是在一定的仪器、实验条件与试样参数条件下的值,只有经验意义。热重法的另一个局限性是其仅能反映物质在受热条件下的质量变化,因此得到的信息也是有限的。

通过对热重曲线进行一次微分所得到的微商热重曲线可以实时地反映试样质量的变化和温度(或时间)的关系,DTG 曲线的形状与 DTA 曲线的相似。虽然微商热重曲线与 TG 曲线所能提供的信息是相同的,但是与 TG 曲线相比,通过微商热重曲线更加能清楚地反映出起始反应温度、达到最大反应速率的温度和反应终止温度,而且提高了分辨两个或多个相继发生的质量变化过程的能力。由于在某一温度下微商热重曲线的峰高直接等于该温度下的反应速率,因此,这些值可方便地用于化学反应动力学的计算。

参考文献

[1] 刘振海,张洪林.分析化学手册.8[M].3 版.北京:化学工业出版社,2016.

[2] 热分析术语:GB/T6425—2008[S].

[3] Rouquerol J. Controlled transformation rate thermal analysis: the hidden face of thermal analysis [J]. Thermochimica Acta. 1989,144:209-224.

[4] Charsley E L, Warrington S B. Thermal analysis: techniques and applications[M]. Cambridge: Royal Society of Chemistry,1992.

[5] Gill P S, Sauerbrunn S R, Crowe B S. High resolution thermogravimetry[J]. Journal of Thermal Analysis and Calorimetry,1992,38(3):255-266.

[6] Sichina W J. Autocatalysed epoxy cure prediction using isothermal DSC kinetics thermal analysis [J]. 1993,25:45.

[7] Duval C. Inorganic thermogravimetric analysis[M]. 2nd ed. Amsterdam:North-Holland,1963.

[8] Erdey L,Paulik F,Paulik J. Ein neues thermisches Verfahren: die Derivations thermogravimetrie [J]. Acta. Chim. Acad. Sci. Htmgr.,1956,10:61.

[9] Gallagher P K. Thermal characterization of polymeric materials[M]. 2nd ed. New York: Academic Press,1997.

[10] Garn P D,Kessler J. Thermogravimetry in self-generated atmospheres[J]. Anal. Chem.,1960,32 (12):1563-1565.

[11] Newkirk A E. Thermogravimetry in self-generated atmospheres: a decade of practice and new results[J]. Thermochimica Acta, 1971,2:1.

[12] Paulik J,Paulik F. Complex thermoanalytical method for the simultaneous recording of T, TG, DTG, DTA, TGT, DTGT, TD and DTD curves Part I. Development and characterization of equipment[J]. Thermochimica Acta. 1971,3(1);13-15.

[13] Paulik F,Paulik J. Thermoanalytical examination under quasi-isothermal-quasi-isobaric conditions [J]. Thermochim Acta. 1986,100: 23-59.

[14] Chen Y,Li L,Li J,et al. Ammonia capture and flexible transformationof M-2(INA)(M = Cu, Co, Ni, Cd) series materials[J]. Journal of Hazardous Materials,2016,306:340-347.

[15] Zayed M A, Gehad G,Mohamed M A. Fahmey. Thermal and mass spectral characterization of novel azo dyes of p-acetoamidophenol in comparison with Hammett substituent effects and molecular orbital calculations[J]. J. Therm. Anal. Calorim.,2012,107:763-776.

[16] Ahamad T, Alshehri S M. TG-FTIR-MS (evolved gas analysis) of bidi tobaccopowder during combustion and pyrolysis[J]. J. Hazard Mater,2012(199/200):200-208.

[17] Jiang X, Li C, Chi Y, et al. TG-FTIR study on urea-formaldehyde resin residue during pyrolysis and combustion[J]. Journal of Hazardous Materials, 2010, 173: 205-210.

[18] Madarasz J, Kaneko S, Okuya M, et al. Comparative evolved gas analyses of crystalline and amorphous titanium (Ⅳ) oxo-hydroxo-acetylacetonates by TG-FTIR and TG/DTA-MS[J]. Thermochimica Acta. 2009, 489: 37-44.

[19] Madarasz J, Varga P P, Pokol G. Evolved gas analyses (TG/DTA-MS and TG-FTIR) on dehydration and pyrolysis of magnesium nitrate hexahydrate in air and nitrogen[J]. Anal. Appl. Pyrol., 2007, 79: 475-478.

[20] 刘振海,徐国华,张洪林,等.热分析与量热仪及其应用[M]. 2版.北京:化学工业出版社,2011.

[21] Norem S D, O'Neill M J, Gray A P. The use of magnetic transitions in temperature calibration and performance evaluation of thermogravimetric systems[J]. Thermochimica Acta, 1970, 1: 29-38.

[22] Standard Test Method for Temperature Calibration of Thermogravimetric Analyzers: ASTME 1582 17[S].

[23] Gallagher P K, Schrey F. The thermal decomposition of freeze-dried tantalum and mixed lithium-niobium oxalate[J]. Thermochimica Acta, 1970, 1: 465-476.

[24] McGhie A R. Thermometric calibration in thermogravimetric analysis[J]. Anal. Chem. 1983, 55: 987-988.

[25] McGhie A R, Chiu J, Fair P G, et al. Thermogravimetric apparatus temperature calibration using melting point standards[J]. Thermochimica Acta. 1983, 67; 241-250.

[26] 刘振海.热分析导论[M].北京:化学工业出版社,1991.

[27] Corradini E, Teixeira E M, Paladin P D, et al. Thermal stability and degradation kinetic study of white and colored cotton fibers by thermogravimetric analysis[J]. J. Therm. Anal. Calorim., 2009, 97: 415.

[28] 徐颖.热分析实验[M].北京:学苑出版社,2011.

[29] 陈镜泓,李传儒.热分析及其应用[M].北京:科学出版社,1985.

第7章　差热分析法和差示扫描量热法

7.1 引　言

物质在温度变化过程中,往往伴随着热效应的变化,而热效应通常与物质的微观结构以及宏观的物理、化学性质等相关联。通过测量和分析物质在加热或冷却过程中的热效应的变化,可以对其进行定性、定量分析,以帮助我们进行物质的鉴定,获得热性能数据和结构信息。

差热分析法(Differential Thermal Analysis,DTA)是一种重要的热分析方法,常用于测定物质在产生热效应过程中的特征温度以及吸收或放出的热量,包括物质相变、分解、化合、凝固、脱水、蒸发等物理变化或化学反应过程,广泛应用于无机材料、硅酸盐、陶瓷、矿物金属、航天耐温材料等领域。

与差热分析相比,差示扫描量热法(Differential Scanning Calorimetry,DSC)可以更加准确地定量测定热量,具有灵敏度高和需要样品量少等优点。

本章将对这两种重要的热分析方法进行介绍。

7.2　与差热分析法和差示扫描量热法相关的术语与定义

7.2.1　差热分析法

差热分析法是在程序控制温度和一定气氛下,测量试样和参比物之间的温度差与温度或时间关系的一种热分析技术。[1]

实验时,通过试样和参比物底部的热电偶同时测量它们的温度变化。当样品自身产生热效应时,试样的温度会高于(发生放热效应时)或者低于(发生吸热效应时)参比物的温度。通过实验过程中试样与参比的温度差曲线可以记录下热效应的产生过程。

DTA的最简单装置是将样品和参比物放置在一个块体的管或孔中,并将热电偶直接插入样品室与参比室中。[2-4]该块体由环绕的绕线炉进行加热,通过简单的程序来控制加热炉的温度变化速率。还可以采用诸如将盛有样品的坩埚放置在单独的陶瓷架上,并通入不同的气氛等方式。如果需要从DTA中获得更好的定量关系，则必须消除样品的性质变化（如体积变化、收缩率和热导率）、热传导对热电偶的干扰以及材料的损失等的影响。[5]可以通过测量特定材料的温度差来消除样品的反应热以及样品外部的反应热，而峰面积则仅依赖于产生的反应热以及对不包含样品的仪器的校准。[5]当用DTA估算热量时，其在很大程度上受到设计的用于定量工作的仪器的控制、校准和操作的影响。

7.2.2　差热分析仪

差热分析仪（differential thermal analyzer）是在程序控制温度和一定气氛下，连续测量试样和参比物温度差的一种热分析仪器。[1]

除一些特殊领域可实现超高温实验的差热分析仪外，在目前商品化的仪器中，差热分析法通常与热重法联用，所对应的仪器称为热重-差热分析仪（简称TG-DTA仪），也称同步热分析仪（简称STA仪）。

7.2.3　差热分析曲线

差热分析曲线也称DTA曲线，是在程序控制温度和一定气氛下由差热分析仪测得的曲线。[1]

DTA曲线的纵坐标是试样和参比物的温度差（ΔT），按习惯，向上表示放热效应（exothermic effect），向下表示吸热效应（endothermic effect）。在DTA曲线中，横坐标t或T从左向右表示增加，纵坐标ΔT从下向上表示增加。

虽然纵坐标通常习惯上标记为ΔT，理论上温度的单位应该为℃或者K，但由于热电偶的输出信号在大多数情况下将随着温度而变化，因此记录的测量值通常为输出的电势差（e.m.f）E。式(7.1)为温度差与E的关系，转换因子b不是常数，$b = f(T)$，且其他传感器系统也存在类似的情况。

$$\Delta T = b \cdot E \tag{7.1}$$

式中，测量的温度差与热电偶输出的电势差E成正比。在一些软件中，采集到的温度差的单位为电势差的单位，通常用微伏（μV）表示。

7.2.4　差示扫描量热法

差示扫描量热法（Differential Scanning Calorimetry, DSC）是在程序控制温度和一定气氛下，测量输给试样和参比物的热流速率或加热功率（差）与温度或时间关系的一类热分析技术。[1]

7.2.4.1　热流式差示扫描量热法

热流式差示扫描量热法（heat-flux type Differential Scanning Calorimetry，简称热流式DSC），又称为热通量式DSC，是在按程序控制温度和一定气氛下，测量与试样和参比物温差相关的热流速率与温度或时间关系的一种差示扫描量热技术。

在对测量的温度差进行适当的热量或者热流校准之后，通过实验直接记录样品和参比物之间的温度差作为热流速率差的测量曲线称为 DSC 曲线。[6]

7.2.4.2 功率补偿式差示扫描量热法

功率补偿式差示扫描量热法(power-compensation type Differential Scanning Calorimetry,简称功率补偿式 DSC)是在程序控制温度和一定气氛下,通过对样品端或参比端输入电功率而使试样和参比物温度保持相等,测量输给试样和参比物的加热功率(差)与温度或时间关系的技术。[1]

7.2.5 温度调制差示扫描量热法[7]

温度调制差示扫描量热法(Modulated Temperature Differential Scanning Calorimetry,MTDSC)是在程序控制温度和一定气氛下,监测样品和参比物质的热流速率(或功率)的差值随温度或时间变化关系的一种技术。[1]

该类技术通常是在上述常规 DSC 的基础上改进得到的,可以将其描述为温度调制的差示扫描量热仪。在报告中需详细描述温度调制实验所用的调制类型和频率,以及用于对结果进行去卷积处理的数学方法。

7.2.6 差示扫描量热仪

差示扫描量热仪也称 DSC 仪,是在程序控制温度和一定气氛下,测量试样和参比物的热流速率或加热功率(差)与温度或时间关系的一种热分析仪器。

一些研究者认为,如果仪器可以输出与热流(即功率)成比例的信号,那么就可以称之为 DSC。[6]

按照工作原理不同,DSC 仪主要分为热流式差示扫描量热仪和功率补偿式差示扫描量热仪两种类型。[1]

7.2.6.1 热流式差示扫描量热仪

热流式差示扫描量热仪(heat flux-type Differential Scanning Calorimeter),又称热流式 DSC 仪,是在程序控制温度和一定气氛下,测量与试样和参比物温差成比例、流过热敏板的热流速率的一种 DSC 仪。

7.2.6.2 功率补偿式差示扫描量热仪

功率补偿式差示扫描量热仪(power compensation-type Differential Scanning Calorimeter),又称功率补偿式 DSC 仪,是在程序控制温度和一定气氛下,当出现热效应时,为保持试样和参比物的温度近乎相等做功率补偿的一种 DSC 仪。该仪器测量的是输给两者的加热功率差。

7.2.7 差示扫描量热曲线

差示扫描量热曲线也称 DSC 曲线,是由差示扫描量热仪测得的输给试样和参比物的热流速率或加热功率(差)与温度或时间的关系曲线。曲线的纵坐标为热流(heat flow),单位为 mW。为了便于比较纵坐标中的热流单位,通常对质量或者物质的量进行归一化,单位通常为 $mW\cdot mg^{-1}$(或者 $W\cdot g^{-1}$)、$mW\cdot mmol^{-1}$(或者 $W\cdot mol^{-1}$);DSC 曲线的横坐标为温度或时间。图中吸/放热效应以曲线吸/放热标识所示方向为准,如图 7.1 所示。

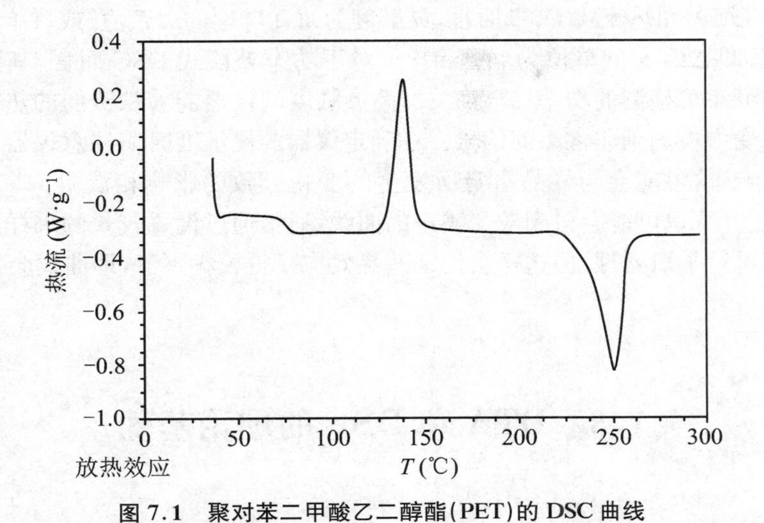

图 7.1　聚对苯二甲酸乙二醇酯(PET)的 DSC 曲线

7.2.8　微商差示扫描量热曲线

微商差示扫描量热曲线(Derivative Differential Scanning Calorimetric curve,简称 derivative DSC 曲线或 DDSC 曲线),是原始 DSC 曲线相对于时间(或温度)的导数,通常以数学方式计算得到。一般用 DDSC 曲线来区分多种转变过程,例如可以用来区分热容变化和吸热峰之间的转变。[8]

通过玻璃化转变的一阶导数曲线,可以得到一个面积与 ΔC_p 值成比例的峰。一阶导数曲线的峰值温度可以用作 T_g 变化的量度,或者用于比较添加剂的使用效果。另外,通过二阶导数曲线可以根据第一个峰的最大值给出 DSC 峰的开始位置。在一些情况下,峰值最小值的个数可以等同于混合物中的组分的个数。除此之外,DTA 的微商曲线也经常被使用。[9]

7.2.9　热量校正

热量校正(heat correction)是通过建立校准用标准物质的转变热的仪器测量值 ΔQ_m 和真实值 ΔQ_{tr}之间的关系(见等式(7.2)),利用热量校正使仪器测量值与真实值相一致的操作。[1]

$$\Delta Q_{tr} = K_Q(T)\cdot \Delta Q_m \tag{7.2}$$

式中,$K_Q(T)$为用于热量校正的校正因子。

7.2.10 DTA和DSC的灵敏度

根据定义，灵敏度是仪器对单位变化的所测量变化的响应，它可以与检测限即最小检测量相关。对于DTA和热流式DSC而言，灵敏度为每瓦功率的ΔT值，或每单位功率的热电偶电动势的值，即$\Delta E/P$的单位为μV/mW。对于功率补偿式DSC而言，其灵敏度可能与以瓦为单位的最小可检测的功率ΔP相关。高灵敏度的仪器能够从微弱的热效应或非常少量的样品的转变中检测到非常小的信号。在确定仪器的灵敏度时需注意仪器因素和操作因素对结果的影响，这可能会与样品自身所发生的变化导致的影响相混淆。[10]对于现代化的仪器，在高灵敏度下也可能会得到较大噪声的曲线，通常通过设置较长的采样间隔或利用计算机软件对其进行平滑处理，但这样会使某些热效应变得模糊不清(即曲线会发生畸变)。

7.3 DTA和DSC的理论基础

一般来说，典型的DTA或DSC曲线的形状和大小在很大程度上由样品和参比材料周围的环境决定，其与可控制反应的机理和样品材料的特性同等重要。图7.2给出了材料在熔融过程中理论上的DTA曲线，并与由实验获得的曲线进行了对比。[11]在熔融期间，当所有材料发生熔融时，转变应该在峰值处结束。并且当与吸热相关的反应已经停止时，测量曲线应该如曲线b那样突然返回到基线。在实际中，我们更容易获得类似于曲线a的曲线，即相对缓慢地返回到基线。此外，由于曲线不会返回到原来的基线位置，而是返回到其上面或下面的其他位置处，因此曲线常会有更多的复杂性，如图7.3所示。[11]当最终的基线不仅处于不同的位置，而且也有不同的斜率时，情况可能会变得更加复杂。

一般地，可以用DTA和DSC的理论来解释这些影响。然而，DTA或DSC的完整理论非常复杂[12-14]，通常会涉及从热源到样品的热量传递，而热量也是通过化学的方式在样品内部产生或吸收的。基于DTA发展起来的各种理论与热流式DSC密切相关，这些理论最终可以扩展到功率补偿式DSC。

7.3.1 DTA的理论基础[15]

在进行DTA实验时，将试样S和参比物R放在同一加热的金属块W中，使之处于相同的热力学状态。假设体系满足以下条件：

(1) 试样和参比物的温度分布均匀(无温度梯度)，且与各自的坩埚温度相同；

(2) 试样、参比物及支持器的热容量(C_S、C_R)和热阻不随温度变化；

(3) 试样、参比物与金属块之间的热传导和温差成正比，比例常数K(传热系数)与温度变化无关。

图7.4中给出了加热炉内的试样和参比物所处的体系的热力学函数。

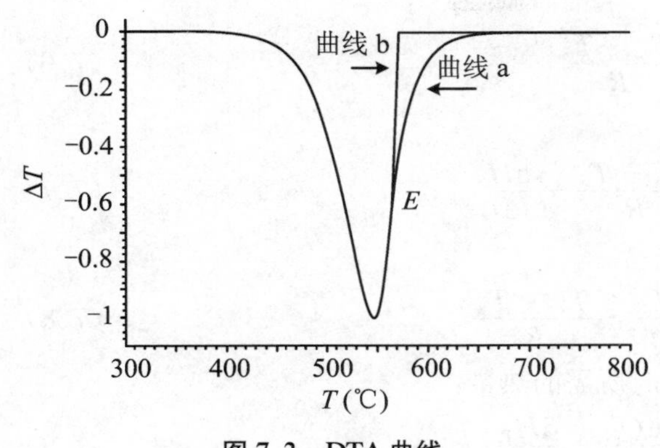

图 7.2　DTA 曲线

a 为实际测量得到的曲线；b 为理论曲线

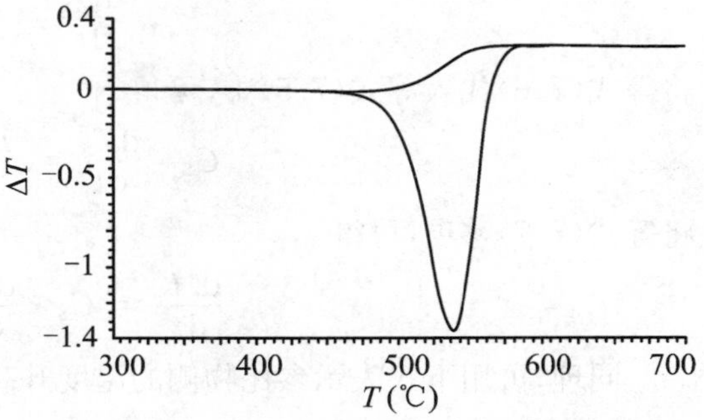

图 7.3　当热导率发生变化时，通过材料内部的热电偶测量得到的温度差曲线

在图 7.4 中，T_S、T_R 分别为样品、参比物的温度；C_S、C_R 分别为样品、参比物的热容；R 为支持器与环境之间的热阻；dQ_S/dt、dQ_R/dt 分别为单位时间内传递到试样和参比物的热量；dH_S/dt、dH_R/dt 分别为试样、参比物的热流；$dH_R/dt = 0$ 时，参比物没有热效应；$R = R_S = R_R$ 指传热的热阻。

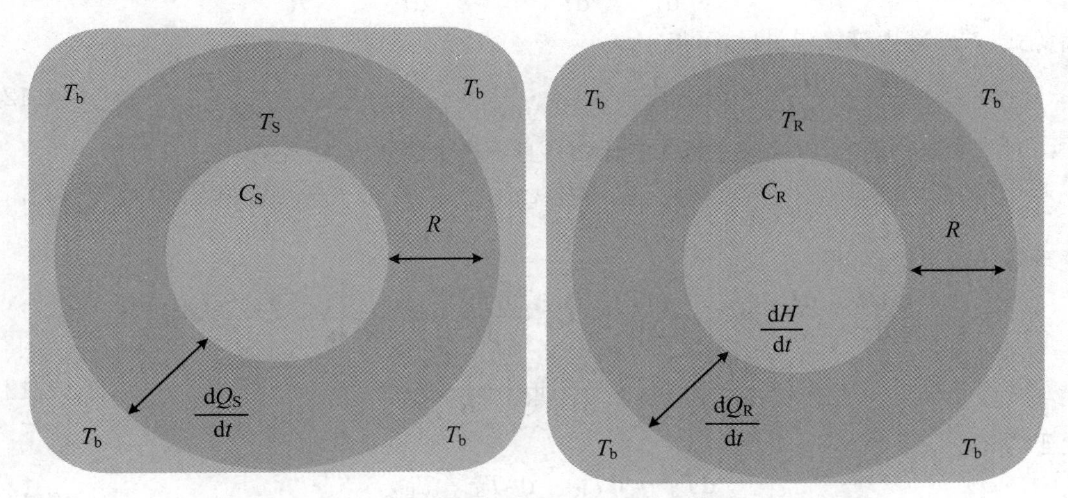

图 7.4　DTA 加热炉内的试样和参比所处的体系的热力学函数

假设在实验过程中试样侧热阻和参比物侧热阻相等。

试样侧升高温度未发生反应时需要的热量可以用下式表示：

$$Q_{S,实测} = m \cdot C_S \cdot \Delta T_S \tag{7.3}$$

式中，$Q_{S,实测}$ 为由实验实际测量的热效应，m 为试样的质量。

对等式(7.3)做质量归一化，可得

$$Q_S = C_S \cdot \Delta T_S \tag{7.4}$$

式中，Q_S为单位质量的热效应。

当试样发生热效应(吸热或放热变化)时，Q_S或温度变化由两部分组成：

$$C_S \cdot \frac{dT_S}{dt} = \frac{dQ_S}{dt} + \frac{dH_S}{dt} \tag{7.5}$$

在等式(7.5)中，dQ_S/dt 项与试样的热容有关，而 dH_S/dt 项则与试样的热效应有关。

根据牛顿定律

$$\frac{dQ_S}{dt}=\frac{T_b-T_S}{R} \tag{7.6}$$

将等式(7.6)代入等式(7.5)中,可得

$$C_S\cdot\frac{dT_S}{dt}=\frac{T_b-T_S}{R}+\frac{dH_S}{dt} \tag{7.7}$$

将等式(7.7)移项,可得

$$\frac{dH_S}{dt}=C_S\cdot\frac{dT_S}{dt}-\frac{T_b-T_S}{R} \tag{7.8}$$

同理,可用下式表示参比物侧的温度升高时所需的热量:

$$C_R\cdot\frac{dT_R}{dt}=\frac{dQ_R}{dt}+\frac{dH_R}{dt} \tag{7.9}$$

根据牛顿定律

$$\frac{dQ_R}{dt}=\frac{T_b-T_R}{R} \tag{7.10}$$

可得

$$\frac{dH_R}{dt}=C_R\cdot\frac{dT_R}{dt}-\frac{dQ_R}{dt}=C_R\cdot\frac{dT_R}{dt}-\frac{T_b-T_R}{R} \tag{7.11}$$

将等式(7.8)减去等式(7.11),可得

$$\frac{dH_S}{dt}-\frac{dH_R}{dt}=C_S\cdot\frac{dT_S}{dt}-C_R\cdot\frac{dT_R}{dt}-\frac{T_b-T_S}{R}+\frac{T_b-T_R}{R} \tag{7.12}$$

对于参比物而言,在实验过程中参比物自身不产生热效应,因此有

$$\frac{dH_R}{dt}=0 \tag{7.13}$$

整理等式(7.12),可得

$$\begin{aligned}\frac{dH}{dt}=\frac{dH_S}{dt}&=C_S\cdot\frac{dT_S}{dt}-C_R\cdot\frac{dT_R}{dt}-\frac{T_b-T_S}{R}+\frac{T_b-T_R}{R}\\&=C_S\cdot\frac{dT_S}{dt}-C_R\cdot\frac{dT_R}{dt}+\frac{T_S-T_R}{R}\end{aligned} \tag{7.13}$$

由于

$$\frac{dT_S}{dt}=\frac{dT_R}{dt}+\frac{d(T_S-T_R)}{dt} \tag{7.14}$$

将等式(7.14)代入等式(7.13)中,可得

$$\frac{dH}{dt}=C_S\cdot\left[\frac{dT_R}{dt}+\frac{d(T_S-T_R)}{dt}\right]-C_R\cdot\frac{dT_R}{dt}+\frac{T_S-T_R}{R} \tag{7.15}$$

整理等式(7.15),可得

$$\frac{dH}{dt}=(C_S-C_R)\cdot\frac{dT_R}{dt}+C_S\cdot\frac{d(T_S-T_R)}{dt}+\frac{T_S-T_R}{R} \tag{7.16}$$

令 $\Delta T=T_S-T_R$,则等式(7.16)可以变形为

$$\frac{dH}{dt}=(C_S-C_R)\cdot\frac{dT_R}{dt}+C_S\cdot\frac{d(\Delta T)}{dt}+\frac{\Delta T}{R} \tag{7.17}$$

于是,等式(7.17)可以变形为

$$C_S\cdot\frac{d(\Delta T)}{dt}=\frac{dH}{dt}-(C_S-C_R)\cdot\frac{dT_R}{dt}+\frac{\Delta T}{R} \tag{7.18}$$

式中，ΔT 为试样对参比物的温度差，对应于DTA曲线测量的物理量。

假设在试样不产生热效应时，试样的温度 T_S、参比物的温度 T_R 和加热炉的温度 T_F 三者相等，即

$$T_S = T_R = T_F \tag{7.19}$$

当温度呈现线性变化时，有

$$\beta = \frac{dT}{dt} = \frac{dT_F}{dt} \tag{7.20}$$

实验时，炉温 T_F 以 β 开始升温，由于存在热阻，T_S、T_R 均滞后于 T_F，经过一段时间以后，两者才以 β 升温。

在升温过程中，由于试样与参比物的热容量不同（即 $C_S \neq C_R$），它们对 T_w 的温度滞后也不相同（热容大的滞后时间长），由此导致在试样和参比物之间产生温差 ΔT。当它们的热容差被热传导自动补偿以后，试样和参比物才按照程序以速度 β 升温。此时 ΔT 为一接近恒定的值 $(\Delta T)_a$，即为差热分析曲线的基线。

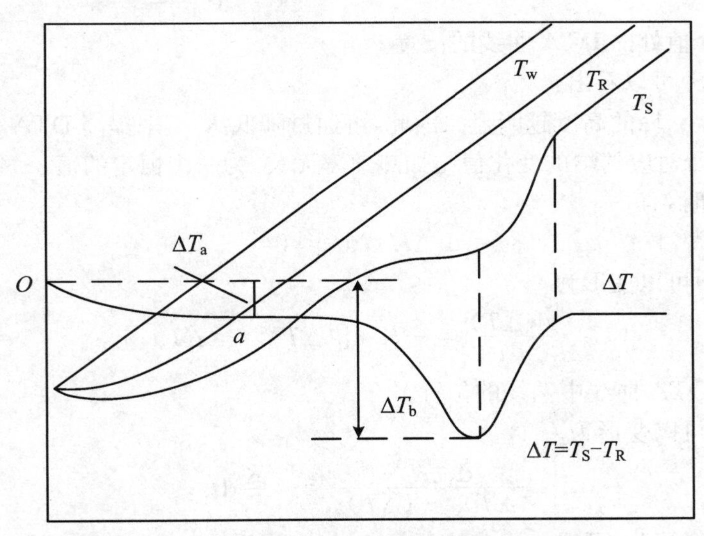

图7.5　DTA实验过程中的温度变化曲线[15]

在实际的实验过程中，在加热时由于试样、参比物之间的热容等不同，以及其他的不对称性导致在有热量变化之前DTA曲线不会完全在零线上，而表现出一定的基线偏离现象。此时，ΔT 与时间之间的关系可以表示为

$$\Delta T = \frac{C_R - C_S}{K} \cdot \beta\left[1 - \exp\left(-\frac{K}{C_S} \cdot t\right)\right] \tag{7.21}$$

式中，β 为加热速率，t 为时间，K 为与灵敏度有关的仪器常数，可理解为热传导系数。

当 $t \to \infty$ 时，等式(7.21)可变形为

$$(\Delta T)_a = \frac{C_R - C_S}{K} \cdot \beta \tag{7.22}$$

等式(7.22)可以用来表示DTA基线的位置。

由等式(7.22)可见：

(1) 只有当升温速率保持不变并且 C_R、C_S 接近时（可以通过参比物来稀释试样的热容），才能使基线保持平直状态（即漂移量达到最低），与零线偏离程度较小。

(2) 在升温过程中,若试样的比热容发生变化,则基线的位置$(\Delta T)_a$也发生变化,因此通过 DTA 曲线可以反映出试样的比热容的变化。

(3) 升温速率β值越小,$(\Delta T)_a$越小,即基线的漂移量也越小。

令$\Delta C_P = C_S - C_R$,并将等式(7.22)代入等式(7.18)中,可得

$$C_S \cdot \frac{d(\Delta T)}{dt} = \frac{dH}{dt} - K \cdot [\Delta T - (\Delta T)_a] \tag{7.23}$$

由等式(7.23)可以得到以下结论:

(1) 当试样发生热效应时,ΔT值逐渐变大。对于放热反应$\Delta T = T_S - T_R > 0$,吸热反应$\Delta T = T_S - T_R < 0$,在 DTA 曲线中可以相应地得到向上和向下的峰。

(2) 在峰的最大值或最小值处,有

$$d(\Delta T)/dt = 0 \tag{7.24}$$

于是,等式(7.23)可以变形为

$$(\Delta T)_b - (\Delta T)_a = \frac{1}{K} \cdot \frac{dH}{dt} \tag{7.25}$$

式中,$(\Delta T)_b$为峰值处的 DTA 曲线的位置。

由等式(7.25)可以看出:

(1) K值越小,峰的高度越明显。因此,可通过降低K值来提高 DTA 分析的灵敏度。

(2) 峰面积所对应的焓的变化值与加热速率无关,为一个恒定的值。

在反应终点时,有

$$d(\Delta H)/dt = 0 \tag{7.26}$$

因此,等式(7.23)可以变形为

$$C_S \cdot \frac{d(\Delta T)}{dt} = -K \cdot [(\Delta T)_c - (\Delta T)_a] \tag{7.27}$$

式中,$(\Delta T)_c$为 DTA 曲线中基线的位置。

等式(7.27)可以变形为

$$\frac{d(\Delta T)}{(\Delta T)_c - (\Delta T)_a} = -\frac{K}{C_S} dt \tag{7.28}$$

对等式(7.28)进行积分,可得

$$\int \frac{d(\Delta T)}{(\Delta T)_c - (\Delta T)_a} = \int -\frac{K}{C_S} dt \tag{7.29}$$

展开可得

$$\ln[(\Delta T)_c - (\Delta T)_a] = -\frac{K}{C_S} \cdot t \tag{7.30}$$

等式(7.30)可以变形为

$$(\Delta T)_c - (\Delta T)_a = \exp\left(-\frac{K}{C_S} \cdot t\right) \tag{7.31}$$

等式(7.31)表明:从反应终点c后,ΔT将按照指数衰减的方式返回基线位置。

为了确定反应终点,通常作$\ln[(\Delta T)_c - (\Delta T)_a]$-$t$图,该图中的各点基本都在一条直线上(图 7.6)。

沿 DTA 曲线的尾部向峰值逆向取点,作$\ln[\Delta T - (\Delta T)_a]$-$t$图(见图 7.6),将图 7.6 中开始偏离直线的点定为终点c,由横坐标可确定终点c所对应的温度(或时间)。

在确定了加热过程中的反应终点之后,我们来讨论热焓的确定方法。

将等式(7.23)从反应开始点 a(即偏离基线的点)到反应终点 c 对时间做定积分,可得

$$\int_a^c C_S \cdot \left[\frac{d(\Delta T)}{dt}\right]dt = \int_a^c \left(\frac{dH}{dt}\right)dt - \int_a^c \{K \cdot [\Delta T - (\Delta T)_a]\}dt \tag{7.32}$$

积分等式(7.32),可得

$$C_S \cdot [(\Delta T)_c - (\Delta T)_a] = [(dH)_c - (dH)_a] - \int_a^c \{K \cdot [\Delta T - (\Delta T)_a]\}dt \tag{7.33}$$

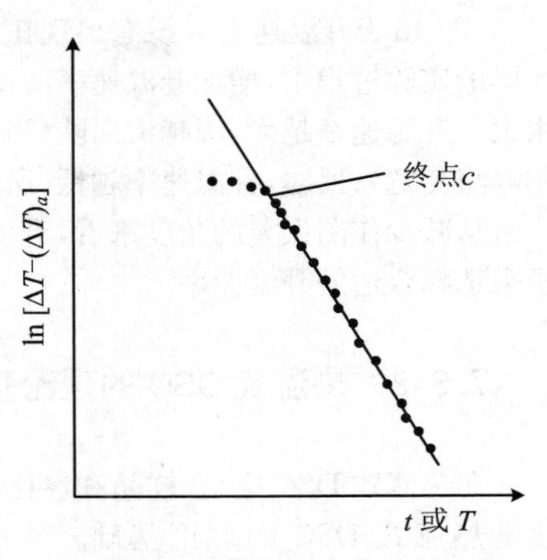

图 7.6　确定 DTA 曲线中反应或转变终点的方法[15]

令热过程中的热量变化 $\Delta H = [(dH)_c - (dH)_a]$,可得

$$C_S \cdot [(\Delta T)_c - (\Delta T)_a] = \Delta H - \int_a^c \{K \cdot [\Delta T - (\Delta T)_a]\}dt \tag{7.34}$$

等式(7.34)可变形为

$$\Delta H = C_S \cdot [(\Delta T)_c - (\Delta T)_a] + \int_a^c \{K \cdot [\Delta T - (\Delta T)_a]\}dt \tag{7.35}$$

DTA 曲线从反应终点 c 返回到基线(此过程 $\Delta H = 0$)的过程的积分表达式可由等式(7.35)得出

$$C_S \cdot [(\Delta T)_c - (\Delta T)_a] = \int_c^\infty \{K \cdot [\Delta T - (\Delta T)_a]\}dt \tag{7.36}$$

将等式(7.36)代入等式(7.35)中,可得

$$\Delta H = \int_a^c \{K \cdot [\Delta T - (\Delta T)_a]\}dt + \int_c^\infty K \cdot \{[\Delta T - (\Delta T)_a]\}dt \tag{7.37}$$

合并整理等式(7.37),可得

$$\Delta H = K\int_a^\infty [\Delta T - (\Delta T)_a]dt = K \cdot A \tag{7.38}$$

等式(7.38)即为著名的 Speil 方程[16]。

在等式(7.38)中定义

$$A = \int_a^\infty [\Delta T - (\Delta T)_a]dt \tag{7.39}$$

即为差热曲线的峰和基线之间的面积。

事实上,K 不仅与温度有关,还受热辐射的影响,辐射热通常正比于 T^4。

由等式(7.38)可以得出以下结论:

(1) DTA 曲线的峰面积 A 与对应的反应热效应 ΔH 成正比,比例系数 K 为传热系数。

当仪器操作条件确定之后,K 在理想条件下应该为常数(也称仪器常数)。实际上,K 是随温度变化的。但在较窄的温度范围内,可以认为 K 是常数。若温度范围过大,则必须在不同的温度下分别测定 K 值。K 值的测定方法是用已知热效应 ΔH_0 的标准物质通过 DTA 法来测定其峰面积 A_0,从而求出该温度下的仪器常数 K 值。

(2) 对于相同的反应热效应 ΔH 而言,传热系数 K 越大,得到的峰高越小,即灵敏度越低,在设计仪器、选用坩埚及炉内气氛时应考虑这个因素。

(3) 由于升温速率 β 没有出现在 Speil 方程中，因此升温速率不影响峰面积的大小。在实际的实验过程中，增加升温速率所得的峰面积一般要增大一些。升温速率不同，峰形差别很大。升温速率越大，峰越尖而陡(当横坐标轴为时间时也如此，如以横坐标轴为温度作图，则峰将变宽)；反之，升温速率越低，所得到的峰形越宽。

从减少作图误差的角度来看，升温速率不宜太低。实验时应根据试样的性质及测试要求来选择合适的升温速率。

7.3.2 热流式 DSC 的理论基础[17]

在热流式 DSC 中，在样品和参比物支持器之间引入了一个可控制的热量损失装置[5]，这是热流式 DSC 的理论基础。理论上，热流式 DSC 是一个被动的测量系统(passive system)。

根据以上讨论的 DTA 理论，在较高的温度下，K 随温度变化而变化。为了最大限度地降低 K 的影响，应考虑在加热过程中的热阻 R 的影响。对于等式(7.16)而言，如果在等式两侧同时乘以热阻 R，则可得

$$R \cdot \frac{dH}{dt} = (T_S - T_R) + R \cdot (C_S - C_R) \cdot \frac{dT_R}{dt} + R \cdot C_S \cdot \frac{d(T_S - T_R)}{dt} \tag{7.40}$$

等式(7.40)即为热流式 DSC 曲线的理论方程。

在等式(7.40)中，等式右侧第一项 $T_S - T_R$ 为实验过程中试样和参比物之间的温度差。

令 $\Delta C_P = C_S - C_R$，$\beta = dT_R/dt$，$R = 1/K$，则等式(7.40)中的第二项可以改写为

$$R \cdot (C_S - C_R) \cdot \frac{dT_R}{dt} = \frac{\Delta C_P}{K} \cdot \beta \tag{7.41}$$

显然，等式(7.41)相当于 DTA 曲线的基线方程。

等式(7.40)右侧第三项为曲线上任一点的斜率乘以常数 $R \cdot C_S$，$d(T_S - T_R)/dt$ 为 ΔT 的一阶微商，即曲线斜率，通常称 $R \cdot C_S$ 为仪器测量系统的时间常数。

因此，一旦确定 $R \cdot C_S$ 之后即可获得 DSC 曲线，直接反映试样的瞬间热行为。

7.3.3 功率补偿式 DSC 的理论基础[17]

与热流式 DSC 相比，功率补偿式 DSC 的试样和参比物均配置有各自独立的传感器和加热器。通过它们之间感应到的任何温度差都被反馈到一个控制电路，根据温度差来决定该电路输入给样品和参比池的功率。尽管该系统用来监测温度差的变化，但其输出的测量信号是输入的功率变化信息。由于功率补偿式 DSC 可以连续、自动地检测温度差信号并由此调整加热器的功率，因此这种类型的 DSC 是一个主动的测量系统(active system)。

图 7.7 给出了在功率补偿式 DSC 工作时的各热力学函数的状态示意图。

在图 7.7 中，T_S、T_R 分别为样品、参比物的温度；C_S、C_R 分别为试样、参比物的热容；R 为支持器与环境之间的热阻；dQ_S/dt、dQ_R/dt 分别为单位时间内传给试样、参比物的能量；dH_S/dt、dH_R/dt 分别为试样、参比物的热流；R、R_S、R_R 分别为仪器对环境、试样、参比物的传热热阻。

假设仪器对环境、试样侧热阻和参比物侧热阻相等，即

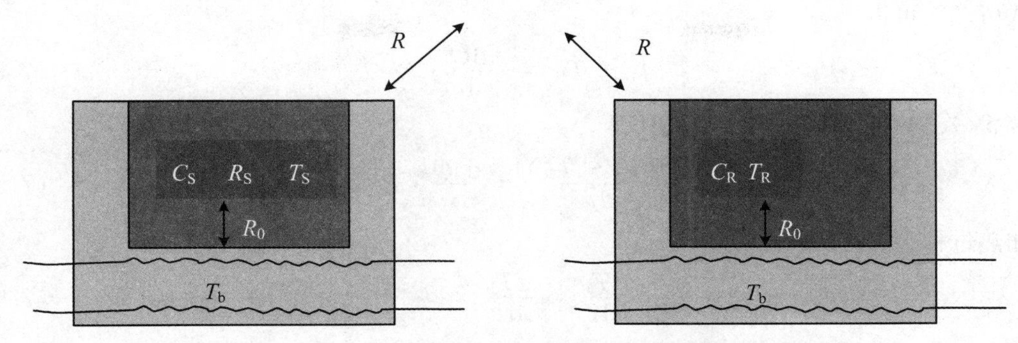

图 7.7　在功率补偿式 DSC 工作时的各热力学函数的状态示意图

$$R = R_S = R_R \tag{7.42}$$

实验时，试样侧升高温度所需的热量为

$$C_S \cdot \frac{dT_S}{dt} = \frac{dQ_S}{dt} + \frac{dH_S}{dt} \tag{7.43}$$

参比物侧升高温度所需的热量为

$$C_R \cdot \frac{dT_R}{dt} = \frac{dQ_R}{dt} + \frac{dH_R}{dt} \tag{7.44}$$

将等式(7.44)减去等式(7.43)，可得

$$C_S \cdot \frac{dT_S}{dt} - C_R \cdot \frac{dT_R}{dt} = \frac{dQ_S}{dt} + \frac{dH_S}{dt} - \frac{dQ_R}{dt} - \frac{dH_R}{dt} \tag{7.45}$$

整理等式(7.45)，可得

$$\frac{dH_S}{dt} - \frac{dH_R}{dt} = C_S \cdot \frac{dT_S}{dt} - C_S \cdot \frac{dT_R}{dt} - \frac{dQ_S}{dt} + \frac{dQ_R}{dt} \tag{7.46}$$

由于在实验过程中始终保持试样炉和参比炉的温度相等，即

$$\Delta T = T_S = T_R = 0 \tag{7.47}$$

令

$$\frac{dH}{dt} = \frac{dH_S}{dt} - \frac{dH_R}{dt} \tag{7.48}$$

$$\frac{dQ}{dt} = \frac{dQ_S}{dt} - \frac{dQ_R}{dt} \tag{7.49}$$

则等式(7.46)可以变形为

$$\frac{dH}{dt} = -\frac{dQ}{dt} + C_S \cdot \frac{dT_S}{dt} - C_R \cdot \frac{dT_R}{dt} \tag{7.50}$$

将等式(7.14)代入等式(7.50)中，可得

$$\frac{dH}{dt} = -\frac{dQ}{dt} + C_S \cdot \left[\frac{dT_R}{dt} + \frac{d(T_S - T_R)}{dt}\right] - C_R \cdot \frac{dT_R}{dt} \tag{7.51}$$

整理等式(7.51)，可得

$$\frac{dH}{dt} = -\frac{dQ}{dt} + (C_S - C_R) \cdot \frac{dT_R}{dt} + C_S \cdot \frac{d(T_S - T_R)}{dt} \tag{7.52}$$

根据(7.6)和等式(7.10)，由等式(7.52)可得

$$\frac{dQ}{dt} = \frac{dQ_S}{dt} - \frac{dQ_R}{dt} = \frac{T_b - T_S}{R} - \frac{T_b - T_R}{R} = -\frac{T_S - T_R}{R} \tag{7.53}$$

由式(7.53)可得

$$T_S - T_R = -\frac{dQ}{dt} \cdot R \tag{7.54}$$

对等式(7.54)进行微分,可得

$$\frac{d(T_S - T_R)}{dt} = \frac{d^2Q}{dt^2} \cdot R \tag{7.55}$$

在加热过程中,有

$$\frac{dT_R}{dt} = \frac{dT_b}{dt} = \beta \tag{7.56}$$

将等式(7.55)和等式(7.56)分别代入等式(7.52)中,可得

$$\frac{dH}{dt} = -\frac{dQ}{dt} + (C_S - C_R) \cdot \frac{dT_b}{dt} - R \cdot C_S \cdot \frac{d^2Q}{dt} \tag{7.57}$$

等式(7.57)即为功率补偿式DSC的曲线方程。

根据等式(7.57),可以得到以下几个方面的信息:

(1) 等式(7.57)中右侧表达式的第一项 $-dQ/dt$ 为DSC曲线的纵坐标值,其值恰好与热流式DSC曲线的 dH/dt 的符号相反。

在等式(7.57)中,有

$$\frac{dQ}{dt} = \frac{dQ_S}{dt} - \frac{dQ_R}{dt} \tag{7.58}$$

等式(7.58)为仪器输入至试样与参比物的功率的差值。当该值为正值时,表示试样发生了吸热过程;反之,当该值为负值时,表示试样发生了放热过程。

(2) 等式(7.57)中右侧表达式的第二项 $(C_S - C_R) \cdot (dT_b/dt)$ 代表DSC曲线的基线漂移。由表达式可见,基线的漂移程度取决于试样与参比的热容差 $\Delta C_P = C_S - C_R$ 和升温速率 $dT/dt = \beta$。与DTA和热流式DSC不同,该项与热阻无关,这是功率补偿式DSC的一个优点。

(3) 等式(7.57)中右侧表达式的第三项 $R \cdot C_S \cdot (d^2Q/dt^2)$ 代表DSC曲线的斜率,它与 C_S、R 和一个二阶导数有关,$R \cdot C_S$ 称为系统的时间常数。

7.4 仪 器

在文献中已经系统地总结了现代化的DTA仪器和DSC仪器[18,19],且在第5章中已经讨论了在较早的参考文献中所使用的早期仪器。大多数热分析仪器都有一些共同点,在其他章节中所讨论的关于加热炉的构造、温度的控制、气氛的控制,以及数据的采集和处理都与DTA和DSC相似。

7.4.1 DTA仪器

对于任何一种DTA仪器来说,其主要的组成部分如图7.8所示。

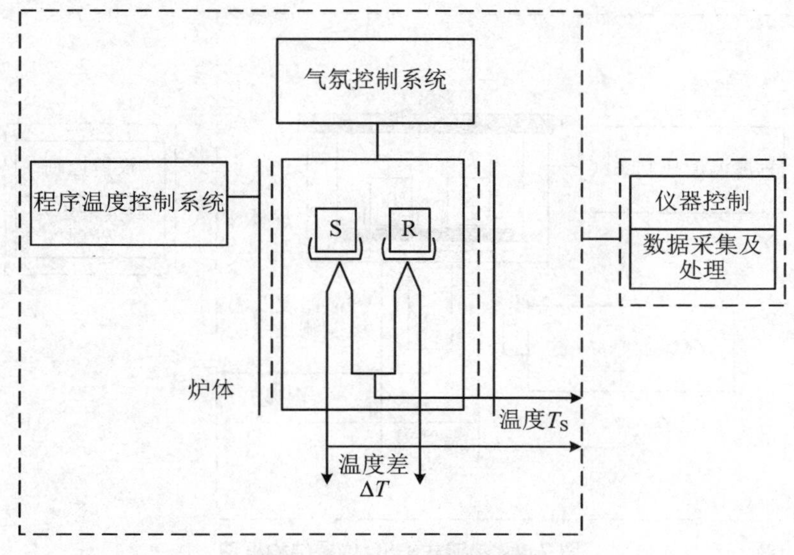

图7.8　DTA仪器结构框图

DTA仪器主要由主机(主要包括程序温度控制系统、炉体、支持器组件、气氛控制系统、温度及温度差测定系统等部分)、仪器辅助设备(主要包括自动进样器、压力控制装置、光照、冷却装置、压片装置等)、仪器控制和数据采集及处理各部分组成。

7.4.2　DSC仪器

常用DSC仪器主要分为热流式DSC仪器和功率补偿式DSC仪器两种。

7.4.2.1　热流式DSC仪器

对于任何一种热流式DSC仪器而言,其主要由仪器主机(主要包括程序温度控制系统、炉体、支持器组件、气氛控制系统、试样温度及温度差测定系统等部分)、仪器控制和数据采集及处理各部分组成。该仪器的结构框图如图7.9所示。

7.4.2.2　功率补偿式DSC仪器

功率补偿式DSC仪器主要由仪器主机(主要包括程序温度控制系统、炉体、支持器组件、气氛控制系统、温度及温度差测定系统、功率补偿器等部分)、仪器控制和数据采集及处理各部分组成。该仪器的结构框图如图7.10所示。

7.4.3　温度传感器[11]

温度传感器是指能感受温度并转换成可用输出信号的传感器。温度传感器是温度测量仪表的核心部分,品种繁多。按照测量方式可分为接触式和非接触式两大类,按照传感器材料及电子元件特性可分为热电阻和热电偶两类。最常用于热学类仪器中的温度传感器是热电偶和铂电阻温度计。在DTA和DSC仪器中,通常采用热电偶作为温度传感器。

由于热电偶温度传感器的灵敏度与材料的粗细无关,因此用非常细的材料也能够做成

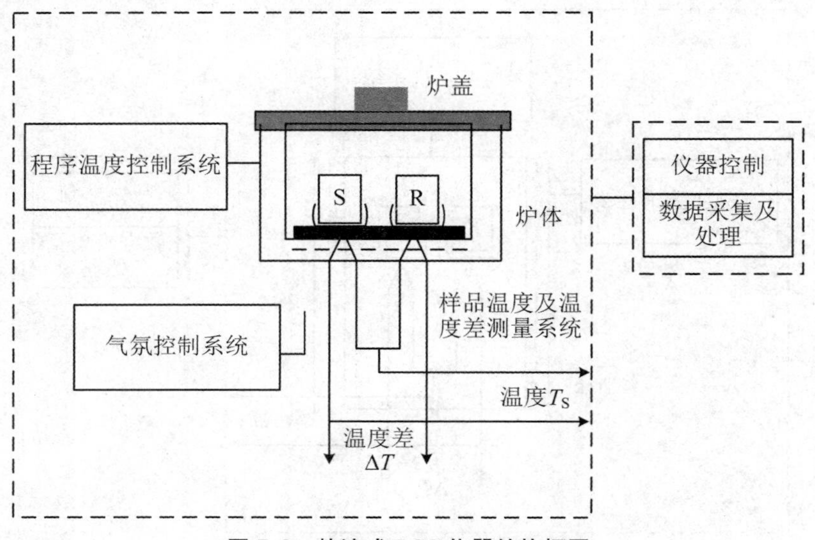

图 7.9　热流式 DSC 仪器结构框图

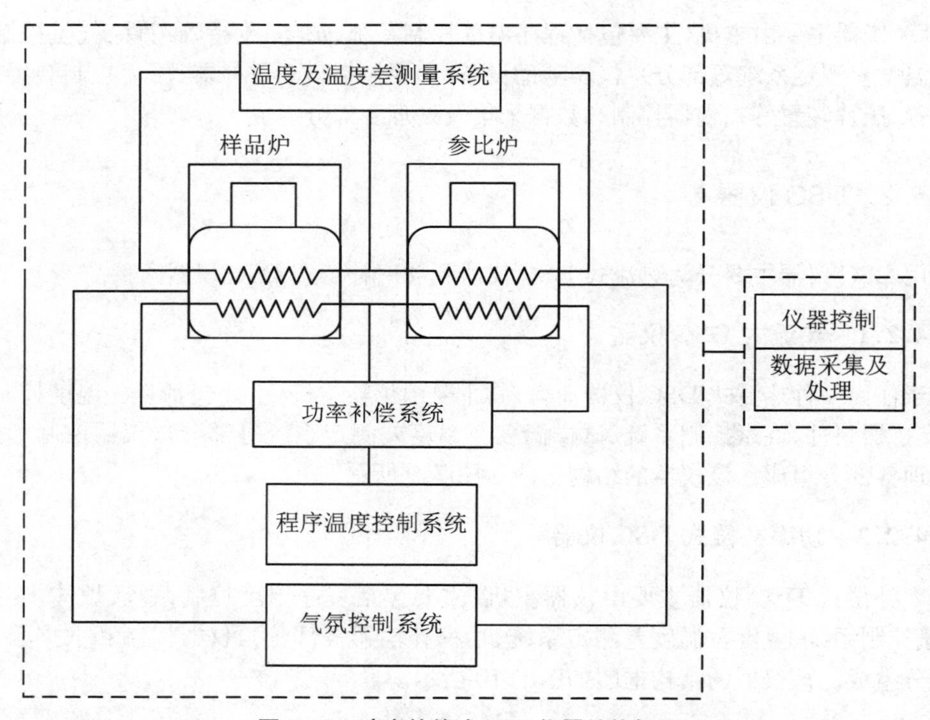

图 7.10　功率补偿式 DSC 仪器结构框图

温度传感器。也由于制作热电偶的金属材料具有很好的延展性，因此这种细微的测温元件有极高的响应速度，可以测量快速变化的过程。

热电偶传感器的灵敏度由以其温度表达的功率表示，即电势差相对于温度的变化速率。还应该注意的是，由于化学侵蚀、物理变化和界面上的扩散的影响，热电偶的输出值可能会随时间而发生变化。

7.4.4　仪器中温度传感器的结构形式[11]

从最简单的定性DTA到最复杂的定量DSC,有一个渐进的过程。最简单的DTA传感器单元包括耐化学腐蚀的热电偶,实验时将装有样品和参比物的坩埚分别放置到具有对称孔的固体块中。如果该块体的性质具有足够高的惰性,则在实验中用到的样品可以直接地放入样品池中,并且在实验结束后可以很方便地移除样品。另外,在实验时可以将样品和参比物分别放置在玻璃、陶瓷或惰性金属材质的管或坩埚中。这些管或坩埚具有合适的尺寸,以便可以紧密地放置在块体的孔中,并且样品的尺寸应足够大,以便于热电偶可以居中放置在它们孔的中间。由于这种类型的传感器与样品和参比物之间直接接触,因此其在对温度进行测量时具有最好的灵敏度,这样对于ΔT测量来说可以得到较为理想的结果。[20]

7.4.5　参比物质

一般来说,DTA和DSC技术可以用来测量样品和参比之间传感器信号的差异。尽管样品实际上可以是从矿物质到聚合物再到生物材料的任何化学物质,但是在所研究的温度范围内,参比物质是惰性的。参比物质与坩埚或热电偶不能发生任何形式的反应,并且优先考虑使用与样品的热特性相似的物质作为参比物质。

在DTA实验中最常用的参比物质是α-Al_2O_3(在使用之前必须加热到1500 ℃左右以去除吸附水)、TiO_2或者SiC。为了使样品和参比物的热性质更加相似,可以用参比物稀释样品。需要特别指出的是,这样做会降低样品的信号。另外,必须注意到样品与参比物之间不能发生任何形式的反应。

对于热导率相对较低的有机物和聚合物样品而言,可以使用热导率介于0.1和0.2 $W\cdot m^{-1}\cdot K^{-1}$的硅油和邻苯二甲酸二辛酯作为参比物质。有时在溶液中,可以使用对于样品来说的纯溶剂作为参比物质。[11]

理论上,DSC的信号应该与样品的热性质无关,因此可以使用空盘作为参比物质。这适用于以上介绍的两种类型的DSC。

7.4.6　坩埚和样品支架

在早期的设备中,通常将试样和参比物质直接放在DTA的金属块中。现在的商品化仪器中,通常将试样放在一个惰性的支架中,然后放进传感器并组合在一起。坩埚可以为开放式或密封式结构,也可以使逸出气体流入气氛气体中并被排到环境中。热重仪的坩埚也适用于大多数的DTA仪器。在实际中,通常会用到许多特殊类型的坩埚。例如,在气体反应物流经样品时,需要使用特制的坩埚来使其充分反应。[21]

现在有很多方法可以用来密封坩埚,也可以将盖子松散地放在坩埚上或样品的顶部,从而允许一定量的气体顺利通过。另外,还可以使用压力密封机将盖子密封到坩埚底座上,这样的密封方式一般可以承受3～50 atm的来自于内部的压力(取决于坩埚的材质和形状)。如果在坩埚盖子上用针或者激光精确地开凿一个小孔,则当内部的压力等于外部压力时,样品可能会发生沸腾或者汽化。对于一些特殊领域的实验而言,可以用不锈钢材质的坩埚,通过将塑料、橡胶或可延展金属垫圈与其拧在一起来达到密封的目的。这种形式的坩埚具有良好的密封性并可以重复使用,其可承受的压力高达100 bar。

对于可能与金属坩埚发生反应的样品,有时需要将样品密封在玻璃安瓿瓶中。将液体或固体样品注入具有狭窄颈部的玻璃容器中,然后将其在安瓿瓶中密封起来,这一操作通常十分方便。用于高压实验的密封样品容器的性能比通常的要高,得到的结果应与在相同的条件下(最好是较低的加热速率)的校准结果进行对比。

7.4.7 加热炉与冷却部件

7.4.7.1 加热

通过用与样品温度的传感器类型相同的传感器,即热电偶或电阻传感器可以来测量加热块体或加热管的温度。

7.4.7.2 冷却

如果只在温度上升的条件下研究样品,可能会丢失很多有用的信息。对于一些有机物例如液晶的相行为,在冷却过程中可能会出现亚稳状态。玻璃化转变现象既非常依赖于加热速率,也取决于冷却速率。任意一台DTA或DSC仪器都应该能够准确控制冷却过程,这一点很重要。

现在已经有很多种冷却系统可以应用于DTA或DSC测量中,用来测量低于环境温度下发生的转变过程。通常采用在加热炉外壳周围循环冷却剂的方法来控制冷却过程的温度变化,这种方法具有以下几个方面的优点:

(1) 可以与控制系统整合在一起,以更好地实现低温控制;

(2) 可以更快速地实现降低加热炉的温度,以获得样品在快速的温度变化时的性质信息。

另外,对于一些工作温度范围比较窄的特殊用途的DSC而言,通常采用循环液体的珀尔帖冷却方法来降低温度。[22-24]当电流按照一个方向流过热电偶时会产生一个热效应,而反向的电流流经热电偶时则会使连接点的温度变低。通过这种效应可以控制流体的冷却温度,最低温度可以达到-20 ℃。[25]

一种简单而有效的冷却方式是用连接管线将一个杜瓦瓶连接到炉子和传感器单元的封闭的导热外壳上,然后通过向其中充入液氮使其温度达到-190 ℃或用丙酮/固态CO_2(即干冰)将其冷却至约-70 ℃。[11]还有一些与此类似的系统使用与传感器外壳热连接的较大的指形冷凝器,并浸入位于分析仪下方的并含有液氮或其他制冷剂的大容量冷却槽中。图7.11给出了一种典型的采用这种冷却方式的DSC装置示意图[11]。

比以上的制冷方式更复杂的方法,是通过制冷剂控制器将液氮容器与组件连接在一起。通过安装在控制器上的压力表和加热器使容器内的压力保持在0.5 atm左右,将低温蒸汽送入安装在DTA或DSC炉上的热交换器中,使其冷却至-170 ℃。

通过仪器内置的制冷装置可用于-70~350 ℃范围内的连续操作,通过与仪器连接的冷却装置循环冷却液可以很好地控制加热和冷却程序。[26]值得注意的是,必须避免在量热池或出口管道上出现水蒸气冷凝现象。应该用干燥的气流吹扫该系统,并且通常在设备上安装一个小型的加热器以防止发生结霜现象。

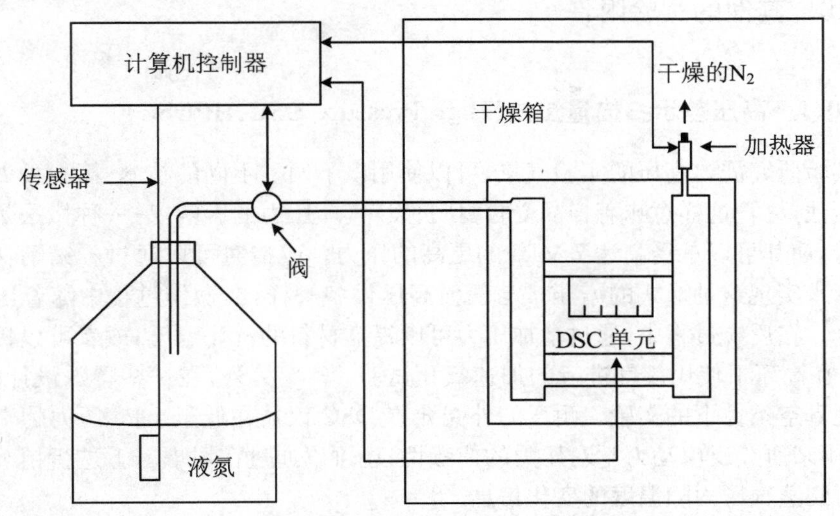

图 7.11　装配有冷却系统的 DSC 仪器[11]

7.4.8　程序控制温度部件

对于一个较好的 DTA 和 DSC 实验而言，其基本要求是尽可能精确地控制温度。对于等温实验而言，可以十分方便地调节设定的温度。同时，应有一个广泛的、可控制性好的加热速率范围。一般的仪器可以提供 0.1～100 $K \cdot min^{-1}$ 的加热速率，通过专门设计的加热系统能够实现高达 850 $K \cdot min^{-1}$ 的更高的加热速率。近年来，瑞士梅特勒公司推出了一种可以实现 3500000 $K \cdot min^{-1}$ 的加热速率和降温速率的闪速 DSC 仪器。[27-29] 相对加热过程来说，冷却显得更加困难。尤其是当需要冷却到室温以下时，通常很难控制。但是，常用的在 −10～−20 $K \cdot min^{-1}$ 范围内的冷却速率是可以实现的。

通常用仪器的控制软件在计算机中可以实现对程序温度的设定和对冷却设备的控制。在本书第 6 章中关于热重法的程序温度的大部分内容也同样适用于本部分。

通过程序温度控制可以更好地调节加热炉的温度，使其遵循程序设定的温度要求。快速地加热至设定的温度，随后进行等温平衡，然后缓慢地以恒定的加热速率从低温升温至较高的温度，并在控制条件下冷却至室温。在这些过程中，温度程序可以很容易地通过计算机输入到温度控制单元。[30]

7.4.9　气氛控制部件

样品周围的气氛会影响所得到的样品的热分析曲线，大多数 DTA 和 DSC 仪器都有一个可以用于在传感器组件周围营造出所选用的气体的气氛的部件。在实验中所使用气体的热导率会影响传感器的响应。大多数 DTA 和 DSC 仪器都可以使用如氮气、氩气或氦气等惰性气体以及反应性气体，特别是空气和氧气。实验时，所用的气氛气体的流速一般为 10～100 $cm^3 \cdot min^{-1}$。有些仪器系统允许气体在压力为负值的情况下运行，或者允许特定气体进行混合；在实验中，可以实现快速地从惰性气氛切换到氧化性气氛（反之亦然）。

7.4.10 其他的实验附件

7.4.10.1 高压差示扫描量热法(High Pressure DSC,HPDSC)

如果实验研究需要高压的实验气氛,可以使用以下两种不同的技术:第一种做法是采用上述的高压池,尽管这样意味着样品受自身“自发”气体压力的影响;另一种做法是对整个系统加以改造,使其可以承受高达 7 MPa 的更高的压力。改造时可以通过不锈钢材质的密封的高压套管来实现这种形式的增压。与任何高压设备一样,在操作过程中随着压力的升高应注意安全。在反应过程中,通过增加压力可以提高材料的汽化温度,或者可以提高反应速度。例如,在高压下使用氧气进行的加速氧化试验。[31, 32] 另外,在一些特殊设计的系统中,也可以实现真空条件下的实验。耐压的外壳允许 DSC 仪器在低至 1 Pa 压力的真空环境中工作,可以用来研究反应动力学对压力的依赖性,还可以通过在坩埚盖上进行精确打孔的密封坩埚来得到蒸气压力随温度的变化信息。[33]

7.4.10.2 光照差示扫描量热法

通过紫外光可以引发聚合反应和其他反应,这种技术已在诸如电子、涂料技术和牙科材料等学科中得到了广泛的应用。现有的商品化的 DSC 仪器已经可以改造为能够对样品进行紫外照射的设备[33],并且该类仪器已经被专门设计成为一种利用标准的 DSC 单元来进行光照量热的测量方法。[34, 35] 通常由汞灯或氙气放电灯实现在实验过程中的紫外光照,通过反馈控制使光照强度保持恒定。通过滤光器或单色器来选择波长,并通过遮光片和吸热过滤片,最后经由石英窗进入 DSC 单元中。

7.4.10.3 热显微镜法和可视 DSC 仪器

在 DSC 仪器中,通过观察样品在加热时的变化,可以显著提高对热分析实验的判断能力。有些型号的 DSC 仪器顶部盖子上会有一个透明的窗口,当把盖子移除之后,通过这个窗口可以直接观察样品。最新发展起来的可视 DSC 仪器,允许在 DSC 实验运行期间进行录像。[36]

7.5 DTA 仪器和 DSC 仪器的校准

一般地,需要通过校准和测试来对传感器组件的质量进行评估。一个良好的系统可以得到一条最小的噪声、漂移和斜率并且可以重复的基线。对于 DTA 仪和 DSC 仪而言,通常需要对其测量温度和热量进行校正,以得到更为准确的数据。对于一些定性的 DTA 而言,通常只需校正其测量温度。

7.5.1　标准物质

为了更好地校准仪器的温度，所采用的参考物质应具有相当高的纯度、耐分解和抗氧化性好，优先选用具有低挥发性、可精确测量的明显而又可重复转变性质的物质。需要选择能够独立测试，并且经过深入研究可以作为热分析方法的标准物质进行校准，同时该标准物质的性质应尽可能地保持不变。表7.1中列出了一部分常用于DTA仪器和DSC仪器的温度和热量校正的标准物质[37]。

表7.1　部分常用于DTA仪器和DSC仪器的温度和热量校正的标准物质[37]

标准物质类型	名称	转变类型	转变温度(℃)	转变焓(J·g⁻¹)
常温范围	铟	熔融	156.60	28.45
	锡	熔融	231.88	60.46
	铅	熔融	327.47	23.01
	锌	熔融	419.47	108.37
	硫酸钾	熔融	585.0+0.5	33.26
	铬酸钾	熔融	670.5+0.5	35.56
低温范围	环戊烷	结晶	−151.16	69.45
	环戊烷	结晶	−135.06	4.94
	环已烷	结晶	−87.06	79.58
	环已烷	熔融	6.54	31.25
	水	熔融	0.00	333.88
	正已烷	熔融	−90.56	140.16
	辛烷	熔融	−56.76	182.0
	癸烷	熔融	−29.66	202.09
	十二烷	熔融	−9.65	216.73
	十八烷	熔融	28.24	241.42
	三十六烷	结晶	72.14	18.74
	三十六烷	熔融	75.94	175.31
	硝基甲苯	熔融	51.64	

通常很难准确地评估一个标准物质的转变温度的“真实值”，也很难准确地确定焓变或热容变化值的“确切”数值。只有很少的材料能够得到足够高的精确度，即使熔点的测量精确度也只能达到0.1 K。例如，NIST/ICTAC的低温标准物质1，2-二氯乙烷(1，2-dichloroethane)的熔点的峰值温度为241.2 K[38, 39]，在238.5～237.3 K之间以10 K·min⁻¹的加热速率进行校正得到该校正值。对于新制备的样品而言，可以在立即重复运行实验的情况下得到相当理想的重复性(百分之几度)的指标，但对于放置了几天的样品重复进行实验，则可以观察到一度甚至几度的差异。[40, 41]

文献[42-44]系统地总结了可用于 DTA 和 DSC 的温度和热量校准的理想的标准物质的性质。概括来说，可以用于校准的标准物质应该满足以下要求[45]：

(1) 成本低、纯度高(至少 5 N)。虽然 5 N 纯度(或者更好)的金属材料可以比较方便地获得，但是商品化的可以达到这样的纯度的有机化合物和无机化合物也很少见。

(2) 化学性质和物理性质都十分稳定。化学稳定性不仅包括热稳定性、与气氛的反应稳定性等，还包括在高温下与 DSC 坩埚反应产生的一些问题。物理稳定性包括在使用温度下具有较低的蒸汽压。另外，在低温下使用的标准物质可能会产生一些特殊的问题。由于在室温下这些物质的蒸汽压可能较大，它们必须存贮在特殊的容器中。任何一种校准用的标准物质在经历相关的循环使用后都应该可以回收。这意味着它们不但具有最小的过冷现象(过冷度通常为几开)，还需要具有在实验结束后可以在短时间内恢复到初始的结构状态的能力，而不是处于亚稳态的中间体状态。尽管研究它们的结构变化是 DSC 的一项重要应用，但实际的校准过程是一个明确的、尽可能小地减少操作误差的过程。在特殊情况下，不必要求样品在加热后回到它最初始的状态。

(3) 低毒性、易处理。在使用前不需要进行特别的制样过程。在理想情况下，所有用于校准的样品应该尽可能为粉末或者液体状态，因为在这种状态下进行的预处理(如对颗粒材料进行研磨)对物质性质的可能影响是最小的。如果在制备过程中不影响下列第(4)部分中的性质，也可以采用其他的状态形式，例如片状或者圆片状等形式。

(4) 具有明确的热力学性质。用于校准的标准物质的焓和比热容数据都应该已知。为了降低最终结果的不确定度，它们应该比 DSC 的可重复性高一个数量级。一般地，热力学数据应该通过诸如绝热量热法的绝对测量的技术来获得。如果标准物质有超过一个的转变过程则具有更好的效果，对于相同的材料而言，这样会使得横坐标和纵坐标的校准更加简单。对于较宽的温度范围内的多种材料而言，可以相对方便地定义转变温度。纯度仅仅对数据产生一小部分的影响。相比之下，具有精确的焓值和 c_p 的标准物质并不多见。实际上，由两个独立的研究组在期望的条件下同时对同一种材料进行报道的情况更为少见(并且在测量时所选的测量中，结果一致的只有千分之几甚至更少)。

对于任何一种常用的标准物质而言，也可以适当地放宽上述的一个或几个限制条件。在实际应用中，得到的熔融焓或者转变焓的结果通常并不优于 ±1%，所要求的 ±0.1% 的条件更是无法满足。因此，应选择一个可以采用的最好方案来对测量结果进行合理的评价。

7.5.2 温度校准

图 7.12 中给出了在 ICTAC 报告和 ASTM 标准中所定义的 DTA 或 DSC 曲线中表征峰值或台阶的温度。[46, 47]

因此，十分有必要在待测样品的温度范围内选取至少两个点进行温度校准。该校准程序应遵循一个经过大量验证并且效果良好的规范。例如，可以按照以下规范使用每个校准物质进行温度校正[38]：

(1) 将 5～15 mg 样品加入至干净的样品支持器中并装载至仪器，同时用氮气吹扫；

(2) 使仪器在转变温度以下约 30 ℃处达到平衡；

(3) 以 10 ℃ · min^{-1}(或其他合适的速率)的加热速率加热样品使其通过转变区域；

(4) 从得到的曲线中测量外推起始温度和峰值温度；

(5) 记录并报告重复样品的平均值。

如果使用两点校准,则可以假定测量温度(T_0)与样品的实际温度(T)满足如下的线性关系:

$$T = (T_0 \times S) + I \tag{7.59}$$

式中,S 是斜率,I 是 T 对 T_0 直线的截距。因此,对于以下标 1 和 2 表示的两种温度来说,有如下的关系:

$$S = \frac{T_1 - T_2}{T_{01} - T_{02}} \tag{7.60}$$

$$I = \frac{T_{01} \times T_2 - T_{02} \times T_1}{T_{01} - T_{02}} \tag{7.61}$$

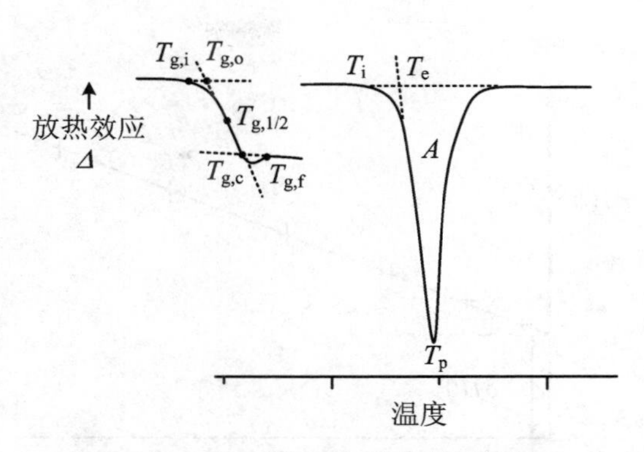

图 7.12　DTA 或 DSC 曲线的特征温度

Δ 表示 DTA 中的 ΔT 或者 DSC 中的 ΔP,而 A 则是峰的阴影面积

对于单点校准而言,只能确定截距(或校正):

$$I = T_1 - T_{01} \tag{7.62}$$

对于三点或多点校准而言,必须以数学的方式对 T-T_0 所得的图进行数据拟合。对于早期的功率补式 DSC 仪器而言,经过校准修正得到的曲线近似于抛物线。[48]

在任何一种 DSC 仪或 DTA 仪中,其传感器距样品相对较远。因此,即使传感器本身读数是正确的,样品的温度仍然可能会因为传感器和样品间的温度梯度而有所不同。即使在等温的条件下也是如此。在动态的温度扫描条件下,温度梯度将因另外的动态热滞后效应的变化而发生变化。这种滞后效应在加热过程中不明显,而在冷却过程中则偏大。[45]

在冷却过程中的校准很少引起关注,但是随着 DSC 在模拟许多具有液相凝固性质的材料成形过程中的广泛应用,冷却条件下的 DSC 实验变得越来越重要。由于大多数的相变存在一定程度的过冷现象,在冷却模式的校准过程中会存在一些独特的问题。这种过冷现象一般重现性较差,重现性主要包括样品之间的重现性,甚至对于给定的样品之间也具有较差的重现性。对于在加热过程中广泛和有效地用于校准的毫克量级的锡标准物质而言,在 20 K · min^{-1} 的加热速率下可能会过冷 60 K 左右。[45]

在冷却过程中,功率补偿式 DSC 仪[49, 50]和对称性良好的热流式 DSC 仪在测试过程中均存在着"热滞后"这种现象。传统的 DSC 温度校准物质不能用于冷却过程。在冷却过程中,存在着一定程度的过度冷却现象。由于样品之间的差异较大,故无法得到经认证的确切的过冷程度的数值。目前这些问题主要通过假设 $T_e(\beta)$ 对 β 曲线是对称分布的方式来克服,因此 $T_e(\beta)$(见图 7.13[45])可以外推到 $\beta<0$ 的情况,这样就可以对一些潜在的校准物质进行一定的可靠性评估。

在大多数的差示扫描量热仪中,热量由样品底部传递到温度传感器,由此测得由试样自身的热效应而引起的温度差的变化。在动态条件下,存在着一个通过样品本身的额外的温度梯度。因此,应该用平均值来表示样品的实际温度。实际上,人们几乎普遍采用"外推起始"的方法(见图 7.14[45])来确定发生在样品表面与其容器接触处的熔融开始的温度 $T_e(\beta)$。

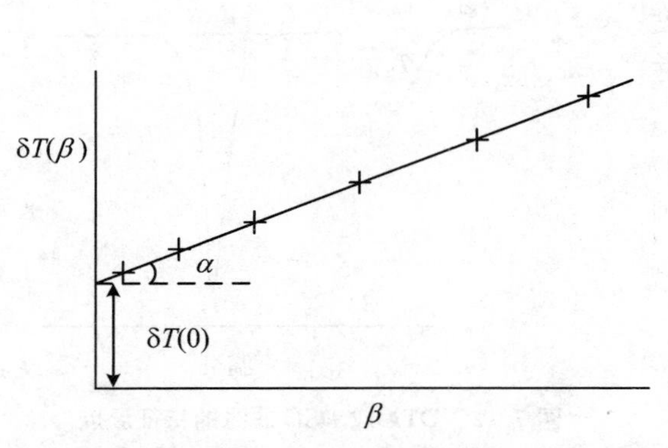

图 7.13 **$\delta T(\beta)$作为加热速率β的函数**

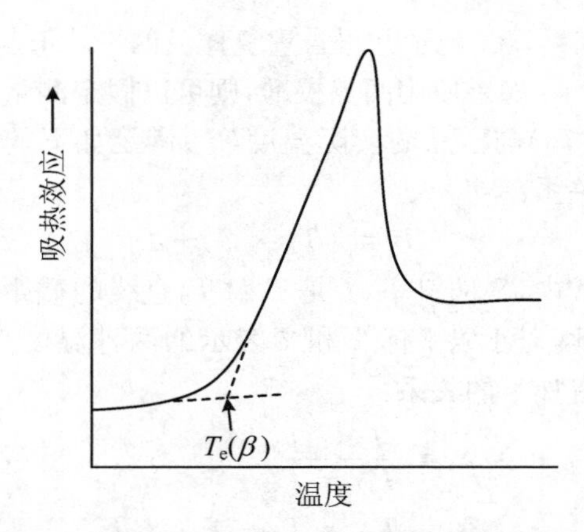

图 7.14 **在加热速率β下，外推起始温度$T_e(\beta)$的定义**

传统的温度校准方法是使用已知的转变(x = trs)和/或熔融(x = fus)过程的温度(T_x)值来建立在不同的加热速率(β)下的温度校正(δT)曲线关系：

$$\delta T(\beta) = T_x - T_e(\beta) \tag{7.63}$$

式中，δT 与 T_e和 β 都有一定的关系。

校正是否准确在很大程度上取决于如何使用具有特定功能的设备/软件组合或手动调整是否精确(使 $\delta T(\beta) = 0$ 或在一定温度范围内最小化)。另外，有些软件可能会包含计算功能，可以用来根据给定的 T_x和 $T_e(\beta)$的值自动得到校正的"观测"温度。

由于样品和传感器之间的路径有限，而且存在相关热阻，每一个 β 下的实验都需要重新进行温度校准，并且在其他任何条件(例如样品盘的类型、环境和/或样品温度、载气的流速和种类)发生改变时都需要重新进行校准。对于许多具有明确定义的一级热力学过程，特别是熔融而言，T_e和 β 之间存在着一个线性关系。为了方便起见，通常通过调整给定的仪器，使其在广泛使用的温度范围和 β(例如 10 或 20 $K \cdot min^{-1}$)下的 $\delta T \approx 0$，以便使显示的温度大致是准确的。一旦斜率 α 为已知，则等式(7.63)可以改写为以下的形式：

$$\delta T(\beta) = T_x - T_e(0) - \alpha \cdot \beta \tag{7.64}$$

(对于大多数设备而言，α 介于 0.05 和 0.15 $K \cdot min^{-1}$)。显然可以通过针对一系列温度标准物质来实现这种方法，校准结果可以再次输入软件中。

任何校准结果都应该尽可能地在后续使用的条件中可以重现。这对于仪器在多个不同的领域中应用尤其重要，这是因为在实际应用中可能需要频繁地更换仪器的工作条件。在了解了这个背景资料以及可以接受的不确定因素之后，就可以在需要进行额外的校准时做出准确的判断。例如，对于功率补偿式 DSC 而言，其 δT 很少受到气体流量加倍的影响。当环境的温度由 273 K 降低到 173 K 时，δT 则增加了 4 K，这表明所需的仪器控制程度对实验结果有明显的影响。[45]

对于低 β 值的较薄的样品而言，所得到 $\delta T(\beta)$的数值较小，而由不规则形状的样品和/或较高的 β 值下所得到的 $\delta T(\beta)$值则较大。由于所测量的温度总是在样品与样品盘接触的位置处，因此在测量过程中不允许样品内部存在温度梯度，虽然可以通过将铟嵌入平板状样品之间来减少温度梯度的变化，但是在上部的"传感器"中仍然存在着响应延迟的现象。[45]通常在 DSC 中对给定的样品进行循环实验所得到的可重复性比通过上述实验所得到的数值要好得多，即使在较高的 β 值时也只有百分之几摄氏度的变化，但这并不能等同于较高的准确度。使用重新制备的样品进行简单的重复实验，可以快速地得到一台仪器的真实的总体性能指标。

样品表面之间的热梯度在有限的厚度范围内随加热速率和样品质量的增加而变大，因此需要一个平均温度来表征实验中的热容，通常需要通过较大的 β 值和/或质量来得到足够高的信噪比。在理想的情况下，返回到等温状态是在瞬间完成的，而在实际中则需要一定的时间，可以用这一范围所对应的面积来表示一个"焓滞后"过程，其与热滞后 δT 有关，可以用下式表示：

$$m \cdot C_p \cdot \delta T = K \cdot \delta A \tag{7.65}$$

式中，m 和 C_p 分别是样品或校准用的标准物质的质量和比热容，K 是面积 A 对焓转化因子。

可以用等式(7.65)的热滞后来推导出 DSC 在加热过程中与温度有关的一些非常有用的信息。δT 随着加热速率以及样品质量(或恒定直径盘的厚度)而呈现线性的变化规律，将后者外推到质量为零(δT_0)时可以得到与样品盘接触的样品表面的温度。

在常用的加热速率下，样品的平均温度可能会有几摄氏度的误差(由材料的"热滞后"现象引起的 δT 和 δT_e 之间的差值)。[45]应该强调的是，光滑的表面可以使样品与坩埚接触良好。这也充分表明精确性和准确性是独立的两个概念，在讨论 DSC 的温度时需要区分这些物理量并考虑其他的问题。虽然热滞后现象可能会引起我们对 DSC 的测温可靠性的怀疑，但其在实际上对于具有数据处理设备的现代仪器来说是非常理想的，更重要的是可用于冷却和加热工作中。

7.5.3　能量或功率的校正

对于任何形式的量热测量技术而言，都需要尽可能地在接近样品的实验条件下进行热量校准，这些校准方法同样适用于任何一种形式的 DSC。

当使用 DSC 作为量热仪而不是温度计时，需要了解使用 DSC 面积对焓的知识或纵坐标对量热校准因子方面的内容，通过对特定的具有明确定义的值的校准物质的测量获得校准因子。由于实验过程中的许多参数都会影响这些重要的物理量，因此必须了解与给定的仪器相关的比较重要的参数，这些参数通常是在待测样品和校准物质处于完全相同的实验条件下获得的。

在使用 DTA 或 DSC 时，应清楚地了解测量的某个特定的面积或坐标之间的相关性。如果使用错误的转化因子则将得不到正确的面积或纵坐标，那么无论再精确的实验工作也将没有意义。当然，问题在于所有的定量 DSC 的工作都有共同之处，而且在某些情况下，可能会出现校准物质和样品之间的误差相互抵消的情况。但是在其他情况下，误差可能会相互增强。

另外，一些特殊的 DSC 仪采用仪器内置的电加热器的方式来校准。[51]原则上，通过这种校准方法可以给出独立的、绝对的校准。但在实际上，仪器小型化导致了其他的问题出现，并且该技术并没有得到普遍的应用。对于使用的样品体积比常规 DSC 大的仪器而言，这是一个非常有用的校准方法。

目前，主要有三种可以用于热量校准的方法：① 使用已知转变焓的参考物质进行校准；② 使用已知比热容的参考物质进行校准；③ 直接进行电学校准。

7.5.3.1 使用标准物质校正

可用的标准物质是指类似表 7.1 中的具有确定转变焓或熔化焓并且容易获得的材料。如果这些物质满足 7.5.1 小节中的纯度、稳定性和“可靠性”(例如,精确测量的焓变)的要求,则其可以在相同的坩埚中使用,并且与待测未知样品处于相同的实验条件下。

正如在介绍温度校准时所指出的那样,校准时应该遵循一个与上文所述标准类似的被广泛接受的规则,即采用额外的步骤精确获得样品质量,并且使用合理的方法来测量熔化吸热峰的面积 A,如图 7.12 所示。

使样品达到平衡后加热扫描经过熔化区域或转变区域,实验结束后应将样品冷却并重新称重,以确保没有出现质量损失。然后,可以根据所用样品的特定转变温度来计算校准系数 K,如下式所示:

$$K = \Delta H \cdot \frac{m}{A} \tag{7.66}$$

式中,K 为校准系数,单位为 $J \cdot cm^{-2}$;ΔH 为焓变,单位为 $J \cdot g^{-1}$;m 为校准物质的质量,单位为 g;A 为峰面积,单位为 cm^2。

同时,还应考虑测量值的变化与加热速率、称重误差、样品质量以及样品性质的关系。

原则上,焓校准是一个简单的过程。根据已知的熔化焓或转变焓($m \cdot \Delta_x h$,其中,$\Delta_x h$ 单位质量或摩尔数的熔化或转变的热焓),通过等式(7.46)相对应的面积(A)来推导得到面积对焓的转化因子(K)。由于 K 可能是温度的函数,通常会使用两个[52]或三个校准物质,第三个标准物质通常用来确认热量校正结果的线性关系。这种方法虽然原则上很简单,但通常对于正确定义一个面积 A 并没有引起足够的重视,在本书 9.3 节中将讨论面积 A 的确定方法对测量结果的影响。

即使是对纯度不够高的物质而言,其主要转变过程的部分也可能在大约 1 ℃的温度范围内熔化。例如,对于 6N 纯度的铟来说,其熔点可以下降百分之几摄氏度。[45]相比之下,即使是纯物质的 DSC 熔融曲线也是如此。在 5～20 $K \cdot min^{-1}$的升温速率变化范围内,会出现温度变化横跨几摄氏度的现象,这是由熔融热传递到熔融样品所需的时间差造成的。对于样品质量较大和/或加热速率较高的情况而言,这种影响会变得更加显著。

7.5.3.2 使用比热容校准

由于 DSC 的纵坐标的偏移量取决于样品的热容,因此可以通过测量纵坐标的偏离程度来对仪器热流进行校准。实验上通常通过测量在相同温度范围下已知比热容的标准物质所得曲线和“无样品”基线之间所围成的面积来对能量进行校准,如图 7.15 所示[53]。

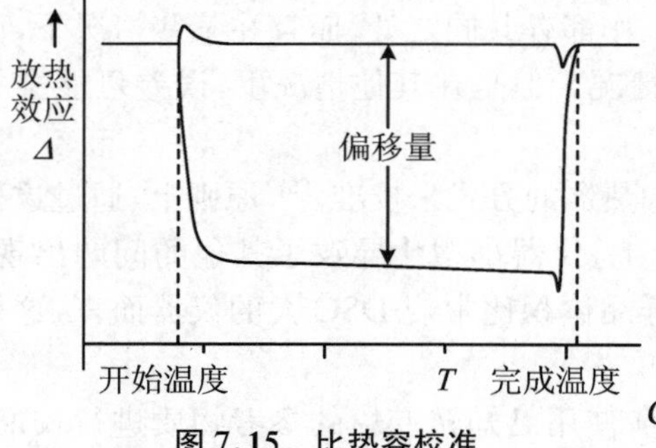

图 7.15 比热容校准

最常用于这种标准的参考物质是蓝宝石(α-Al_2O_3),因为其在 −180～1400 ℃的比热容(C_p)可以被精确地测量。[166]在 0～300 ℃的范围内,可以通过以下形式的表达式得到相当精确的比热容:

$$C_p(\text{蓝宝石}) = 1.4571 - 3.355 \times 10^{-5} T - \frac{200.17}{T} \tag{7.67}$$

采用此方法进行校准时，通常按照以下顺序进行：

(1) 在仪器中将蓝宝石加热，将程序温度至少控制在感兴趣的最高温度以上10℃，实验结束冷却至室温后放在干燥器中保存。

(2) 使用空的样品盘和盖子记录“无样品”时的基线（即空白基线），并在整个实验的温度范围内以10℃·min^{-1}加热速率加热样品。

(3) 冷却后，将已准确称量的蓝宝石样品放入样品盘中，并更换盖子。在与上述测量基线相同的条件下重复加热，并记录样品的DSC曲线。

(4) 测量样品与基线之间的热流信号差异以及曲线之间的总面积。

对于在特定温度 T 下的校准，如果在另一个温度下的校准因子是已知的（例如铟在157℃时的校准因子是已知的），则可以通过比较得到偏移量：

$$K_T = \frac{K \cdot (C_T \cdot D)}{C_p \cdot D_T} \tag{7.68}$$

式中，K 为校准系数，C_p 是蓝宝石的比热容，D 是记录的热流信号的差值。下标 T 是指新的设定温度，而在157℃时的值式中的符号都不用下标表示。可以由曲线之间的面积得到在整个温度范围内的平均校准系数。

由上述两种方法所得到的数值都与由标准的参考物质所确定的校准因子有很好的一致性[55]，并且比热容校准方法受样品的质量或温度扫描速率变化的影响很小。

现代的热流式DSC仪器通常用“热流速率”来表示纵坐标，单位是W或者mW。实际上，对于功率补偿式DSC而言，通常用经过合理校准的微分温度使纵坐标转变为“微分功率”。在其他情况下，可以通过纵坐标除以 β 来表示比热容（注意：在换算时应合理使用样品质量和常见的时间坐标）。在一些未明确说明实验条件的情况下，直接使用仪器在出厂时的校准结果会有很大的风险。[45]一般来说，应该由相同实验条件下测量未知样品和标准物质得到的信号进行比较得到比热容。

比热容的测量应该基于一系列的等温扫描、等温测量的实验数据。实验时，通过空白实验、标准物质实验和待测样品实验分别得到测量曲线。如果等温基线在实际上是弯曲的，则在所有的情况下，所作的等温基线为线性的假设不会产生不利的影响，所得到的曲率都是相同的。在空白坩埚、坩埚+参比、坩埚+样品的一系列实验中，确保在坩埚中发生了可重复的热传递过程显得尤为重要。因此，基线应该总体处于较平缓的状态，而且应该总是平的。在坩埚的表面应该发生可重复的热辐射过程，这一点在高温下尤为重要。在任何形式的 c_p 测量中，记录所用的实验序列中三次测量的等温基线偏移非常重要。

如上面所提到的那样，校准因子会随着仪器条件（样品和周围环境的温度、加热/冷却速率、气流的类型和速度）的改变而改变，但这些也同样会影响样品，因此最后得到的 c_p 应该与仪器所处的条件无关。[56]

7.5.3.3　电学方法校准

电学方法对热流的校准主要通过设计一个内含已知电阻为 R（欧姆）的小型电加热器的样品池，或者可以使用一个包含这种电阻器的校准管来进行。[11]如果电流 I（单位为安培）通过这个电阻器所用的时间为 t（单位为s），则所提供的能量 E（单位为焦耳）可以用下式表示：

$$E = I^2 \cdot R \cdot t = V \cdot I \cdot t = P \cdot t \tag{7.69}$$

式中，V 是电压，P 是所用的电功率。

有时也会采用在电流和电阻相同情况下设置不同加热时间的方法。如果在加热的过程中引起了较大的温度变化，则在计算过程中必须考虑电阻随温度的变化。所提供的电能将会提高样品池及其所包含物质的温度，而且在所记录的 DSC 曲线中将产生峰。通过使热流偏移与功率相等，或者使峰面积与所提供的电能相等，可以得到一个校准常数。这种方法通常需要一个体积约为 1 cm^3 的大的样品池。[11]

7.6 影响 DTA 和 DSC 的因素

7.6.1 气氛的影响

在 DTA 或 DSC 实验过程中，所使用的气氛发挥着重要的作用，尤其是当样品在反应过程中有气体逸出时更是如此(与热重实验相似)。如果这种产生的气体没有被及时地带离反应体系，气体的压强会改变体系的总压强。在某些情况下[57]，气氛会改变反应的过程。无论反应中是否有气体逸出，在所有的实验中都应始终保持气体流过体系，这是得到高质量的数据的保障。实验时应确保气氛的条件尽可能也保持一致。如果样品和参比物质被放置在一个留有气体存在空间的坩埚中，并且在坩埚下面测量温度，则所得到的峰面积将取决于下式所表示的气体空间的热传导率：

$$\text{基线漂移量} = \frac{\beta \cdot m \cdot \Delta c_S \cdot [\ln(r_H/r_S)]}{2\,k_H} \tag{7.70}$$

式中，β 是加热速率，单位为 $K \cdot s^{-1}$；m 是单位长度样品的质量；Δc_S 是样品比热容的改变量；r_H、r_S 分别是支持器和样品的半径；k_H 是支持器的热导率。

在实验进行过程中，从氮气切换到氦气将会改变传感器系统的响应程度和曲线的形状。

实际上，不同性质的气氛如氧化性、还原性和惰性气氛对 DTA 曲线的影响是很大的。气氛的成分对 DTA 曲线的影响很大，可以被氧化的试样在空气或氧气气氛中会有很大的氧化放热峰，在氮气或其他惰性气体中就没有氧化峰了。对于不涉及气相的物理变化，如晶型转变、熔融、结晶等，转变前后体积基本不变或变化不大，则压力对转变温度的影响很小，DTA 曲线的峰温基本不变；但对于在实验过程中放出或消耗气体的化学反应或物理变化，压力对峰的温度有明显的影响，则 DTA 峰温有较大的变化，如热分解、升华、汽化、氧化、还原等。另外，峰温的移动程度还与过程的热效应大小成正比。

图 7.16 为不同气氛下碳酸锶的热分解反应过程中的 DTA 曲线。由图可见，$SrCO_3$ 在 927 ℃时的晶型转变温度(由立方晶型转变为六方晶型)基本不变，而分解温度则变化很大。在反应过程中不断生成的 CO_2 影响了以下平衡的向右移动，由此导致了分解温度向高温方向移动：

$$SrCO_3(s) \rightleftharpoons SrO(s) + CO_2(g) \tag{7.71}$$

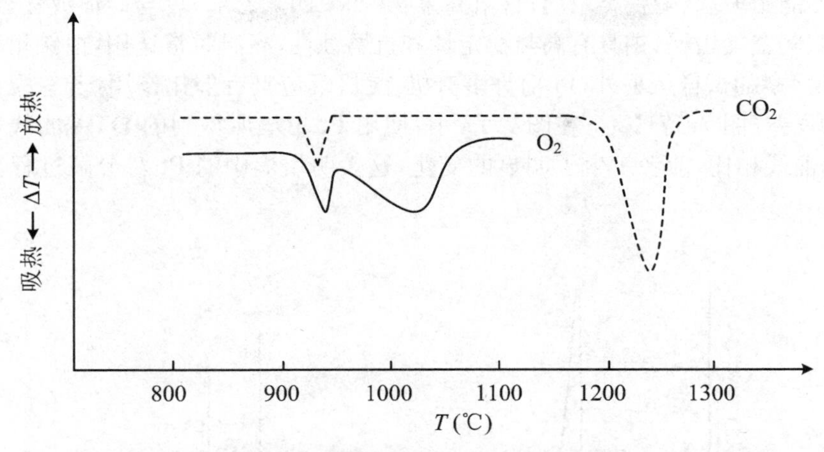

图7.16　不同气氛下碳酸锶的热分解反应过程中的DTA曲线

7.6.2　样品的尺寸和制样的影响

在DTA测试过程中，试样的热传导性和热扩散性都会对DTA曲线产生较大的影响，若涉及气体参加或释放气体的反应，则还与气体的扩散等因素有关。显然，这些影响因素与试样的用量、粒度、装填的均匀性和密实程度以及稀释剂等密切相关。

在实验时，不推荐使用体积非常大的样品进行DTA和DSC实验，除非是研究由许多不同颗粒尺寸的材料组成的块状样品。在这种情况下，不方便获得具有代表性的小样品。然而，与较大样品相关的传热问题可能更能代表工业生产的过程，并且这种条件有可能是合理的。试样用量越多，内部传热所需的时间越长，形成的温度梯度越大，DTA峰形就会变宽，易使相邻两峰重叠，分辨率下降。峰顶温度会移向高温，即温度滞后会更严重。一般情况下应尽可能减少样品用量，过多则会使样品内部传热慢、温度梯度大，导致峰形变宽和分辨率下降。

试样用量越多，内部传热时间越长，形成的温度梯度越大。此时DTA峰形就会变宽，经常会出现相邻两峰重叠的现象，导致分辨率下降，峰顶温度移向高温，即温度滞后会更严重。

另外，试样装填的均匀性和密实程度也会对得到的DTA和DSC曲线产生比较显著的影响。填装试样的疏松密实程度直接决定试样内部的导热、试样和坩埚间的热阻以及分解产物（气体）排除的难易程度，因此该因素一般也不容忽视。为了使实验结果能较好地重现，并对同一系列不同次数的实验结果能有效地进行比较和对比计算，应选择适宜的填装方法，而且每次实验中试样填装的方式、稀释程度都应严格保持一致，甚至每次填装时坩埚在工作台上轻敲振动的次数也应固定不变。

7.6.3　坩埚的影响

在DTA和DSC实验中所采用的坩埚材料通常有铝、α-Al_2O_3、石英和铂等。坩埚的材质和形状对曲线会产生不同程度的影响。在实验时对所选择的坩埚的基本要求为：对试样、产物（包括中间产物）、气氛都是惰性的，并且不起催化作用。例如：对碱性物质（如

Na_2CO_3)，不能用玻璃、陶瓷类坩埚；含氟高聚物(如聚四氟乙烯)可与硅形成化合物，故也不能使用玻璃、陶瓷类坩埚；铂具有高热稳定性和抗腐蚀性，高温时常选用，但铂坩埚不适用于含有 P、S 和卤素的试样。另外，Pt 对许多有机、无机反应具有催化作用，若忽视该影响将会导致严重的误差(图 7.17[58])。在图 7.17 中，使用 Pt 坩埚所得到的 DTA 曲线与由石英坩埚所得到的曲线相比，前者发生了明显的变化，这表明坩埚中的 Pt 对分解过程起到了加速的作用。

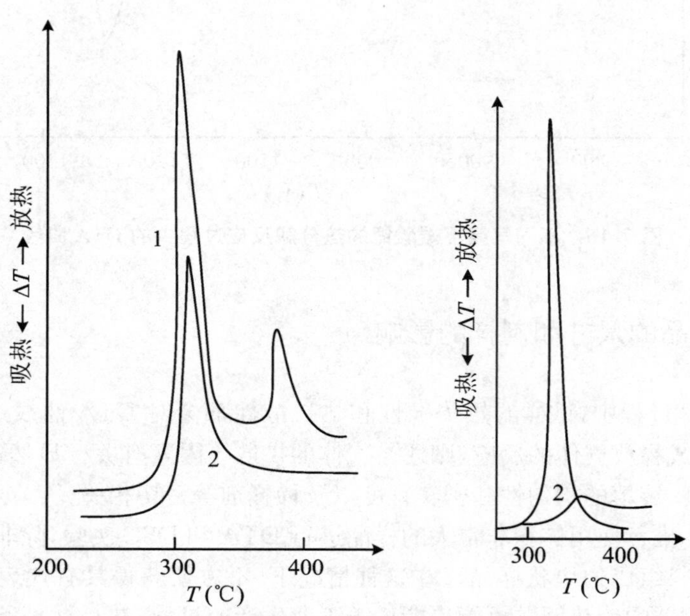

图 7.17 聚丙烯腈(左图)和棉纤维(右图)的 DTA 曲线

1. 铂坩埚；2. 石英坩埚

7.6.4 温度程序的影响

实验时所采用的温度变化速率会影响 DTA 和 DSC 曲线的峰的形状、位置和相邻峰的分辨率。温度变化速率越大，在单位时间内产生的热效应变化越大，产生的温度差当然也越大，峰也就变得越尖锐。由于升温速率增大，热惯性也越大，峰值温度也越高，峰的位置向高温方向迁移，使试样分解偏离平衡条件的程度也大，易使基线漂移。另外，采用较高的温度变化速率也容易导致相邻两个峰重叠，分辨力下降，曲线的形状发生了很大变化(图 7.18)。

另外，采用较高的升温速率有利于检测较弱的相变，可以有效地提高检测的灵敏度(图 7.19[59])。

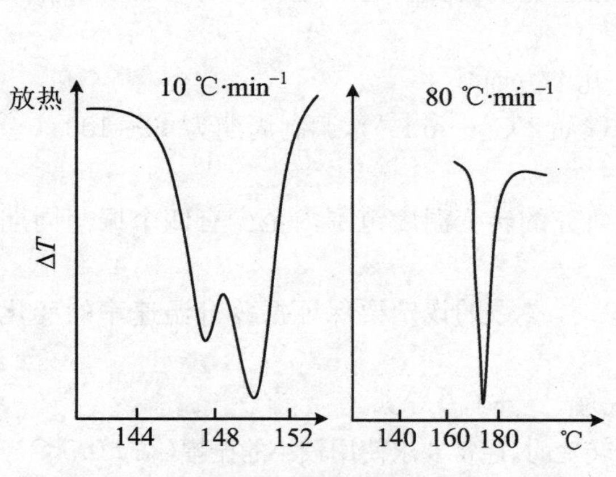

图 7.18　不同的升温速率对于聚合物的 DTA 曲线的影响

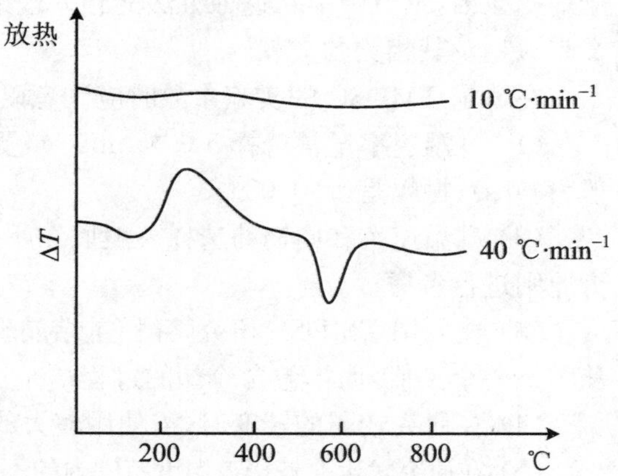

图 7.19　升温速率对碳酸锰分解的影响

在较慢的温度变化速率下，基线漂移较小，使体系接近平衡条件时，将得到宽而弱的峰。另外，较慢的温度变化速率可以使相邻两峰更好地分离，因而分辨力提高。但较慢的温度变化速率所需要的测定时间长，对仪器的灵敏度要求很高。

7.6.5　参比物和稀释剂的影响

在差热分析中有时需要在试样中添加稀释剂，常用的稀释剂有参比物或其他惰性材料，添加稀释剂的目的主要有以下几方面：

(1) 改善基线；

(2) 防止试样烧结；

(3) 调节试样的热导性；

(4) 增加试样的透气性，以防试样喷溅；

(5) 配制不同浓度的试样。

对参比物的要求如下：

(1) 在所使用的温度范围内是热惰性的；

(2) 参比物与试样比热及热传导率相同或相近，这样 DTA 曲线基线漂移小。

7.7　温度调制差示扫描量热法

温度调制差示扫描量热法(Temperature Modulated DSC，TMDSC)是在传统的温度变化程序的基础上通过某种形式的扰动来进行调制的。利用适当的数学方法通过去卷积从所采用的加热程序中解除扰动的响应信号，这种方法是由 Reading 及其同事[60-65]首次提出的，他们使用的是可实现正弦调制的热流式量热仪。对于数学分析方法，他们采用了一种平均方法的组合来获得潜在的响应，常用傅里叶变换分析法来测量温度调制响应的振幅。[11] 由于篇幅原因,本节中不对这种方法的相关理论做进一步的阐述,感兴趣的读者可以参阅参考文献[11]及其相关的文献。

在设定 TMDSC 的实验参数时应注意以下几个方面[66]:

(1) 升温速率通常选择 5 ℃ · min^{-1} 或更低(如 2 ℃ · min^{-1}),调制周期为 40～100 s(一般为 60 s),振幅是 ±(0.03～3) ℃。

(2) 升温速率和周期的选择一般以在所要研究的转变温度范围内至少有四个振荡周期为原则进行考虑;

(3) 在利用 TMDSC 研究熔融/重结晶现象时,参数的设定要保证振荡升温速率的变化从零到一个正值,而不包含冷却的过程;

(4) 在研究较弱的转变时,需使用较大的振幅(＞±1.0 ℃);

(5) 在研究发生在较接近温度范围内的不同转变时,通常要求使用较小的振幅(＜±0.5 ℃)。

(6) 可以通过 TMDSC 实现步阶式准恒温(stepwise quasi-isothermal)过程,实验时使样品在一恒定温度下保持一定时间,然后将恒定温度提高 1～2 ℃,再恒温一定的时间,重复上面的过程直至该过程覆盖整个转变的温度范围。由于温度的振荡,恒温下的热流值不为零,而是在一个有固定周期的很小的温度范围内上下振荡,这样可以同时获得振荡热流和振荡升温速率的值,两者之间的比值即为材料的比热 C_p,如等式(7.71)所示。

$$C_p = \frac{C \cdot HF}{\beta \cdot m} \tag{7.71}$$

式中,C 为池常数;HF 为振荡热流;β 为振荡升温速率;m 为样品的质量。

因此,相对于传统的 DSC 而言,TMDSC 能够在恒温状态下通过一次实验获得精确的 C_p 值,可以利用这个独特的功能来测量样品物理化学性质的变化。

与传统 DSC 相比,TMDSC 有以下几个优点[66]:

(1) 能够有效地分离样品中可逆与不可逆过程的热过程,准确地阐明各种转变的本质,如焓松弛现象、冷结晶、热固性材料的熟化以及热裂解、汽化等过程为动力学过程,这些过程可以清晰地由不可逆的热流曲线反映出来。玻璃化转变过程与热容有关,通常通过可逆的热流曲线反映。由于熔融和结晶过程存在着频率及振幅的依赖性,因此在可逆的热流曲线与不可逆的热流曲线上会同时出现相应的信号。

(2) 能通过一次试验直接测量材料的比热。

(3) 能增进对材料性质的了解,比如高分子在熔融范围内的结晶效应以及可逆的固-固转变及固-液转变等。

(4) 同时具有较高的灵敏度和分辨率,因而在检测较弱转变时更具优势;振荡温度的使用有助于增强对微弱转变测试的灵敏度。

(5) 在不损失灵敏度的前提下,能够增强转变的解析度。

(6) 可以用来确定材料的导热系数。

(7) 能够准确地测定聚合物的初始结晶度。

(8) 能够实现在反应或动力学过程中热容变化的准等温测量。

基于以上优势,TMDSC 越来越受到材料相关的科研人员的青睐,其在研究材料的玻璃化转变、结晶-熔融、热容变化等领域得到了较为广泛的应用,得到了大量传统 DSC 所难以检测的数据,使一些难以理解的现象得到了解释说明。

当研究玻璃化转变时,TMDSC 方法具有一些优势,通过其可以从诸如弛豫吸热的不可逆过程中将诸如玻璃化转变、固化反应之类的可逆过程分离出来，这样在含有许多转变态的复杂体系中可以更容易地识别 T_g。可逆信号上的基线曲率通常非常低，从而使得更加容易地区分基线效应和实际转变过程。由于除了调制以外各频率处的所有漂移或噪声都通过傅里叶变换分析忽略了，因此采用周期循环测量得到的热容信号的信噪比一般比较大。由于可以使用非常低的基础加热速率，因此 TMDSC 的分辨率可以非常高。由于这些优点，通常对 C' 关于温度 T 求导来得到一些特征的转变信息。随后玻璃化转变即以峰的形式出现，这样更容易识别且更容易进行定量测量。

综上所述，在材料热性能研究领域，TMDSC 技术是对传统 DSC 的一个强有力的补充，能够提供更多有效的信息。一些叠加的转变如在半结晶材料的熔融/重结晶过程，伴随着玻璃化转变过程的焓松弛现象以及共混体系中来自不同组分的转变等都能通过 TMDSC 分解开来。在表征材料的微弱转变时，通过 TMDSC 可以同时实现测试的高灵敏度和高解析度。另外，还可以通过 TMDSC 对恒温过程中热流的测量实现对绝缘材料的导热系数的定量测定。

当然，我们需要清醒地认识到，TMDSC 虽然是一种较新的技术，其自身仍然存在着一些不足。相对于传统的 DSC 而言，TMDSC 要求基本升温速率比较低，因此需要更长的实验时间。并且在进行 TMDSC 测试之前需仔细考虑调制参数（调制周期和振幅）的选择，特别是在对熔融过程进行测定时。

因此，完全用 TMDSC 来取代传统 DSC 是不可取的。对于一个未知材料的研究，最好从传统 DSC 开始，再考虑是否有使用 TMDSC 的必要。两者适当的配合能够实现对材料的物理性质与化学性质进行快速、准确的分析与解释。

总之，从 TMDSC 的应用和更加复杂的程序控制温度、数据分析这几方面来看，其前景都是光明的。

7.8　样品制备和实验操作

7.8.1　校准和标准化

在使用 DTA 仪和 DSC 仪之前，必须检查其可靠性并加以校准，以确保其准确性。同时应按照以下原则来评价仪器是否能达到实验目的：

（1）仪器是否适用于待测的样品；

（2）仪器是否对待检测或测量的变化有好的响应；

（3）仪器是否给出了较为准确的校准温度和测量的物理性质的结果，并且这些结果相对高质量的文献而言都是准确的。

7.8.2 制样

通过正确的制样操作、合适的样品池以及制样条件，可以获得在特定的实验条件下的最佳结果。对于 DSC 实验而言，这些结果应该是对温度、焓和热容的精确的、可重复的测量，且可以重现样品反应的动力学行为和相互作用。在实验过程中，传感器与盘中的样品之间保持良好的热接触和较低的热阻至关重要。在制备样品时，必须尽可能考虑所有可能影响热接触的因素。

可用于 DTA 和 DSC 研究的样品几乎可覆盖全范围的天然材料、生物和有机材料、矿物和无机化学品以及非常多的合成材料和复合材料。这些样品具有完全不同的物理特性，从非常坚硬且不渗透的陶瓷，到有机粉末、金属、石蜡，再到具有不同黏度的液体样品。在多数情况下，需要采用特殊的实验方案来得到准确、可重复的热分析结果。在所有的实验中，所使用的空样品盘应称重，准备好的样品和坩埚也应一同称重。通常采用差减法称取适量试样置于试样坩埚内(精确到 ± 0.01 mg)，使其与试样坩埚紧密接触。打开炉体，将试样坩埚和参比坩埚分别置于试样支持器和参比物支持器上，关闭炉体。参比物的称量和装载过程同试样。

对于片状样品，通常使用干净的镊子或专用于片状样品的药匙进行取样。对于粉末样品，可以使用振动药匙的方法取样。对于液体样品，可以使用微量移液器取样。另外，保持样品池和传感器尽可能清洁也是一个十分重要的问题。

7.8.2.1 晶态固体样品

对于一些晶态固体样品来说，它们的结晶性质是一个十分重要的特性。过度研磨样品可能会破坏其结晶度或使某些反应发生。例如，研磨五水合硫酸铜可能会产生碱式硫酸盐。需注意的是，一些样品在研磨过程中可能具有爆炸性。对于这样的样品，可以采用以下两种处理方法：① 将样品在较低的温度下尽可能地轻轻研磨；② 首先通过样品挥发等方式浓缩溶液，使其样品沉积在样品盘中。如果要在低于实验所用的温度下处理，则必须尽快地彻底去除溶剂。

7.8.2.2 粉末状固体样品

许多样品例如有机物、无机染料、复合物及填料等通常以较细粉末的形式存在，这些样品在经过常规的预处理后可以直接装入样品盘中。细粉与样品盘有非常好的接触并且一般能够平整地压实，它们常被用来获得较好的 DSC 结果。如果研磨不会对诸如许多矿物质和稳定的有机物的块状样品产生不利的影响，则应在尽可能避免污染的情况下仔细研磨样品。对于一些关于颗粒尺寸影响的研究，可以通过使用一系列的分样筛来分离粉末样品。

一些柔性聚合物和橡胶在高于其玻璃化转变温度时极难进行研磨，而在液氮中冷却后，它们可变脆且易于研磨。但是，这样处理可能会在样品中引入水分。另外，也可以用锉刀或砂纸研磨样品来制备出较粗糙的粉末。

7.8.2.3　多孔粉末和纤维样品

一些低密度的粉末、絮状物和纤维难以在密封前保留在样品盘内，通常可以使用以下两种方法来装载样品。第一种方法是首先将其放置在与坩埚材质相同的金属薄片(例如铝或铂)的中心位置，然后将它们折叠成小块，以将样品封存在较小的胶囊状的空间中，接着将该胶囊放入样品盘中，并在密封之前将其压实。另一种方法是在加盖密封之前使用垫片或内盖来加载样品。

7.8.2.4　薄膜固体样品

如果诸如金属或合金、聚合物，织物、复合材料或天然产物薄膜的样品可以制成薄膜的形式，则可以制备成半径略小于样品盘的圆片，也可以使用尖冲头(例如打孔器)冲压打孔来制备样品，并将其装入坩埚中。在冲压的过程中，得到的圆片可能会变得不平整，最好能够在样品盘中使用合适工具使其平整，以使样品和样品盘之间保持最佳的接触形式。

7.8.2.5　液体样品和溶液样品

可以用标有刻度的注射器、微量进样器或滴管将少量的非挥发性液体移出并加入准备好的样品盘中。应注意的是，由于表面张力的缘故，有时液体会扩散到样品盘的边缘。如果要进行液体混合物的研究，由于液滴可能会在样品盘内保持分离状态，因此最好在将样品移入样品盘之前进行混合。将样品加入样品盘中的另外一种方法是使用较小的玻璃纤维样品盘。

7.8.2.6　糊状样品和黏性液体样品

由于糊状物和黏性液体样品具有较高的黏度，因此它们是一些更难处理的样品。较稀的糊状物可以按照前面介绍的液体样品的加入方式进行制样，但是较黏稠的糊状物需用药匙或刮刀将其转入样品池中，然后在样品盘底部用具有扁平端的小棒压平。对于黏稠的生物液体(如淀粉悬浮液)样品而言，可以按照这种方式处理。另外，也可以用这种方式来处理一些半固态的样品(如软蜡和焦油)。一些具有较低表面张力的流体将会过度地铺展，对于这些样品，可以使用高边缘的坩埚。

7.8.2.7　挥发性液体样品

通常这些易挥发的样品在密封样品盘或密封玻璃毛细管中[67]进行，而且在周围的空间中填充导热材料，以取得良好的接触效果。

7.8.3　实验条件的选择

实验前，应根据实验目的和样品的实际情况按照以下原则来选择合适的实验条件：

(1) 根据DSC仪的要求和样品性质，选择合适的试样用量进行测试，并确定是否选用参比物和稀释剂。对于系列样品和重复测试的样品而言，每次使用的试样应尽量装填一致、松紧适宜，以得到良好的重现性。DSC仪在测试时一般用空坩埚作为参比物，参比坩埚的状态(主要指坩埚材质、性状、是否加盖、是否扎孔等)应与试样坩埚相同。

(2) 根据测试需要选用合适的气氛气体的种类、流量或压力、与温度范围相应的冷却附件等。

(3) 根据测试要求设定温度范围、升(降)温速率等温度控制程序参数。进行温度调制DSC测试时,应根据所用仪器的控制软件的要求输入温度调制的参数。

(4) 坩埚是在测试时用于盛载试样的容器,在实验过程中用到的坩埚在测试条件下不得与试样发生任何形式的作用。用于DSC测试的铝坩埚通常为一次性使用,不宜重复使用。

(5) 对于较快的转变,测试时数据采集的时间间隔应较小。对于耗时较长的测试,数据采集时间间隔宜适当延长。

7.8.4 设定气氛条件

根据测试条件的需要,选择合适的气氛气体和流量,平衡后准备测试。

7.8.5 设定实验信息

在DTA仪和DSC仪的软件中根据需要输入待测试的样品名称、样品编号、试样质量、坩埚类型、气氛种类及流速、文件名、送样人(送样单位)等信息。

在软件中根据需要设定温度范围和温度控制程序。

7.8.6 异常现象的处理

在测试结束后如发现试样与试样坩埚有反应等相互作用迹象,则不采用此数据,需更换合适坩埚重新进行测试。

如果测试结束后发现试样溢出坩埚污染到支持器组件,则应停止测试。支持器组件恢复工作后,应进行温度和热量校正,校正结果符合要求后方可继续进行测试工作。

7.8.7 自动进样器

在现代化的实验室中,需要快速的、常规的分析加上无人干预的操作和结果计算。因此,对于许多分析技术来说,可以方便地在计算机数据库中选择样品制备、处理、分析和结果记录的解决方案。这些方法同样适用于DSC和DTA仪器。一个典型的系统包括一个可以装载多达50个甚至上百个样品的电动转盘或托盘,并装有机械手装置,用于抓取、运输和释放用于该系列操作的特定类型DSC盘,通过软件系统可以控制转盘、机械手的活动、打开和关闭DSC组件来放置和移除样品盘,并且能够对每个样品按照预先选择的条件进行灵活调整。为了避免污染,整个组件由一个遮挡罩保护,并且将部件放置在尽可能靠近的位置。样品制备完毕后将其质量和实验条件以及其在转盘上所对应的编号的位置输入计算机中,这些数据被存储在一个可以命名的数据文件中并被及时存储。加载过程完成后,仪器按照设定的一系列的实验条件开始运行实验。

对于每个样品而言,测试时首先打开DSC池盖,选择合适的样品盘,并精准地将样品加入仪器的传感器组件中。然后，关闭 DSC 池盖，设定每个样品的运行条件。运行 DSC 实验，结束后可以自动地将数据存储在相应的数据文件中。

实验工作完成后，仪器按照程序正确调整仪器条件后打开盖子，将测试完毕的样品盘移出，测量系统为运行下一个样品做准备。然后，根据要求对存储的结果进行分析并给出用户在所选择范围的结果。在报告中，可以给出峰值起始温度、焓变、玻璃化转变、动力学或热容度的信息。可以用存储工具复制报告，也可以将电子形式的数据在线地传输到其他位置。

7.9　曲线的规范表示

对于由实验所得到的 DTA 和 DSC 曲线而言，主要以吸热峰或者放热峰的形式体现热效应的变化信息。应从以下几个方面描述所得到的实验曲线。

7.9.1　特征温度或时间

主要包括以下几个特征量：

1. 初始温度或时间

由外推起始准基线可确定最初偏离热分析曲线的点，通常以 T_i 或 t_i 表示。

2. 外推始点温度或时间

外推起始准基线与热分析曲线峰的起始边或台阶的拐点或类似的辅助线的最大线性部分所做切线的交点，通常以 T_{eo} 或 t_{eo} 表示。

3. 中点温度或时间

某一反应或转变范围内的曲线与基线之间的半高度差处所对应的温度或时间，通常以 $T_{1/2}$ 或 $t_{1/2}$ 表示。

4. 峰值温度或时间

热分析曲线与准基线差值最大处，通常以 T_p 或 t_p 表示。

5. 外推终点温度或时间

外推终止准基线与热分析曲线峰的终止边或台阶的拐点或类似的辅助线的最大线性部分所做切线的交点，通常以 T_{ef} 或 t_{ef} 表示。

6. 终点温度或时间

由外推终止准基线可确定最后偏离热分析曲线的点，通常以 T_f 或 t_f 表示。

对于已知的转变过程，以上特征温度或时间符号中以正体下角标表示转变的类型，如 g 表示玻璃化(glass transition)；c 表示结晶(crystallization)；m 表示熔融(melting)；d 表示分解(decomposition)等。

图 7.20 以非等温 DTA 曲线为例，示出了以上特征温度的表示方法。

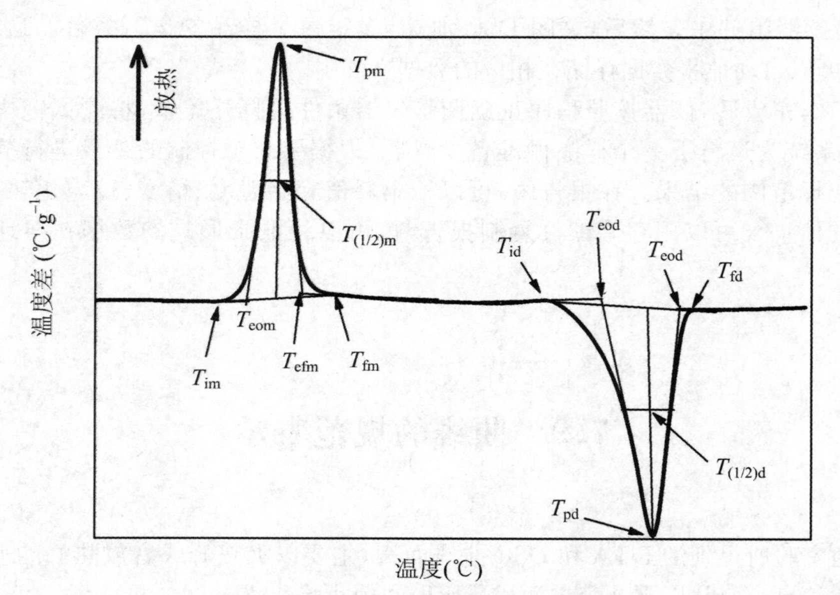

图 7.20　DTA 曲线的特征温度表示方法

7.9.2　特征峰

由热分析曲线所得的特征峰是指曲线中偏离试样基线的部分,曲线达到最大或最小,而后又返回到试样基线。峰主要包括以下几个特征量:

1. 吸热峰

就 DTA 曲线的吸热峰而言,是指转变过程中试样的温度低于参比物的温度,这相当于吸热转变。

2. 放热峰

就 DTA 曲线的放热峰而言,是指转变过程中试样的温度高于参比物的温度,这相当于放热转变。

3. 峰高

准基线到热分析曲线出峰的最大距离,峰高不一定与试样量成比例,通常以 H_T 或 H_t 表示。

4. 峰宽

峰的起、止温度或起、止时间的距离,通常以 T_w 或 t_w 表示。

5. 半高宽

峰高度二分之一所对应的起、止温度或起、止时间的距离,通常以 $T_{(1/2)w}$ 或 $t_{(1/2)w}$ 表示。

6. 峰面积

由峰和准基线所包围的面积。对于 DTA 曲线而言,峰面积对应的为发生的吸热或放热的热效应数值,通常以 Q 表示。

图 7.21 以由结晶引起的非等温 DSC 曲线的放热峰为例,示出了特征峰的各物理量的表示方法。

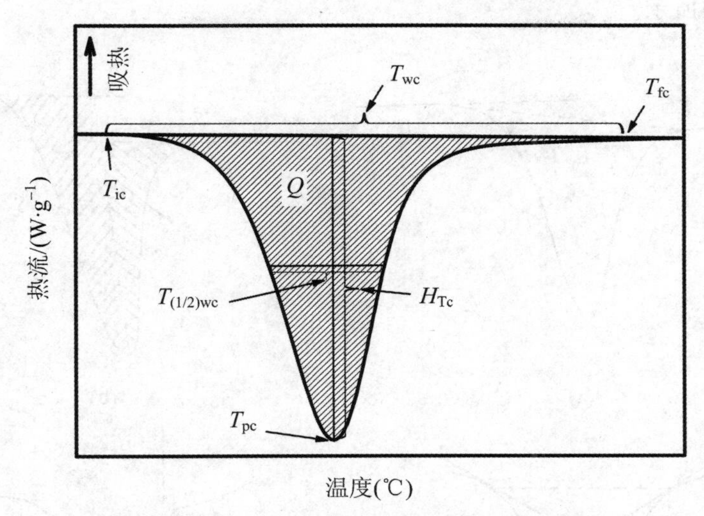

图 7.21　DSC 曲线的特征峰表示方法

7.9.3　数据处理

由实验得到的DTA或DSC曲线可按照类似图7.20和图7.21的方法确定转变过程中的特征温度和热量变化等信息。如果出现多个转变,则应分别报告每个转变的特征温度。对于出现多个峰的转变,需由曲线分别确定每个独立的吸热或放热峰的峰面积,或根据仪器的量热校正系数 K 计算吸热或放热(如熔融或结晶)的 Q 值,或用热分析数据处理软件直接进行 Q 值数据处理。

在对曲线中的峰进行积分时,所选取的基线的类型对于所得到的面积的数值影响较大。因此,在积分时应选择合适的基线。在论文或报告中引用积分结果时应说明所使用的虚拟基线。

一般来说,应根据曲线中峰的形状来选取合适的虚拟基线,常用的基线主要有以下几种:

(1) 对于转变前后基线不发生漂移的峰,通常通过直接连接转变开始前和转变终止后的基线的方法进行积分求得峰面积。

(2) 转变前后基线发生漂移的峰,可以通过以下几种方法求得:

① 分别作转变开始前和转变终止后的基线延长线,它们偏离基线的点分别是 T_i(反应始点)和 T_f(反应终点),用直线结 T_i、T_p 和 T_f 可得峰面积,如图7.22(a)所示。

② 由基线延长线和通过峰顶 T_p 处作垂线,与DTA或DSC曲线的两个半侧所构成的两个近似三角形面积 S_1 和 S_2(图7.22(b)中以阴影表示)之和,即

$$S = S_1 + S_2 \tag{7.72}$$

上式可以用来表示峰面积,这种求面积的方法是认为在 S_1 中丢掉的部分与 S_2 中多余的部分可以得到一定程度的抵消。

③ 由峰两侧曲线发生转折的拐点的连接线所得峰面积,这种确定方法只适用于对称峰,如图7.22(c)所示。这种确定基线的方法适用于拖尾峰。

④ 对峰的起始测的切线与曲线的交点作垂线,将所得三角形的面积作为所求的峰面

积，如图 7.22(d)所示。

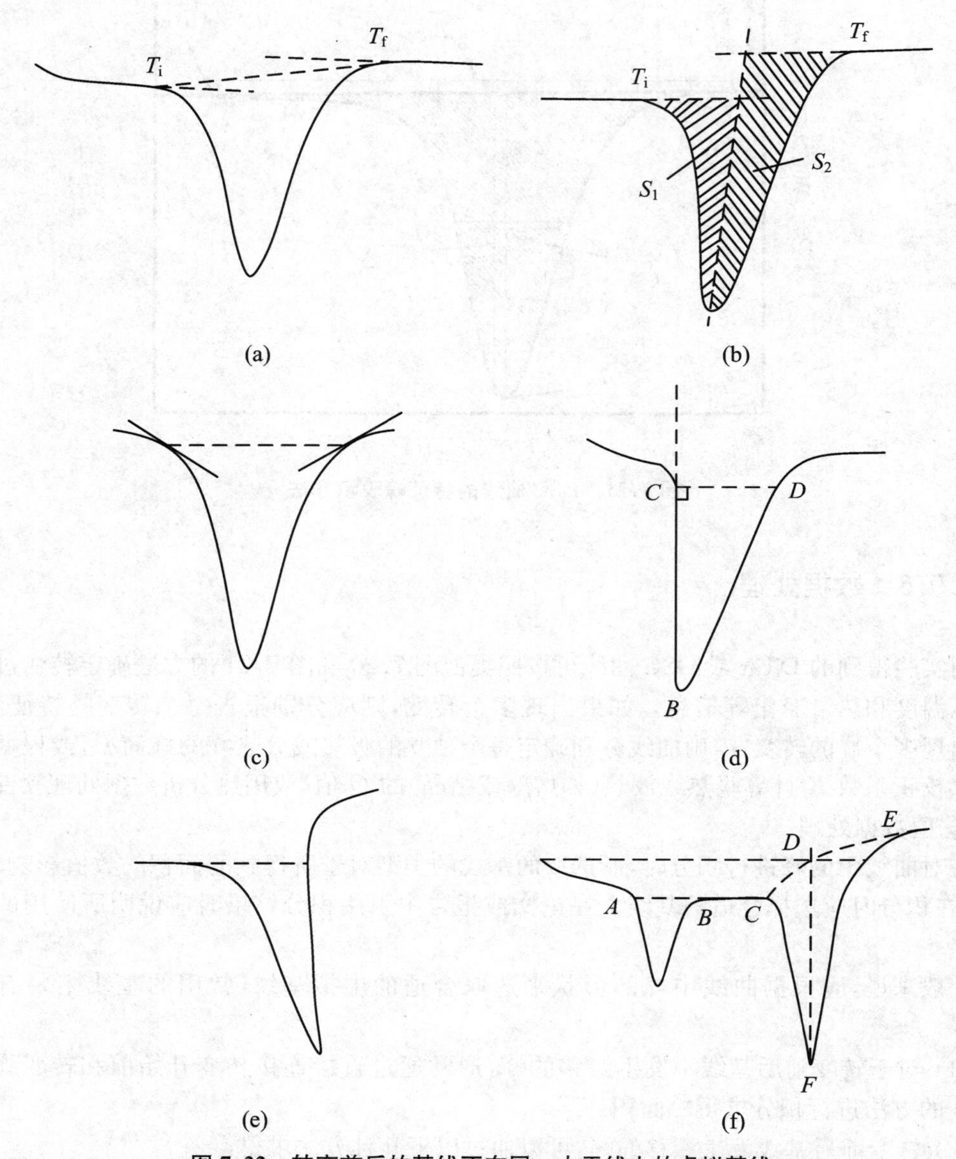

图 7.22　转变前后的基线不在同一水平线上的虚拟基线

(a) 直线连接；(b) 分段直线连接；(c) 两端切线的连接线；(d) 峰起始测的切线的垂线；(e) 转变开始前的基线的延长线；(f) 基线漂移明显的基线

⑤ 对于峰形很明确而基线有漂移的吸热峰，可采用直接延长原来的基线而得峰面积的简单方法来进行积分的方法，如图 7.22(e)所示。

⑥ 对于基线有明显漂移的峰形，方法较为麻烦，需画参考线。从有明显漂移的基线(图中的 *BC*)连接 *AB*，显然这是视 *BC* 为产物的基线，而不是第一反应的持续。第二部分的面积是 *CDEF*，*DF* 是从峰顶到基线的垂线，如图 7.22(f)所示。

另外，在对转变前后基线发生漂移的峰进行积分时，通常采用 S 形基线(图 7.23(a))、反曲形基线(图 7.23(b))。

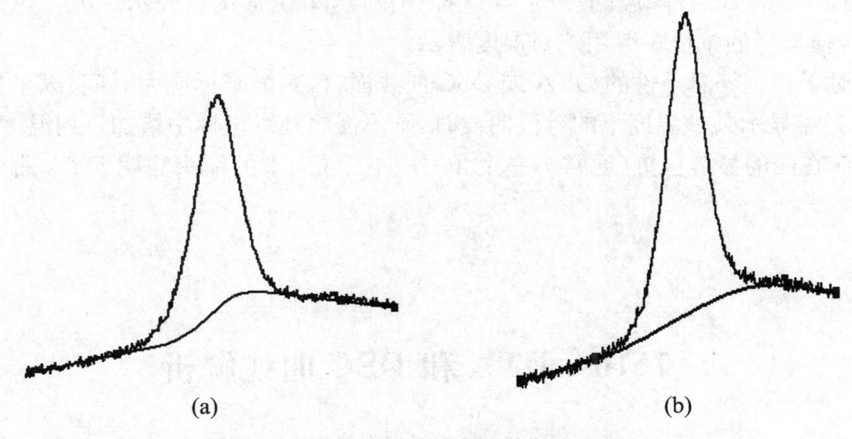

图7.23　非直线形式的虚拟基线的确定

(a) S形虚拟基线；(b) 反曲形虚拟基线

需要特别指出的是，一些仪器的分析软件中带有手动基线的功能，使用这类基线所得到的积分结果应与由以上方法所得到的结果进行比较，不应出现较为明显的差别。

7.9.4　分析结果的表述

在论文和结果报告中应结合测试条件对所获得的DTA或DSC曲线进行科学、合理的表述。一般来说，应包括以下内容：

(1) 标明试样和参比物的名称、来源、外观、测试时间及相关信息；

(2) 标明所用的测试仪器名称、型号和生产厂家；

(3) 列出所要求的测试项目，说明测试环境条件；

(4) 列出测试依据；

(5) 标明试样用量，对于不均匀的样品，必要时应说明取样方法；

(6) 列出测试条件，如气体类型、流量、升温(或降温)速率、坩埚类型等信息；

(7) 列出测试数据和所得曲线。

在热分析曲线中，横坐标中自左至右表示物理量的增加，纵坐标中自下至上表示物理量的增加。对于DTA曲线而言，曲线中沿吸/放热方向表示温度差的增加；对于DSC曲线而言，曲线中沿吸/放热方向表示热流的增加。

对于单条DTA或DSC曲线而言，当特征转变过程不多于两个(包括两个)时，应在图中空白处标注转变过程的特征温度或时间、热量等信息；当特征转变过程多于两个时，应列表说明每个转变过程的特征温度或时间、热量等信息。在使用多条曲线对比作图时，每条曲线的特征温度或时间、热量等信息应列表说明。

7.9.5　DTA或DSC曲线的规范表示

作图时，有以下几点规范表示：

(1) DTA曲线的纵坐标用归一化后的温度差表示，常用的单位为$℃\cdot mg^{-1}$或$\mu V\cdot mg^{-1}$；DSC曲线的纵坐标用归一化后的热流或功率表示，常用的单位为$mW\cdot mg^{-1}$或$W\cdot g^{-1}$。

(2) 对于线性加热/降温的测试,横坐标为温度,单位常用℃表示。进行热力学或动力学分析时,横坐标的单位一般用绝对温度表示。

(3) 对于含有等温条件的DTA或DSC曲线而言,其横坐标应为时间,纵坐标中增加一列温度。只需显示某一温度下的等温曲线时,则不需要在纵坐标中增加一列温度。

(4) 应在图的显著位置(通常为左上角)用向上或向下的箭头注明DTA曲线的吸放热方向。

7.10 DTA和DSC曲线解析

在对所得到的实验数据和曲线进行分析时,需要结合实验中所采用的实验条件(主要包括温度程序、气氛、坩埚类型、制样方法)对所得到的结果给出分析与评价,实验中所采用的条件对于得到的曲线会产生不同程度的影响。

7.10.1 基线和峰形状

DTA和DSC曲线的峰的形状在很大程度上取决于样品和仪器条件,此外样品在坩埚中的放置方式、位置以及接触程度也会产生一定的影响。另外,加热速率、气氛气体及组成、气体流速以及仪器的响应程度等均会对最终结果产生影响。例如,对于一个较小的纯物质的样品经历了一个不引起质量变化的单个相变过程,例如熔融过程。如果在发生相转变前后,样品的热容几乎没有发生变化,那么基线应该是连接在熔融吸热峰的峰值之前的基线和峰值之后的基线的直线。通常所得到的峰为直线形式的前缘和指数形式的拖尾。

一般来说,对于基线变化最小的对称峰而言,在积分时无论使用哪种基线,所得到的结果几乎没有差异。对于有较明显的基线变化的对称峰而言,通常使用S形基线,也可使用由Wilbum方法[68]和折线法得到的基线。对于重叠的峰而言,除非峰可以被解析并且可以分别确定其形状或动力学行为的表达式,否则很难确定出其最佳的基线。对于复杂峰的解析一般采用高斯峰、一阶峰或熔解峰的总和的形式。[11]在实验中,主要通过采用较小的样品、较低的加热速率或者是不同的气氛等方法来消除重叠峰。

例如,对于聚合物固化过程的等温动力学研究[69],可以通过在反应后重新运行样品测试的方法来建立初始基线和最终基线,还可以通过这种方式证实反应是否确实已经完成。

7.10.2 样品参数的影响

由于DTA或DSC实验的主要目的是获得分析样品的热行为的证据,因此很有必要充分考虑可能对样品结果产生影响的任何因素。在TG分析中,虽然实际的质量损失和它们发生的温度取决于样品,但是由DTA检测到的细微的变化更容易受样品性质或取样方法的微小差异所影响。

样品的“来源”及“历史”很重要。不同的矿物样品的化学性质不同,所含有的杂质也有所差异。尽管聚合物样品具有相同的化学组成，但其热历史、形貌和结晶度可能具有很大的差别。在实验时，应该详细记录下取样和样品的保存方法。

样品的研磨程度、颗粒尺寸以及样品加入坩埚中的方式等因素都会对DTA和DSC曲线产生影响。研磨的作用很复杂，这是因为通过研磨会减小样品的原始尺寸，导致样品的总表面积增大，由此会改变样品任何一个表面的反应及转化速率。通过进一步的研磨可能会破坏样品的晶体结构并减小所获得的转变峰的大小。同时，研磨会使金属硬化。在研究体系的动力学行为时，应考虑样品的粒径分布。将样品放到具有一定的几何形状的坩埚中时，会改变样品气-固界面的传热和气体扩散特性。如果反应是由扩散控制的，例如金属的氧化反应过程，则反应物气体进入固体表面以及任何产物气体的扩散都将较大程度地改变底部较宽的坩埚中的薄层样品与较深坩埚的厚层样品表面之间的扩散速率。[68]稀释剂的作用同样复杂，例如煅烧氧化铝的过程。在空气气氛下，含60%氧化铝的菱铁矿$FeCO_3$由于发生热分解而产生FeO，导致在DTA曲线中产生了一个吸热峰，随后由于FeO被氧化成Fe_2O_3而出现一个放热峰。随着稀释剂百分比的增加，CO_2逸出。当氧化铝的含量为74%时，两个峰基本消失。[11]

样品的质量在任何热过程中都会影响其曲线。尽管在使用现代化的仪器时，样品的平均使用质量在10 mg左右。但在实际中可能需要更多或者非常少的样品量，例如用具有较薄的涂层的粉末进行实验时则需要更多的样品量，而在研究爆炸反应时则只需少量的样品。检测信号的检出限取决于所用的材料和基体。虽然通常用几微克的纯物质测定有机化合物（如胆固醇或甘油三酯）的熔融峰，但在含有惰性填料的混合物中则需要约1 mg的样品。因此，校准参数只能在有限的质量范围内保持恒定。

7.10.3　仪器参数的影响

在任何一种DTA和DSC的实验过程中，加热速率都是一个十分有意义的参数。理论研究结果表明，对于以不同速率熔化的相同样品而言，其峰面积的积分相对于时间为常数。[70]由于峰值在高加热速率下较高，因此尽可能使用较高的加热速率。但是，较高的加热速率增加了由热滞后引起的不确定性，并且在实际上也增大了许多转变峰的范围。实验操作人员必须合理地判断将试验条件尽可能保持在接近平衡状态的重要性，优先考虑接近平衡条件时最低可用的加热速率。若需要尽可能快地获得比较结果，则可以采用较高的加热速率。对于热容测量而言，由于纵坐标的偏移量Δy与热容及加热速率成比例，因此通常需要使用较高的加热速率。[11]

与样品接触的气氛是影响DTA或DSC曲线的另一个主要因素。对于诸如非反应性金属和盐的熔化过程的惰性材料的转变过程而言，气氛的影响与其热性质有关。如果样品以任何方式与气体相互作用，则无论是通过汽化、反应、吸附或吸收气体的作用，还是通过与气体相关的催化反应，气氛气体本身的化学性质、压力和流速等都会严重影响热分析曲线。

7.11 DTA和DSC仪器的维护

为了使灵敏的DTA或DSC能够连续有效地运行，并避免昂贵的维修和更换配件的费用，仪器使用者必须对所使用的样品和实验条件的范围加以限制。以下简要列举了几种可能对仪器带来的损害。

7.11.1 样品带来的危害

实验时，应谨慎选择样品用量。样品用量太多可能会导致溢出或者膨胀而损坏坩埚和传感器，而样品量太少则可能难以得到有效的检测信号。将样品直接放置在传感器上进行实验可能会对其产生严重的化学损害，除非特殊原因，一般不采用这种直接接触的方式，除非仪器采用了坚固耐用的惰性传感器。

对于在测量的温度范围内产生气态产物或具有非常高的蒸气压的样品而言，其可能会对仪器造成损害。虽然普通的密封坩埚能够承受略高于一个大气压的压力，但压力太高会导致密封部件出现爆裂或破裂。因此，对于这类样品需要使用能够耐高压的装置。

在将样品转至样品盘及放置到仪器上的过程中必须十分小心，样品一旦溢出到传感器或者加热炉上，均会对仪器的正常工作带来不利的影响。因此，推荐使用坩埚盖来盖住样品以避免溢出或蒸发的污染物对支持器的影响。如果要将样品盘密封，存在于形成密封件的表面上的任何样品都可能会阻止其与密封部分的正确接触并导致不良的结果。对于与气氛中的水汽发生反应的样品而言，需要采取特殊的预防措施，并将样品、坩埚和工具尽可能地保存在干燥箱中。

实验时必须考虑样品在热解过程中产生的任何腐蚀性或有毒的产物。例如，聚氯乙烯在加热过程中会产生HCl气体，而聚丙烯腈则在热解时会产生HCN气体。这些气体可能会和坩埚(尤其是铝坩埚)发生反应，从而影响曲线的形状。

对于由小样品用量得到的结果而言，可能会出现吸热漂移，接着是放热峰，然后进一步漂移的现象。这可能是仪器的影响，或者是缓慢的吸热变化或基线漂移，接着继续发生放热反应而引起的。还存在另外一种可能，即出现一个更大的吸热过程、之后再回到基线、紧接着是另一个吸热过程。通过改变运行条件、样品量，或根据需要同时使用另一种技术会有利于解决这个问题。在玻璃化转变过程中出现的叠加的“熔融吸热”现象是一个真实的效应，这是使用了比先前的冷却速率大的加热速率所造成的。

7.11.2 仪器因素带来的危害

实验时，应经常进行仪器的温度和测量参数的校准，特别是当清洗或更换了传感器组件或当仪器在特别极端的条件下运行之后应及时进行校准。两次校准之间的时间间隔应取决于使用方式，严格来说，当使用新类型的样品或一系列的实验条件时，都应考虑重新进行校准。除非近期对仪器进行了校准，否则由此得到的结果是不可信的。

通常通过运行空白的实验曲线来判断仪器性能和任何可能存在的危险对仪器所造成的影响。实验时，通过使用与样品相同材料的样品作为参比样品运行所得到的结果，可以用来判断显示是否存在因为传感器头部未对齐、传感器的不平衡（例如由于污染造成的）或通过某些其他原因而引起基线漂移的情况。当两次实验之间的差异较大（例如确定比热容）时，应在仪器开始进行样品测试之前将样品盘加热到所需的温度范围。

坩埚的位置必须具有匹配性和可重现性。坩埚的变形或损坏可能会导致出现错误的尖锐峰，有时由于突然膨胀、接触不良均会造成基线的漂移。另外，坩埚相对于传感器的相对位移也会对结果造成影响。

温度范围必须与所使用的仪器、样品和坩埚相适应。例如，在超过其熔点（660 ℃）时继续使用铝坩埚则会破坏传感器组件。当仪器允许热失控时，可以将炉子加热到高于安全限度的温度之上。

仪器的反应性是实验时必须考虑的另外一个因素。实验时，不能使用可以与样品或者使用气氛气体发生作用的坩埚。有时，一些不常用的材料可能会腐蚀最耐用的坩埚，例如某些高温导电聚合物对铂坩埚存在可能的腐蚀作用。同时，在实验中必须避免坩埚或传感器的氧化。

当仪器在室温以下的温度运行时，可能会发生结冰和结露两种危险。首先，结冰可能会改变分析的结果。例如，结冰峰可能出现在 0 ℃附近，样品可能吸水，随后会发生水的蒸发，这会引起转变过程发生变化并引起基线的漂移。其次，气流可能由于冰的影响而产生压力，从而使气流受到限制。因此，在实验过程中使用干燥的气体十分重要。

经常会误认为在运行开始和结束时会发生由样品的热变化而引起的瞬间变化。一般来说，除非存在不可接受的蒸发或者分解，仪器运行的初始温度应比样品发生特定的热变化温度低约 30 K，而结束温度应比样品结束热变化的温度高 30 K 左右。通过使用额外添加的材料来调节参比坩埚的热容可消除这种瞬间变化的现象。对于使用铝坩埚和盖子的 DSC 实验而言，向参比侧添加盖子可以使样品更好地平衡并减弱这种“启动钩”的现象[173]。如果样品和参比物之间的坩埚和支持器之间的热阻不同，也可能会发生这种瞬间变化的现象。

使用计算机软件对 DTA 或 DSC 曲线进行平滑时必须保持谨慎！虽然经验会表明某个现象（如尖锐的尖峰）可能与特定的样品有关，但有时候它是偶然出现的。有时气体的逸出反应会导致非常不均匀的信号出现，例如水合硝酸镁的脱水过程和氧化银加热产生金属银的过程，这些过程均具有十分不规则的信号。[172]

7.12　DTA 和 DSC 的测量误差来源

在 DTA 或 DSC 实验过程中，误差是不可避免的，它可能发生在实验之前、期间和之后的整个范围内。当然，以上所概述的样品对仪器产生的影响都有可能会导致由仪器所得到的结果与理论值不一致的现象。概括起来，误差的来源主要包括在以下几个方面。[71]

7.12.1 样品

样品的采集、储存、制备及自身性质等都是影响DTA和DSC分析的因素。个别实验室可能希望以所获得的样品的最初形式不进行任何处理而直接进行实验，但另一些实验室可能会以特定的方式制备同样的样品。由此得到的两个样品的结果往往是完全不同的。

7.12.2 坩埚(或样品架)

不同的仪器的样品架材料和设计差别较大。如果在实验中使用的坩埚材料、形状或尺寸不符合要求，通常会产生误差。

7.12.3 加热速率

如果在分析时要求热力学平衡条件（例如研究相平衡），则需要采用最慢的加热速率。非常快速的加热速率可能会由于热滞后或者不同的动力学效应而产生误差。亚锡（Ⅱ）的甲酸盐在较高的加热速率下会出现两个吸热峰，但是在较低的加热速率下只有一个吸热峰，这是由在分解过程中存在熔化作用所引起的。在进行快速加热时，会有足够多的材料出现熔化。但在缓慢的加热过程中，大部分会在达到熔点之前发生分解。同样的，通过其他技术进行检测有助于避免一些错误。

7.12.4 气氛

选择错误的气氛或在不同气氛下对比同一样品，或采用不同的气体流速均会引起实验结果的误差。高流速可以通过蒸发作用除去挥发物导致峰发生变化，例如在较低的温度下发生脱溶剂过程。另外，对于反应性的气氛必须小心处理。在高温下研究填充聚合物的组成时，过早地将气氛切换为氧化性气氛通常会导致燃烧现象出现。

7.12.5 质量

由不准确地称重引起的误差很容易避免。实验时应对样品采取较好的预处理措施，以确保称重准确、试样无溢出或蒸发。通常采用实验结束后重新对样品进行称重的方法来证实是否发生了以上这些过程。

此外，在数据采集和处理过程中也应该尽量避免误差的出现。在特定的区间内收集的数据点太少，通常会导致不可靠的分析结果。数据采集范围太宽，可能会导致难以精确测量或建立基线。

对于大多数热分析技术人员来说，根据制造商的规格生产的DSC仪器可以得到精确、准确和可重现的数据。这在加热时基本上是正确的，但冷却时并不总是如此。[72]

参 考 文 献

[1] 热分析术语:GB/T 6425—2008[S].

[2] Mackenzie R C. The differential thermal investigation of clays: mineralogical society [M]. London:Clay Minerals Group,1957.

[3] Schultz R A. An apparatus for differential thermal analysis[J]. Clay Minerals Bulletin,1963,5:279-289.

[4] Geacintov C, Schotland R S, Miles R B. Polybutene-1-type Ⅱ crystalline form[J]. Polym. Sci., 1963,6:197.

[5] Boersma S L. A theory of differential thermal analysis and new methods of measurement and interpretation[J]. Journal of the American Ceramic Society,1955,38:281.

[6] Blaine R L. A genetic definition of differential scanning calorimetry[J]. 1978.

[7] Gill P S, Sauerbrunn S R, Reading M. Modulated differential scanning calorimetry[J]. Thermal Anal.,1993,40:931-933.

[8] Mayer J S. Pittsburgh Conference. 731,1986.

[9] Marotta A, Saiello S, Buri A. The Piloyan method in DTA studies of glass devitrification[J]. Thermal Analysis,1982,23;239-241.

[10] Mitchell B D. Problems associated with high sensitivity of recording in differential thermal analysis [J]. Clay Minerals Bulletin,1961,4:246.

[11] Haines P J, Reading M, Wilbum F W. Differential thermal analysis and differential scanning calorimetry[M]//Brown M E. The Handbook of Thermal Analysis & Calorimetry. 1. Amsterdam: Elsevier,1998:279-361.

[12] Gray A P. Perkin-Elmer thermal analysis study [M]//Porter R S, Johnson J F. Analytical Calorimetry. 1. New York:Plenum, 1968:209.

[13] Vold M J. Differential thermal analysis[J]. Anal. Chem.,1949,21:683.

[14] Borchardt H J, Daniels F. The application of differential thermal analysis to the study of reaction kinetics[J]. Amer. Chem. Soc.,1957,79:41-46.

[15] Mackenzie R C. Differential thermal analysis. 2[M]. London:Academic Press, 1970:1972.

[16] Speil S, Berkelhamer L H, Pask J A, et al. Differential thermal analysis: its application to clays and other aluminous minerals[J]. US. Bur. Mines., 1945:664.

[17] 高家武.高分子材料热分析曲线集[M].北京:科学出版社,1990.

[18] Wendlandt W W. Thermal Analysis[M]. 3rd ed. New York: Wiley,1986.

[19] Speye R F. Differential thermal analysis[M]. New York:Marcel Dekker, 1994.

[20] Ozawa T. A new method of quantitative differential thermal analysis[J]. Bull. Chem. Soc.,1966, 39:2071.

[21] Stone R L. Differential thermal analysis by the dynamic gas technique[J]. Anal. Chem.,1960,32: 1582.

[22] Wiseman T, Williston S, Brandts J F, et al. Rapid measurement of binding constants and heats of binding using a new titration calorimeter[J]. Anal. Bio. Chem.,1989,179: 131.

[23] Friere E, Mayorga O L, Straume M. Iso-thermal titration[J]. Anal. Chem., 1990, 62: 950A.

[24] Cooper A, Johnson C M. Methods Mol. Biol., 1994, 22: 137.

[25] SETARAM. Calvet Microcalorimeter Brochure. Lyon: SETARAM.

[26] Hatakeyama T, Quinn F X. Thermal analysis: fundamentals and applicationsto polymer science[M]. Chichester: Wiley, 1994: 36.

[27] Orava J, Hewak D W, Greer A L. Fragile-to-strong crossover in supercooled liquid Ag-In-Sb-Te studied by ultrafast calorimetry[J]. Advanced Functional Materials. 2015, 25 (30): 4851-4858.

[28] Orava J, Greer A L. Kissinger method applied to the crystallization of glass-formingliquids: regimes revealed by ultra-fast-heating calorimetry[J]. Thermochimica Acta, 2015, 603: 63-68.

[29] Orava J, Greer A L, Gholipour B, et al. Ultra-fast calorimetry study of $Ge_2Sb_2Te_5$ crystallization between dielectric layers[J]. Appl. Phys. Lett., 2012, 101(9): 091904-091906.

[30] Tye R P, Gardner R L, Maesono A. Thermal constants measurement techniques applied to thermal analysis[J]. Thermal Analysis, 1993, 40: 1009.

[31] Thomas L C. Specialty applications of thermal analysis[J]. American Laboratory, 1987, 17: 30.

[32] Cassel B, DiVito M P. Use of DSC to obtain accurate thermodynamic and kinetic data[J]. Int Lab., 1994, 24: 19.

[33] Wright F R, Hicks G W. Applications of differential scanning calorimetry to photocurable polymer systems[J]. Polymer Engineering & Science, 1978, 18: 378.

[34] Tryson G R, Schultz A R. A calorimetric study of acrylate photopolymerization[J]. Polymer Science, 1979, 17: 2059.

[35] Hodd K A, Menon N. The application of differential scanning calorimetry to the study of a photocurable system[M]. Heyden: Aberdeen, 1981: 259.

[36] Shimadzu. Photovisual DSC50V Brochure, 1995.

[37] 刘振海,徐国华,张洪林,等.热分析与量热仪及其应用[M].2版.北京:化学工业出版社,2011.

[38] Temperature Calibration of DSC and DTA: ASTM E967-83[S]. Philadelphia: ASTM, 1992: 658.

[39] Instruments T A. Thermal Applications Note TN11, 1994.

[40] Kaisersberger E, Möhler H. DSC of Polymeric Materials. 1[J]. Selb: Netzsch, 1991: 31.

[41] Charsley E L, C M Earnest, Gallagher P K, et al. Preliminary round-robin studies on the ICTAC certified reference materials for DTA[J]. Thermal Analysis, 1993, 40: 1399.

[42] Cammenga H K, Eysel W, Gmelin E, et al. The temperature calibration of scanning calorimeters. 2[J]. Thermochimica Acta, 1993, 219: 333-342.

[43] Höhne G W H. J Thermal Anal., 1991, 37: 1987.

[44] Sarge S M, Gmelin E, Höhne G W H, et al. The caloric calibration of scanning calorimeters[J]. Thermochimica Acta, 1994, 247: 129-168.

[45] Richardson M J, Charsley E L. Principles and Practice: Calibration and Standardisation in DSC [M]// Brown M E. The Handbook of Thermal Analysis & Calorimetry. 1, 1998: 547-575.

[46] Preston-Thomas H, Quinn T J. The international temperature scale of 1990 (ITS-90)[J]. The Journal of Chemical Thermodynamics, 1990, 22(7): 653-663.

[47] Eysel W, Reuer K H. The calorimetric calibration of differential scanning calorimetry cells[J]. Thermochimica Acta, 1982, 57: 317-329.

[48] McNaughton J L, Mortimer C T. Differential Scanning Calorimetry[M]//IRS Physical Chemistry Series. 10. Butterworths, London: Perkin-Elmer Ltd., 1975, 10.

[49] Richardson M J. Quantitative aspects of differential scanning calorimetry[J]. Thermochimica Acta, 1997, 300: 15-28.

[50] Höhne G W H, Schawe J, Schick C. Temperature calibration on cooling using liquid crystal phase transitions[J]. Thermochim Acta. 1993,221:129-137.

[51] Höhne G W H, Hemminger W, Flammersheim H J. Differential scanning calorimetry[M]. Berlin: Springer, 1995.

[52] Standard Practice for Heat Flow Calibration of Differential Scanning Calorimeters: ASTM E968 [S].

[53] Pope M I, Judd M D. Differential thermal analysis: a guide to the technique and its applications [M]. London: Heyden. 1977.

[54] Furukawa G T, Douglas T B, McCloskey R E, et al. Thermal properties of aluminum oxide from 0 to 1200 K[J]. Res Nat Bur Stand., 1956,57:67.

[55] Brennan W P, Gray A P. Thermal analysis application study. 9[C]. Paper at Pittsburgh Conference, 1973.

[56] Richardson M J. Compendium of Thermophysical Property Measurement Methods. 2[M]. New York: Plenum Press. 1992.

[57] Wilburn F, Sharp J. The bed-depth effect in the thermal decomposition of carbonates[J]. Journal of Thermal Analysis and Calorimetry, 1993, 40:133.

[58] 陈镜泓,李传儒.热分析及其应用[M].北京:科学出版社,1985.

[59] 徐颖.热分析实验[M].北京:学苑出版社,2011.

[60] Reading M, Elliott D, Hill V. A new approach to the calorimetric investigation of physical and chemical transitions[J]. Thermal Analysis, 1993, 40: 949.

[61] Gill P S, Sauerbrunn S R, Reading M. Modulated differential scanning calorimetry[J]. Thermal Analysis, 1993, 40: 931.

[62] Seferis J C, Salin I M, Gill P S, et al. Characterization of polymeric materials by modulated differential scanning calorimetry[J]. Proc. Acad. Greece, 1992, 67: 311.

[63] Reading M, Elliott D, Hill V L. Some aspects of the theory and practice of modulated differential scanning calorimetry [C]. Proceedings of the 21st North American Thermal Analysis Society Conference, 1992.

[64] Reading M. Modulated differential scanning calorimetry: a new way forward in materials characterization[J]. Trends Polym. Sci., 1993, 1:248.

[65] Reading M, Luget A, Wilson R. Modulated differential scanning calorimetry[J]. Thermochimica Acta, 1994, 238: 295-307.

[66] 张艺,程开良,许家瑞.调制式差示扫描量热法在高分子研究中的应用[J].化学通报,2004(5): 341-348.

[67] Taylor G R, Dunn G E, Easterbrook W B. A sealed glass ampoule for use with a commercial differential scanning calorimeter[J]. Anal. Chim. Acta, 1971, 53:452-455.

[68] Wilbum F W, McIntosh R M, Turnock A. Design requirements for quantitative dta and its application to estimation of mineral phases[J]. Trans. Brit. Ceram. Soc., 1974, 73: 117.

[69] Barton J M. Hamerton I, Rose J B, et al. Studies on a series of bis-arylimides containing four phenylene rings and their polymers[J]. Polymer, 1992, 33:3664-3669.

[70] Charsley E L, Warrington S B. Thermal analysis techniques and applications[M]. Cambridge: Royal Society of Chemistry, 1992.

[71] Haines P J. Thermal methods of snalysis: principles[J]. Blackie Academic and Glasgow, 1995:18.

[72] Willcocks P H, Luscombe I D. Standardisation in the industrial R&D laboratory [J]. Thermal Analysis, 1993, 40:1451.

第8章 热机械分析

8.1 引 言

广义上的热机械分析(Thermal Mechanical Analysis,TMA)是在程序控制温度和一定的荷载下(形变模式有压缩、针入、拉伸或弯曲等不同形式),测量试样的形变与温度或时间关系的技术。热机械分析主要用于考查物质在与实际使用环境接近的应力作用(具有合适形状的样品受到静态应力)下的行为。实验时,压缩应力、拉伸应力、弯曲应力或者扭转应力甚至是以上几种应力同时存在的复杂形式均可作用于样品,通常根据施加于样品的应力的种类来选择合适的样品夹持装置和力的施加方式。

在实际应用中,TMA通常是指静态热机械分析,即其对应于程序控制温度和一定的非振荡性荷载下(形变模式有压缩、针入、拉伸和弯曲等形式),测量试样的形变与温度或时间关系的技术。此处所指的静态热机械分析与动态热机械分析是相对应的。动态热机械分析(Dynamic Mechanical Analysis, DMA)又称动态力学热分析(Dynamic Mechanical Thermal Analysis,DMTA),是一种在程序控制温度和一定的振荡性荷载下(形变模式有压缩、针入、拉伸和弯曲等形式)测量试样的形变与温度或时间关系的技术。

通过热机械分析可以得到在进行温度扫描时测量得到的力学参数,不过它的测试对象通常局限于固体样品。在最简单的情况下,热机械分析可以用来测量长度随着温度变化的信息。在进行校准之后,通过热机械分析可以得到材料的热膨胀系数,因此这种测量方法通常被称为热膨胀法。当对样品施加的作用力可以忽略时,热膨胀法可以测量样品的形变随温度的变化性质。热膨胀法可以看做静态热机械分析的一种特例(静态力很小并且在实验过程中保持不变)。如果施加载荷阻碍固体的膨胀,则可以观察到膨胀效应和模量变化的综合效应,通过测量得到的TMA曲线主要可以得到试样的模量变化信息。通过动态力作用并根据响应应变的振幅也可以得到模量的变化,由DMA曲线可以得到微弱的次级转变的准确信息。DMA具有可以高分辨地监测损耗角正切峰的优势。图8.1是通过这三种主要方法测量得到的玻璃态固体(高分子量聚苯乙烯)的热行为的示意图。[1]

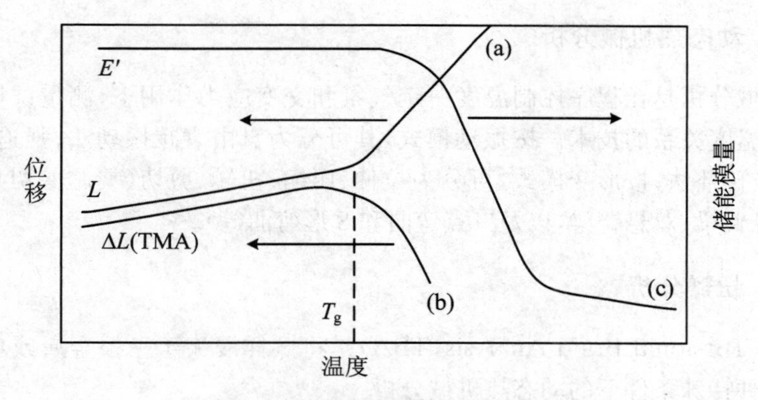

图 8.1　玻璃态固体的热机械分析曲线

(a) 热膨胀法；(b) TMA；(c) 1 Hz 条件下得到的 DMA 曲线

8.2　与热机械分析相关的术语

8.2.1　与方法相关的术语

8.2.1.1　静态热机械分析

静态热机械分析(Static Thermomechanical Analysis，简称 sTMA 或 TMA)是在程序控制温度和非振荡荷载下(形变模式有压缩、针入、拉伸和弯曲等形式)，测量试样的形变与温度或时间关系的技术。[2]

由于静态热机械分析一般是在恒定的非振荡性荷载条件下进行的，故通常称静态热机械分析即为热机械分析，简称 TMA。

8.2.1.2　热膨胀法

热膨胀法(Thermodilatometry 或 Dilatometry，简称 DIL)是在程序控制温度和一定气氛下，测量试样的尺寸(长度)或体积的变化与温度或时间关系的一种热分析技术。

热膨胀法主要有线膨胀法和体积膨胀法两种。[2]

1. 线膨胀法

线膨胀法(linear thermodilatometry)是在忽略应力条件下，测量试样长度与温度或时间关系的一种热膨胀技术。[2]

2. 体积膨胀法

体积膨胀法(volume thermodilatometry)是在忽略应力条件下，测量试样体积与温度或时间关系的一种热膨胀技术。[2]

8.2.1.3 动态热机械分析

动态热机械分析是在程序控制温度一定气氛和交变应力作用下,测量试样的动态模量和力学损耗与温度关系的技术。按振动模式,其可分为自由衰减振动法、强迫共振法、非强迫共振法、声波传播法;按形变模式,可分为拉伸、压缩、扭转、剪切(夹芯剪切与平板剪切)、弯曲(包括单悬臂梁、双悬臂梁,以及三点弯曲和S形弯曲等)。[2]

8.2.1.4 扭辫分析

扭辫分析(Torsional Braid Analysis,TBA)是将试样浸涂于一根金属或玻璃等丝辫上进行测量的一种特殊条件下的动态热机械分析。

8.2.2 与仪器相关的术语

8.2.2.1 热机械分析仪器

热机械分析仪器也称TMA仪,是在程序控制温度和一定的荷载下(形变模式有压缩、针入、拉伸和弯曲等形式),测量试样的形变与温度或时间关系的一类仪器。

常用的热机械分析仪主要包括静态热机械分析仪、热膨胀仪和动态热机械分析仪三种。

8.2.2.2 静态热机械分析仪

静态热机械分析仪器也称sTMA仪,是在程序控制温度和非振荡性的荷载下,测量试样的形变与温度或时间关系的一类仪器。[2]

由于通常所指的热机械分析仪为静态热机械分析仪,因此静态热机械分析仪通常简称为TMA仪。

8.2.2.3 热膨胀仪器

热膨胀仪器(thermodilatometer)是在程序控制温度和忽略负载下,测量试样尺寸与温度关系的一类仪器。[2]

常用的热膨胀仪主要有线膨胀仪和体膨胀仪两种。

1. 线膨胀仪器

线膨胀仪器(linear thermodilatometer)是在程序控制温度和忽略负载下,测量试样的长度与温度关系的一类热分析仪器。[2]

2. 体膨胀仪器

体膨胀仪器(volume thermodilatometer)是在程序控制温度和忽略负载下,测量试样的体积与温度关系的一类热分析仪器。[2]

8.2.2.4 动态热机械分析仪器

动态热机械分析仪器(dynamic mechanical analyzer)是在程序控制温度振动负载下,测量试样的动态模量和力学损耗与温度关系的一类热分析仪器。

8.2.3　与热机械分析实验相关的术语

8.2.3.1　夹具

夹具(clamp)是在进行静态热机械分析和动态热机械分析时用来夹持样品的一种装置，其一端与力的驱动装置相连，一端与样品接触。

常用的夹具的材质有石英、氧化铝、合金等。

8.2.3.2　探头

探头(probe)是在进行热膨胀实验时用来感知试样位置的一种装置，其一端与力的驱动装置相连，一端与样品接触。由于在进行热膨胀实验时，探头与试样之间的力小到可以忽略，因此常用的探头的材质有石英、氧化铝等。

8.2.3.3　静态实验模式

静态试验模式主要用于静态热机械分析和热膨胀法中，也适用于动态热机械分析仪中的静态模式(即应力或应变的频率为0时)。常用的静态实验模式主要有以下五种：

1. 恒应力模式

恒应力模式是指在线性温度变化模式下，试样所受到的力保持恒定，在线性变化的温度程序下检测试样的位移(或应变)的变化，从而分析材料的内在性质(见图8.2)。

在该模式下也可以在恒定的温度下使试样的受力保持恒定，测量试样的位移随时间的变化关系曲线。

当应力很小时，得到的曲线为热膨胀曲线，可以用来计算材料在不同的温度范围的平均热膨胀系数。

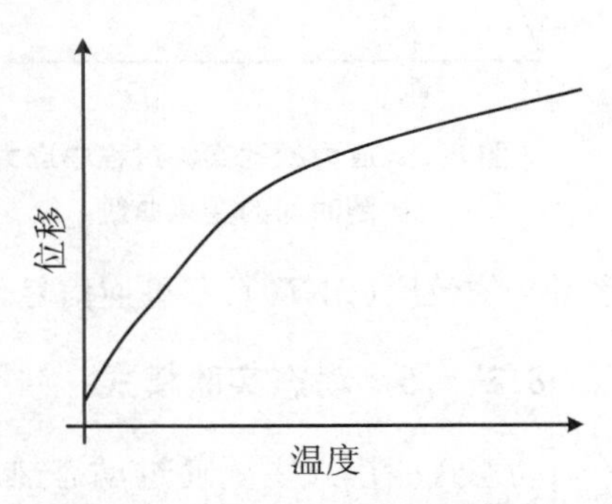

图8.2　恒定力作用下试样的位移随温度的变化曲线

2. 恒应变模式

恒应变模式是指在线性温度变化模式下使试样的应变保持恒定，在线性变化的温度程序下检测试样维持恒定的应变所需要的应力的变化，如图8.3所示。这种模式可用于评价薄膜/纤维材料的收缩力。另外，也可以通过软件得到材料所受的力的变化信息。

在该模式下也可以在恒定的温度下使试样的应变保持恒定，测量试样的应力随时间的变化关系曲线。

3. 应力扫描模式

在恒温的条件下测量试样在线性变化的力或应力的作用下所产生的应变，从而得到应力(或力)-应变曲线和模量的信息(见图8.4)。

4. 应变扫描模式

在恒温的条件下测量试样在线性变化的应变的作用下所产生的应力，从而得到应力(或力)-应变曲线和模量的信息(见图8.4)。

根据图8.4中的应力-应变曲线的形状变化，可以分析材料在外力作用下发生的脆性、塑性、屈服、断裂等各种形变过程。

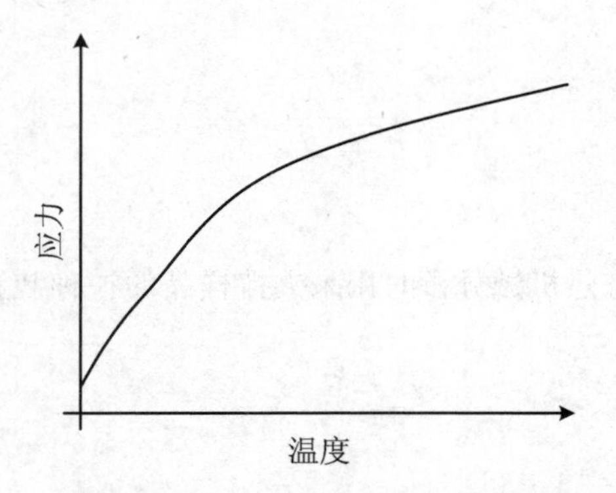

图 8.3　恒定应变下试样的应力随温度的变化曲线

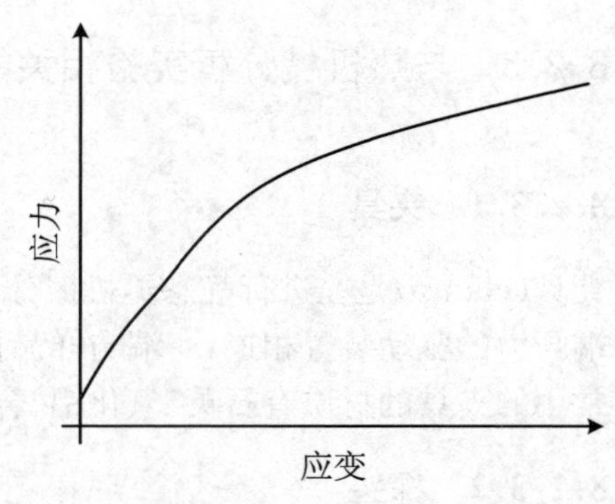

图 8.4　在线性变化的应力(或应变)的作用下得到的试样的应变(或应力)随应力(或应变)的变化曲线

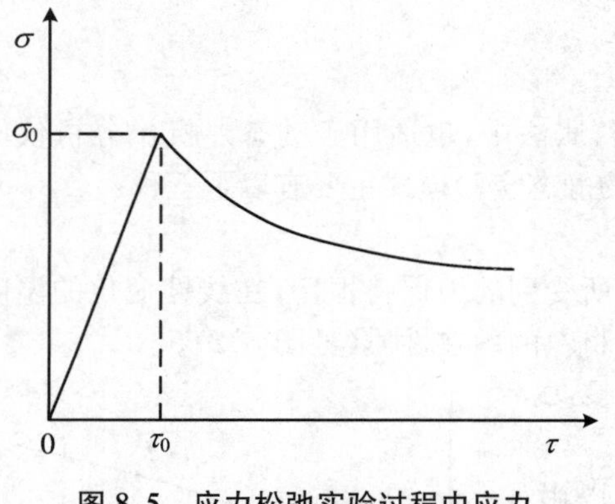

图 8.5　应力松弛实验过程中应力随时间的变化曲线

5. 应力松弛模式

应力松弛实验是在一定的温度下对试样加载应力(或力)一定时间,然后撤销部分或全部的载荷以保持总变形量不变,测定应力随时间的降低值,即可绘出松弛曲线(见图 8.5)。

8.2.3.4　温度调制 TMA 模式

在调制 TMA 中,样品经历线性温度变化和既定振幅与周期的正弦温度变化的共同作用,所得到的原始信号通过傅里叶转换得到总位移和热膨胀系数(见图 8.6)。二者都可以被解析成可逆信号和不可逆信号:可逆信号包含由于尺寸变

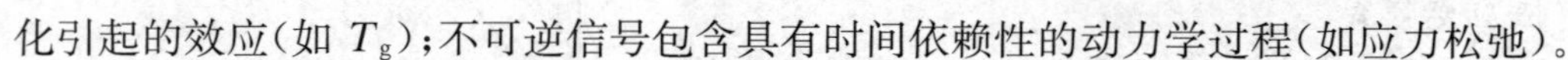
化引起的效应(如 T_g);不可逆信号包含具有时间依赖性的动力学过程(如应力松弛)。

8.2.3.5　动态实验模式

动态实验模式主要通过动态热机械分析仪实现,主要包括以下几种类型:

(1) 线性升温速率/多振幅扫描;

(2) 线性升温速率/单频率或多频率实验;

(3) 步阶升温和恒温/单频率或多频率实验;

(4) 步阶升温和恒温/多频率扫描;

(5) 恒温-恒频率/应变扫描。

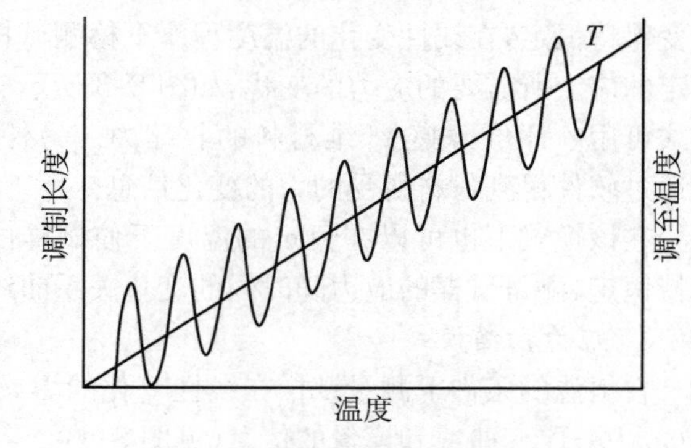

图 8.6　温度调制 TMA 曲线

8.2.4 与热机械分析数据表达和应用相关的术语

8.2.4.1 线膨胀系数

线膨胀系数是每单位长度和单位温度变化时材料长度的可逆增量。[2]

线膨胀系数对应于与温度变化相应的试样单位长度上的长度变化，以 $\Delta L/L_0$ 表示，其中 ΔL 是从起始温度 t_0 至所需温度 t 之间观测到的长度变化，L_0 是环境温度下 t_0 的试样的原始长度。得到的热膨胀系数常以百分比或百万分之几(10^{-6})来表示。[3]

在文献或报告中一般以 20 ℃为基准起始温度；若采用的温度不同于 20 ℃，在报告中应予以注明。[3]

8.2.4.2 微分线膨胀系数

微分线膨胀系数(differential coefficient of linear thermal expansion)也称瞬间线膨胀系数，是材料在某一温度 T 和恒压 p 下三维的任意方向的膨胀系数(以 K^{-1} 为单位)。[2]

瞬间线膨胀系数对应于在温度 t 下，与温度变化 1 ℃相应的线性热膨胀值，以 α_t 表示，其表达式用下式[3]表示：

$$\alpha_t = \frac{1}{L_i} \lim_{t_2 - t_1} \frac{L_2 - L_1}{t_2 - t_1} = \frac{\frac{dL}{dt}}{L_i} \quad (t_1 < t_i < t_2) \tag{8.1}$$

式中，a_t 为温度 t 下的瞬间热膨胀系数，单位为℃$^{-1}$，常用 10^{-6} ℃$^{-1}$ 表示；L_1 为温度 t_1 下试样的长度，单位为 mm；L_2 为温度 t_2 下试样的长度，单位为 mm；L_i 为指定温度 t_i 下的试样长度，单位为 mm；dL/dt 为指定温度 t_i 下的试样长度对温度的微分值，单位为 mm・℃$^{-1}$；t_1、t_2 为测量曲线中选取的两个温度($t_1 < t_2$)，单位为 ℃。

8.2.4.3 平均线膨胀系数

平均线膨胀系数是材料在恒压 p 下三维的任意方向在某一温度范围的膨胀系数(以 10^{-6} K^{-1} 为单位)，常用 $\bar{\alpha}$ 表示。

当温度在 t_1 和 t_2 范围内时，$\bar{\alpha}$ 为与温度变化 1 ℃相应的试样长度的相对变化，可以用下式表示：

$$\bar{\alpha} = \frac{1}{L_0} \cdot \frac{L_2 - L_1}{t_2 - t_1} = \frac{1}{L_0} \cdot \frac{\Delta L}{\Delta t} \quad (t_1 < t_2) \tag{8.2}$$

式中，L_0 为在环境温度 t_0 下试样的原始长度，单位为 mm；ΔL 为从起始温度 t_1 至所需温度 t_2 之间所观测到的长度变化，单位为 μm。

由等式(8.2)可见，平均线膨胀系数是线性热膨胀系数除以温度变化所得的商值，单位为每摄氏度(℃$^{-1}$)。由于该值通常较小，其一般以 10^{-6} ℃$^{-1}$ 为单位表达。

8.2.4.4 体积膨胀系数

体积膨胀系数(volume expansion coefficient)或称“体胀系数”，为当物体温度改变 1 ℃时，其体积的变化和它在 0 ℃时体积之比，通常用符号 α_V 表示。

设试样为一立方体,边长为 L。当温度从 T_1 上升到 T_2 时,体积也从 V_1 上升到 V_2,则体积膨胀系数 α_V 可以用下式的形式表示:

$$\begin{aligned}\alpha_V &= \frac{V_2 - V_1}{V \cdot (T_2 - T_1)} \\ &= \frac{[L_1 + \alpha \cdot L_1 \cdot (T_2 - T_1)]^3 - L_1^3}{L_1^3 \cdot (T_2 - T_1)} \\ &= 3\alpha + 3\alpha \cdot \Delta T + 3\alpha^2 \cdot \Delta T^2 + \alpha^3 \cdot \Delta T^3 \end{aligned} \tag{8.3}$$

由于膨胀系数一般比较小,可忽略高阶无穷小,取一级近似,可得下式:

$$\alpha_V = 3\alpha \tag{8.4}$$

在测量技术上,体膨胀比较难测,通常应用等式(8.4)来估算材料的体膨胀系数 α_V。

8.2.4.5 应力

应力(stress)为单位面积上的力。应力可分解为两种:① 垂直于截面的分量,称为“正应力”或“法向应力”(用符号 σ 表示);② 相切于截面的分量,称为“剪应力或切应力”(用符号 τ 表示)。应力的单位为 Pa,在 TMA 实验中,应力的单位通常为 MPa。

8.2.4.6 应变

应变(strain)是物体由于外因(载荷、温度变化等)而使其几何形状和尺寸发生相对改变的物理量。应变又称“相对变形”或“形变率”。通常称物体在某单位长度内的形变(伸长或缩短),即某一个方向上的长度变化与原长度之比为“正应变”或“线应变”,用符号 ε 表示;物体整体变形后体积的改变量与原体积的比值称为“体积应变”。

8.2.4.7 蠕变

蠕变(creep)是固体材料在保持应力不变的条件下,应变随时间延长而增加的现象。

8.2.4.8 蠕变回复

蠕变回复(creep recovery)是在对材料施加一定载荷使其产生蠕变以后,将此载荷除去,在蠕变延伸的相反方向上材料的应变随时间延长而减小的现象。

8.2.4.9 应力松弛

应力松弛(stress relaxation)是在应变恒定时,应力随时间的推移而逐渐衰减的现象。

8.2.4.10 动态力学性质

动态力学性质(dynamic mechanical property)是材料的动态力学性质,指材料在交变应力(或应变)作用下的应变(或应力)响应。

8.2.4.11 模量

模量(modulus)是指材料在受力状态下应力与应变之比,通常用 M 表示。

相应于不同的受力状态,模量有不同的称谓,如拉伸模量(E)、剪切模量(G)、体积模量(K)、纵向压缩量(L)等。该词由拉丁语“小量度”演化而来,原来专指材料在弹性极限内的一个力学参数。故在不加任何定冠词时往往就认为指弹性模量,即应力与应变之比是一常数。该值的大小表示此材料在外力作用下抵抗弹性变形的能力。

弹性模量可视为衡量材料产生弹性变形难易程度的指标,其值越大,则使材料发生一定弹性变形的应力也越大,即材料刚度越大,亦即在一定应力作用下,发生弹性变形越小。

8.2.4.12　弹性模量

弹性模量(elastic modulus)是在单向应力状态下应力除以该方向的应变的值。

在弹性变形阶段,材料应力和应变成正比例关系(即符合胡克定律),其比例系数称为弹性模量。弹性模量是描述物质弹性的一个物理量,是一个统称,表示方法可以是“杨氏模量”“体积模量”等形式。

8.2.4.13　杨氏模量

在弹性变形阶段,材料应力和应变成正比例关系(即符合胡克定律),其比例系数称为弹性模量,即杨氏模量(Young's modulus)。

弹性模量是材料的一种最重要、最具特征的力学性质,是物体弹性变形难易程度的表征,通常用 E 表示,以单位面积上承受的力表示,单位为 $N \cdot m^{-2}$。

弹性模量可视为衡量材料产生弹性变形难易程度的指标,其值越大,使材料发生一定弹性变形的应力也越大,即材料刚度越大,亦即在一定应力作用下,发生弹性变形越小。

8.2.4.14　柔量

柔量(compliance)是应变(或应变分量)对应力(或应力分量)之比,是模量的倒数,通常用 J 表示。

对一个完善的弹性材料来说,弹性柔量是弹性模量的倒数,即材料每单位应力的变形率。常见的实验中测定的柔量有拉伸柔量、剪切柔量、蠕变柔量等。

8.2.4.15　复数模量

复数模量(complex modulus)又称动态模量,是对黏弹性材料施加正弦波振动时,应力与应变之间存在相位差,可以复数表示,这时的复数应力振幅与复数应变振幅之比即为复数模量。常用 $M^* = M' + iM''$,式中 i 为虚数单位。

复数模量可分别由不同受力情况进行测量:

(1) 拉伸模量 $E^* = E' + iE''$;

(2) 剪切模量 $G^* = G' + iG''$;

(3) 体积压缩模量 $K^* = K' + iK''$;

(4) 纵向压缩模量 $L^* = L' + iL''$。

复数模量中的储能模量(E',G',K',L')是和应变同向的稳态应力与应变值之比。复数模量中的损耗模量(E'',G'',K'',L'')是和应变相位差 90° 的稳态应力与应变值之比。储能模量是测量在施加载荷期间的储存能量和再生能量,而损耗模量则与该期间的能量损耗成正比。

8.2.4.16 储能模量

储能模量(storage modulus)是复数弹性模量的实数部分,是和应变同向的稳态应力与应变值之比。储能模量表示材料在形变过程中由于弹性形变而储存的能量,是材料变形后回复的指标,表示材料存储变形能量的能力。储能模量反映的是材料的弹性部分的贡献,不涉及能量的转换。

8.2.4.17 损耗模量

损耗模量(loss modulus)是复数弹性模量的虚数部分。损耗模量又称黏性模量,是指材料在发生形变时,由于黏性形变(不可逆)而损耗的能量大小,反映材料的黏性大小。损耗模量反映的是材料黏性部分的贡献,也就是材料的机械能转换为热能的衡量参数。

8.2.4.18 损耗因子

损耗因子(loss factor)是在每个周期内损耗模量与储能模量之比,又称为阻尼因子(damping factor)、损耗角正切(loss tangent)或内耗因子(internal dissipation factor)。当振动形变相对于振动应力的相位滞后角为 δ 时,损耗因子可表示为 $\tan\delta$。

损耗因子可以用来反映材料黏性弹性的比例:

(1) 当储能模量远大于损耗模量时,材料主要发生弹性形变,因此材料呈固态;

(2) 当损耗模量远大于储能模量时,材料主要发生黏性形变,因此材料呈液态:

(3) 当储能模量和损耗模量相当时,材料呈半固态,例如凝胶状态。

8.2.4.19 静态热机械分析曲线

静态热机械分析曲线,简称 TMA 曲线,是由静态热机械仪测得的以试样长度或体积(长度变化率或体积变化率)随温度或时间变化的关系曲线。曲线的纵坐标为长度或体积(通常以长度或体积的变化率表示),向上表示长度或体积增加(膨胀),向下表示长度或体积减小(压缩或软化);曲线的横坐标为温度 T 或时间 t,自左向右表示温度升高或时间增加。

8.2.4.20 动态热机械分析曲线

动态热机械分析曲线,简称 DMA 曲线,是由动态热机械分析仪测得的试样的动态损耗模量、动态储能模量和 $\tan\delta$ 与温度或时间的关系曲线图示,如图 8.7 所示。

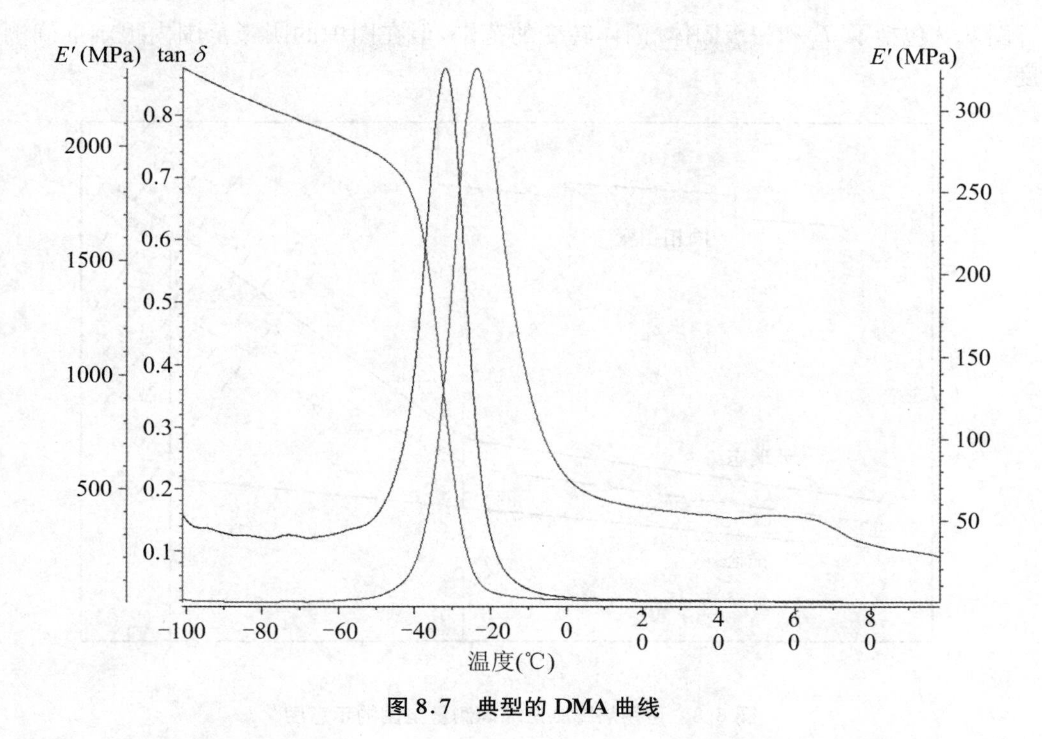

图 8.7　典型的 DMA 曲线

8.3　工作原理

热机械分析仪中的热膨胀仪、静态热机械分析仪和动态热机械分析仪的工作原理差别较大，下面将分别介绍这些仪器的工作原理。

8.3.1　热膨胀仪的工作原理

按照热膨胀仪的位移测量单元的工作原理不同，主要可以分为电学法、光学法和机械法三种类型。这些方法的共同点都是试样在加热炉中受热膨胀，通过顶杆将膨胀传递到检测系统，不同之处在于检测系统。较早的热膨胀测量法是将样品浸入流体（过去常使用汞）中，通过毛细管中受限制的流体来精确测量膨胀系数，测量方式与玻璃温度计中的汞的变化非常相似，这种方法通常不能归类为热分析法的范畴。在本部分内容中，我们主要介绍通过长度测量进行膨胀测量的方法，并且将各向同性材料的体积膨胀系数近似为线膨胀系数（α）的3倍。在测量膨胀系数时，用于长度变化测量的TMA仪器通常改进或设计为在接近零载荷条件下进行测量。这样的测量系统适用于真正的固体材料，但不适合测量熔融转变温度（T_m）。有些情况下可能也无法测量玻璃化转变温度（T_g），这主要取决于材料在T_g以上的性质。由于交联橡胶是高于T_g的无定形固体，因此仍可以进行精确的膨胀测量。图8.8中给出了可以利用热膨胀法测量的各种转变类型[1]。

图 8.8 包括了 T_g 和一级固体-固体转变的范围，但在图中的阴影范围内很难准确测量长度。[1]

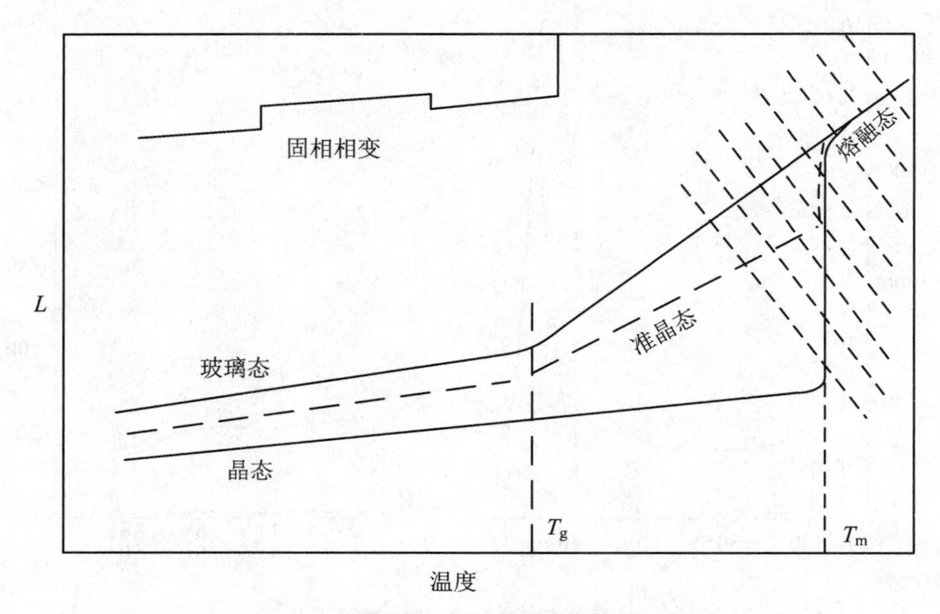

图 8.8　可用热膨胀法准确测量范围的示意图

机械法主要采用千分表的方法，通过千分表直接测量试样的伸长量。其结构形式主要为立式，将试样安放在一端封闭的石英管底部，使其保持良好的接触。试样的另一端通过一个石英顶杆将膨胀引起的位移传递到千分表上，即可读出不同温度下的膨胀量。

光学法则通过顶杆的伸长量来推动光学系统内的反射镜转动，经光学放大系统而使光点在影屏上移动来测定试样的伸长量。

电学法是热膨胀仪最常采用的结构形式，其将顶杆的移动通过天平传递到差动变压器，变换成电信号，经放大转换从而可以测量得到试样的伸长量。根据试样的伸长量即可计算出材料的线膨胀系数。这种工作原理的结构形式主要为水平式，图 8.9 给出了德国耐驰公司的一种热膨胀仪的结构示意图。

由图 8.9 可见，试样通过样品支架水平放置于加热炉中，实验过程中试样在不同的温度下的长度变化通过与其接触的水平推杆传递到差动变压器中，差动变压器将其转换成电信号，经放大转换从而可以测量得到试样的伸长量。实验可以在不同的气氛下进行，根据所用的加热炉和支架材质的不同，温度范围最高可以达到 2400 ℃。

8.3.2　静态热机械分析仪的工作原理

热机械分析法是在程序控制温度和非振荡性荷载下，测量试样在膨胀或压缩、针入、拉伸或弯曲等不同模式下的形变与温度或时间关系的一种热分析方法。实验时将试样置于 TMA 仪的样品平台上，在预先设定的程序控制温度和一定荷载（力）与气氛下，对试样进行测试，通过位移传感器实时测量探头移动的位置随温度或时间的变化情况。根据测试时所施加荷载力的方式不同，可分为在恒定荷载下的静态热机械分析法和在周期性变化的荷载下（一般施加的较小载荷，在 1～2 Hz）的 DLTMA 测试，一般所说的热机械分析法通常指静

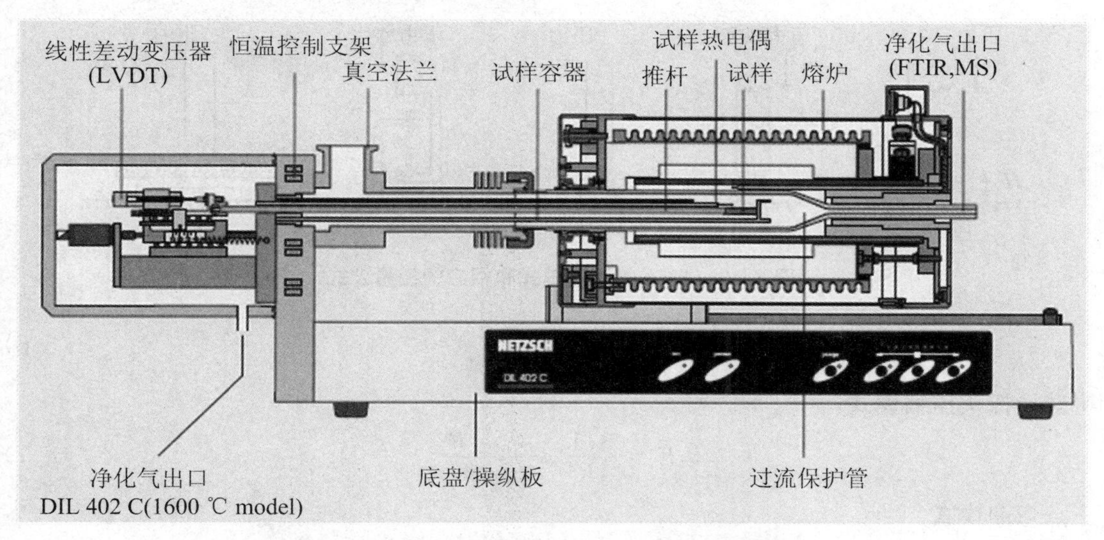

图 8.9　德国耐驰公司水平式热膨胀仪结构示意图

态热机械分析法。

在静态热机械分析仪(TMA 仪)中,用于连续记录探头位置的位移传感器有数字编码器、差动的或指针式的位移转换器,通常使用线性差动变压器(LVDT)作为位移传感器。LVDT 的电磁线性马达可消除运动部件的重力,使施加在探头上的力直接作用于试样上,线圈内的铁磁芯与测量探头连接,产生与位移成正比的电信号,通过测量并记录电信号的变化,即可得到试样尺寸(长度或体积,或其变化率)等形变随温度或时间变化的 TMA 曲线。

TMA 测试的探头一般有,即膨胀或压缩探头、针入探头、弯曲探头(一般是三点弯曲探头)和拉伸探头(包括薄膜拉伸和纤维拉伸探头)。有的 TMA 仪还配有粉末夹具或固化附件等。

由于仪器的支撑组件的膨胀程度通常与样品相当,或者大于膨胀系数相对较小的样品,因此通常通过一个已知膨胀系数的固体样品(即标准物质)对仪器进行校准,通过 ΔL(测量)获得 ΔL(校正)的准确数值。在使用标准物质进行校准的过程中,标准物质的加热速率必须与样品实验中相同。这是因为相比于快的加热速率而言,更多的支撑结构将在较慢的加热速率下有足够多的时间来改变温度。同时,也应优先采用与实验样品厚度范围相当的标准物质。常用于校准的标准物质是通过加工制成的石英或氧化铝的棒状样品。通过一种简单的线性内插值处理通常可以给出与样品具有相同初始厚度的标准物质的表观膨胀系数。根据以下形式的关系式:

$$\alpha(\text{理论值}) - \alpha(\text{仪器校正值}) = \alpha(\text{测量值}) \tag{8.5}$$

可以将由标准物质实验获得的仪器校正值应用到所需的样品数据中,对测得的热膨胀系数进行校正。

探头类型的选择决定了被测量的实际模量/膨胀性能。图 8.10 中列出了常用的几种附件[1]。

对于图 8.10 中不同测量模式的探头,其模量 E 可分别由下式计算得到(针入式探头的模量根据经验公式来进行估算):

平头探头压缩模式和拉伸模式:

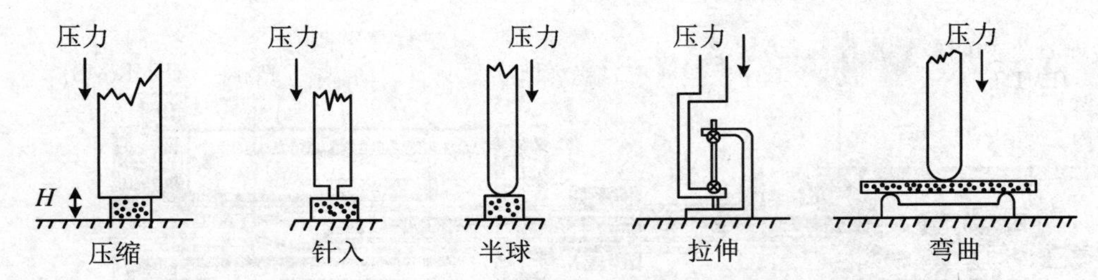

图 8.10 TMA 的测量模式和相应的模量公式[1]

$$E = \frac{F/A}{\Delta L/H} \tag{8.6}$$

半球形探头压缩模式：

$$E = \frac{3(1-\upsilon^2)\cdot F}{4R^{1/2}\cdot \Delta L^{3/2}} \tag{8.7}$$

三点弯曲模式

$$E = \frac{F\cdot L^3}{2\Delta L\cdot C\cdot H^3} \tag{8.8}$$

式中，ΔL 是探头的垂直位移，F 是施加在横截面积 A 上的力，A 是力作用的横截面积，H 是样品的高度，L 是样品的长度(弯曲梁)，C 是样品宽度，υ 是泊松比，R 是半球半径。

公式(8.8)适用于恒温下的载荷条件。当进行温度扫描时，如果需要得出其模量值，除非使用半球形尖端的探头，否则必须校正样品和仪器的膨胀量 ΔL。通过其他任何一种具有比样品更小面积的探头都会给出经验性的结果。当 $H \gg \Delta L$ 时，可以使用 Hertzian 近似[4]，其他情况则采用 Finkin 近似。[5]

在 TMA 实验中，ΔL 的测量通常可以达到 0.01 μm 以下的精度，最近发展起来的调谐激光技术能够将其降低到纳米级。[6] 光学式仪器的反射端面导致其应用温度限制在约 700 ℃以下，而采用电学式工作原理的高温 TMA 仪器则可以达到 2000 ℃以上。[1]

8.3.3 动态热机械分析仪的工作原理

动态热机械分析法(DMTA)是在程序控制温度和一定气氛下，对试样施加单频或多频的振荡力，测量相应的振荡形变及其响应滞后，获取其储能模量、损耗模量和损耗因子随温度、时间或力的频率的变化关系的一种技术。本部分内容将介绍 DMTA 法的理论基础、工作原理等内容。

8.3.3.1 理论基础

在程序温度(线性升温、降温、恒温及其组合等)过程中，给试样施加一定频率、一定振幅的正弦波形式的动态振荡的应力(或应变)，作为响应，试样会相应地产生一定频率、一定幅度，以及伴随着一定程度的滞后(相对于力的波形的相位差)的动态振荡应变(或应力)。这种滞后程度与材料的动态力学性质有关，如图 8.11 所示。

对于完全弹性的材料，动态力学响应不存在相位角 δ 的滞后现象，此时 $\delta=0$；对于完全黏性的材料，相位角 $\delta=90^\circ$；对于黏弹性材料，相位角 δ 介于 0° 和 90°。

从表面上看，DMTA 方法似乎是通过改进的静态 TMA 实验得出的，但实际上并非如

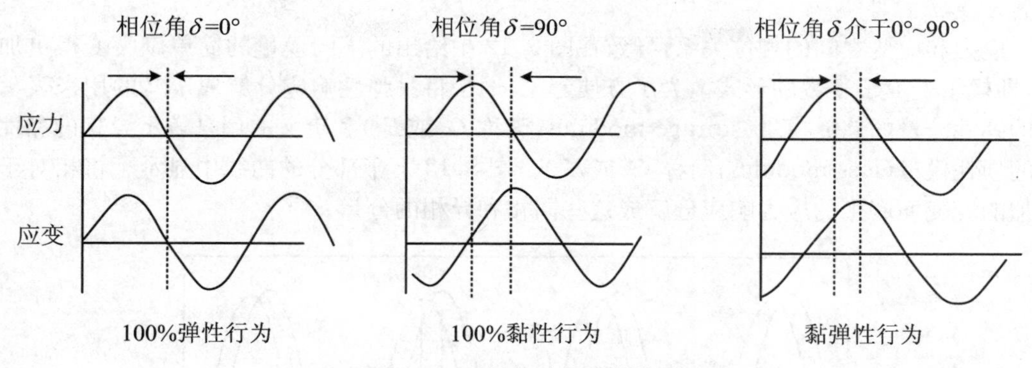

图 8.11　材料的动态力学性质

此。DMTA 方法起源于固体模量的测量以及它们的频率和温度依赖性(弛豫性质)等物理学概念。如前所述,根据施加在固体上的应力方向的不同,固体的主要模量包括剪切模量(G)、杨氏模量(E)和体积模量(B)等形式。由于 DMTA 技术目前只用于测量以上这些模量中的剪切以及拉伸模量(与各向同性材料的 E 相同),因此在图 8.12[1] 中仅定义了 G 和 E。由于体积模量的测量具有较高的组合误差,因此其无法通过常规的 DMTA 测量得到。[1]

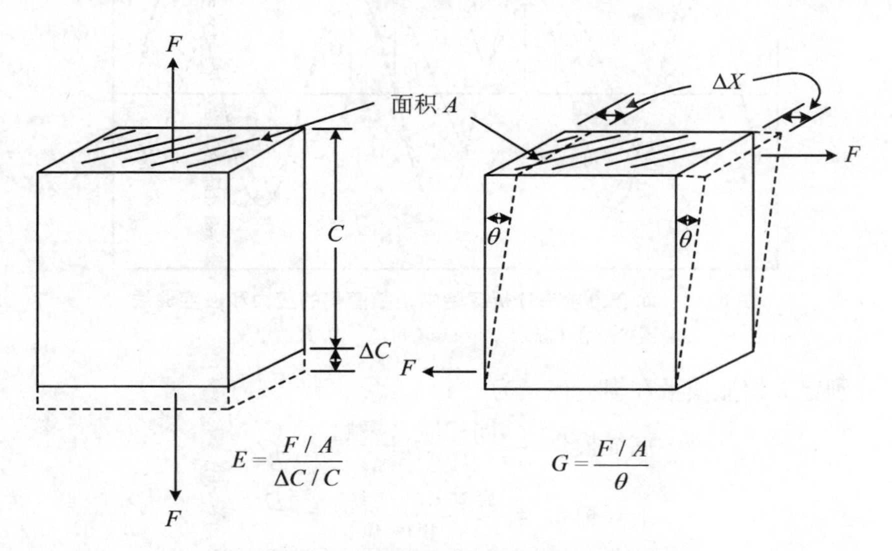

图 8.12　剪切模量(G)和杨氏模量(E)的定义

θ 为以弧度表示的量

为了在测量中引入一个时间尺度,DMTA 技术在一个具有适当几何形状的样品上施加了一个较小的正弦周期变化的应力(或应变)并检测响应得到的应变(或应力)。该技术有时被称为动态力学分析(Dynamic Mechanical Analysis,DMA),这种命名主要是针对那些不需要通过温度扫描来测量动态模量的测量模式而言的。

由施加的正弦应变所产生的与时间相关的应力曲线如图 8.13 所示。[1] 对于完全弹性的材料而言,应力与应变同相(in-phase);对于纯黏性的材料而言,应力与应变的相位差达到 90°,此时应力与应变异相(out of-phase)。一般来说,大多数的固态金属材料在室温下主要呈现出弹性的特征,但在某些温度区域内则显示出显著的黏弹性的特征。[1] 而聚合物在高于正常的工作温度范围时具有一定程度的黏弹性,但在高于 T_g 的温度范围内黏弹性则十分显著。

应力和应变之间的相位关系，导致在图 8.12 中给出的不同模量的简单定义变得更加复杂，即模量变成了复数的形式。为了方便起见，通常将黏弹性响应分解成定义的用来表示同向的弹性分量的储能模量（storage modulus，简称 G' 或 E'）和定义的用来表示异相的黏性分量的损耗模量（loss modulus，简称 G'' 或 E''）。图 8.13 下半部分的曲线中显示了将相对于所施加的应变而产生的应力响应分解成这些同相和异相的分量。

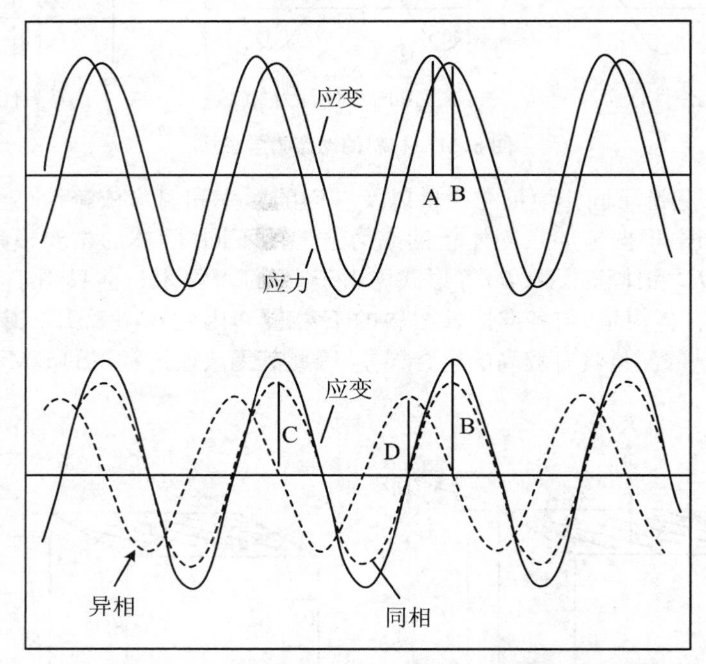

图 8.12 动态力学热分析实验中正弦变化的应力和应变曲线

图中示意了显示 $E' = C/B$ 和 $E'' = D/B$ 的定义

可以分别定义储能模量和损耗模量为

$$储能模量 = \frac{同相应力振幅}{应变振幅} = \frac{C}{B} \tag{8.9}$$

$$损耗模量 = \frac{异相应力振幅}{应变振幅} = \frac{D}{B} \tag{8.10}$$

这些关系可以用一个 Argand 图来概括表示，总响应取决于复数的模（E^*，G^*），如图 8.14 所示。[1]

在 Argand 图中，也明确定义了相位角（施加应力后引起的应变滞后），它是一个方便、实用的无量纲参数，通常称为“损耗角正切”或者“损耗因子”（$\tan\delta$），可用下式表示：

$$\tan\delta = \frac{G''}{G'}\ （剪切力）或\ \frac{E''}{E'}\ （弯曲力） \tag{8.11}$$

$\tan\delta$ 是每个变形周期内损失的能量与储存的能量之比，通过 $\tan\delta$ 可以很好地得到在温度扫描测量中由于原子/分子迁移率引起的转变信息。

所有的关于动态模量的理论和测量均假定材料是“线性黏弹性材料”。简单地说，这意味着在不改变 G''/G' 比率（即 $\tan\delta$）的情况下，应力加倍导致应变响应随之加倍。通常假定所有材料的性质在较小的应变处接近线性行为，但在一些情况下应变必须低至 0.1%。

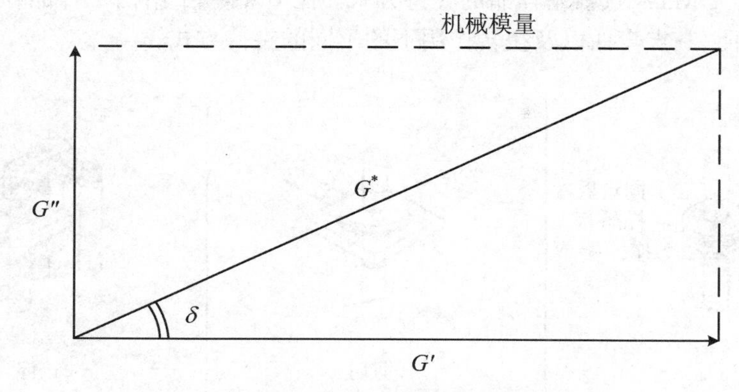

图 8.14　显示动态模量之间关系的 Argand 图

8.3.3.2　仪器的工作原理

诸如扭摆之类的固有频率技术和诸如振动簧片之类的共振频率技术在很大程度上已经被商业仪器中的低于共振频率的强制振动测量所取代。当前所有的主流仪器制造商如 TA Instruments、Mettler-Toledo、Perkin-Elmer 以及 Netzsch 等公司所提供的仪器都基于强制非共振的原理。在实验过程中仪器的相应的传感器可以实时记录应力的振幅、应变的振幅及两者之间的相位差 δ，在整个测量过程(时间/温度变化)中连续输出这些数值(可单一频率测试，也可多频轮转测试并将对应频率的数据点进行连接拟合)，经数据处理计算，可得到包含储能模量、损耗模量和损耗因子等曲线的 DMA 图谱。

在许多仪器中，采用线性空气轴承来支撑驱动组件。这种设计使仪器的摩擦最小化，并可精确地测量材料的力学性能。电磁驱动器用于施加力，该力通常由直线式应变计传感器独立转换得到。样品的运动情况通过 LVDT、涡流或类似的非接触位移传感器来测量。应力和应变传感器都需要通过基于质量和千分尺测量的一些绝对方法进行校准，或者可以追溯到这些标准的某些仪器进行校准。

大多数现代仪器的测量频率可以达到 0.01 Hz(或更低)至约 100 Hz。由于一个完整的周期需要相当长的时间，因此低频侧的限制是从进行测量所需的时间的角度来考虑的。在高频侧，除了仪器会发生谐振之外，对于较软的材料来说，还存在沿着样品的频率大于1 kHz 的波传播的基本问题。

在大多数 DMTA 测试中，通常采用 1 Hz 的固定频率进行实验。在该频率下，每个周期的测量时间为 1 s 的量级，并且该频率通常也低于谐振频率。一般来说，较短的测量时间对于较高的温度扫描速率至关重要。如果以 0.1 Hz 单位进行测量，则测量时间至少为 10 s。例如，在 $6\ K \cdot min^{-1}$的扫描速率下，测量过程中温度会发生一度的变化。

与 DSC 和 TG 实验相比，由于 DMTA 实验中的样品和夹具的质量通常较大，因此在 DMTA 测量中优先选择较低的温度扫描速率。如果采用高于 $4\ K \cdot min^{-1}$的温度扫描速率，则样品的温度将远远滞后于样品附近的温度探头所检测到的温度。

8.3.3.3　不同的夹持方式下的 DMTA 实验

在动态力作用下，不同的样品夹持方式得到的实验曲线差别较大，可以通过使用不同的固定装置来优化 DMTA 仪器中样品的夹持方式。图 8.15[1] 中给出了样品在压缩、剪切、拉伸、双悬臂梁弯曲、三点弯曲以及扭转作用下的不同的夹持方式。

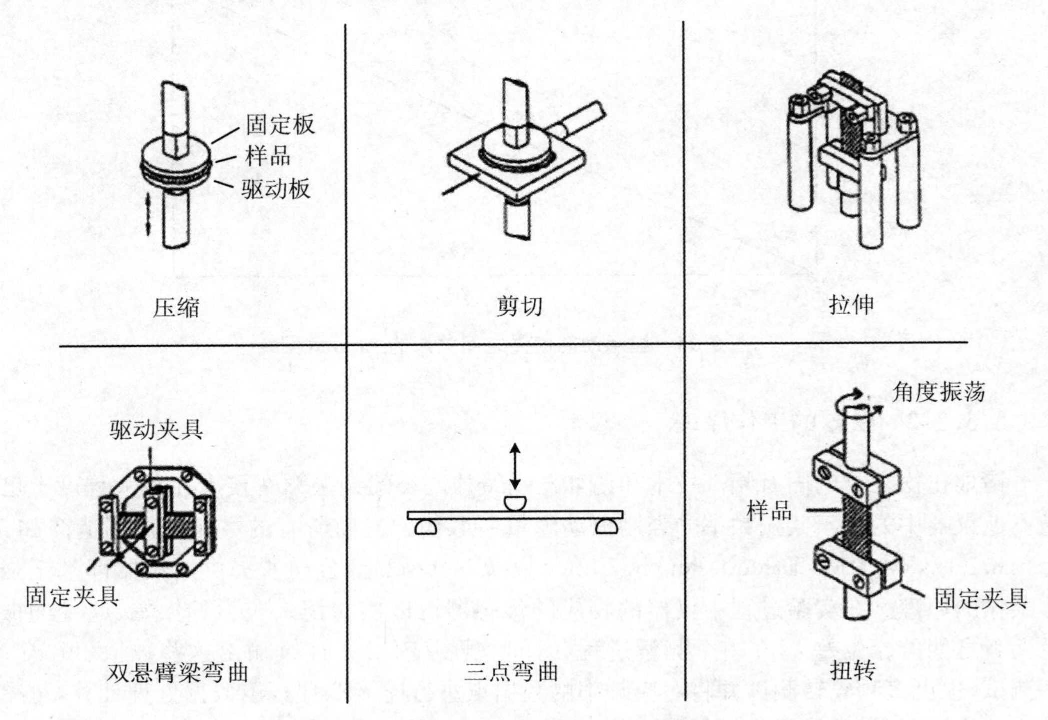

图 8.15　DMTA 测量中样品的夹持方式

除了扭转需要流变仪类型的测量头之外,其他的夹持方式都可以简单地由线性驱动装置实现,这些作用形式可以通过设计类似杠杆臂的结构来实现。[1]

夹具的几何形状的选择取决于实验过程中所需的模量类型(E 或 G)和样品的形状。一般而言,纤维和薄膜最好使用拉伸的模式来测量。由片材切割得到的固体样品最好使用弯曲的测量模式。对于非常软的测量样品例如凝胶,可以在压缩的条件下测量。三点弯曲模式仅适用于不发生蠕变的刚性非常大的样品,例如陶瓷、金属和聚合物复合材料等。

在 DMTA 测量结果中,由于在实验中所采用的试样形状的影响,其对所得到的绝对模量(储能模量和损耗模量)值的影响是最大的,通常用几何因子 k 来评价这种影响程度。表 8.1 中给出了几种形变模式夹具的几何常数(k)。试样形状对 $\tan\delta$ 的影响是最小的,主要原因在于 $\tan\delta$ 可以通过直接测量得到,也可以通过刚度比 $kE''/(kE')$ 得到。由于主要误差在几何常数 k 中,因此在 $\tan\delta$ 中 k 都相互抵消了。然而,k 的影响体现在直接作用于 E' 和 E'' 值中。误差通常来自于在 DMTA 测量中使用的夹具在夹持较短样品时产生的边界效应。

表 8.1　不同形变模式下的几何常数表达式

变形模式	模量	几何因子
三点弯曲	E^*	$\frac{4bh^3}{l^3}$
双悬臂梁	E^*	$\frac{16bh^3}{l^3}$
单悬臂梁	E^*	$\frac{bh^3}{l^3}$
剪切	G^*	$\frac{2A}{h}$
压缩/针入	K^*	$\frac{A}{h}$
拉伸	E^*	$\frac{A}{s}$

注：B 为样品宽度，H 为样品厚度，L 为样品长度（对于双悬臂梁而言，为每一侧的长度），r 为棒的直径。

在 DMTA 实验过程中，可以由以下形式的表达式得到复数模量：

$$E^* = \frac{F/x}{k} \tag{8.12}$$

式中，E^* 为复数模量；F 为试样受到的载荷；x 为试样产生的位移；k 为几何因子。

由等式(8.12)可见，准确的尺寸测量对精确计算模量非常重要。例如，在单悬臂梁的弯曲实验中，采用 2 mm 厚度(H)和 10 mm 长度(L)的样品的极端情况。几何常数可由下式给出：

$$k = \frac{B(H/L)^3}{[1 + 2.9 \cdot (H/L)^2]} \tag{8.13}$$

在忽略分母中的剪切近似校正后，分母变为 1。上式中，L 为 0.5 mm 的误差，将对应于长度为 L 时的 5%的误差，但是由于三次方的关系，它在转换为 E' 和 E'' 时会产生 15%的误差。这种大小的夹具误差对于刚性样品是常见的，这是因为夹具的最佳尺寸范围不能仅从夹具的弹性压力来精确定义。对于较软的固体而言，这种情况有所改善。但是对于表现出较大的模量变化的材料如聚合物而言，这意味着误差随着温度的变化而发生变化。[1]

8.3.3.4　不同测量频率下的 DMTA 实验

材料可以在适当的温度下保持受力的状态，使得运动过程可以以适当的时间尺度（几分之一秒）发生。如果可以在很宽的范围内扫描外加的频率（例如五个数量级），那么模量将从高频率下的较高的非弛豫值（G_U 或 E_U）变为低频率下的较低的弛豫值（G_R 或 E_R）。如果测量的动态转变是无定形聚合物的玻璃化转变（T_g）过程，那么非弛豫值接近玻璃态的模量（10^9 Pa），弛豫值接近橡胶态的模量（10^6 Pa）。体系的响应在非弛豫的玻璃状态和弛豫的橡胶状态下都是非常有弹性的。在这些状态之间的时间间隔内，分子运动与外加应力具有相似的时间尺度，对应于一个高度不可逆和能量耗散的区域。如图 8.16 所示[1]，$\tan\delta$ 和损耗模量均达到最大值，损耗峰的峰值位置不同。通过 $\tan\delta$ 峰值可以用来计算得到该过程的平均弛豫时间(τ)。[1] 如果 f_{max} 是 $\tan\delta$ 峰值的频率，则有如下的关系式：

$$\tau = \frac{1}{2\pi} \cdot f_{max} \tag{8.14}$$

在这里，从弛豫时间分布的角度定义了一个与 $\tan\delta$ 最大值不同的平均值。在实际应用中，如果

用系统的方法对 τ 进行定义,则得到的 $\tan\delta$ 最大值会变得更加准确,并且不会产生偏差。

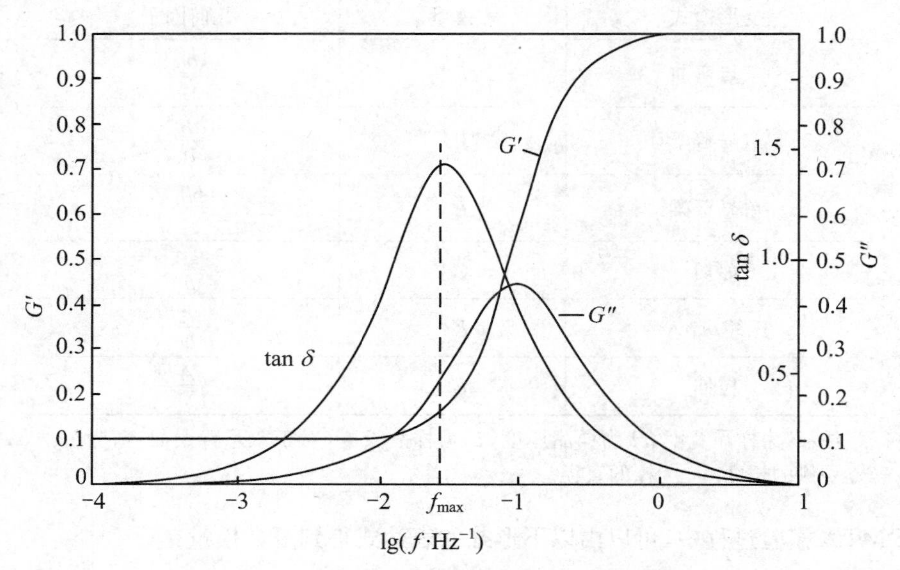

图 8.16　G'、G''和 $\tan\delta$ 随 $\lg f$ 的变化曲线

另外,通过 DMTA 研究的所有运动过程处于热运动状态,即确定它们是否出现在给定的一组测量中取决于该过程的活化能(E_a)是否高于可用于激活该过程的热能(即 RT 的乘积)。因此,根据第一近似的方法,τ 根据 Arrhenius 方程而发生变化,其中 A 是一个不随温度发生变化的常数。[1]

$$\tau = A \cdot \exp\left(\frac{E_a}{RT}\right) \tag{8.15}$$

这表明 τ 可以通过改变温度来得到。那么损耗峰 $\tan\delta$ 满足以下条件:

$$2\pi \cdot f = \frac{1}{\tau} \quad (\text{在 } T_{max} \text{ 温度下}) \tag{8.16}$$

等式(8.16)是在 DMTA 的实际应用中,由损耗峰确定松弛时间的常用方法。实验时温度通常以相当缓慢的速率($1 \sim 5\ ^\circ C \cdot min^{-1}$)上升,在恒定的频率(例如 1 Hz)下可以观察到最大损耗位置所对应的温度。

8.3.3.5　WLF(Williams、Landel 以及 Ferry)方法[6]

Williams-Landel-Ferry 方程(简称 WLF 方程)是高分子物理中一个非常重要的经验公式,是一种描述松弛时间与温度关系的方程。[6]假设动态模量和损耗角的正切曲线随着温度的变化沿着 lg(频率)轴移动而其形状不发生变化,则可以由 WLF 方程得出位移因子 a_T:

$$\lg a_T = \frac{C_1(T_1 - T_0)}{C_2 + (T_1 - T_0)} \tag{8.17}$$

其中,C_1、C_2为两个经验参数,取决于参考温度 T_0 的取值,且其乘积为定值($C_1 \cdot C_2 \approx 900$),与自由体积热膨胀系数 α_f有关。

借助于 WLF 方程的变形式参数 C_1、C_2 有两种不同求解方法,与由 $-1/\lg a_T$ 对 $1/(T_1 - T_0)$作图的方法相比较,由 $-(T_1 - T_0)/\lg a_T$对$(T_1 - T_0)$作图的方法的灵敏度更高,得到的平均相对残差更小。

根据 WLF 方程，在参考温度 T_0 与较高温度 T_1 之间测量的数据沿对数频率轴进行移动。经过一系列的数据处理，可以通过 WLF 方程生成一条“主曲线”（master curves），它可以将参考温度下的数据扩展到比实验可用频率范围宽得多的频率范围。

以下举例说明 WLF 方法。图 8.17 为通过对聚甲基丙烯酸甲酯（PMMA）进行一系列温度的 DMTA 的测量所得到的储能模量的对数 $\lg E'$ 和损耗因子 $\tan\delta$ 对频率的对数 $\lg f$ 的曲线。[1]通过沿频率轴移动测量曲线直到找到一个良好的匹配形状而得到在 120 ℃时的“主曲线”（图 8.18），由此产生的位移因子需要满足等式（8.17）。在图 8.18 中实际上只有一组数据是在 120 ℃下测量得到的，这两条曲线的其余部分是通过外推获得的。由于数据是在测量范围之外通过外推得到的，因此这部分数据将变得可靠性不高。对于工程应用领域而言，通过外推所得到的结果允许的误差上限是 20 年。需要指出的是，通常通过模量（而不是 $\tan\delta$）的垂直移动情况来计算，这是为了纠正因温度变化而引起的密度和抵消弹性模量的变化。

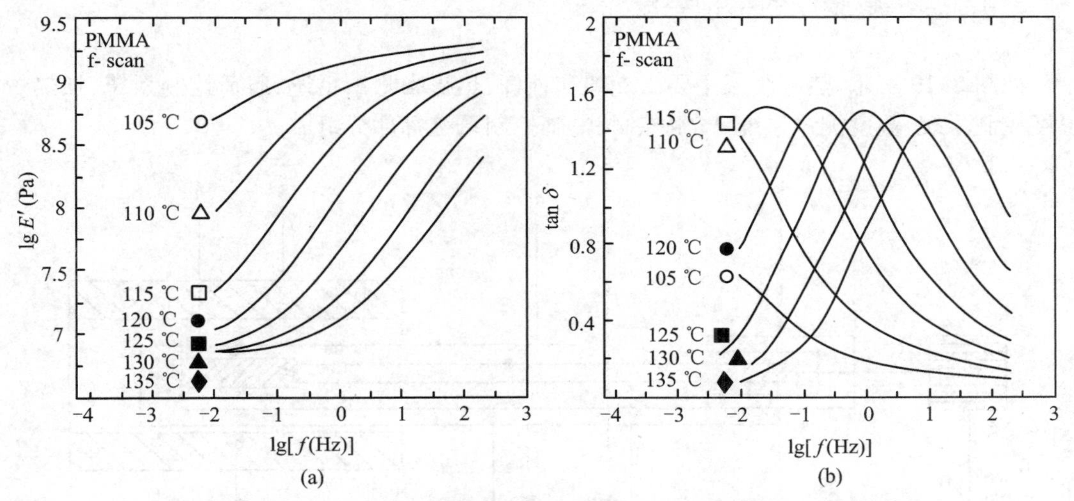

图 8.17　(a) 在图示温度下，测量得到的 PMMA 的 $\lg E'$ 随频率的变化曲线；(b) 在图示温度下，测量得到的 PMMA 的 $\tan\delta$ 随频率的变化曲线

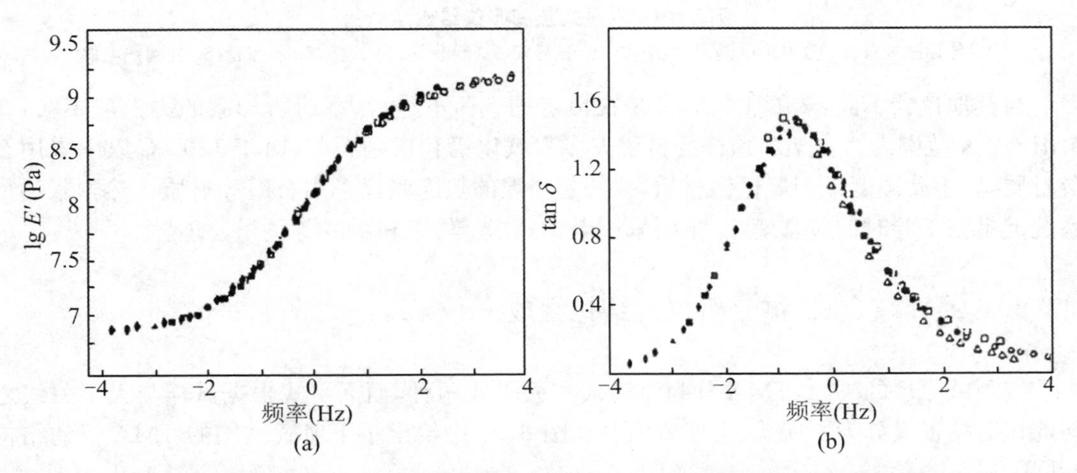

图 8.18　(a) 通过移动图 8.17 中的数据得到的 PMMA 在 120 ℃时的模量的时间-温度主曲线；(b) 使用与(a)中相同的位移因子得到的 PMMA 的 $\tan\delta$ 的时间-温度主曲线

8.4 TMA 仪器的组成

与其他形式的热分析仪相似，TMA 仪器主要由仪器主机（主要包括程序温度控制系统、炉体、支持器组件、荷载控制系统、气氛控制系统、样品温度测量系统、形变测量系统等部分）、仪器辅助设备（主要包括压力控制装置、摄像和冷却等装置）、仪器控制和数据采集及处理各部分组成。

8.4.1 热膨胀仪的结构组成

如图 8.19 所示，热膨胀仪主要由支架和顶杆、热膨胀测量系统、载荷控制系统、加热炉、温度控制系统、温度测量系统、气氛控制、电脑控制系统等部分组成。

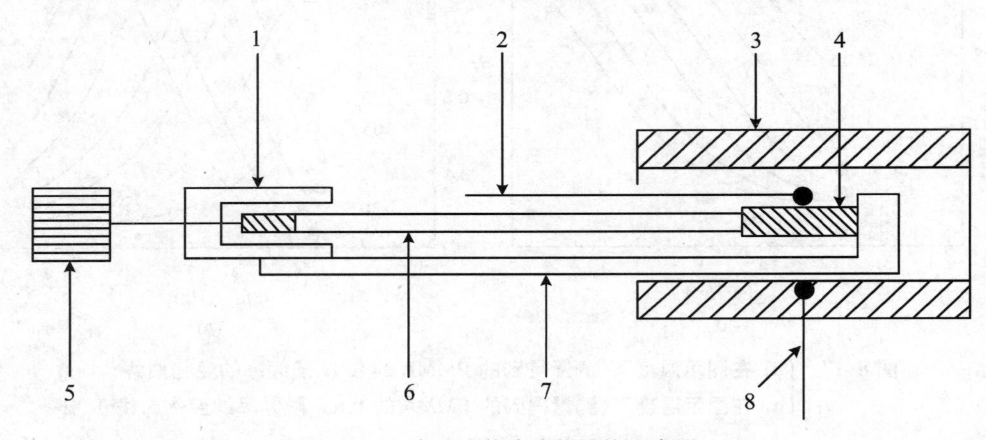

图 8.19 水平式热膨胀仪结构示意图

1. 位移测量仪；2. 测温热电偶；3. 加热炉；4. 试样；5. 加载装置；6. 顶杆；7. 支撑管；8. 控温热电偶

与其他仪器不同，热膨胀仪大多是在恒定的载荷下进行，载荷所加载的力一般不大，在 0.01～2 N 范围内。支架和顶杆的材质大多为氧化铝和熔融石英，对于 1200 ℃以下采用石英材质，高于此温度采用氧化铝材质，一些超高温的热膨胀仪采用石墨等材质。热膨胀测量系统记录在实验时的位移变化，主要采用电学式、光学式、机械式等测量原理。

8.4.2 静态热机械分析仪的结构组成

按测试原理的不同，TMA 分为浮筒式和天平式两种，而天平式根据试样与天平刀线之间的相对位置又分为下皿式、上皿式两种。图 8.20 中给出了下皿式结构的 TMA 仪的结构框图。

与热膨胀仪不同，静态热机械分析仪在实验时可以通过载荷控制系统来改变载荷的各种变化形式，如载荷的连续加载、部分或全部撤销等。通过不同的夹具形式，可以实现拉伸、压缩、针入度、弯曲等形式的实验。

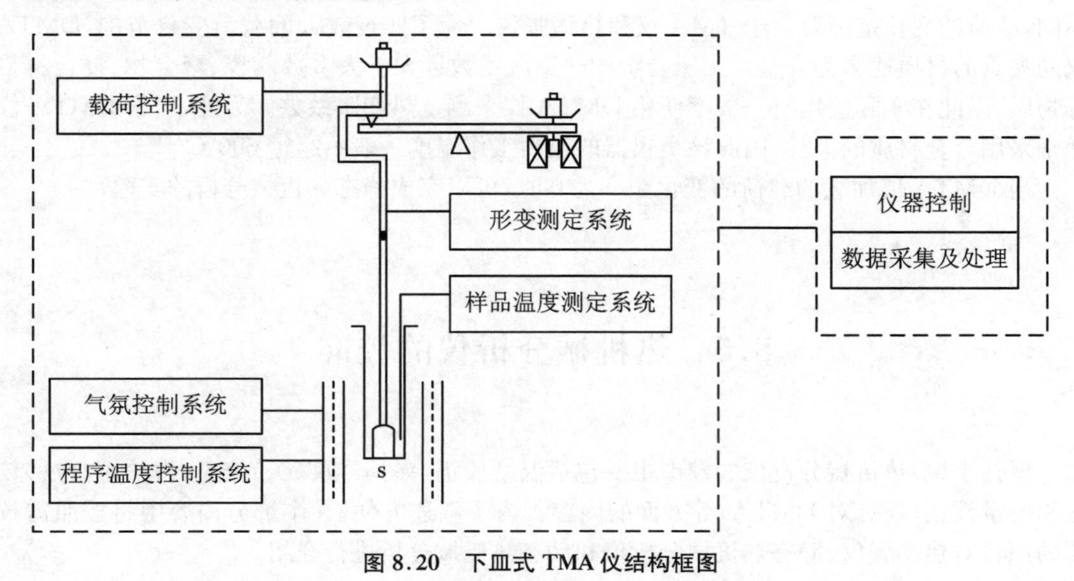

图 8.20　下皿式 TMA 仪结构框图

当载荷控制在很小时，使用具有较小膨胀系数的氧化铝或石英材质的夹具，可以得到样品的热膨胀曲线，用于测量热膨胀系数。

8.4.3　动态热机械分析仪器的结构组成

与静态热机械分析仪相似，动态热机械分析仪器(DMTA 仪)的结构形式主要有上加载样品式和下加载样品式两种，图 8.21 中给出了上加载样品式的 DMTA 仪的结构框图。

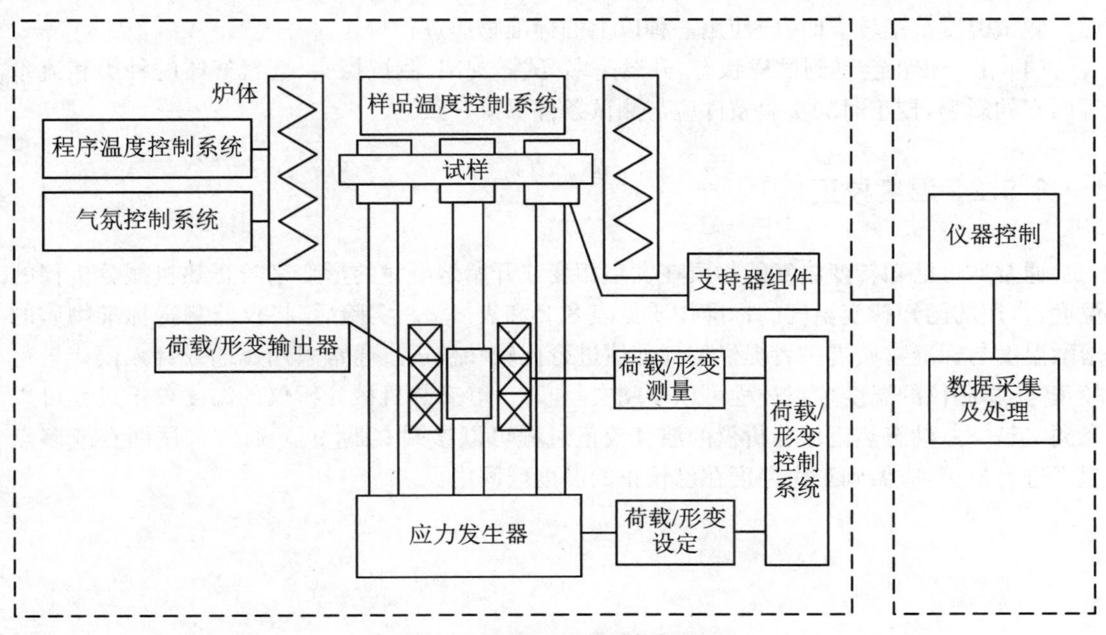

图 8.21　DMTA 仪结构框图

与 TMA 仪不同,DMTA 仪在实验过程中可以加载动态变化的载荷。根据测试对象的不同,载荷的变化范围要大于 TMA 仪和热膨胀仪。为了实现较大的载荷变化范围,DMTA 仪的夹具的材质通常为合金。由于合金的热膨胀系数远大于大多数陶瓷、聚合物、复合材料等物质,因此在实际应用时一般不使用 DMTA 仪来测量热膨胀系数。另外,由于 DMTA 仪通常采用合金材质的夹具,因此该类仪器的最高工作温度一般不超过 600 ℃。

当 DMTA 仪加载的载荷的变化频率为 0 时,可以完成静态热机械分析的实验。

8.5 热机械分析仪的校准

概括来说,热机械分析仪的校准主要包括温度校正、夹具(或探头)校正、力校正、位移校正和模量校正(仅针对 DMTA)等方面的内容。为了叙述方便,在本部分内容中将按照需校准的项目对热膨胀仪、静态热机械分析仪和动态热机械分析进行介绍。

8.5.1 校准的基本要求

TMA 仪校准的基本要求如下:

(1) 检测用 TMA 仪应定期进行校准。

(2) 校准时,应按照仪器相应的检定规程或校准规范使用相应标准物质分别对仪器的探头、力、位移(长度和膨胀系数)和温度进行校正,结果应符合仪器所要求的技术指标。

(3) 进行温度、位移和力校正时,应根据试样变化产生的温度范围选择相应的标准物质。测试温度范围较宽时,应使用一种以上的标准物质进行校正。

(4) 由于校正会受到试样状态、升温速率、试样支架、测试探头、气氛气体的种类和流量等因素的影响,校正时的实验条件应与测试条件保持一致。

8.5.2 温度校正

通常通过已知转变温度的物质在发生相变或开始熔融时的形变来校正热机械分析仪的温度,常用的已知转变温度的标准物质见表 8.2 和表 8.3。实验后,将仪器测得标准物质的熔融温度与标准物质提供者提供的标准值进行比较和校正。通常采用压缩或针入模式进行校正,热膨胀仪的温度校正过程可以参阅文献[7]。静态热机械分析仪的温度校正过程可以参阅文献[8],动态热机械分析仪的温度校正过程可以参阅文献[9]。通常采用两点或多点温度进行校正,应做到工作温度在已校正的温度区间内。

表 8.2　用于 TMA 仪温度校正的标准物质

标准物质名称	标准物质编号	熔融温度(℃) ($k=2$)
In	GBW(E)130182	156.52±0.26
Sn	GBW(E)130183	231.81±0.06
Pb	GBW(E)130184	327.77±0.46
Zn	GBW(E)130185	420.67±0.60

注:表中所列的为常用于 TMA 仪温度校正的标准物质;所列数值为标准物质提供者中国计量科学研究院所提供的参考值,校正时应以标准物质证书中所提供的数值为准。

表 8.3　用于更宽温度范围(－40～2500℃)的 TMA 仪温度校正的标准物质的熔融温度

标准物质	转变温度(℃)	标准物质	转变温度(℃)
Hg	－36.9	Au	1064.4
In	156.6	Cu	1084.5
Bi	271.4	Ni	1456
Pb	327.5	Co	1494
Zn	419.6	Pd	1554
Sb	630.7	Pt	1772
Al	660.4	Rh	1963
Ag	961.9	Ir	2447

注:表中所列的为常用于 TMA 仪温度校正的更宽温度范围(－40～2500℃)校正物质的熔融温度的标准物质,标准物质的纯度应在99%以上;所列数值均为参考值,具体数据以标准物质提供者所赋予的值为准。

图 8.22 为得到的静态热机械分析仪的温度校正曲线示意图,由图可见,两条切线交点即对应于所使用的标准物质的外推初始熔融温度。

为了避免样品在熔融时会污染仪器的夹具或探头,通常使用较薄的熔点高于实验温度的金属片包裹标准物质或在夹具的平台和探头或夹具的移动头之间放置两片熔点高于试验温度的金属片或陶瓷片的方法。为了获得重复性好的结果,通常将块状的标准物质压制成厚度小于 1 mm 的片状,在与试样所用相同实验条件下测量。

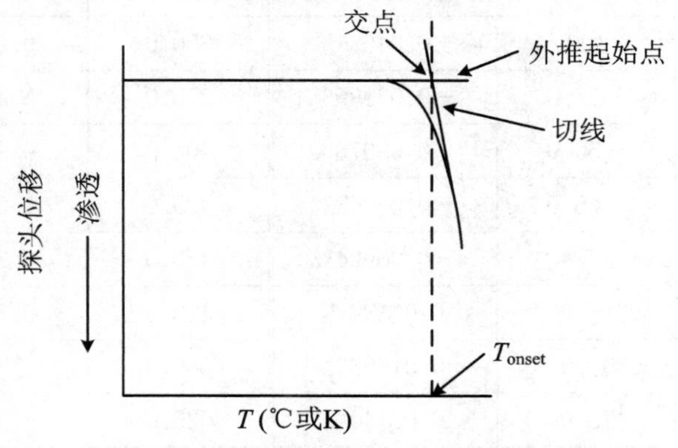

图 8.22　静态 TMA 温度校正得到的曲线的外推起始温度(T_o)示意图

8.5.3 夹具或探头校正

按照仪器操作规程的要求，放入由
仪器商提供的高度标样或已知长度的标样，将测试的结果与提供者提供的标准值进行比较和校正。静态 TMA 的校正方法可以参阅文献[10]。

8.5.4 力校正

按照仪器操作规程的要求，放入经过校准的砝码或在仪器载荷范围内的标准砝码(或分析化学用的砝码)，读取仪器所测量结果并与已知标准值进行比较和校正。力的校正主要是校正由探针施加在试样平台上的力。

8.5.5 位移校正

位移校正可以通过长度变化校正或膨胀系数校正来进行，故有的仪器称长度变化校正，有的仪器称膨胀系数的校正。

长度变化校正是用已知长度变化率的标准样品(见表 8.4 和表 8.5)进行校正。按照仪器操作规程的要求，设置一个试验方法，用一个已知长度变化率的标准物质(如铝块或铜块或 SRM739 熔融石英等标样)进行膨胀测试，将仪器测到的长度变化率与标准物质的已知值进行比较和校正，静态 TMA 的校正方法见参考文献[10]。

表 8.4 石英 Al_2O_3/水晶 Al_2O_3 的热膨胀①

温度(℃)	$dL/L_0$②	温度(℃)	$dL/L_0$②	温度(℃)	$dL/L_0$②
−200.0	−0.05960%	250.0	0.15058%	700.0	0.52273%
−175.0	−0.5835%	275.0	0.16938%	725.0	0.54506%
−150.0	−0.5598%	300.0	0.18850%	750.0	0.56754%
−125.0	−0.5190%	325.0	0.20789%	775.0	0.59018%
−100.0	−0.04634%	350.0	0.22754%	800.0	0.61298%
−75.0	−0.03935%	375.0	0.24742%	825.0	0.63594%
−50.0	−0.03078%	400.0	0.26750%	850.0	0.65906%
−25.0	−0.02063%	425.0	0.28778%	875.0	0.68233%
0	−0.00924%	450.0	0.30826%	900.0	0.70576%
25.0	0.00337%	475.0	0.32894%	925.0	0.72935%
50.0	0.01693%	500.0	0.34980%	950.0	0.75309%
75.0	0.03140%	525.0	0.37085%	975.0	0.77697%
100.0	0.04665%	550.0	0.39208%	1000.0	0.80099%
125.0	0.06270%	575.0	0.41346%	1025.0	0.82515%

续表

温度(℃)	$dL/L_0$②	温度(℃)	$dL/L_0$②	温度(℃)	$dL/L_0$②
150.0	0.07937%	600.0	0.43500%	1050.0	0.84945%
175.0	0.09663%	625.0	0.45669%	1075.0	0.87389%
200.0	0.11419%	650.0	0.47855%	1100.0	0.89847%
225.0	0.13218%	675.0	0.50056%		

注：① 本表引自《NETZSCH Manufacture's Certification》，DIN 51 045 Teil 1/DIN EN 10 204-2.1。
② L_0 = 20 ℃。

表 8.5　标准物质的热膨胀率和热膨胀系数

温度 t(℃)	不锈钢(SRM738)		熔融石英(SRM739)	
	线膨胀系数 ($\Delta L/L_0$) ($\times10^{-6}$ μm · m^{-1})	热膨胀率 α_t($\times10^{-6}$ ℃$^{-1}$)	线膨胀率 ($\Delta L/L_0$) ($\times10^{-6}$ μm · m^{-1})	热膨胀系数 α_t($\times10^{-6}$ ℃$^{-1}$)
−193	—	—	−1	−0.07
−173	—	—	−13	−0.53
−153	—	—	−22.5	−0.53
−133	—	—	−28.5	−0.38
−113	—	—	−32	−0.24
−93	—	—	−32.5	−0.1
−73	—	—	31	0.13
−53	—	—	−27.5	0.23
−33	—	—	−22	0.32
−13	—	—	−14	0.39
7	—	—	−6	0.45
20	—	9.76	—	0.48
27	69	9.81	—	—
47	—	—	13.5	0.53
67	466	10.04	24.5	0.56
107	872	10.28	47.5	0.60
147	1288	10.52	72	0.62
187	1714	10.76	97	0.63
227	2149	11.00	122	0 63
267	2593	11.23	—	—
287	—	—	159	0.61

续表

温度 t(℃)	不锈钢(SRM738)		熔融石英(SRM739)	
	线膨胀系数 ($\Delta L/L_0$) ($\times10^{-6}$ μm·m^{-1})	热膨胀率 α_t($\times10^{-6}$ ℃$^{-1}$)	线膨胀率 ($\Delta L/L_0$) ($\times10^{-6}$ μm·m^{-1})	热膨胀系数 α_t($\times10^{-6}$ ℃$^{-1}$)
307	3 408	11.47	—	—
327	—	—	183	0.59
347	3 511	11.71	—	—
367	—	—	206	0.56
387	3 984	11.95	—	—
407	—	—	228	0.54
427	4 467	12.19	—	—
447	—	—	249	0.51
467	4 959	12.42	—	—
487	—	—	269	0.49
507	5 461	12.66	—	—
527	—	—	288	0.47
567	—	—	307	0.44
607	—	—	324	0.42
647	—	—	340	0.40
687	—	—	356	0.38
727	—	—	371	0.37

膨胀系数校正是用已知膨胀系数的标准样品(见表 8.5 和表 8.6)进行校正。按照仪器操作规程的要求,设置一个试验方法,用一个已知膨胀系数的标准物质(如铝块或铜块或SRM739 熔融石英等标样)进行膨胀测试,将仪器测到的膨胀系数与标准物质已知值进行比较和校正。静态 TMA 的校正方法见参考文献[11]。

表 8.6　透明石英的平均线膨胀系数

温度范围(℃)	a_m 数值($\times10^{-6}$ ℃$^{-1}$)
20～100	0.54
20～200	0.57
20～300	0.58
20～400	0.57

8.5.6　模量校正

用仪器测定特定温度下标准物质的储能模量和损耗模量,与标准物质提供者提供的标准值进行比较和校正。储能模量校正方法见参考文献[11]，损耗模量校正方法见参考文献[12]。表 8.7 中列出了可用于储能模量校正的标准物质。

表 8.7　用于 DMA 储能模量标定的标准物质

温度(℃)	储能模量(GPa)				
	碳钢	蒙乃尔铜-镍合金	铜	铝	超高分子量聚乙烯
-198	207	185	121	77.9	—
-101	201	182	116	75.8	—
-46	198	180	114	74.5	—
21	192	179	114	73.1	1.26
93	191	179	112	71.7	—
149	189	178	112	70.3	—
204	186	177	110	65.5	—
260	182	175	—	—	—
316	177	170	—	—	—

注：表中列出了可用于 DMA 仪模量标定(-100～300 ℃)的标准物质；所列数值均为参考值，具体数据以标准物质提供者所赋予的值为准。

8.6　实验过程

概括来说，TMA 仪的实验过程主要包括以下几个方面的内容。

8.6.1　样品制备

固体样品常用于 TMA 实验，其在制备时应注意以下几点：

(1) 对于固体块状样品，在制样前应使样品均匀，并使试样的形状和大小适应 TMA 仪测试的要求。对样品进行切割加工时，不要使样品产生热和热历史，为获得可靠的测量结果，试样没有裂纹，表面应平整光滑，受力的两端面要平行且垂直轴线，从而避免测量试样的初始长度和检测探头与支架平台间的机械性运动带来的测量误差。有时为了消除与热形变无关的可导致长度等形变附加变化的影响因素，有的试样在制样前要先对样品进行必要的稳定化处理，而后在材料的不同部位取样，加工成所需尺寸大小的几个平行试样。

(2) 对于薄膜和纤维样品而言，在制样时应防止起泡、断裂，尤其是薄而脆的试样，膜要有一定的厚度，并制备成尺寸相同的平行样品。

(3) 对于粉末样品，应使用成型器具使试样成形后进行测定。

对分析前进行过热处理的样品需在论文或者报告中做特别说明。

8.6.2 测试前仪器准备

测试开始前需要对仪器的外观和各部件进行工作正常性检查。若检查时发现外观异常、关键部件受到损坏或污染,应及时进行校正。

8.6.3 测试条件的选择

根据测试需要,可选择以下条件:

(1) 根据TMA仪的要求和样品性质,选择合适的测试探头和对应的样品支架进行测试。对于系列样品和重复测试的样品,每次使用的试样应尽量一致,以得到良好的重现性。对于固体块状样品,其测试面和与平台接触面应保持平行且尽量平整,保证测试结果的重现和准确;在制备薄膜试样时,在消除气泡的影响时,应将一定厚度的薄膜尽量切成尺寸相同的几个平行样品。

对于DMTA实验而言,还需根据仪器要求、试样形态和模量范围选择合适的形变模式(力的加载方式)进行实验,常见的形变模式有拉伸、压缩、剪切、弯曲(包括单悬臂梁、双悬臂梁以及三点弯曲等)、针入等。实验时需使用相应类型的测量支架和夹具。

(2) 根据检测需要,选择合适的测量模式进行实验。常见的测量模式有单频率/多频率温度(时间)扫描模式(仅适用于DMTA仪)、频率扫描模式(仅适用于DMTA仪)、应力扫描模式(不适用于热膨胀仪)、应变扫描模式(不适用于热膨胀仪)、恒定应变模式(不适用于热膨胀仪)、恒定应力模式、蠕变模式(不适用于热膨胀仪)、松弛模式(不适用于热膨胀仪)、控制应变/应变速率模式等。

(3) 根据检测需要选用合适的气氛气体的种类、流量或压力、与温度范围相应的冷却附件等。

(4) 根据检测要求设定温度控制程序参数(包括温度范围、升降温速率等)及机械测试参数。对于DMA测试,常用的升温速率在1～5℃·min^{-1}之间(因DMA样品尺寸通常较大,过快的升温速率容易导致样品受热不均匀,影响测试结果的准确性)。进行温度调制TMA测试时,应根据所用仪器的控制软件的要求,输入相应的参数。

(5) 对于较快的转变,测试时数据采集的时间间隔应较短;对于耗时较长的测试,数据采集的时间间隔宜适当延长。

8.6.4 仪器测试

实验时,一般应按照以下步骤进行仪器测试:

1. 仪器状态确认

按照所用仪器的操作规程开机、启动气氛控制系统以及冷却附件,按照仪器的操作规程进行力值校正和位置校正,使仪器处于正常待机状态。如果实验时需更换夹具或探头,应进行夹具校正。

必要时,在进行测试前,在不装入试样的条件下,采用所选定的试验参数运行,检测并记录测量仪器的基线；特别在较低膨胀试样的检验中，对试样 ΔL 的测量值可考虑进行仪器基线修正。

2. 测量试样尺寸

采用误差不大于±0.01 mm的游标卡尺、测厚计或其他器具来测量试样室温下的尺寸。固定试样时，应避免使测量尺寸受到试样形变的影响。

对于拉伸、压缩等模式，若测量起始温度低于室温，在将试样冷却至起始温度附近后，如试样在测量方向上有较明显的尺寸变化，则需要重新测量尺寸。

测量试样的尺寸时，应在各方向上取三点或多于三点求平均值。

对于一些可以读取试样长度的仪器而言，由仪器自动读取试样的长度值。

3. 样品加载

将试样装入样品支架并进行固定，选择合适的力，确保夹具充分接触样品，装样要与夹具或探头垂直或平行。某些试样可能需要在温度低于玻璃化温度约20 ℃时固定。有些试样可能需要一些辅助工具，才能有效地安装在夹具上。

4. 设定测试条件

根据检测需要，在软件中设定检测模式、温度控制程序及机械参数（频率、动态力、静态力、振幅、力/振幅控制方式等）。

5. 输入实验信息

在DMA仪的分析软件中根据需要输入待测试的样品名称、样品编号、试样形状、试样尺寸、夹具类型、文件名、送样人（送样单位）等信息。

6. 结束后的样品处理

测试结束后应在仪器降至室温附近后及时取下试样，对于在实验过程中试样与夹具或探头、支架发生污染、粘连时，应按照操作规程的要求进行清理。

需要关闭仪器时，按照仪器操作规程的要求进行关机。

7. 异常现象的处理

(1) 测试结束后，如发现DMA曲线干扰峰较多，则不采用此数据，需重新进行测试；如发现样品刚度不在仪器规格范围内或形变量超出样品的线性黏弹区，则需改变试样尺寸或更换夹具或更改测试参数，重新进行测试。

(2) 测试结束后，若有污染则需予以清除，待校正结果符合要求后方可继续进行测试工作。

8.7　曲线的规范表示

8.7.1　曲线特征物理量的表示方法

由热机械分析曲线所获得的特征变化主要是由热或力引起的形变或模量等信息，对于所得到的曲线而言，可确定变化过程的特征温度和由形变反映出试样的尺寸或力学性能变化等信息。应从以下几个方面描述 TMA 曲线：

8.7.1.1 特征温度或时间

特征温度或时间的确定方法可参考本书第 6 章和第 7 章中热重曲线和 DSC 曲线的方法，图 8.21 以压缩探头测试的非等温 TMA 曲线为例，示出了特征温度的表示方法。

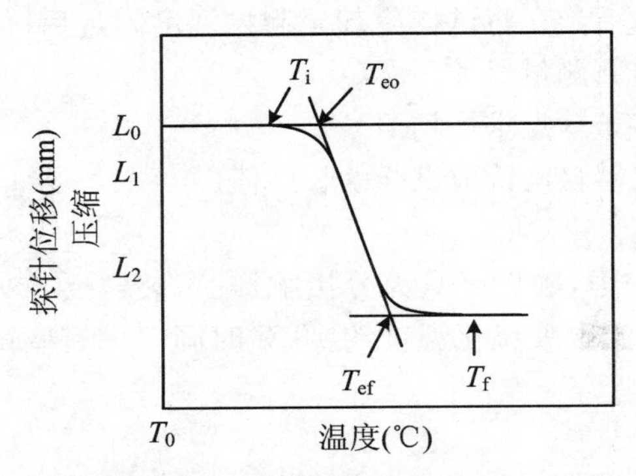

图 8.21 TMA 曲线特征温度的表示方法

在黏弹性材料玻璃化转变附近，力学损耗有最大值出现，据此可测定黏弹性材料的玻璃化温度。DMA 仪测定玻璃化温度有 3 种方法来表示特征温度：储能模量外切交点温度、损耗模量峰值温度和损耗因子峰值温度，如图 8.24 所示。

对于由不同的热分析方法得到的特征温度，在比较时应结合所使用方法的特点进行分析。在将由 DMA 仪测得的玻璃化温度与由其他方法测得的结果进行比较时，必须充分考虑样品转变的性质和方法之间的差异，不应直接进行简单的对比。例如，当通过不同的技术测定 T_g温度时，会产生差别很大的数据。在 DSC 中，可以检测到特定的热效应的变化信息，但有时会错误地推测这是一种“静态”的测量方式。[1] 在这种情况下，温度扫描速率决定了样品中分子运动的时间尺度。如果分子运动遵循 Arrhenius 行为，则观察到的 T_g将随 lg(扫描速率)而降低。DSC 的灵敏度随温度扫描速率的降低而下降，在温度扫描速率非常慢的条件下无法得到灵敏度等信息。通常的做法是在线性图中外推至“零加热速率”，如图 8.25 所示的 PVC 数据。如上所述，所得到的零加热速率下的 T_g仅仅是数据处理时的简化处理。在相同的图中，DMTA 数据为 lg f 的函数(与使用的低速率下的扫描速率无关)。这表明，在极限条件下由 DSC 测量的 T_g的范围与由 DMTA 在 10^{-3} Hz 时的测量值在位置上大致相同。而在 10 K · min^{-1}时的 DSC 的测量数据与 DMTA 在大约 10^{-1} Hz 时的峰值位置一致。

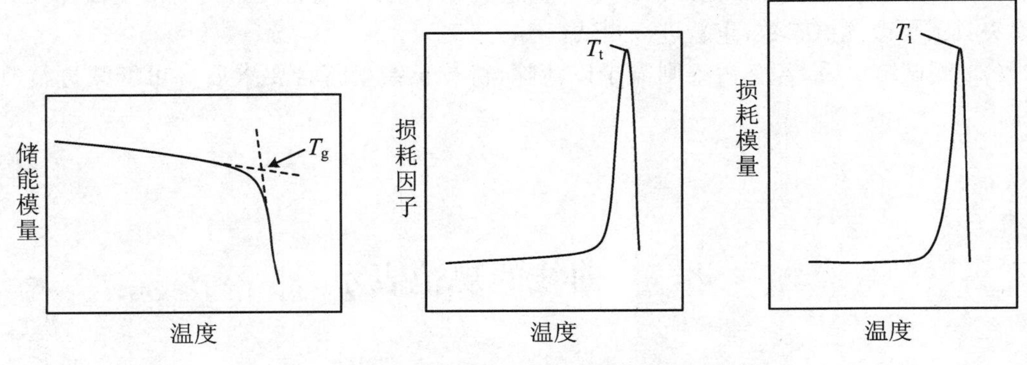

图 8.24 DMA 仪测定玻璃化温度的表示方法

8.7.1.2 由形变引起的物理量

由热膨胀曲线可以得到线性热膨胀率($\Delta L/L_0$)、线膨胀系数、瞬间线膨胀系数、平均线膨胀系数等相关信息。图 8.26 以膨胀探头测试的非等温 TMA 曲线为例，示出了曲线的表示方法。

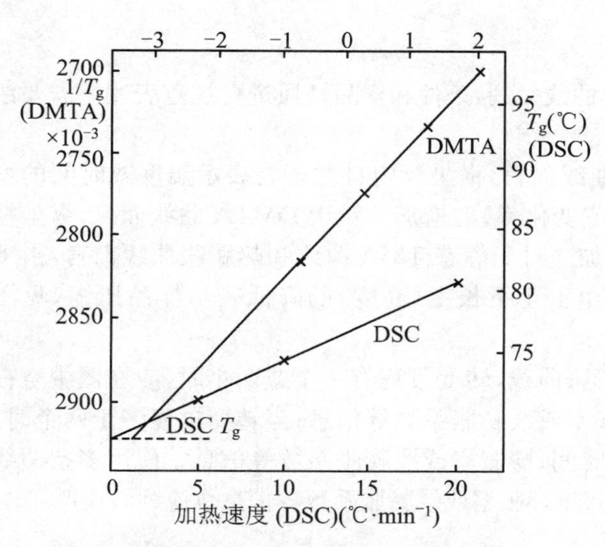

图 8.25　对于 PVC 样品，由 DSC 测量得到的 T_g 位置对加热速率的变化关系与由 DMTA 得到的损耗峰值位置 lg f(与扫描速率无关)的对比

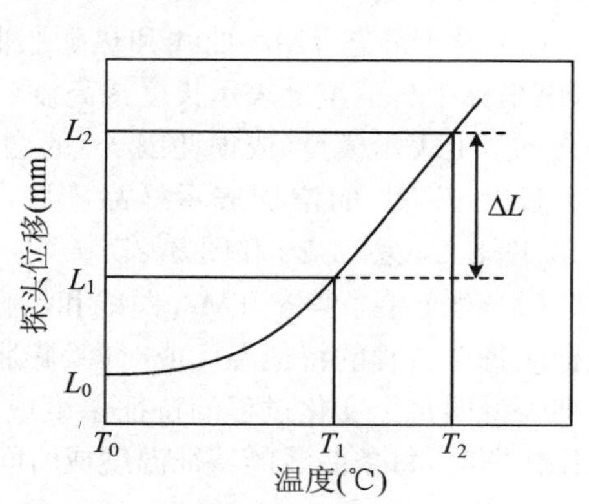

图 8.26　TMA 曲线的特征物理量(膨胀位移)的表示方法

8.7.2　数据处理

由热机械分析曲线可以确定试样在测试过程中某温度段变化的起始温度、外推起点温度、终止温度和试样在某温度段的长度变化(或热膨胀率或膨胀系数)等信息(见图 8.26 和图 8.27)。

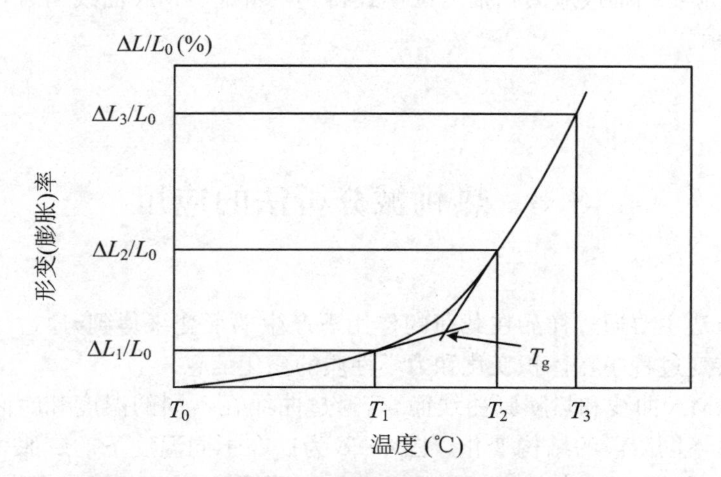

图 8.27　TMA 曲线的特征物理量(形变率)的表示方法

例如，通过静态 TMA 曲线和热膨胀曲线可以得到膨胀率或线膨胀系数与温度(线性温度扫描型)或时间(恒温型)的关系图(见图 8.26)。

8.7.3　分析结果的表述

在论文和报告中，应将测试数据结合曲线、实验条件和样品性质进行规范表述。需要注意以下几个方面：

(1) 对于静态 TMA 曲线和热膨胀曲线而言，横坐标中自左至右表示温度或时间的增加，纵坐标中自下至上表示长度或高度(或变化率)的增加。对于 DMTA 曲线而言，纵坐标中自下至上表示模量(或损耗因子)的增加。对于静态 TMA 曲线和热膨胀曲线而言，由下至上长度(高度)的增加表示样品膨胀，由上至下长度(高度)的降低表示样品压缩(见图 8.23、图 8.24、图 8.26 和图 8.27)。

(2) 对于单条静态 TMA 曲线和热膨胀曲线，转变过程有一个或两个时，应在图中空白处标注每个过程的特征温度或时间、膨胀率或线膨胀系数等信息；当转变过程多于两个时，可列表说明每个变化过程的特征温度或时间、膨胀率或线膨胀系数等信息。使用多条曲线对比作图时，每条曲线的特征温度或时间、热膨胀率或线膨胀系数等信息也应列表说明。

8.7.4　曲线的规范表示

作图时应注意以下几点：

(1) TMA 曲线或热膨胀曲线的纵坐标可直接用样品的实际长度或高度表示，单位常用 mm 表示，或用归一化后的长度或高度热变化率的百分数表示，无单位，以% 表示；横坐标为温度或时间。对于线性升温/降温的测试，横坐标为温度，单位常用 ℃ 表示；对于恒温型的测试，横坐标为时间，单位常用秒(s)表示。

(2) 对于 DMTA 曲线，纵坐标中的模量通常用对数坐标(lg)作图，单位用 Pa 表示。损耗因子无量纲。对于频率扫描测试，横坐标为频率，单位为 Hz，通常用对数坐标(lg)表示。

(3) 对于由应变扫描或应力扫描测试模式得到的静态 TMA 曲线而言，横坐标为应变，无单位，以%表示。

8.8　热机械分析法的应用

热机械分析法主要通过样品在载荷的作用下产生的形变来得到，通过形变信息可以得到材料在发生转变过程中在体积变化和力学性质的变化信息。

对于静态 TMA 曲线和热膨胀曲线而言，通过曲线在不同的温度和时间下的转折可以用来研究材料在不同阶段的结构变化。图 8.28 为铁在不同温度下的膨胀率曲线。实验在氦气气氛下进行，使用 5 $K \cdot min^{-1}$ 的升温速率。由图可见，铁在 906 ℃(瞬时热膨胀曲线的峰值温度)处出现收缩现象，这表明此时金属铁发生晶格转变(bcc→fcc)，另一个晶格转变出现在 1409 ℃(fcc→bcc)。这两个数值与文献值有所偏差是由样品中存在少量杂质导致的。

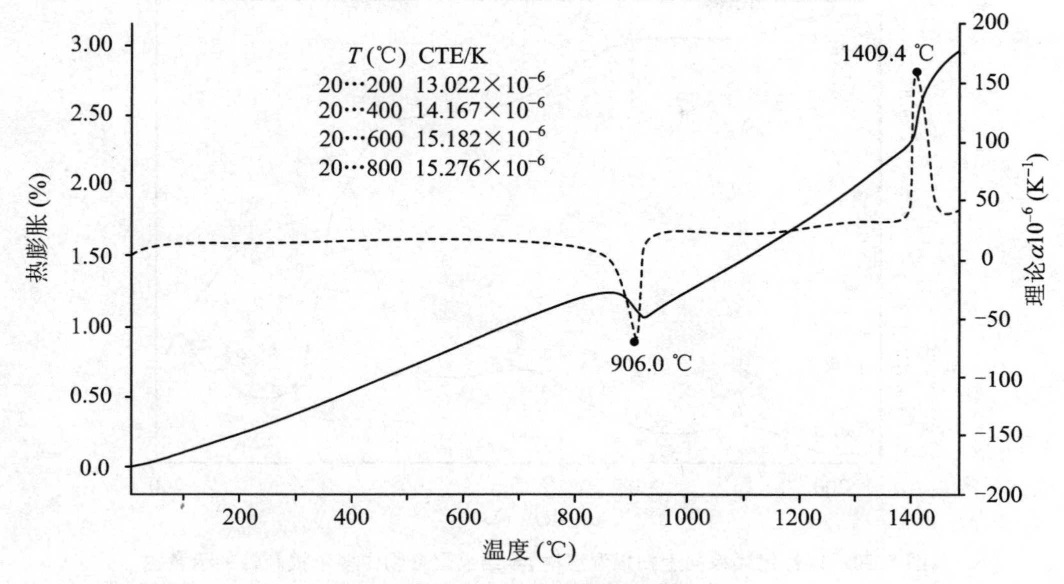

图 8.28　铁的热膨胀曲线

图 8.29 是含有钠、钾、铷和铯阳离子的沸石 A 的 TMA 数据。在铯离子存在的情况下，由于失水造成了收缩。由于铯离子尺寸相对较大，因此其不能实现迁移运动。在失水时，钾和铷迁移到较小的方钠石笼状结构中，总体收缩很大。在含钠的情况下，通过失水收缩后的膨胀被认为是离子在 α 笼中相对较高斥力位置处的迁移导致的。[1]

图 8.30 中给出了通过 DMTA 扫描半结晶聚合物的过程中所观察到的主要特征。[1] 弛豫过程可以发生在结晶区域和无定形区域，用下标"a"和"c"来表示起点。在非晶相中的弛豫过程通常会一直占主要的地位，直到达到熔化区域。在非晶相中随着温度的降低而发生弛豫过程，用希腊字母（α_a、β_a、λ_a、δ_a等）来标记。如果观察到了结晶相的弛豫过程，则使用与此相似的形式进行标识，但下标用 "c"表示。这种标记方法保证了在 T_g过程中总是标记为 α_a，随后的玻璃态弛豫过程标记为 β_a、λ_a等形式。在温度 T_g以上的结晶相中的弛豫通常用符号 α_c'、α_c''等形式按照温度升高的顺序给出，这是因为它们都被认为是由熔化过程造成的。[1]

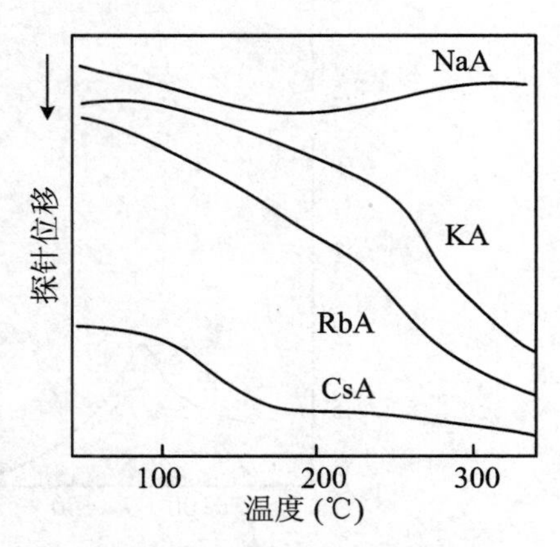

图 8.29　完全水合的沸石 A 的 TMA 曲线，表现出与阳离子大小的差异

在聚合物的共混物中，当两种或更多种组分不相容时，每个相都可以显示出母体聚合物的弛豫转变信息。当晶粒尺寸下降到 1 μm 时，tan δ 的峰值温度不再受相尺寸的影响。因此，在如图 8.31 所示的聚碳酸酯和橡胶（聚丁二烯）增韧的丙烯腈-苯乙烯共聚物的相对复杂的复合共混物的 DMTA 数据[1] 中，可以看出对应于各相的 T_g 峰。最高的峰值温度所对应的峰是聚碳酸酯的 T_g 过程，120 ℃的峰是丙烯腈-苯乙烯共聚物的 T_g过程，而低温的峰则对应于聚丁二烯增韧橡胶相的 T_g过程。

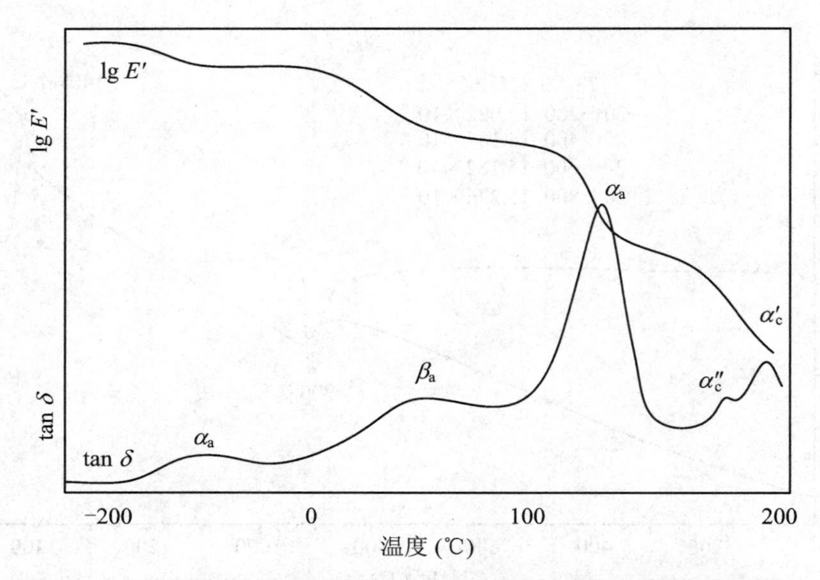

图 8.30　以恒定频率向上扫描温度时,半结晶聚合物中多个损耗峰的示意图

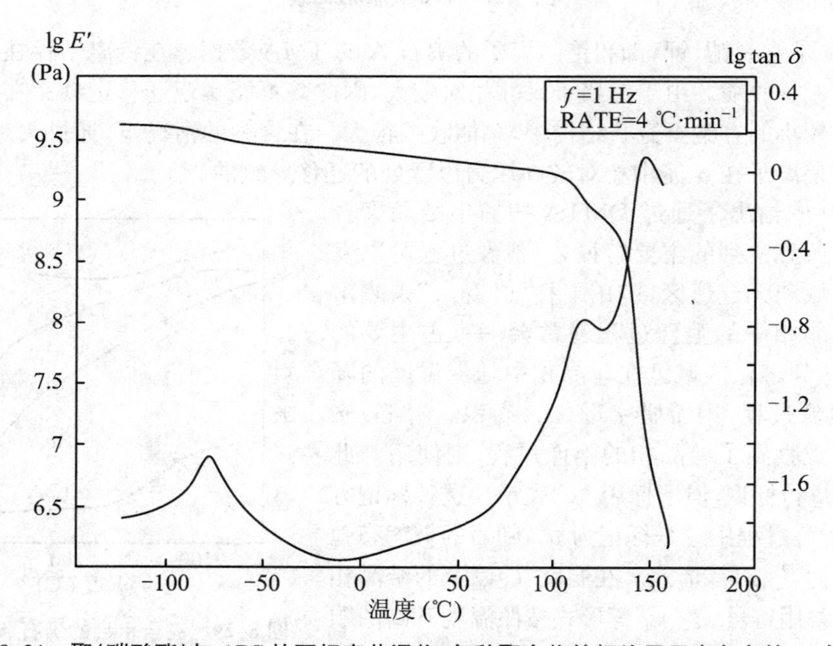

图 8.31　聚(碳酸酯)与 ABS 的不相容共混物,每种聚合物的相均显示出各自的 α_a 转变

参 考 文 献

[1] Wetton R E . Thermomechanical methods[M]// Brown M E. The Handbook of Thermal Analysis & Calorimetry. 1. Amsterdam：Elsevier，1998：363-399.
[2] 热分析术语：GB/T 6425—2008[S].
[3] 金属材料热膨胀特征参数的测定：GB/T 4339—2008[S].
[4] Timoshenko，Goodier J N. Theory of elasticity[M]. 2nd ed. New York：McGraw-Hill，1951：372.
[5] Finkin E F. The determination of Young's modulus from the indentation of rubber sheets by spherically tipped indentors[J]. Wear，1972(19)：277-286.
[6] Williams M L，Landel R F，Ferry J D. The temperature dependence of relaxation mechanisms in amorphous polymers and other glass-forming liquids[J]. Journal of the American Chemical Society，1955(71)：3701.
[7] 耐火材料热膨胀试验方法：GB/T 7320—2018[S].
[8] Standard Test Method for Temperature Calibration of Thermomechanical Analyzers：ASTM E1363-16[S].
[9] Standard Test Methods for Temperature Calibration of Dynamic Mechanical Analyzers：ASTM E1867-18[S].
[10] Standard Test Method for Length Change Calibration of Thermomechanical Analyzers：ASTM E2113-13[S].
[11] Standard Test Method forLinear Thermal Expansion of Solid Materials byThermomechanical Analysis：ASTM E831-14[S].
[12] Standard Test Method for Storage Modulus Calibration of Dynamic Mechanical Analyzers：ASTM E2254-18[S].
[13] Standard Test Method for Loss Modulus Conformance of Dynamic Mechanical Analyzers：ASTM E2425-16[S].

第9章 其他热分析技术

9.1 引 言

本章将简要地介绍除前几章所介绍的热分析技术之外的不太常见的一些热分析法，如放射性热分析法(Emanation Thermal Analysis, ETA)、热发声法(thermosonimetry)等。这些技术通常需要相当专业的设备，这些设备在一些特定的领域中发挥着重要的作用，目前还不像前几章中所介绍的热分析技术的应用如此广泛。由于这些限制，在本章将简要说明这些技术的一些应用。

9.2 放射性热分析

9.2.1 基本原理

放射性热分析技术(ETA)[1]是在程序控制温度和一定的气氛下，用来监测样品中释放捕获的惰性气体(通常为放射性气体)的一类技术。

该方法使用惰性气体的释放速率作为初始的固体样品被加热时所发生变化的一个标志。由固体中的物理化学过程控制气体释放，这些过程主要包括结构变化、固体样品与周围介质的相互作用以及固体中的化学平衡。该技术通常用惰性气体的释放来表征固态的变化。虽然在实验过程中使用了放射性和非放射性(稳定的)的惰性气体同位素，但是放射性同位素由于检测更加简单、更加灵敏，因此更有用。[2]

9.2.2 样品制备

由于大部分用于ETA分析的固体不含有天然的惰性气体，因此有必要用痕量的惰性气体对样品进行标记。可以使用扩散技术、物理气相沉积法、惰性气体的加速离子的注入法、核反应产生的惰性气体法、引入母体核素法(introduction of parent nuclides)等各种技术将惰性气体原子引入待研究的样品中。[1,2]

9.2.3　仪器

用于放射性热分析的设备包括检测惰性气体的组件及提供样品加热和温度控制的部分。此外，还有稳定仪器、测量载气流量和其他参数互补部分。图 9.1 是 ETA 装置的示意图。[3]

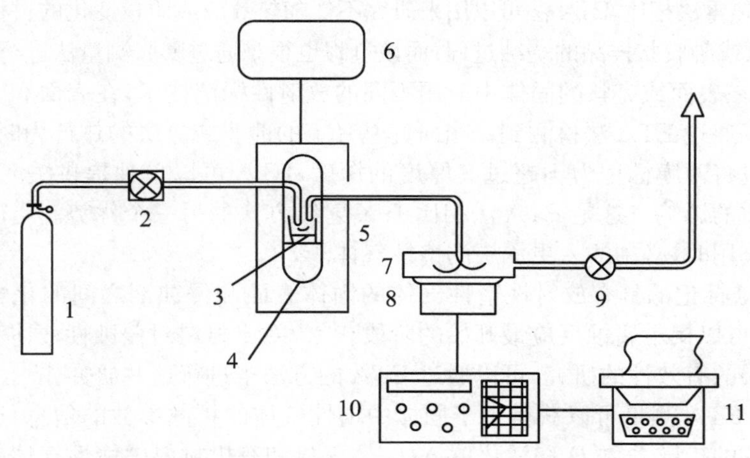

图 9.1　放射性热分析装置

1. 气源；2. 气流稳定器和流量计；3. 标记样品；4. 样品支架；5. 加热炉；6. 温度控制器
7. 测量室；8. 放射性检测器；9. 流量计；10. 计数测量器；11. 数据处理器和打印机（绘图仪）

在 ETA 测量过程中，载气气氛（空气、氮气或其他气体）将位于加热炉的反应容器中的样品所释放的惰性气体携带到惰性气体检测器中。

为了确保能够将 ETA 数据与通过其他热分析方法（例如 DTA、TG、DTG 或膨胀测定法）获得的结果进行直接比较的最佳条件，现在已经可以实现能提供同时测量附加参数的设备[4,5]。

9.2.4　ETA 的应用

放射性热分析可以用来研究在固体或其表面上发生的过程，任何发生在固体或相界面导致表面发生改变和/或惰性气体扩散率（渗透率）改变的过程，都可以在 ETA 测量中观察到。现在已经将 ETA 用于研究以下一些固态变化过程[2]：

（1）沉淀物或凝胶状材料的老化、重结晶、结构缺陷的退火[6-8]；

（2）晶体和非晶体固体的缺陷状态的变化、烧结、相变[9-13]；

（3）伴随着固体的热分解而发生的表面和形态的变化[14-17]；

（4）固体及其表面的化学反应，包括固体-气体、固体-液体和固体-固体相互作用等等。[18-23]

与 X 射线衍射法相比，放射性热分析技术可以用来研究结晶较差的或无定形的固体。

另外，对化学工业、冶金、环境技术以及建筑材料技术等领域中具有重要意义的化学反应，也可以通过 ETA 来研究。

对于比表面积发生变化的动力学、缺陷退火的机理、孔隙率和形态变化的动力学研究而言，一般可以从在等温或非等温条件下所获得的ETA结果进行评价。[22, 23]与常规的用于比表面积测定的吸附测量法相比，即使固体样品在高温下的热处理过程或在潮湿条件下发生表面水合的过程，仍然可以通过ETA技术对表面进行连续的研究，而不需要中断其热处理或水合过程，将样品冷却至液氮温度。[2]因此，通过ETA方法可以比吸附测量法更加准确地反映高温下表面的性质。

与DTA和热重法相比，ETA法可以用来研究不伴随热效应或质量变化的过程。例如，ETA法可用于粉末状或凝胶状样品的烧结过程，而该过程也很难通过膨胀测量法进行研究。[24-26]

此外，通过在表面或完整的固体中应用不同的放射性标记技术，在表面和大块样品中发生的过程都可以通过ETA法检测到。当研究基片上的薄膜或涂层的热行为时，这种方法特别有优势。通过将薄膜标记为不超过其厚度的深度，ETA可以单独提供关于薄膜的信息，而不受较大基质的影响。这是ETA法相比于X射线方法的另一个优势。当研究加热时薄膜与基质相互作用时，必须注入更深层的惰性气体。[2]

ETA法对被标记的具有放射性惰性气体的固体表面和侵蚀剂之间的化学作用十分敏感，利用该技术可以揭示腐蚀反应最开始的阶段。[19,20]对于材料对侵蚀性液体和气体的耐久性以及保护涂层的有效性的研究，可以通过ETA的方法来进行这些研究。[2]

此外，通过ETA测量可以获得关于固体中惰性气体的扩散参数的信息，还可以用来评价惰性气体扩散的扩散系数 D 和活化焓 ΔH。[10]无机和有机材料中惰性气体的扩散参数对材料传输性能的表征十分重要。对聚合物中惰性气体渗透性的测定是一种测试局部结构并揭示聚合物膜和复合材料中的不规则性的可能方法。[21]

9.3 热发声法

9.3.1 定义及基本原理

热发声法是在程序控制温度和一定气氛下，测量试样发出的声波与温度关系的一种技术。[28]

固体中的声发射来自固体中释放弹性能量的过程，这些过程主要包括位错运动、裂纹的产生和增长、新相成核、松弛过程等。[29-33]在物理性质发生不连续的变化时会产生弹性波，从而引起声波效应，这些物理变化主要包括玻璃化转变、不连续的自由体积的变化等过程。频率范围从音频到几兆赫，声发射的检测极限大约为1 fJ。[27]上面提到的几个过程由常规的热分析技术通常很难检测到，主要是由于在这些转变过程中伴随着很低的能量变化。在其他的应用领域中，可以用TS来评估辐射损伤、缺陷的含量和样品的退火程度等。TS技术可以用来测量样品发出的声波的变化信息，样品的温度可以在特定的气氛中按照设定的温度程序发生变化。TS是一种灵敏度很高的技术，可以用来检测与脱水、分解、熔化等过程相关的机理研究。[2]

9.3.2　TS设备

在样品加热之前和加热过程中,声波以机械振动的形式发出。样品中的声波变化信息可以被特殊的探测装置拾取和传输,机械波被转换为常规的压电转换器的电信号。声波探测器一般由熔融石英(可在高达1000℃下工作)或陶瓷或贵金属制成,以便用于更高的工作温度。在实验时,将样品放置在充当声转换器的样品支架的头部,通过传输杆连接到压电传感器上,固定在较重的反冲基座和减震架上,以防止外部噪声的干扰。该设备的示意图如图9.2所示。[29-33]

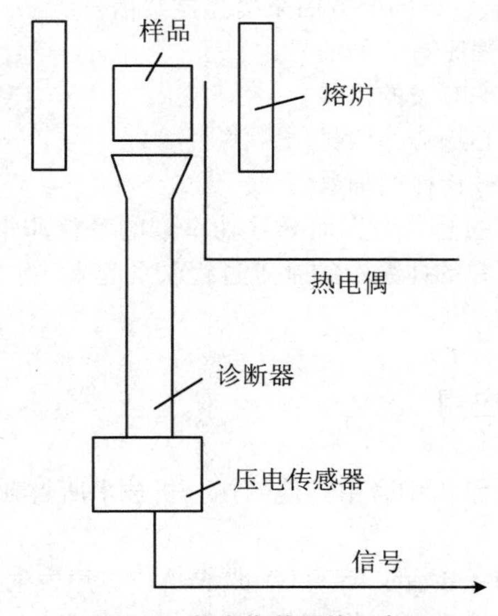

图9.2　热发声装置的示意图

声波转换器的性能随温度的变化而变化,波导系统被用于在室温下将从加热的样品发射的声波传递到转换器上。接触的表面必须经过良好的抛光,使用硅油薄膜能改善信号的传递质量。由于在样品中直接插入热电偶会引起严重的机械阻尼效应,通常将热电偶放置在尽可能靠近样品的地方,而不实际接触样品。[2]

样品的粒径、质量、化学性质和形态(例如单晶、粉末)都会影响TS信号,TS曲线也会随压电传感器的共振频率而变化。[31,32]经常用的传感器的共振频率为140 kHz、500 kHz、1 MHz和1.5 MHz。对于功率谱测试,通常使用宽频传感器(300 kHz至2 MHz)。

现在已有关于TS-DTA测量的技术[35-39],可以用这种测量系统来检测常见的转变过程。另外,还可以将热膨胀法与TS联用,以同步检测一些结构的转变过程。[40]

9.3.3　数据分析

由热发声实验输出的结果包括一连串迅速衰减的信号,可以用以下方法对所测得的信号进行分析[2]:

(1) 在一个给定的时间内,峰值的振幅大于设定的阈值;

(2) 信号振幅超过阈值的时间；

(3) 信号在正方向上通过一个选定的电压水平的次数；

(4) 均方根振幅水平(能量)；

(5) 一组频率下的不同数据进行比较。

Nyquist 定律要求，采样的频率应至少是信号中存在的最大频率分量的两倍。由于化学变化引起的声发射信号通常突然发生，只有当信号超过设定阈值时，通常用数据采集取代高频数据的连续记录方式。

通过测定衰减信号的振幅分量之间的时间间隔，可以获得 TS 信号的频率分布信息。[41]数据分析时将时间间隔转换成脉冲高度，并分发到多通道分析器以显示频率分布。

分析数据时，主要可以从以下四个方面来描述这些信号[42]：

(1) 那些与信号的绝对强度有关的信号；

(2) 那些与信号衰减速率有关的信号；

(3) 那些测量功率谱中心趋势的信号；

(4) 那些表征功率谱分散特征的信号。

虽然由于仪器因素带来的信号失真而导致功率谱的解释非常复杂，但可以将谱图的主要特征与检测到的发生在研究的体系中的基础过程联系起来，例如气泡的释放与低频有关，而晶体的断裂则与高频有关。[2]

9.3.4 热发声法的应用

在分析 TS 的结果时，通常需结合由其他的热分析技术所得到的信息建立一个在加热过程中样品的全面信息图。

例如，图 9.3 中给出了 $KClO_4$ 的 TS-DTA 曲线[34,35]。声发射速率(曲线 C)与温度的关系曲线显示了两个增强的声活动区。将这些 TS 结果与由 DTA(曲线 A)所得结果进行比较，发现在这些温度范围内所发生的过程为相变(从正交到立方)(200～340 ℃)，其次是熔融

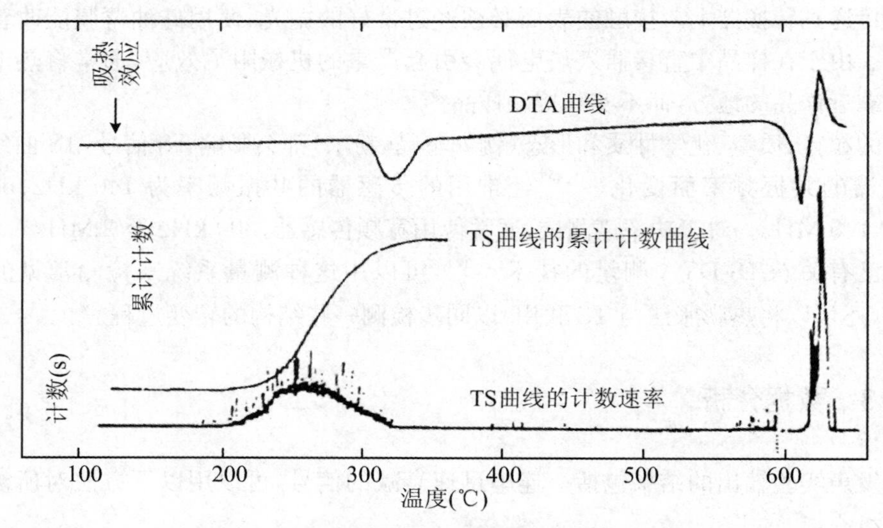

图 9.3　$KClO_4$ 的相转变和分解的 TS-DTA 曲线

伴随着分解过程(560～660 ℃)。在较低温度时TS峰的起始温度远低于转变温度(298 ℃),这表明样品颗粒在转变前发生了力学性质的变化。分解的氯化钾产物的凝固过程可通过TS技术检测到,但是通过DTA技术检测不到该过程。

使用同步的TS-DTA法,在显微镜下可以观察到KNO_3的粉末及单晶在加热和冷却过程中的相转变过程(加热过程:128 ℃,α正交→β立方;冷却过程:124 ℃,β→γ立方)。[2] γ相具有有用的铁电特性,样品冷却的温度影响了γ→α转变。这一结果被解释为由退火过程中的缺陷产生了α→β转变。另外,由γ→α转变引起的TS信号比α→β或β→γ引起的信号强。

虽然由TS技术得到的曲线需借助其他分析技术得到的结果进行对照分析,但与其他热分析技术相比,TS技术仍然具有独特的优势。

9.4　热传声法

热传声法(thermoacoustimetry)是在程序控制温度和一定气氛下,测量通过试样后的声波特性与温度关系的技术。[28] 在热传声法中,可以通过相应的设备测量样品在特定的气氛和程序控制温度下,声波在穿过样品后随温度或时间的变化关系曲线。热传声分析技术目前尚没有一个广为接受的简称形式,许多研究者通常习惯将这种方法简称TTA[2]。

9.4.1　热传声法的设备

在常用的TTA设备(图9.4)中,一对铌酸锂传感器与样品的对立面相接触(在300 kPa的压力下),使用一个传感器检测入射的声波,另一个传感器则检测透过的信号。[43] 仪器的入射信号由脉冲发生器产生,由第二个转换器接收的透过信号被倒置和放大,并且在该输出信号中加入驱动脉冲的衰减处理。整个过程能够检测纵波(P)和剪切波(S)的第一次到达时间。在设定的温度区间内,计算P波和S波的波速以及不同的弹性模量,最终可以得到波速或模量对温度的图。用波速准确已知的铝标准样品来校准仪器的P波和S波的波速。

在实际应用中,还有另一种结构形式的仪器(见图9.5)[44],这种仪器可在室温到350 ℃之间的温度范围内使用。样品被放置在两块完全相同的玻璃棒之间,其中一个保持静止,另一个垂直移动。传感器和热电偶被连接在玻璃棒而不是样品上,用于测试的样品的形状为片状或颗粒状。空白实验是通过接触的两根玻璃棒来实现的。通过透过信号与回声信号之间的时间延迟,可以获得样品的超声穿越时间。透过信号所经历的长度是两个玻璃棒的长度加上样品的长度,而回声信号走过的长度是顶杆的两倍,穿过界面偶合区域的时间已做了补偿。除非温度发生了变化,一般没有必要测量超声波速度的绝对值。使用透过和回声信号可以消除玻璃棒中温度变化的影响。[2]

通过在温度T下测量透过信号的峰对峰的振幅$V_{p\text{-}p}(T)$,可以获得超声波随温度的衰减量V_a,并将其与参比温度T_0下的数据相关联,可以得到以下形式的关系式:

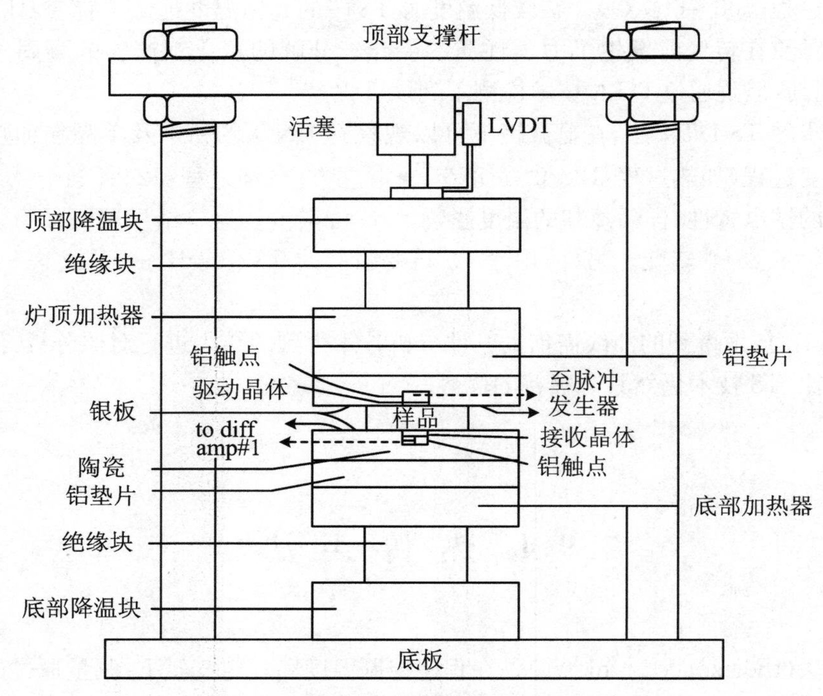

图 9.4　热传声装置的示意图(1)

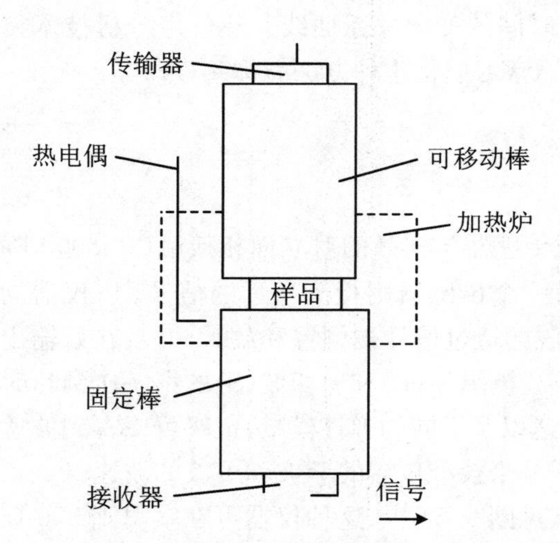

图 9.5　热传声装置的示意图(2)

$$V_a = -\frac{1}{L_s} \cdot \ln\left[\frac{V_{p\text{-}p}(T)}{V_{p\text{-}p}(T_0)}\right] \tag{9.1}$$

式中，L_s是样品中的路径长度。

当材料发生玻璃化转变时，$\ln[v_T/v_{300}]$（其中 v_T是温度 T 下超声波的波速的结果）和 T 的曲线的斜率发生了明显的变化，而 V_a曲线则出现了峰。由 TTA 测量得到的结构转变的结构与 DSC 曲线是一致的。

9.4.2　热传声法的应用

热传声法可以用来区分页岩油的品级，这是它的典型应用之一。[43]实验时，P 波和 S 波的速度都随着温度的升高和有机物含量的增加而减小，而且结果的重现性很好。这种行为的变化与水的损失和某些烃组分的分解有关。

另外，将热传声法和 DTA 实验结果相结合，可以用来表征合成纤维。[45]信号的增加首先发生在玻璃化转变温度，然后开始熔化，而玻璃纤维在这个温度范围内没有显示出变化。

9.5　介电热分析

9.5.1　理论基础

介电分析(dielectric analysis)技术通常被用来测量材料在周期性变化的电场作用下的性质变化。介电热分析(Dielectric Thermal Analysis,DETA)技术是一种用来测量样品在程序控制温度和一定气氛作用下,在周期性变化的电场作用下的性质变化。通过DETA分析可以直接获得材料的电学性质(即复介电常数、介电常数、损耗因子和电导率等)信息。此外,还可以从DETA曲线中推断出 α 转变(玻璃化转变温度 T_g)和次级转变信息。介电响应也与分子偶极子的数量和强度有关,可用于研究聚合物体系中的分子弛豫过程。另外,介电信息还与在聚合过程中的固化程度和流变学变化相关。

实验时,将材料放置在两个可以导电的电极之间,在电极之间施加按照正弦周期变化的电压,并测量电流响应。在分子水平上,这种响应只是材料中带电单元的位移。如果带电的单元是偶极子,它们将沿着电场的方向定向移动,如图9.6所示。[46] 如果带电的单元可移动(即自由电子或离子),则将发生如图9.7所示的传导过程。[46]

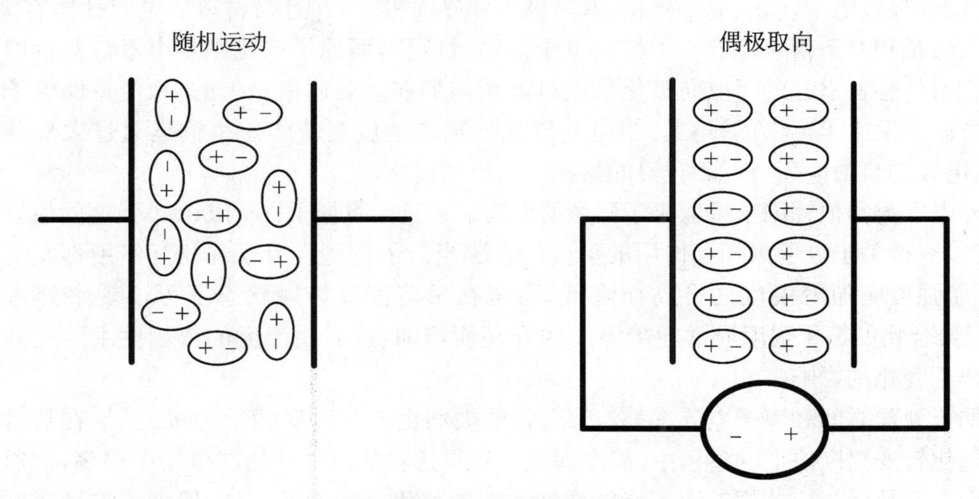

图9.6　偶极子对施加电场的响应

通常情况下,聚合物样品中存在着不同量的两种电荷,可以由介电测量得到所分析的材料的重要的特征性质信息(例如,复合介电常数、相对介电常数和离子电导率等)。

实验时所施加的电压 E 与电流响应 J 有关,J 可以通过材料的复介电常数 ε^* 来表示如下:

$$J = i\omega \cdot \varepsilon^* \cdot \varepsilon_0 \cdot E \tag{9.2}$$

式中,$i = (-1)^{0.5}$,ω 是测量频率,ε_0 是自由空间的介电常数(等于 8.85×10^{-14} F·cm^{-1})。

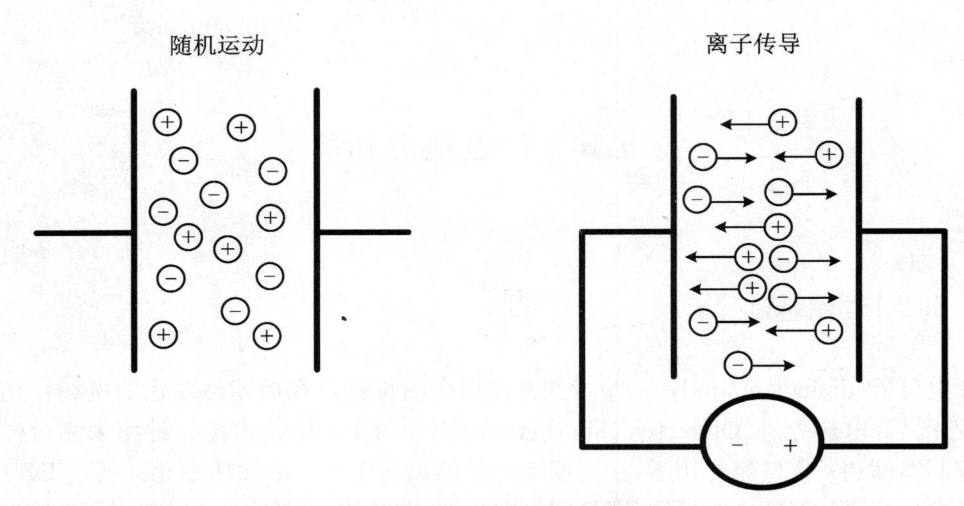

图 9.7　带电粒子对施加电场的响应

复介电常数由实部和虚部两部分组成：

$$\varepsilon^*(\omega) = \varepsilon'(\omega) - i\varepsilon'(\omega) \tag{9.3}$$

式中，$\varepsilon'(\omega)$是相对介电常数（relative permittivity），$\varepsilon''(\omega)$是相对损耗因子（relative loss factor），$\varepsilon'(\omega)/\varepsilon''(\omega)$的比值被称为损耗角正切 $\tan\delta$。一般地，相对介电常数 $\varepsilon'(\omega)$和相对损耗因子 $\tan\delta$ 都是测量频率、温度和材料结构的函数。[46]

相对介电常数 $\varepsilon'(\omega)$是在电场存在时材料的电子极化的量度。$\varepsilon'(\omega)$取决于电场的频率，可能会导致电子极化、原子极化、取向极化和界面极化，并且与材料的电容性质有关。[46]电子极化是相对于带正电的原子核的电子的轻微位移，而原子极化则是由极性共价键中原子的相对位移所引起的。取向极化是通过电场施加在永久偶极矩上的力，使得偶极子在电场的方向上发生了定向的排列。当电荷以比其输出速度更快的速率输送通过大部分材料时，由电极的自由电荷（例如离子）的累积产生界面极化。

介电常数和损耗因子都取决于测量的温度。通过测量振子（oscillator）强度的温度依赖性，可以获得关于分子内相互作用的重要信息。当分子构型和分子间相互作用不发生变化时，振子强度应随着温度的升高而降低，通常在稀溶液或熔融状态下可以观察到这一现象。[46]聚合物的振子强度通常随着温度的升高而增加，这表明温度的依赖性主要受分子内相互作用变化的影响。

偶极弛豫时间和离子电导率都与聚合物的玻璃化转变温度（T_g）有关。[47-49]在材料加热至玻璃化转变温度以上的过程中，静态偶极子获得迁移能力并开始在电场中振荡，这通常会导致介电常数随相应的损耗因子峰的增加。在玻璃化转变的低温侧，偶极子将只对低频激发产生响应，这是因为它们不具有与较高温度所对应的较高迁移率。需要强调指出的是，在介电测量中观察到的频率分布与在动态热机械测量中观察到的结果非常类似。另外，通常观察到低频偶极子峰（小于 1 Hz）与通过其他热分析测量技术得到的 T_g的测量结果具有很好的对应关系。对于在玻璃化转变过程中获得流动性的含有静态偶极子的材料而言，它们通常会表现出介电常数的变化和偶极子损耗峰。然而，没有静态偶极子或非 T_g活性的静态偶极子的材料通过玻璃化转变过程会明显地表现出很小的偶极子的影响。

当材料被加热至玻璃化转变的温度范围时，带电离子也将会获得较好的流动性，并且将开始有助于玻璃化转变温度之上的导电损耗过程。离子导电损耗对测量的损耗因子的贡献可能是巨大的,并且往往可能会掩盖一些较小的偶极子损耗贡献。

许多聚合物还表现出与聚合物中的 β 转变或 γ 转变相关的亚 T_g 偶极子弛豫现象。就像在力学测量中那样,这些都可以归因于极性侧链基团或任何可以移动到 T_g 以下的极性基团的运动。这些转变在 Arrhenius 坐标轴上绘图时可以特征性地表现出线性行为,并且可以得到活化能等信息。[49]

9.5.2 仪器设备

介电分析技术主要是将样品置于两个电极之间并将正弦电压施加到其中一个电极上,施加的电压在样品中形成电场。电极组件用于两个目的:将施加的电压传输到样品和感应响应信号。介电分析中常见的两种电极的几何形状是平行板电容器和叉指型(或梳型)电极。[46]

平行板电容器是经典的介电测量通常采用的电极形式,其主要包括两个平行板,电极位于被测材料的周围。[47-50]一般在从 1 mHz 到 1 MHz 的频率范围正弦电势下激发平行板电容器,并且监测从第二电极到地的正弦电流。

通常情况下,将板间距的尺寸设计成比板尺寸小得多,从而可以最大限度地减少干涉条纹的影响范围。根据测量的电流的幅度和相位以及板的面积和间隔,可以容易地计算材料的介电性能[47-50]:

$$\varepsilon' = \frac{C_p \cdot d}{A \cdot \varepsilon_0} \tag{9.4}$$

$$\varepsilon'' = \frac{d}{R_p \cdot A \cdot \omega \cdot \varepsilon_0} \tag{9.5}$$

式中,C_p 为等效的并联电容;d 为平行板之间的距离;A 为平行板的面积;R_p 为等效并联电阻;ω 为施加电压的角频率。

结合这些方程,可以得出损耗角的正切 $\tan\delta$:

$$\tan\delta = \frac{\varepsilon'}{\varepsilon''} \tag{9.6}$$

因此,对于含有均相介质且没有界面效应的平行板结构来说,介质的损耗角的正切 $\tan\delta$ 与板间距和面积无关。然而,由于 ε' 和 ε'' 是偶极子、电导率和极化的独立函数,因此 $\tan\delta$ 并不是一个理想的量度。然而,由于 $\tan\delta$ 与板间距 d 无关,因此经常测量 $\tan\delta$。由于应用的温度和测量的需要,在实验期间板间距可以变化。

平行板电极的主要优点是可以很容易地对测量数据进行解释,并且其几乎可以制成任何导体。其主要缺点在于,如果要获得 ε' 或 ε'' 的定量测量数据,则需要不断地控制板间距和面积。

绝缘衬底上使用的叉指型电极(图 9.8[46] 和图 9.9[46])可有效地弥补平行板电极的不足。这种设计允许单侧的、非常局部的介电性能测量,特别适用于薄膜样品。对于这种传感器而言,通常使用相模技术将金、铜或铝的金属电极焊接或集成在绝缘衬底上,衬底通常是陶瓷、聚合物复合物或硅。在实际应用中,通常在电极上放置少量材料或将传感器嵌入测试介质中来进行介电测量。

这种梳状结构的电极的优点在于校准结果的可重复性好,并且它们可以用于在各种环境下进行性能监测。这种结构形式的电极的主要缺点在于其与传感器的灵敏度有关，只能测量边缘电场。因此，与平行板电极相比，梳型电极在给定的区域内获得的信号要小得多。因此，它们主要应用于损耗因子受电导率控制的材料，电导率相对较高（$>10^{-8}$ (ohm-cm)$^{-1}$）。[46]

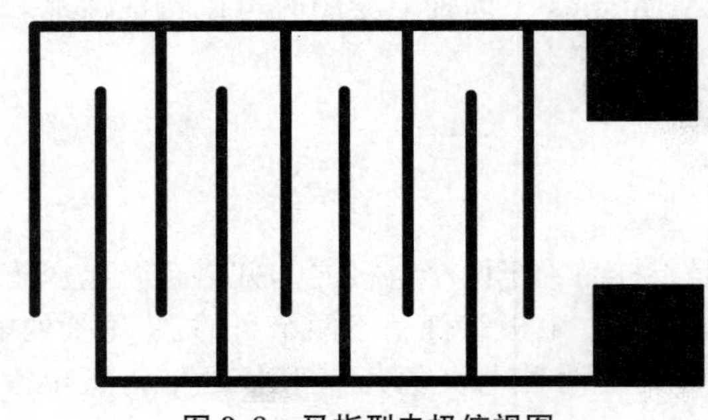

图 9.8　叉指型电极俯视图

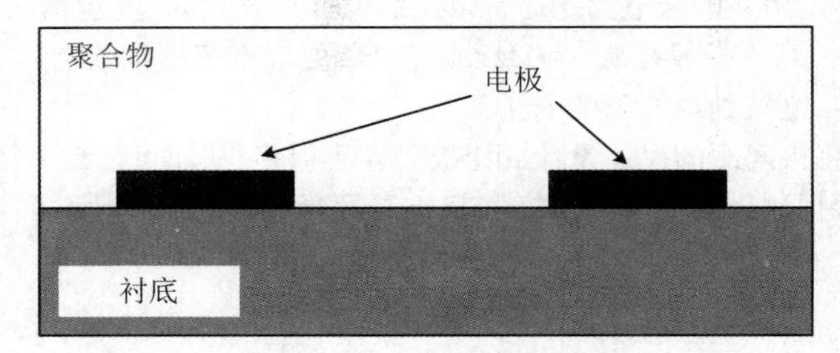

图 9.9　叉指型电极的横截面

无论是使用平行板电极还是叉指型电极，其基本测量都涉及在正弦稳态条件下确定电极之间的导纳。[46]在低频和中频范围(20 Hz 至 2 MHz)内，有几种类型的电桥可以在市场上买到。在 MHz 范围以上，尽管某些类型的变压器桥可以高达 10^8 Hz 的高精度使用，然而谐振技术更为常用。电容变化法是可以提供高精度测量的几种共振技术之一。另一个非常重要的高频测量技术是时域反射（Time Domain Reflectometry，TDR）法。该方法利用由于反射波引起的包括寻找在由样本和短路终止的无损传输线中的电磁波的阻抗的驻波，将无损部分的阻抗转换为样品界面，并用来计算样品的介电性能。

参 考 文 献

[1] Balek V, Tölgyessy J . Emanation Thermal Analysis and other Radiometric Emanation Methods [M]//Svehla G. Wilson and Wilson's Comprehensive Analytical Chemistry. Part XIIC. Amsterdam：Elsevier，1984.

[2] Balek V，Brown M E. Less-common Techniques[M]//Brown M E. The Handbook of Thermal Analysis & Calorimetry. 1. Amsterdam：Elsevier. 1998：445-471.

[3] Balek V. Emanation thermal analysis and its application potential[J]. Thermochimica Acta，1991，

192:1.
[4] Balek V. Cs. 151172[P].
[5] Emmerich W D, Balek V. Simultaneous application of DTA, TG, DTG, and emanationthermal analysis[J]. High Temp. High Press, 1973(5):67.
[6] Jech C, Kelly R. Proc. Br. Ceram. Soc., 1976(9):359.
[7] Felix F W, Meier K. Phys. Status Solidi, 1969(32):139.
[8] ONG A S, Elleman T S. Diffusion and trapping of rare gas xenon in calcium fluoride single crystals [J]. Journal of Nucler Materials, 1972 (42):191.
[9] Balek V. Journal of Materials Science, 1979(5):166.
[10] Balek V, Rouquerol J. Report on the workshop: potential of non-traditional thermal analysis methods[J]. Thermochimica Acta, 1987(110):221.
[11] Schreiner H, Glawitsch G. Zeitschrift Fur Metallkunde, 195(25):200.
[12] Gourdier P, Bussiare P, Imelik B. Comptes Rendus de l' Academie des Sciences Serie Ⅲ, 1967 (264):1624.
[13] Quet C, Bussihre P. Comptes Rendus de l' Academie des Sciences Serie Ⅲ, 1976 (280):859.
[14] Balek V. Sprechsaal, 1983(116):978.
[15] Balek V, Vobofil M, Baran V. Nuclear Technology, 1980(50):53.
[16] Balek V, Bekman I N. Thermal behaviour of silicagel investigated by emanation thermal analysis [J]. Thermochimica Acta, 1985(85):15.
[17] Balek V, Malek Z, Pentinghaus H J. Journal of Sol-Gel Science and Technology, 1994 (2):301.
[18] Quet C, Bussiae P, Fretty R. C. R. Acad. Sci., Ser. C, 1972(275):1077.
[19] Chleck D J, Cucchiara D. Journal of Applied Radiation and Isotopes, 1963(14):599.
[20] Matzke H J. Rare gas release as a means to measure the low temperature oxidation of metals: brass, Cu, Ni, Ti and stainless steel[J]. Journal of Applied Radiation and Isotopes, 1976(27):27.
[21] Zhabrova G M, Roginskij S Z, Shibanova M D. Kinet. Katal., 1965(6):1018.
[22] Jech C. Proceedings of the 2nd International Congress on Catalysis. Paris: Editions Techniques, 1961.
[23] Bekman I N, Teplyakov V V. Vestrl. Mosk. Univ., 1974.
[24] Balek V. Journal of the American Ceramic Society, 1970(53):540.
[25] Ishiii T. Thermal characterization of iron oxide powders by emanation thermal analysis[J]. Thermochimica Acta, 1985(88):277.
[26] Balek V. Journal of Applied Chemistry, 1970(20):73.
[27] Balek V. Journal of Thermal Analysis and Calorimetry, 1977(12):111.
[28] 热分析术语:GB/T 6425—2008[S].
[29] Shimada S. A study on the thermal decomposition of $KClO_4$ and $NaClO_4$ by acoustic emission thermal analysis[J]. Thermochimica Acta, 1990 (163):313.
[30] Shimada S. Acoustic emission in the process of dehydration and thermal decomposition of $NaClO_4 \cdot H_2O$[J]. Thermochimica Acta, 1992(196):237.
[31] Shimada S. Thermosonimetry and thermomicroscopy of the phase transition and decomposition of $CsClO_4$[J]. Thermochimica Acta, 1992(200):317.
[32] Shimada S. Thermosonimetry and microscopic observation of the thermal decomposition of potassium chlorate[J]. Thermochimica Acta, 1995 (255):341.
[33] Shimada S. Journal of Thermal Analysis and Calorimetry, 1993 (40):1063.
[34] Shimada S, Furuchi R. Bulletin of the Chemical Societyof Japan, 1990(63):2526.

[35] Shimada S, Furuichi R. A study on the thermal decomposition of $KClO_4$ and $NaClO_4$ by acoustic emission thermal analysis[J]. Thermochimica Acta, 1990(163):313.

[36] Clark G M. Instrumentation for thermosonimetry[M]. Thermochimica Acta, 1978(27):19.

[37] Shimada S, Katsuda Y, Furuichi R. A study on the thermal decomposition of $KClO_4$ by acoustic emission thermal analysis: influences of particle and sample sizes on acoustic emission curve[J]. Thermochimica Acta, 1991 (183):365.

[38] Shimada S, Katasuda Y, Furuichi R. Simultaneous measurements of acoustic emission and differential thermal analysis for different $KClO_4$ samples[J]. Thermochimica Acta, 1991 (184):91.

[39] Shimada S, Katsuda Y, Inagaki M. Journal of Physical Chemistry, 1993(97):8803.

[40] Lee O, Koga Y, Wade A P. Thermosonimetry of the phase Ⅱ/Ⅲ transition of hexachloroethane [J]. Talanta, 1990(37):861.

[41] Clark G M. Instrumentation for thermosonimetry[J]. Thermochimica Acta, 1978(27):19.

[42] Wentzell P D, Lee O, Wade A P. Comparison of pattern recognition descriptors for chemical acoustic emission analysis[J]. Journal of Chemometrics, 1991(5):389.

[43] Mraz T, Rajeshwar K, Dubow J. An automated technique for thermoacoustimetry of solids[J]. Thermochimica Acta 1980(38):211.

[44] Kasap S O, Mirchandan V. Measurement Science and Technology, 1993(4):1213.

[45] Chatterjee P K. 4th ICTA.

第10章　热分析联用技术

10.1　引　　言

联用技术是近年来分析仪器的一个发展趋势，许多常规的分析仪器如色谱、X射线衍射、各类光谱仪等都已实现了与其他分析技术的联用，热分析仪当然也不例外。早在两千多年前，我国战国时期的楚国诗人、政治家屈原在《楚辞·卜居》中就已指出“尺有所短，寸有所长。物有所不足，智有所不明”。这告诉我们每种分析技术均有其独特的优势，但我们应清醒地认识到它们自身也会存在着一定的不足。只有在实际应用中对每种分析技术扬长避短，充分发挥其优势，才可以达到事半功倍的效果。其实，在许多中文版本的文献资料中，对联用技术的描述通常使用“联用”而不是“连用”来表述，这也充分表明联用技术不是简单地将两种或多种技术连接或拼接在一起，而是要在实际上有机地、合理地将其组合在一起。也就是说，对于由多种技术的联用仪而言，其不仅仅满足于可以达到 $1+1+\cdots+1=N$ 的效果，而且应达到 $1+1+\cdots+1>N$ 的效果。当然，对于一些不成功的联用技术而言，有时达到的效果可能为 $1+1+\cdots+1<N$，甚至等于0。

由常规的热分析可以得到在热分析实验过程中所研究的对象在一定的气氛和程序控制温度下由于其结构、成分变化而引起的质量、热效应、尺寸等性质的变化信息。通过将热分析技术与常规的分析技术如红外光谱技术、质谱、色谱、显微技术、拉曼光谱、X射线衍射等联用，可以得到在物质的性质发生变化的过程中产物的结构、成分、形貌、物相等的变化信息。通过这些信息，我们可以了解到物质在一定的气氛和程序控制温度下所发生的各种变化的更深层次的一些信息，对于过程中的反应机理、动力学信息有更深刻的认识。热分析联用技术的特点和优势可以概括为实时、全面、高效，但我们也应清醒地认识到对于一些高温分解产生的气体分析时在传输过程中的冷凝现象的影响，一些高温产物在传输管线中的冷凝会导致由红外光谱、色谱和/或质谱进行气体分析时丢失一部分气体产物的信息。当前应用最为广泛的热分析联用技术主要有：① 热重-差热分析、热重-差示扫描量热法以及显微热分析等，这属于同时联用的范畴；② 热分析与红外光谱技术、质谱的联用，这属于串接式联用的范畴；③ 热分析与气相色谱等技术的联用，由于与热分析联用的这类技术自身在分析时需要一定的时间，因此通常称该类技术为间歇式联用技术。其实，这类技术也属于串接式联用的范畴。

按照GB/T 6425—2008的分类方法[1]，热分析联用技术主要包括同时联用技术、串接联用技术和间歇联用技术三种形式。在本章中将简要介绍这三种联用技术。

10.2 与热分析联用相关的术语

10.2.1 热分析联用技术

热分析联用技术(combined thermal analytic techniques)是指在程序控制温度和一定气氛下,对一个试样采用两种或多种热分析方法的技术。热分析联用技术主要包括同时联用技术、串接联用技术和间歇联用技术三种形式。

如果只是把联用仪看做几种分析技术的叠加,就会失去联用自身的独特优势。当然,我们必须清醒地认识到,当许多技术在进行联用时,往往会牺牲每种技术自身的一些指标优势。例如,对于热重-差热分析仪和热重-差示扫描量热仪而言,与单一的热分析技术相比,其每一组成部分的灵敏度均有所下降。当需要研究一些很微弱的相转变或者质量变化时,此时应优先采用单一的热分析技术。对于当前的热分析仪器企业以及其他分析检测仪器企业而言,大多数热分析厂商均有商品化的联用仪,每家厂商的联用技术各有优势。例如,德国耐驰公司的多级热分析联用仪可以实现热分析仪与红外光谱仪、质谱、气质联用仪的联用仪,可以实现红外光谱仪与质谱、气质联用仪串接式联用和并联式联用的连接形式,瑞士梅特勒公司的热分析/红外光谱/气质联用仪可以实现多段气体的采集与分析功能。美国珀金埃尔默公司的热分析/红外光谱/气质联用仪可以通过八通阀的切换灵活地实现在线分析(即热分析/红外光谱/气质联用模式)和分离模式分析(即热分析/红外光谱/气质联用),对于实验室经费有限且实验室空间有限的用户而言,这种配置可以实现更广泛的应用。

10.2.2 同时联用技术

同时联用技术(simultaneous techniques)是指在程序控制温度和一定气氛下,对一个试样同时采用两种或多种热分析技术,如热重-差示扫描量热联用技术,简称 TG-DSC。由于同时联用的两种或多种技术可以同时由每种测量技术得到的物理量的变化信息,因此习惯上在这些技术之间用符号“-”来连接。

10.2.3 串接联用技术

串接联用技术(coupled simultaneous techniques)是指在程序控制温度和一定气氛下,对一个试样采用两种或多种热分析技术,后一种分析仪器通过接口与前一种分析仪器相串接的技术,如 TG-DSC/FTIR、TG-DSC/MS。[1]

由于串接联用的两种或多种技术由每种测量技术所得到的物理量的变化信息存在时间上的先后关系,因此习惯上在这些技术之间用符号“/”来连接。

10.2.4　间歇联用技术

间歇联用技术(discontinuous simultaneous techniques)是指在程序控制温度和一定气氛下,对一个试样同时采用两种或多种热分析技术,仪器的联用形式同串接联用技术,即后一种分析仪器通过接口与前一种分析仪器相串接,但第二种分析技术的采样是不连续的,如TG/GC。

由于这类技术中的后一种分析技术所检测的是由与此联用的热分析技术产生的气体或其他形式的产物的信息,二者之间存在着时间先后的关系,因此,这类联用技术也可以视为串接式联用的一种特定的结构形式。

10.2.5　逸出气体分析

逸出气体分析(Evolved Gas Analysis,EGA)是指在程序控制温度和一定气氛下,测量试样逸出气体组成和量与温度或时间关系的技术。

对于热分析联用仪而言,该定义包括了热分析仪与检测系统联用的热重/质谱联用法(Thermogravimetry/Mass Spectrometry,TG-MS)、热重-傅里叶变换红外光谱联用法(Thermogravimetry/Fourier Transform Infrared Spectroscopy,TG-FTIR)以及程序升温还原(Temperature Programmed Reduction,TPR)和程序升温脱附(Temperature Programmed Desorption,TPD)等联用技术,以及所有其他通过使用溶剂或吸附剂直接或间接检测所释放的气体的技术。

10.2.6　逸出气检测

逸出气检测(Evolved Gas Detection,EGD)是在程序控制温度和一定气氛下,定性检测试样逸出气的量与温度或时间关系的技术。

10.3　同时联用技术

同时联用技术(Simultaneous Techniques)又称同步热分析(Simultaneous Thermal Analysis,STA),是在程序控制温度和一定气氛下,对一个试样同时采用两种或多种分析技术的热分析联用方法。常见的同时联用技术主要有热重-差热分析技术和热重-差示扫描量热技术两种,此外可以同时记录试样在加热过程中的形貌变化的显微热分析技术也属于这种联用形式。

同步热分析是用来表示将不同类型(热分析)技术同步应用于一次实验过程的标准术语。通常情况下,需要对"同步"(simultaneous)这个术语进行严谨的定义[2],即同一个样品在同一时间。这意味着该类技术将不同类型的传感器与样品直接(或间接)连接,并且在单个加热炉中对同一样品进行加热或者降温。因此,我们应明确一个前提,即不讨论由不同的样品得到的结果,即使它们同时在单个的加热内进行加热或降温。同步测量(simultaneous measurements)与平行测量(parallel measurements)有很大的差别,区别在于平行测量是对不同的样品使用不同的设备来实现的。[2]

在以下几种情况下,优先使用同步热分析方法[2]:

(1) 相比于独立测量的各个性质而言,同步测量需要更短的时间来完成每个性质的测试;

(2) 可以保证测量得到的不同参数的准确性;

(3) 由于多种技术的协同作用得到的样品的信息总数比通过单一技术得到的信息的总数更多[3];

(4) 与在完全相同的外部因素(加热速率或降温速率、气流量、气体组成、炉子类型等等)条件下用不同的技术分别检测相同的样品(尺寸、质量、表面积、形态、组成)所得到的结果相比,通过同步测量技术得到的结果可以得到一个更加合理和充分的解释;

(5) 所使用的同步测量的仪器可以满足相似的应用目的。

然而,同步热分析技术自身也存在相应的缺点。由于需要将不同的传感器连接在一起,因此仪器的结构变得相对比较复杂。仪器设计的妥协和折中的处理,可能会引起仪器的一个或多个信号的测量灵敏度下降[2]。另外,测量参数的妥协也会导致更加有价值的原始数据的减少。理论上传感器之间的组合使用基本没有限制,其仅仅受到仪器设计思路以及在一定程度上受到不同传感器和信号检测器的制造工艺的限制。可以与热分析技术同步使用的技术主要包括各种形式的物理的、化学的、力学性能测试技术以及诸如 X 射线衍射、力学、波谱学、电子谱学、光谱学之类的各种谱学测量技术。

最常见的同时联用技术是热重-差热分析(简称 TG-DTA)和热重-差示扫描量热技术(简称 TG-DSC),除此之外还有差示扫描量热仪与光学显微镜联用的显微差示扫描量热仪(简称显微 DSC)等。

10.3.1 热重-差热分析技术

热重-差热分析技术是将 TG 与 DTA 技术结合起来的同时联用技术,其结构简单,可以同时得到样品在相同条件下的质量和热效应的信息。

10.3.1.1 工作原理

TG-DTA 技术将 TG 与 DTA 结合为一体,在同一次测量中利用同一样品可同步得到试样的质量变化及试样与参比物的温度差的信息。常用的 TG-DTA 仪主要有水平式和上皿式两种结构形式。测试时将装有试样和参比物的坩埚置于与称量装置相连的支持器组件中,在预先设定的程序控制温度和一定气氛下对试样进行测试,在测试过程中通过天平实时测定试样的质量,同时通过支持器组件的温差热电偶测量试样与参比物的温度差随温度或时间的变化信息获得 TG-DTA 曲线。由 TG-DTA 曲线可以得到样品在一定气氛和程序控制温度下,物质在质量与焓值两方面的变化信息。

TG-DTA 仪主要由仪器主机(主要包括程序温度控制系统、炉体、支持器组件、气氛控制系统、温度及温度差测定系统、质量测量系统等部分)、仪器控制和数据采集及处理各部分组成，支持器组件平衡地置于加热炉中间，以保持热传递条件一致。图 10.1 为上皿式 TG-DTA 仪的结构框图。

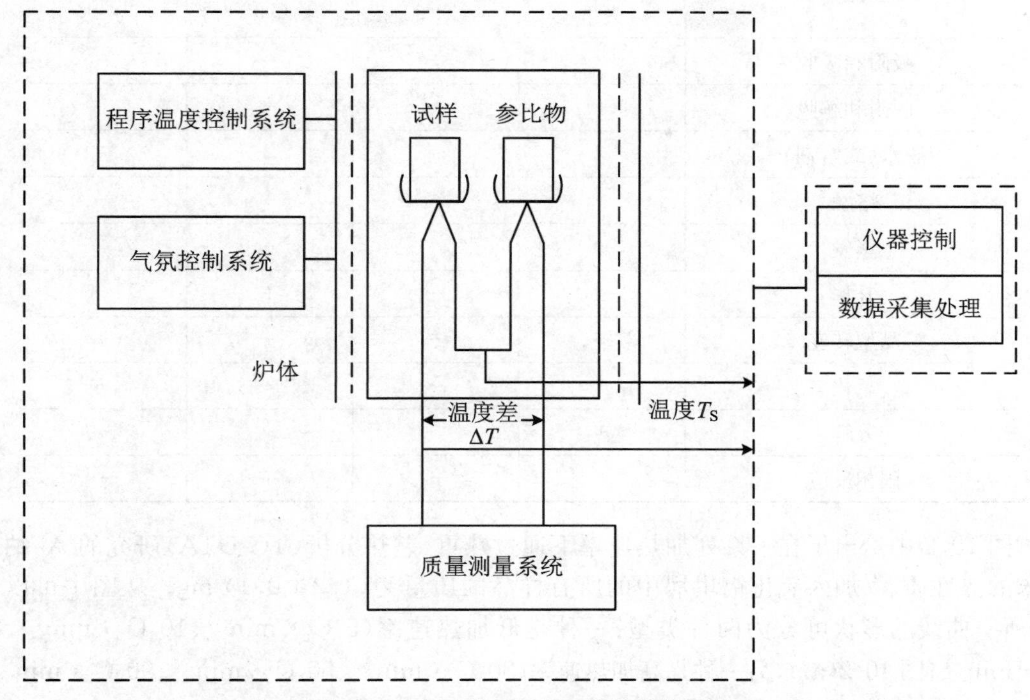

图 10.1　上皿式 TG-DTA 仪的结构框图

10.3.1.2　特点

TG-DTA 联用法的优点主要表现在以下几个方面：

(1) 可以方便地区分物理变化与化学变化；

(2) 便于比较、对照、相互补充；

(3) 可以用一个试样、一次试验同时得到 TG 与 DTA 数据，节省时间；

(4) 测量温度范围宽：大多数 TG-DTA 仪可以很方便地实现室温至 1500 ℃温度范围内的实验。

如前所述，TG-DTA 联用技术也存在着一定的缺点，主要表现在以下几个方面：

(1) 同时联用分析一般不如单一热分析灵敏，重复性也差一些，因为不可能满足 TG 和 DTA 所要求的最佳实验条件。

(2) TG、DTA 技术对试样量要求不一样，TG 试样量稍多一些好，可以得到相对较高的检测精度，而 DTA 试样量少一些好，这样试样中温度分布均匀，反应易进行，可得到更尖锐的峰形和较准确的峰温。在实际的实验中，只能折中选择最佳的试样量。

10.3.1.3　典型应用

根据实验得到的 TG-DTA 曲线可以对实验过程中试样所发生的质量和热效应的变化情况对每一个物理或化学过程进行分析，表 10.1 中列出了常见的过程所对应的 TG 和 DTA 曲线的变化信息。

表 10.1　TG-DTA 曲线对于不同过程的反映

反应过程	TG		DTA	
	失重	增重	吸热	放热
吸附和吸收	−	+	−	+
脱附和解吸	+	−	+	−
脱水(或溶剂)	+	−	+	−
熔融	−	−	+	−
蒸发	+	−	+	−
升华	+	−	+	−
晶型转变	−	−	+	+
氧化	−	+	−	+
分解	+	−	+	+
固相反应	−	−	+	+

图 10.2 中给出了在一系列加热速率下通过热重-差热分析(TG-DTA)研究的 Al 纳米粉末的热性质。[4]加入氧化铝坩埚中的所有样品的质量为(1.2±0.1) mg。从图中可以看出,所有曲线的形状可分为两种类型:一种是低加热速率(5 ℃ · min^{-1}、10 ℃ · min^{-1}、20 ℃ · min^{-1},图 10.2(a)),另一种是高加热速率(30 ℃ · min^{-1}、50 ℃ · min^{-1}、90 ℃ · min^{-1},图10.2b)。由于纳米粉末在制备后容易吸收空气(二氧化碳)和水蒸气,加热后这些物质以气体形式释放出来,因此存在质量损失(从室温到约 400 ℃的每条 TG 曲线中表现出 2%～5%的质量变化)。在较低加热速率下可以观察到更多的质量损失,这意味着较低的加热速率有利于释放纳米粉末表面吸附的物质。因此,应从在脱气结束后约 400 ℃开始计算与氧发生反应引起的质量增加。在质量损失阶段结束后,特别是当温度达到 500 ℃时,每条 TG 曲线都会有质量增加。从 500 ℃(较高加热速率下为 550 ℃)到 600 ℃范围内观察到强烈的质量增加,这种现象是由于 Al 和 O_2之间的反应引起的:

$$4Al(s) + 3O_2(g) = 2Al_2O_3(s) \tag{10.1}$$

对于 Al 和 O_2 之间的反应,样品的质量增加到初始质量的 1.125 倍。同时发生了放热反应,这可以通过 DTA 曲线中的强烈放热峰来证明。

在低加热速率下,每条 TG 曲线中有两个明显的质量增加过程。第一个明显的质量增加阶段从 450 ℃开始,最后在 600 ℃结束。第二个阶段发生的温度范围为 750～900 ℃。这两种阶段质量增益现象可以通过铝纳米粉末的低温氧化机理来解释。Al 颗粒的低温氧化至少在两个步骤中发生[5],如图 10.3 所示。第一步,以化学动力学为主,在表面形成了一层 6～10 nm 的 α-Al_2O_3 和 α-Al_2O_3 膜。膜由相同尺寸的微晶组成,与初始粒径无关。第二步为扩散和化学反应,该阶段反应进行十分缓慢。当温度达到并超过 660 ℃时,铝颗粒熔化并膨胀,此时铝内核的密度从固态的 2.7 kg · m^{-3}降至液态的 2.3 kg · m^{-3}。当 Al 熔化时,其体积膨胀了 12%。此时外层的 Al_2O_3 壳处于拉伸状态,有利于氧的扩散步骤。以下氧化步骤涉及氧扩散到金属芯和金属扩散到外表面,氧扩散是主要因素。

在高加热速率下,每个 TG 曲线中存在明显的第一质量增加阶段,然而,特别是在 50

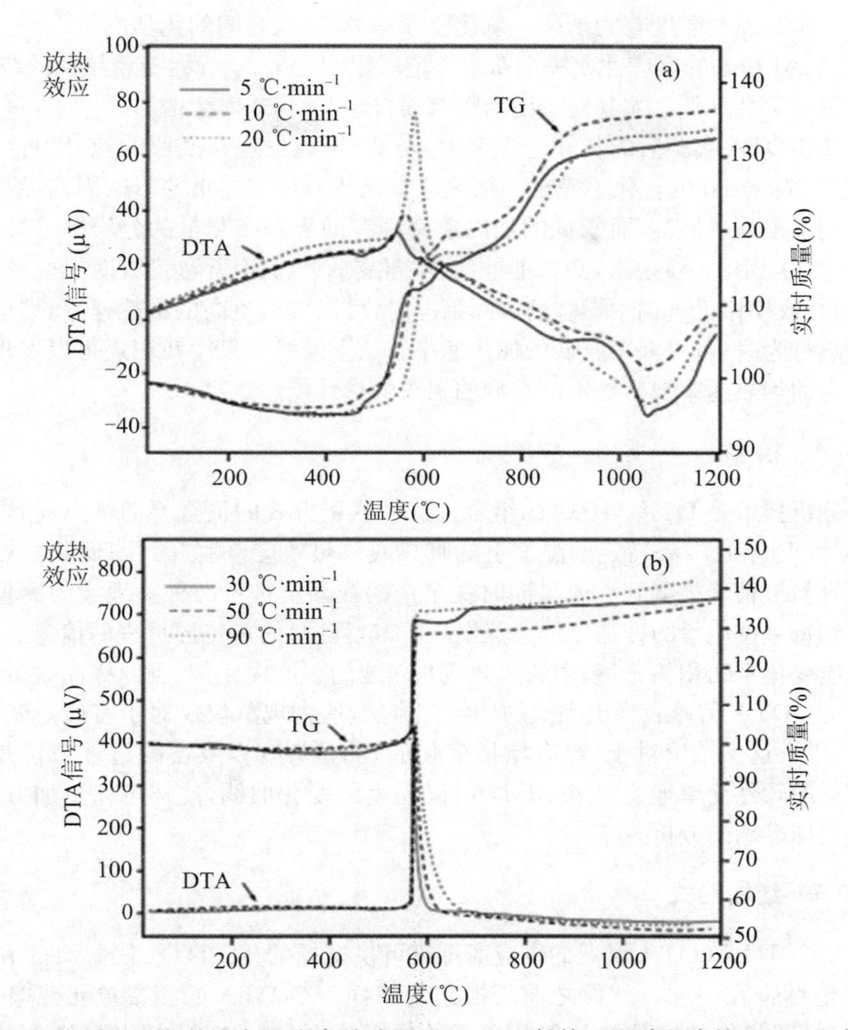

图 10.2　在不同加热速率下(氧气流速 20 mL・min^{-1})的 Al 纳米粉末的 TG-DTA 曲线

(a) 条件为 5 ℃・min^{-1}、10 ℃・min^{-1}、20 ℃・min^{-1}；(b) 条件为－30 ℃・min^{-1}、50 ℃・min^{-1}、90 ℃・min^{-1}

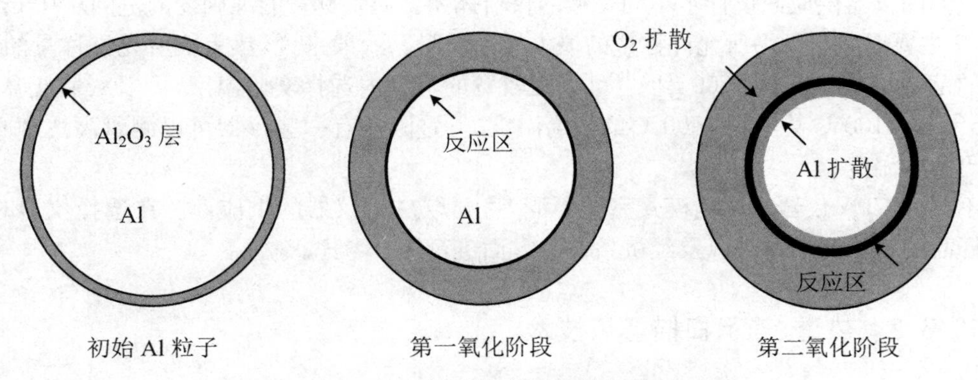

图 10.3　两阶段氧化机理的示意图

℃・min^{-1}和 90 ℃・min^{-1}中未观察到第二质量增加。不存在第二次质量增加是由于在第一氧化阶段或瞬时燃烧中 Al 粉末发生了更完全的氧化过程，当温度快速增加时，Al_2O_3 壳发生了破裂。相对高的温度有利于第一氧化阶段中 Al 和氧之间的化学反应。

一般来说,Al 粉末的反应性取决于粉末中金属铝的含量。然而,随着粒径的减小,Al 粉末的金属含量通常会降低。尤其对于纳米粉末而言,其氧化速率会增加。

通过对 TG-DTA 实验后的灰分进行 XRD 分析,可以发现在残留的灰分中存在未反应的金属 Al,这意味着 Al 的转化不完全。加热速率是热分析中的重要影响因素,通常较高的加热速率有利于提高灵敏度,而较低的加热速率则有助于提高测量的分辨率。对于在高能材料中具有特殊应用的 Al 粉末,例如推进剂、炸药或烟火,具有几秒内瞬时燃烧的特性。因此,当我们研究或模拟推进剂中燃烧的实际情况时,可以应用更高的加热速率,然而,当我们研究铝粉的热行为时,可以采用较低的加热速率。从上面的结果中我们还可以发现,实验时应该使用固定的加热速率来比较不同类型的铝粉的热性能。

10.3.1.4 校准

同步热分析技术是 DTA 与 TG 的组合。这种联用方式的最重要的优点就是可以通过 DTA 传感器校正温度。[2] 在特定的温度下的吸热或放热效应(例如融化、低共熔点等)比质量的改变更容易被精确检测到。通过同时在单个的样品上进行两种物理量的测量,可以高准确度地得到每单位质量的样品(反应、蒸发、升华过程中)的热传导过程的信息。由于质量变化与热效应变化密切相关,过程中的热效应与转变的程度成比例,因此样品质量对时间的导数 dm/dt 与 DTA 信号表现出类似的形状。当然,这种现象仅仅对于有质量变化的过程有效。另外,以上这个结论对于(没有质量变化的)晶型转变以及熔融过程来说是无效的。可以通过合适的软件简单地绘出 m、dm/dt 随温度的变化曲线,这样可以更加方便地对每个过程进行更加准确的分析。

10.3.1.5 结构形式

几乎每一个 TG 和 DTA 仪器的供应商都有可供选择的 TG-DTA 仪器,TG 和 DTA 可以相对方便地结合在一起。就像之前所提到的那样,TG-DTA 的测量单元普遍采取在与 TG 天平的杠杆臂相连的样品的位置和参比的位置分别包含传感器元件(热电偶)的结构形式。

不同的仪器供应商设计了不同类型的仪器体系。质量称量的准确度的范围从 0.1 μg 到 1 μg,其主要取决于天平所允许称量的最大样品质量。一般来说,热重仪所允许称量的样品质量的范围从 200 mg 到 500 g。也可以在较宽的范围内选择实验温度,可以从最低温度为 −125 ℃至 1100 ℃甚至到 1500 ℃的最高温度。另外,还有一些仪器可以测量高达 2000 ℃甚至更高的温度。

不同的 STA 仪器的结构模式完全不同,主要取决于仪器的供应商。在选择仪器时,应根据样品的特别测试需求以及经济条件等方面进行综合考虑。[2]

10.3.2 热重-差示扫描量热技术

与 TG-DTA 联用技术相似,热重-差示扫描量热技术(简称 TG-DSC)是将 TG 与 DSC 技术结合起来的同时联用技术,可以同时得到样品在相同条件下的质量和热效应的信息。

TG-DSC 联用技术在仪器构造和原理上与 TG-DTA 联用相类似。将 TG 与 DSC 结合为一体，在同一次测量中利用同一试样可同步得到试样的质量变化及试样与参比物的热流差的信息。常用的TG-DSC仪主要有水平式和上皿式两种结构形式。试样坩埚与参比坩埚（一般为空坩埚）置于同一导热良好的传感器盘上，两者之间的热交换满足傅里叶热传导方程。通过程序温度控制系统使加热炉按照一定的温度程序进行加热，通过定量标定，将温度变化过程中两侧热电偶实时测量到的温度差信号转换为热流差信号，对温度或时间连续作图后即可得到DSC曲线。同时整个传感器（样品支架）插在高精度的天平上，参比端不发生质量变化，试样本身在升温过程中的质量由热天平进行实时测量，对温度或时间作图后即得到TG曲线。与TG联用的DSC的原理为热流式。

TG-DSC仪与TG-DTA仪相似，主要由仪器主机（主要包括程序温度控制系统、炉体、支持器组件、气氛控制系统、温度及温度差测定系统、质量测量系统等部分）、仪器控制和数据采集及处理各部分组成，支持器组件平衡地置于加热炉中间，以保持热传递条件一致。仪器输出的温度差信号通过定量标定，将测量过程中两侧热电偶实时量到的温度信号差转换为热流信号差，得到DSC曲线。

由于TG-DSC与TG-DTA的特点、校准、应用十分相似，因此在本部分不再进行一一阐述。

10.3.3　热机械分析-差热分析同时联用技术

由于热机械分析-差热分析同时联用技术（简称TMA-DTA）不包含可以自由移动或驱动的部件，因此这种联用形式在技术上不难实现。在该类形式的联用技术中，由不同的TMA测量模式（线性膨胀、针入式、体积变化测量等模式）可以得到完全不同类型的信息，例如收缩、熔融、分层等。

10.3.4　差示扫描量热法与热光学分析同时联用技术

由于显微镜的热台具有非常宽的温度范围（从液氮温度直到2000℃），因此可以将样品的形貌检测作为温度的函数。一般地，通过显微镜可以很容易地观测到诸如样品的颜色的改变、分解、熔融、多态性（polymorphism）的信息。利用仪器的图像显示器，根据反射光束的强度变化可以得到与样品相关的信息。通常情况下，通过其他方法很难检测到这些信息。通过这种方法可以量化实验过程中所观测到的图像的变化信息，可以与其他的定量检测手段如DSC或DTA结合起来使用这种形貌检测方法。[2]

通过热显微法可以得到样品的形貌及结构随温度变化的信息，这些变化主要基于物理和化学过程。[6]观察物质的特征参数对温度的依赖性有助于识别和表征物质。对于这样的研究工作而言，需要一台包括冷/热台、样品台、光源的热显微设备，利用其可以进行光学记录、文件保存、图像和数据的加工分析等工作。所有型号的热台都有一个共同的要求，即热台必须尽可能薄，以便放置在物镜和显微镜之间。

在一次热分析实验中，如果样品发生了熔融，则样品容器必须能够容纳熔化后的样品。样品必须从上方可见，光线应该从下面穿过。[6]在较高的温度下，样品盘必须和样品相适配。其中，蓝宝石玻璃是理想的支架材料。

开放式结构的蓝宝石样品盘可以用于非挥发性的样品，而加盖子的蓝宝石盘则可以用于挥发性样品。该技术与常规显微镜样品的制备相似，预熔样品放置在平行载玻片和盖玻片之间。修正方法是用两片蓝宝石盘包住样品，这种制样方法只适用于熔融后黏度较高的物质[6]。

对于加载蓝宝石片的挥发性样品而言，可以通过样品盘盖来观察未经任何处理的样品，也可以在盘盖上先将样品蒸发(升华)或熔化。[6]对于低黏度物质和液体样品而言，可以使用三个蓝宝石球作为间隔物，这样做有助于在测量过程中保持均匀的样品分布和厚度。

10.3.5 动态热机械分析与动态介电分析同时联用技术

与动态力学热分析简称 DMTA 相似，虽然国际热分析及量热协会(ICTAC)建议动态介电分析的简称为 DETA，但该名称却很少被使用者广泛接受，更多的使用者更加倾向于使用 DEA 这种命名法。因此，DEA 与 DETA 之间仅仅是字面上的表述差异。[2]虽然 DETA 和 DMA 从原理上有着很大的差别，但它们基本上依赖于同一个原则，即对待测量样品施加正弦信号，检测其响应信号及二者之间的相位移动信息。由 DETA 法可以给出材料中能够移动的带电荷的位点(离子、偶极子)的信息，而通过 DMA 技术则可以提供材料力学性能的信息。通过这种联用的技术可以关联由 DETA 和 DMA 测量得到的预浸料的储能模量，可以用来建立固化性能和黏弹性的关系，测定凝胶化温度和玻璃化转变温度之间以及黏度改变和反应速率之间的关系。

10.3.6 其他同时联用技术

尽管同步热分析技术具有许多的优势，但这种同时进行测量的热分析技术仍然不如单一或平行的测量方式受欢迎。尽管如此，STA 的上述例子已经说明了这种方法的潜力，以上所列举的可能组合也不完整。事实上，对于诸如金属或陶瓷之类的特定材料而言，使用“自制”的设备可以得到同步的与温度相关的特定的一些信息。[2]因此，同时测量在 Cu 基合金中由金属间的固-固态马氏体相变产生的热能和声发射信息已被用于研究马氏体变体在冷却和加热过程中的生长动力学。[7]在文献[8]中使用差示扫描量热法-小角度和广角 X 射线散射(Differential Scanning Calorimetry-Small and Wide Angle X-ray Scattering，DSC-SAXS-WAXS)研究了在生物医学领域中的热塑性硫化橡胶的组成对疲劳的影响。

与 STA 相关的主要问题仍然是所获得的结果是否与单个实验具有同等的准确性，以及在 STA 中获得的每个信号的分辨率和灵敏度是否与单个 TA 测量模式的相同。如果分辨率和灵敏度并不是需要考虑的重要因素，那么在选择合适的实验时应该优先考虑采用同步联用技术。

10.4 串接联用技术

串接联用技术(coupled simultaneous techniques)是指在程序控制温度和一定气氛下，

对一个试样采用两种或多种热分析技术，后一种分析仪器通过接口与前一种分析仪器相串接的技术。[1]将热分析仪与可分析气体的技术串接起来分析由热分析仪逸出的气体产物的联用技术是最常见的串接联用形式。

根据ICTAC(国际热分析和量热学联合会)提出的命名方法，EGA(Evolved Gas Analysis，逸出气体分析)是一种用来确定在热分析实验期间形成的挥发性产物或产物的性质和数量的技术。[9-10]

该类联用仪的主要部件包括热分析仪(TG、TG-DTA、DIL等)部分、在线监测气体部分(如MS、FTIR等)以及将两者连接起来的接口等。为了获得释放气体分析的最佳结果，热分析仪和接口部分一定要设计成保证释放气体有足够量转移到逸出气体分析仪(EGA)，同时逸出气体监测部分要设计成能够实现快速扫描和长周期稳定操作功能。

10.4.1　热分析/质谱联用技术

热分析/质谱联用技术(简称TA/MS)是指在程序控制温度和一定气氛下，通过质谱仪在线监测由热分析(主要为热重仪、热重-差热分析仪以及热重-差示扫描量热仪)中由试样逸出的气体的信息的一种热分析联用技术，常见的联用形式有TG/MS、TG-DTA/MS以及TG-DSC/MS等技术。

10.4.1.1　质谱技术简介

质谱法(Mass Spectrometry，MS)是一种检测和鉴别微量气体物质的非常灵敏的方法，通过这种技术可以得到化合物的化学和结构的信息(官能团和侧链)。质谱法即用电场和磁场将运动的离子(带电荷的原子、分子或分子碎片，有分子离子、同位素离子、碎片离子、重排离子、多电荷离子、亚稳离子、负离子和离子-分子相互作用产生的离子)按它们的质荷比分离后进行检测的方法。测出离子准确质量即可确定离子的化合物组成。这是由于核素的准确质量是一个多位小数，绝不会有两个核素的质量是一样的，而且绝不会有一种核素的质量恰好是另一核素质量的整数倍。分析这些离子可获得化合物的分子量、化学结构、裂解规律和由单分子分解形成的某些离子间存在的某种相互关系等信息。

由于对MS的详细描述内容已经超出了本文的范围，因此在本部分内容中我们仅讨论应用时所必需的一些与MS相关的背景知识。

在联用的质谱中，样品分子通过一个离子源进入质谱，在离子源中样品分子被高能电子束(通常为70 eV)轰击。这个能量比有机物的离子化势能和键强度大，该能量实际上足够从分子上移动一个或更多的电子，形成正电荷分子离子。另外，电子束的能量还能够引起分子发生大量的碎裂，通过复杂的裂解途径形成许多不同的正电荷碎片离子，形成的这种碎片离子与所研究的分子结构密切相关。

10.4.1.2　热分析/质谱联用技术的工作原理

TA/MS主要包括一台热分析仪(主要为TG、TG-DTA、DIL)、一台质谱仪以及将两者联合的接口。为了获得释放气体分析的最佳结果，热分析仪和接口一定要设计成保证释放气体有足够量转移到质谱仪，同时质谱仪要设计成能快速扫描和长周期稳定操作。由于质谱在高真空条件下工作，从热分析仪逸出的气体只有约1%通过质谱仪(否则会失去真空条件）。如此低的逸出气体对于高灵敏度的质谱来说足够了。TG 和 MS 之间的联用需要通过特殊设计的接口来进行，这是因为 TG 在 1 大气压下正常工作，而 MS 则需要在大约 10^{-6} mbar 的真空条件下进行工作。通过可以加热的陶瓷（惰性）毛细管将由热重仪逸出的一小部分气体带入 MS 仪中实现联用。实验时，主要使用 He 作为载气，但也可以使用诸如空气或 O_2 之类的气体。热分析和/或质谱设备的制造商提供了用于联用的接口和软件，使得 MS 可以在线监测由热分析仪逸出的气体（图 10.4）。一些 MS 设备的制造商已经扩展了它们的应用范围，现在已经有专门的 MS 设备可以通过更加方便的方式与 TG 设备进行联用。

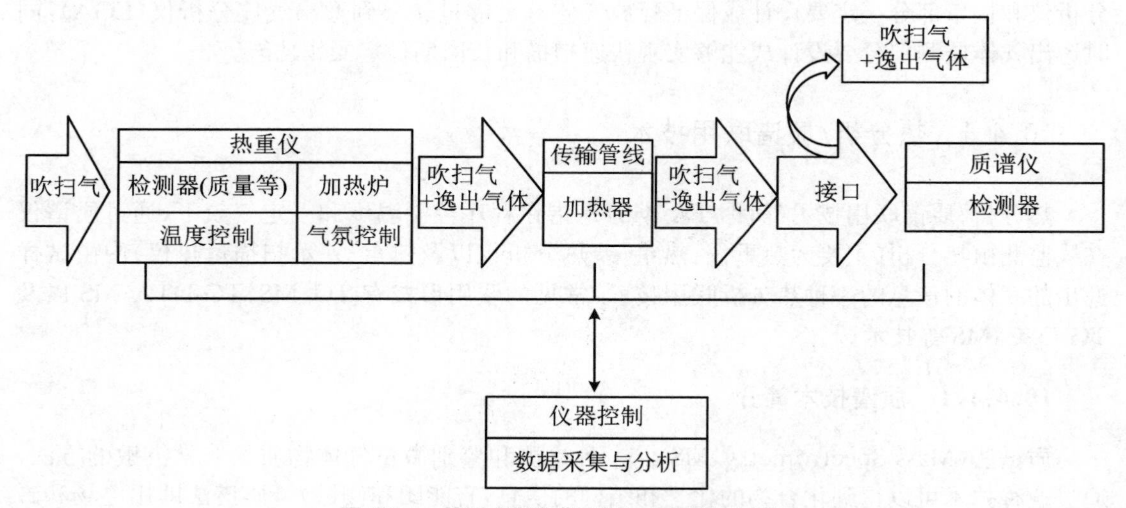

图 10.4　热重/质谱联用仪工作原理示意图

质谱仪提供的定性信息是靠气体分子和原子的离子比，再将所得到的离子比按它们的质量电荷比分开，每种气体物质在离子化过程中分裂产生一个特征离子模型，可与已知物质的模型辨别比较。进入 MS 的气体在电离室中被电子轰击，气体分子被分解成阳离子，根据这些阳离子的质量/电荷将其分离。通过测量离子的电流，可以获得如图 10.5 所示的强度为质荷比函数的谱图。[10]

图 10.5 给出了一个瞬时扫描的 MS 谱图。由于在整个 TG 实验期间连续扫描，因此可以（用适当的软件）合并得到每张所有瞬时扫描谱图中相同质量/电荷比的数据，还可以针对每个质量/电荷比获得强度随时间或温度的曲线。图 10.6 所列举的例子中给出了在空气气氛中加热 $Nd_2(SO_4)_3 \cdot 5H_2O$ 过程中的质量/电荷比为 18（H_2O^+）、32（O_2^+）和 64（SO_2^+）的强度随温度和时间变化的曲线。

借助相应的谱图库，可以将获得的碎片的实验结果与谱图库进行比较，以便识别出在离子化之前的原始气体分子的信息。

理论上，MS 可以用来检测所有的分子，即使对那些没有偶极矩（永久或振动）的分子而言，它也是一种非常灵敏的技术。

10.4.1.3　热分析/质谱联用技术的应用和实例

下面以草酸钙在氩气和氧气中的分解过程为例来说明 TG/MS 的应用。[10]

普遍认为，$CaC_2O_4 \cdot H_2O$ 在加热过程中分三步分解，可以通过 TG/MS 联用技术来准

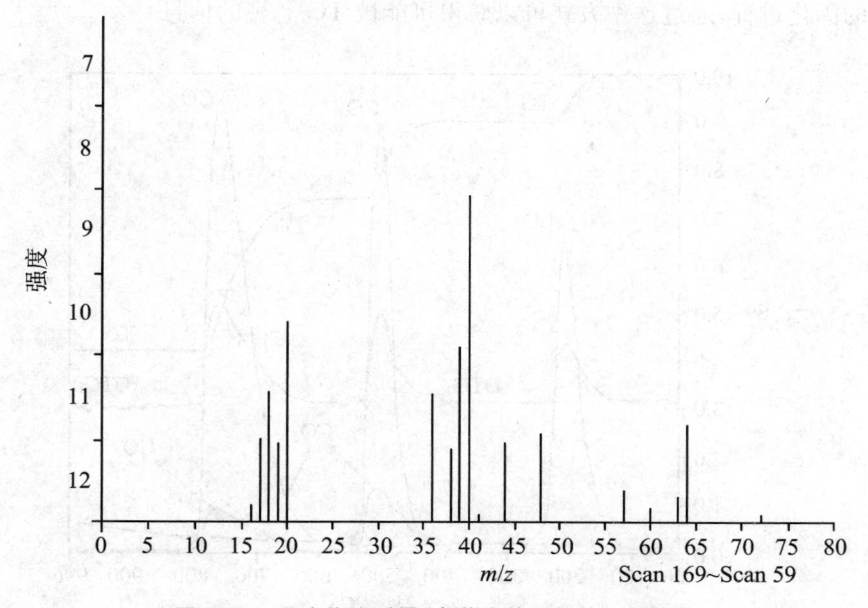

图 10.5　强度作为质量/电荷比的函数的 MS 谱图

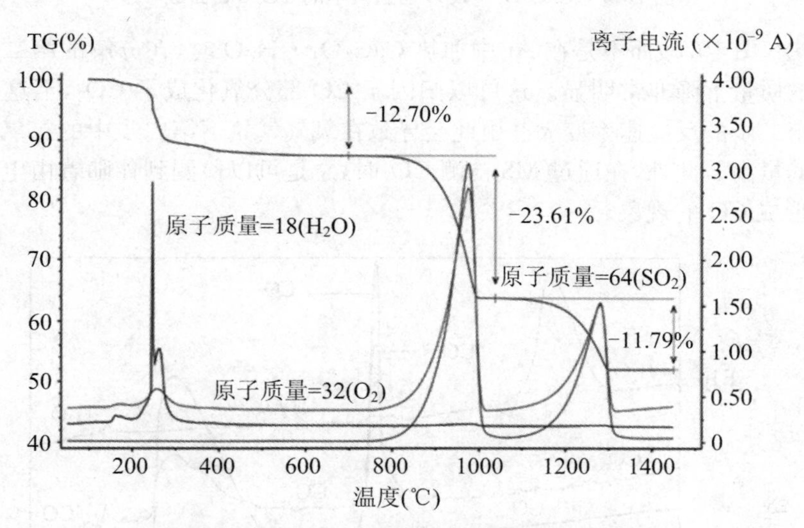

图 10.6　MS 信号强度作为温度和时间的函数

确判断每一个过程的分解产物随温度的变化。

图10.7是在惰性气氛($50\ mL \cdot min^{-1}$ Ar)中以$10\ K \cdot min^{-1}$的加热速率获得的结果，由图可见第一阶段的质量损失是由 H_2O 引起的。在第二阶段中主要检测到了一氧化碳和较少量的二氧化碳，而在第三阶段中则主要检测到了二氧化碳和少量的一氧化碳。在分解过程中，一些二氧化碳也可以在 TG 中形成，通过在反应中形成的一氧化碳的歧化反应进一步生成二氧化碳和碳，这是草酸盐的典型反应。[11-13]

通过将 DTG 和 MS 结果绘制在同一张图(图10.7)中，可以看出由 TG 记录的质量与由 MS 记录的质量数随时间的变化之间并没有明显的时间差。Charsley 等人[14]的研究结果已经表明，通过 MS 能够检测例如聚酰亚胺树脂共混物在质量损失小于0.2%的变化范围的熔融过程中的固化过程，通过这种方式可以获得可能被 TG 忽视的信息。

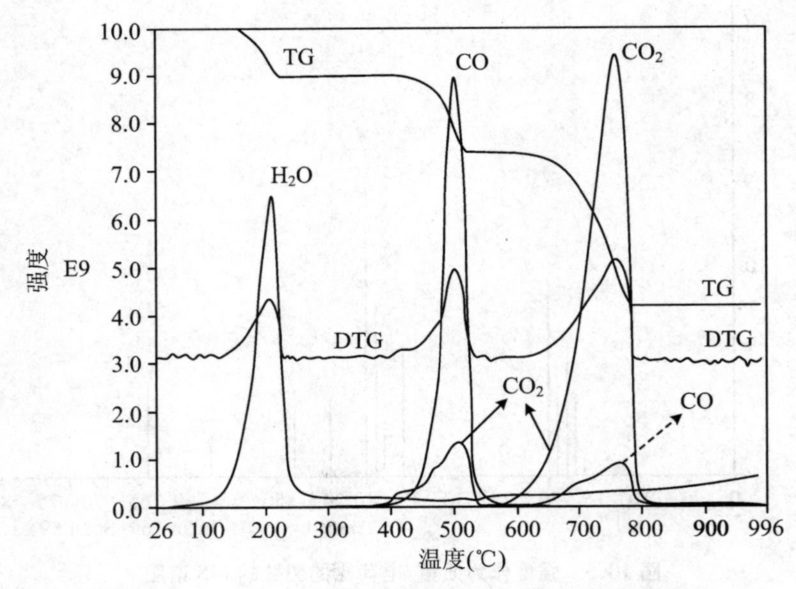

图 10.7　$CaC_2O_4 \cdot H_2O$ 在氩气中的 TG/MS 曲线[10]

当在 O_2 中(图 10.8)而不是在 Ar 中加热 $CaC_2O_4 \cdot H_2O$ 时，在分解的第二步所对应的过程结束时的质量下降非常明显。这可以归因于 CO 部分氧化成了 CO_2，当这一步反应开始时会导致第二步的反应速率变大。由此会导致在氧气气氛下第二步中的二氧化碳的量也比一氧化碳的量高。此外，在通过 MS 检测 CO_2 时，总是可以检测到伴随着由电离室中的一些 CO_2 裂解形成 CO 的现象。

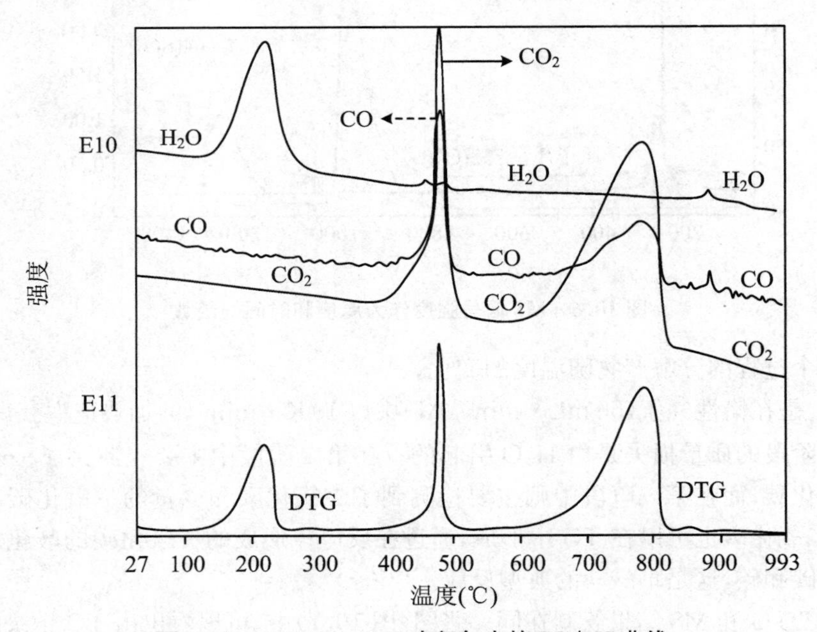

图 10.8　$CaC_2O_4 \cdot H_2O$ 在氧气中的 TG/MS 曲线

到目前为止，热分析/质谱联用技术可以用来研究有机可溶性的嵌段刚性棒状的聚酰胺薄膜[15]、硫酸化氧化锆催化剂[16]、均相沉淀物 $Zr_2(SO_4)(OH)_6 \cdot 6H_2O$ [17]的热分解行为以及煤在燃烧过程中释放硫的机制和速率[18]。此外,热分析/质谱联用技术还可以用来分析煤样和页岩油[19]、研究聚(乙烯-co-乙烯醇)共聚物分解[20]、研究过氧化固化的 EPDM 橡胶[21]、研究铁绿泥石和聚硅烷的分解[22]、研究 $CaCO_3$、Al_2O_3、SiO_2 和 CaF_2 之间的反应[23]、研究三氧化钼对聚氯乙烯分解的影响[24]、分析喷雾涂层的成分[25]等。

10.4.2 热分析/红外光谱联用技术

热分析/红外光谱联用技术(简称 TA/IR)是指在程序控制温度和一定气氛下,通过红外光谱仪(通常为傅里叶变换红外光谱仪)在线监测由热分析(主要为热重仪、热重-差热分析仪以及热重-差示扫描量热仪)中由试样逸出的气体的信息的一种热分析联用技术,常见的联用形式有 TG/IR、TG-DTA/IR 以及 TG-DSC/IR 等技术。

10.4.2.1 红外光谱技术简介

红外光谱技术是物质定性的重要方法之一。它的解析能够提供许多关于官能团的信息,可以帮助确定部分乃至全部分子类型及结构。其定性分析有特征性高、分析时间短、需要的试样量少、不破坏试样、测定方便等优点。

红外光谱是分子能选择性吸收某些波长的红外线,而引起分子中振动能级和转动能级的跃迁,检测红外线被吸收的情况可得到物质的红外吸收光谱,又称分子振动光谱或振转光谱。红外光谱法是基于分子与近红外(12500～4000 cm^{-1})、中红外(4000～200 cm^{-1})和远红外(200～12.5 cm^{-1})光谱区电磁辐射相互作用的原理。由于绝大多数有机物和无机物的基频吸收带都出现在中红外区,中近红外区是研究和应用最多的区域,积累的资料也最多,仪器技术最为成熟。通常所说的红外光谱即指中红外光谱。当红外辐射通过一个样品,根据不同分子的结构特性样品会吸收一定频率的能量,引起分子或分子的不同部分(官能团)在这些频率下振动。与 MS 相比,由于红外线的能量比较低,因此没有离子化、裂解或者破碎发生,FTIR 可以用于分子官能团的鉴别。然而 FTIR 比 MS 的灵敏度低很多,它是分析反应和鉴别分解产物的理想技术。

常用的傅里叶变换红外光谱仪是非色散型的,核心部分是一台双光束干涉仪(常用的是迈克耳孙干涉仪)。当动镜移动时,经过干涉仪的两束相干光间的光程差就发生改变,探测器所测得的光强也随之变化,从而得到干涉图。经过傅里叶变换的数学运算后,就可得到入射光的光谱图。红外吸收峰的位置与强度反映了分子结构上的特点,可以用来鉴别未知物的结构组成或确定其化学基团;而吸收谱带的吸收强度与化学基团的含量有关,可用于进行定量分析和纯度鉴定。另外,在化学反应的机理研究上,红外光谱也发挥了一定的作用。但其应用最广的还是未知化合物的结构鉴定。

在采用红外光谱法对由多组分共混、共聚或复合成的材料及制品进行研究时,经常会遇到这些材料中混合组分的红外吸收光谱带位置很靠近,甚至还发生重叠,相互干扰,很难判定,仅依靠红外光谱法有时就不能满足要求。

10.4.2.2 工作原理

热分析/红外光谱联用法是一种常见的热分析联用技术。该类方法通过可以加热的传输管线将热分析仪与红外光谱仪串接起来的一种技术，属于串接式联用技术。常用于这种联用技术的热分析仪主要为热重仪、热重-差热分析仪和热重-差示扫描量热仪。

该方法是一种利用吹扫气（通常为氮气或空气）将热分析仪在加热过程中产生的逸出产物通过设定温度下（通常为200～350 ℃的金属管道或石英管）的传输管线进入红外光谱仪的光路中的气体池中，并通过红外光谱仪的检测器（通常为DTGS检测器和MCT检测器）分析判断逸出气体组分结构的一种技术。实验时，随着热分析仪的温度变化，在由热分析仪测量待测样品的质量、温度差或热流随温度的变化的同时，由红外光谱仪测量在不同的温度下由于质量的减少引起的气体产物的官能团随温度的变化信息。实验数据以热分析曲线和红外光谱图的形式表示，通过实验可以得到不同温度下的样品的质量、温度差或热流以及所产生气体的红外光谱图。

与色散（棱镜或光栅）型的红外光谱设备相比，傅里叶变换红外光谱仪（FTIR）可以在一秒钟之内使用一个干涉仪扫描得到多张红外光谱（400～4000 cm^{-1}），这个快速扫描的优点可以用来分析在热分析实验中释放的气体。

热分析仪与FTIR的联用需要采用适当的窗片（KBr、ZnSe等）可以加热的传输线（至少可以加热至200 ℃以防止冷凝）气体池（大约20 mL）。除此之外，还应使用可以快速检测的探测器，例如液氮冷却的MCT检测器（Hg-Cd-Te 600～4800 cm^{-1}）。因为通常用于热分析仪的流动气氛对红外光束是透明的，流动气体确保在热分析仪和FTIR之间气体产物的快速传输，这样在气体释放和检测之间就不会存在时间的延迟。在实验开始前，流动气体的背景被用作参比（I_0）。

在实验过程中，通过软件可以记录下关于样品的完整而有价值的变化信息。[26] 通过TG/FTIR的在线联用技术可以识别所有带有振荡偶极子的分子或者键。与液体或固体的红外光谱相比，由所得到的气相红外光谱可以提供气相中分子的很高的分辨率和精细结构的信息。

除了可以得到所有的光谱之外，还可以在软件中分别得到特定的吸收带随着时间（或者温度）的变化曲线，这种曲线通常被称为官能团剖面图（Functional Group Profile，FGP）。FGP曲线可以用来描述具有某一官能团的物质在不同温度或时间下产生的气体量的变化，如图10.9所示。图10.9为产生的气体产物中在1507 cm^{-1}、1650 cm^{-1}和2380 cm^{-1}处有特征吸收的官能团随温度的变化曲线，由此可以得到该类物质在不同温度下的浓度变化信息。

另外，也可以通过记录得到的红外光谱图得到逸出气体剖面图（Evolved Gas Profile，EGP）。EGP曲线是在实验中由样品释放出的气体总量为时间或温度的函数。在TA/IR中，通常通过应用Gram-Schmidt重建（GSR）算法根据记录得到的红外光谱数据计算出来的剖面图称为逸出气体剖面图。在数据分析时，通常表达为Gram-Schmidt曲线。通过逸出气体剖面图可以用来描述在不同温度或时间下产生的气体总量的变化，如图10.10所示。

由实验时采集到的不同温度或不同时间下的所有红外光谱图作图可以得到逸出气体三维红外光谱图（Evolved Gas 3D Infrared Spectroscopy，3D EGS），也称堆积图（stacked plot）。由绘制的三维图可以看出吸收峰的位置（波数）和释放出气体的数量（吸光度单位）随着温度或时间的变化关系。图10.11为在程序控制温度下，由试样逸出的气体通过红外光谱仪时检测到的不同温度或时间下的三维红外光谱图。图中 X 轴坐标通常为波数，用 cm^{-1} 表示，Y 轴为时间或温度，Z 轴为吸光强度。

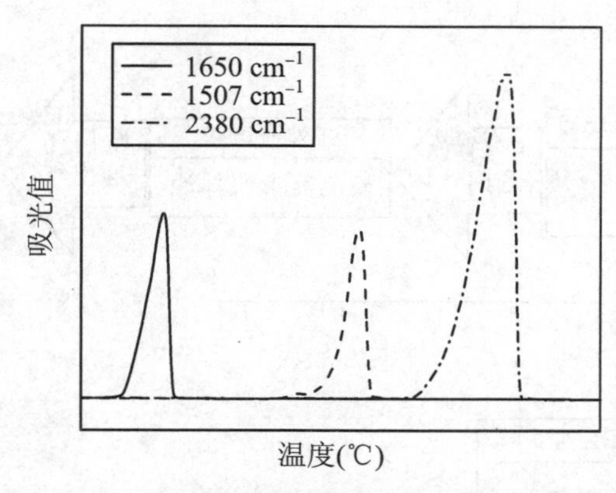

图 10.9 具有不同能团的物质的浓度随温度的变化曲线

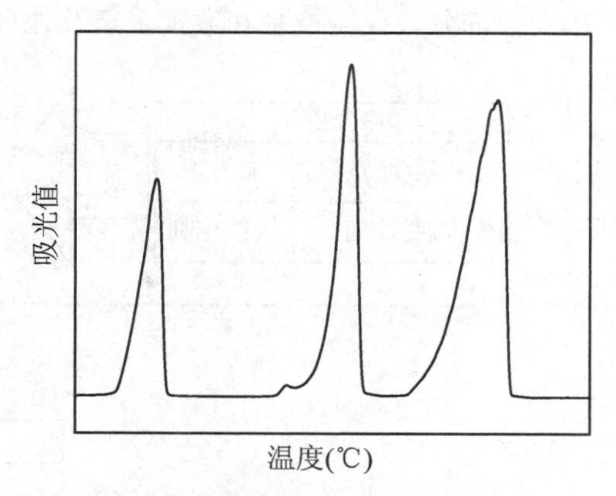

图 10.10 不同温度下产生的气体的吸光值随温度的变化曲线

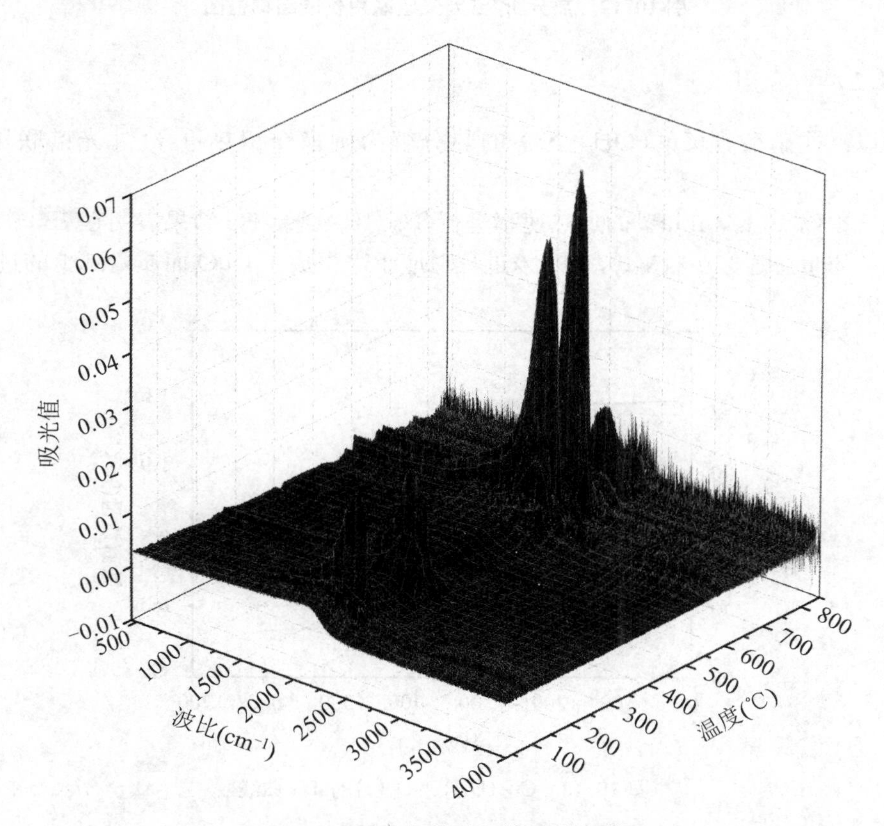

图 10.11 逸出气体的三维红外光谱图

10.4.2.3 仪器结构

常用的热分析/红外光谱联用仪的结构框图如图 10.12 所示。

这种联用仪主要由热重仪主机(主要包括程序温度控制系统、炉体、支持器组件、气氛控制系统、温度测量系统、称量系统等部分)、红外光谱仪主机(包括检测器、气体池等部分)、联用接口组件(包括加热器、隔热层等部分)、仪器辅助设备(主要包括自动进样器、冷却装置、机械泵等部分)、仪器控制和数据采集及处理各部分组成。

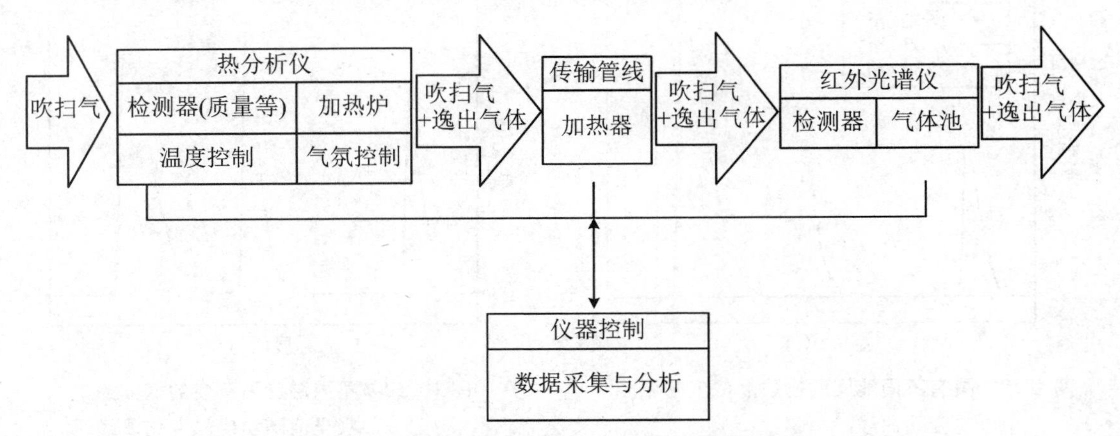

图 10.12　热分析/红外光谱联用仪的结构框图

10.4.2.4　应用

下面以碱式硝酸铜 $Cu_2(OH)_3NO_3$ 的热分解为例来介绍热重/红外光谱联用技术的应用。[27]

在氮气中以 10 K·min^{-1}的加热速率进行 TG/IR 实验,TG 结果表明在 150～250 ℃范围内样品的质量急速减少(图 10.13),该过程对应于因生成了 CuO 而质量减少的过程。

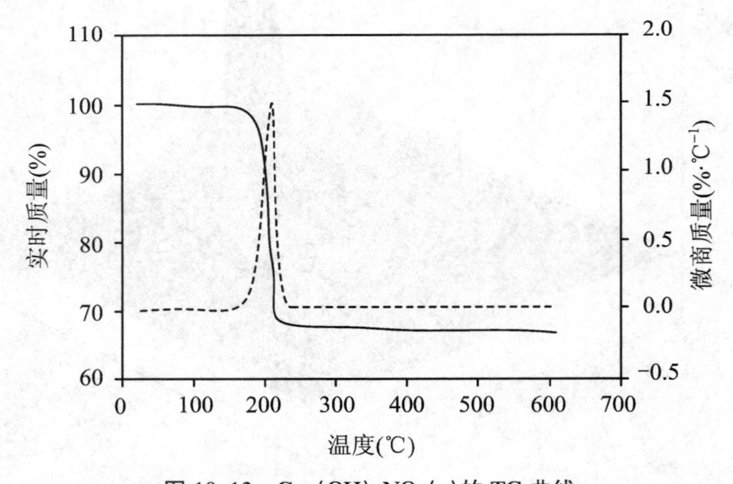

图 10.13　$Cu_2(OH)_3NO_3$(s)的 TG 曲线

所有不同的气体大约在 241 ℃时都会在同一时间最大限度地释放出来(图 10.14 堆积图),图 10.15 是在 241 ℃下的 FTIR 图。通过与气体状态的 HNO_3 的红外光谱图(图10.16)比较,发现在相同的条件下,显然除了 H_2O(3800～3600 cm^{-1}、1600～1500 cm^{-1})和 NO_2(1318 cm^{-1}、749 cm^{-1})之外,图 10.15 中 1612 cm^{-1}处的强吸收峰 ν_1' 也表明有 HNO_3 释放出来,而其中只有一部分是分解的。

只有通过使用 TG/FTIR 才能确定该化合物热分解过程的完整反应机理:

$$Cu_2(OH)_3NO_{3(s)} \longrightarrow 2CuO_{(s)} + H_2O_{(g)} + HNO_{3(g)}$$

$$HNO_{3(g)} \Longleftrightarrow 0.5H_2O_{(g)} + NO_{2(g)} + 0.25O_{2(g)}$$

这个分解机理和碱式硝酸钇 $Y_2(OH)_5(NO_3)\cdot 1.5H_2O$ 不同，后者在分解过程中在 200～600 ℃之间 H_2O、NO_2 与 O_2 是分三步逐渐逸出的。[28]

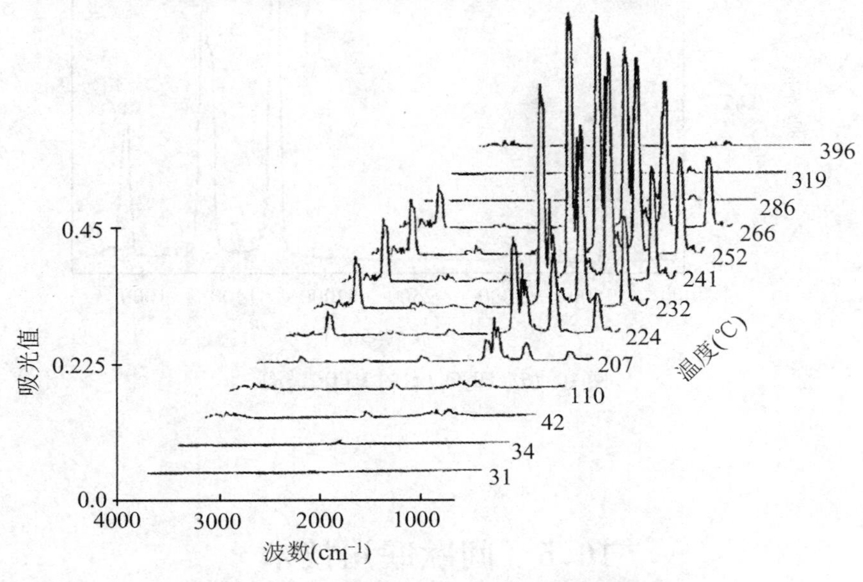

图 10.14 $Cu_2(OH)_3NO_3$ 的 FTIR 谱图

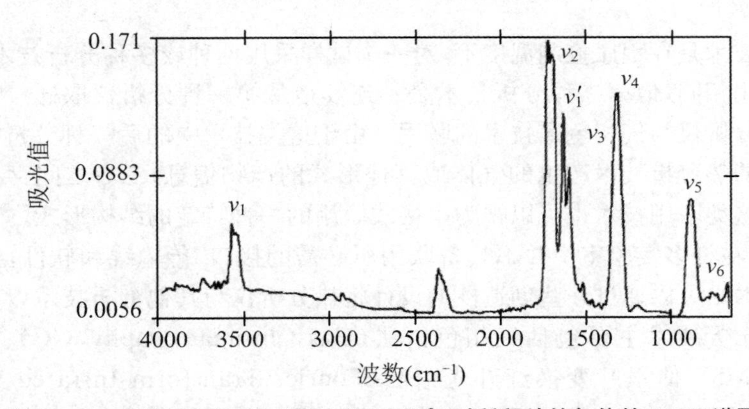

图 10.15 加热 $Cu_2(OH)_3NO_3(s)$ 至 241 ℃时所释放的气体的 FTIR 谱图

TG/FTIR 应用的其他实例主要有有机纤维燃烧的分解产物[29]，一水合草酸钙的分解[30]，应用于汽车工业的合成橡胶的热分解[31]，胺活化的环氧树脂的固化程度[32]，双马来酰胺－石墨纤维复合材料的表征[33]，确定在未知的复合材料中丁二烯和苯乙烯的百分比[34]，聚合物泡沫的分解[35]，乙烯－醋酸乙烯共聚物的分析[36, 37]，燃料、煤炭和石灰石混合燃料燃烧行为的研究[38]，煤的分析和热解模型[39]，煤在裂解过程中释放氯的研究[40]，对聚合物分解途径的研究[41]，多种添加剂对聚甲基丙烯酸甲酯的热分解过程影响的研究[42]等领域。

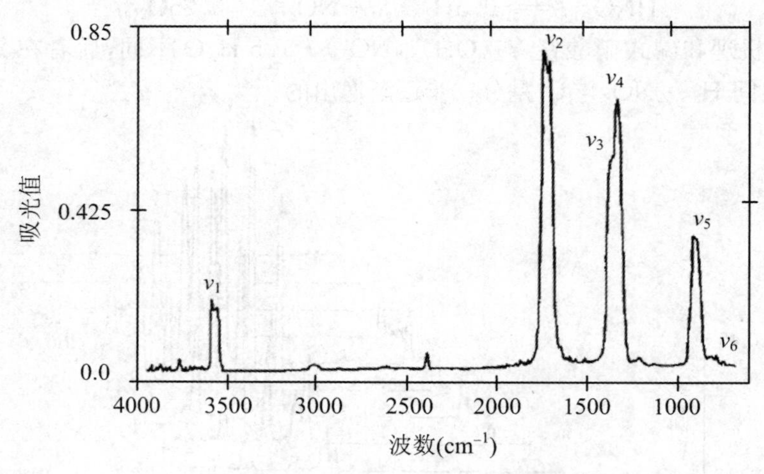

图 10.16 HNO_3(g)的 FTIR 谱图

10.5 间歇联用技术

间歇联用技术是在程序控制温度下,对一个试样采用两种或多种分析技术,仪器的连接形式与串联联用相同,但第二种分析技术是不连续地从第一种分析仪取样。常见的间歇式联用技术为热分析仪与气相色谱技术的联用。由于这类技术中的后一种分析技术所检测的是由与此联用的热分析技术产生的气体或其他形式的产物信息,二者之间存在着时间先后的关系,因此,这类联用技术也可以视为串接式联用的一种特定的结构形式。

另外,由于在许多实验室中并不具备联用所必需的接口、传输线和软件,但其拥有各自独立的分析技术。可以通过一些创造性的设计将热分析仪与其他分析技术以离线的方式进行联用,这些分析技术主要包括气相色谱法(Gas Chromatography,GC)、质谱法(Mass Spectrometry,MS)、傅里叶变换红外光谱法(Fourier Transform Infrared Spectroscopy,FTIR)、离子色谱(Ion Chromatography,IC)、电位滴定仪(Potentiometry)等[10]。

10.5.1 热分析/色谱联用技术

将热重分析仪(TGA)和质谱(MS)联用,进行逸出气体分析,已成为热重分析中非常熟知的科研手段。对于复杂样品来说,TG/MS 几乎无法得到同时逸出的混合气体的数据。而将热重和气相色谱联用(通常为气相色谱质谱联用),可以得到材料完整的特性,精确表征热重分析过程中产生的气体具体成分。表 10.2 中列出了热分析/质谱联用技术与热分析/气相色谱联用的主要区别。

表 10.2　热分析/质谱联用技术与热分析/气相色谱联用的主要区别

	热分析/质谱联用	热分析/气相色谱
分析类型	在线	离线分析
分辨力	无分辨力	可通过合适的色谱条件对混合物实现有效分离
便捷性	方便、快捷	较复杂
分析程度	定性分析或半定量分析	定量分析

气相色谱(GC)是一种具有高解析能力的分析技术,用于分离挥发态与半挥发态的产物。气体混合物基于在静态相(例如毛细管的内部涂层)与流动相(吹扫气,例如 He)中组分分布的差异,得到有效分离。由于在色谱柱中这一气体分离需要一定的时间(该持续时间依赖于样品特性、色谱柱流动速度、色谱柱长度以及静态与流动相),因此不可能将连续的在线样品气体流直接连接到 GC。

对于热分析与 GC(或 GC/MS)联用技术而言,通常通过一根可以加热的气体传输管将热分析仪与 GC 的六通阀和进样口连接起来,如图 10.17 所示。

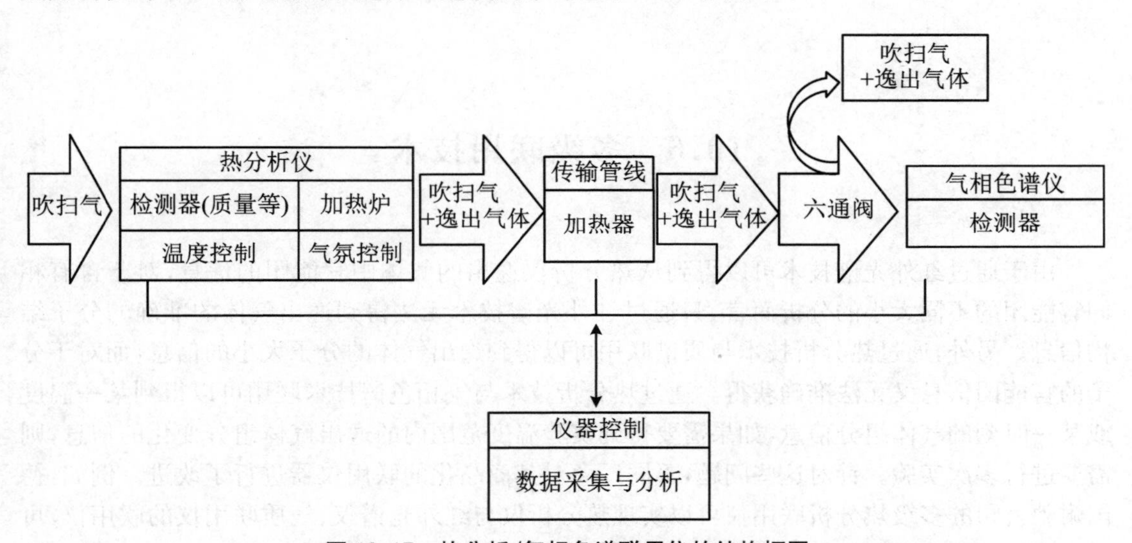

图 10.17　热分析/气相色谱联用仪的结构框图

10.5.2　其他间歇联用技术

为了识别含有多种添加剂如阻燃剂、填充剂、增塑剂、色素、抗氧化剂等的聚合物在燃烧过程中产生的气体,只有通过组合使用几种技术才可以获得完整的信息。TG 可以用于确定分解的大致轮廓(质量变化作为时间或温度的函数),可以通过前文所述的在线 FTIR 和/或 MS 联用的方法来鉴别这些气体。如果实验室不具备在线联用的条件,则可以使用吸附剂(例如 tenax 管)或不同的溶剂来吸附气体。在固体吸附剂吸附和热脱附之后,可以利用气相色谱-质谱联用法(Gas Chromatography-Mass Spectrometry,GC-MS)来鉴别气体。可以与其他的分析技术相结合来分析收集气体的溶剂,其他的分析技术主要包括离子色谱法、电势测定法、光谱技术等。也可以通过对残留物的分析来得到有价值的信息。其他重要信息可以从样品盘中的中间产物的分离获得,也可以从收集逸出气体的吸附剂和/或溶剂中得到。[10]

图 10.18 中给出了一个可以参考的组合流程图。

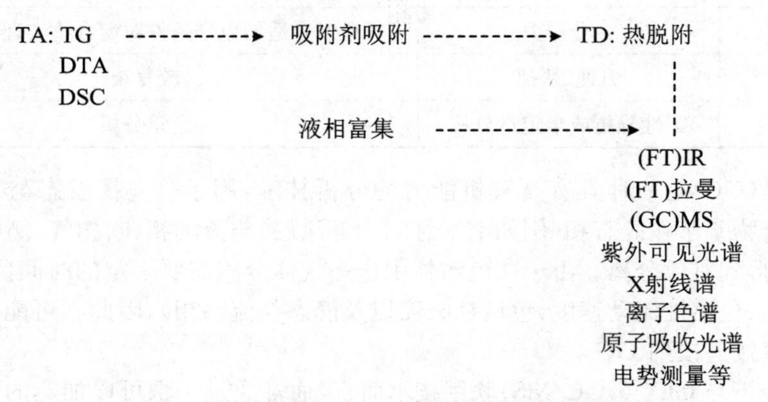

图 10.18　热分析与其他技术联用可能的组合流程图

10.6　多级联用技术

由于通过红外光谱技术可以得到从热分析仪逸出的气体中官能团的信息,对于含有相同官能团的不同大小的分析而言,只通过红外光谱技术无法得到逸出气体的准确的分子结构信息。另外,通过热分析技术与质谱联用可以得到逸出气体的分子大小的信息,而对于分子的官能团信息又无法准确获得。通过热分析技术与气相色谱技术联用可以得到某一温度或某一时刻的气体组分信息,如果需要得到实验温度范围内的逸出气体组分变化的信息,则需要进行多次实验。针对这些问题,不同厂商对其商品化的联用仪器进行了改进。例如,德国耐驰公司的多级热分析联用仪可以实现热分析仪与红外光谱仪、气质联用仪的联用仪,可以实现红外光谱仪与质谱、气质联用仪串接式联用和并联式联用的连接形式,瑞士梅特勒公司的热分析/红外光谱/气质联用仪可以实现多段气体的采集与分析功能。美国珀金埃尔默公司的热分析/红外光谱/气质联用仪可以通过八通阀的切换灵活地实现在线分析(即热分析/红外光谱/气质联用模式)和分离模式分析(即热分析/红外光谱/气质联用),对于实验室经费有限且实验室空间有限的用户而言,这种配置可以实现更广泛的应用。

10.7　热分析联用仪的状态判断与校准

如前所述,联用技术不是简单地将两种或多种技术连接或拼接在一起,而是要在实际上有机地、合理地将其组合在一起。在对联用仪进行校准时，不应仅仅对联用的每种技术进行单独的校准。在对每一部分进行校准确保仪器工作状态满足要求后，还应使用已知分解过程的标准物质来对仪器的工作状态进行验证。例如，可以使用碳酸钙和草酸钙分解时产生的 CO_2 和 CO 的方法来判断联用系统的工作状态。[43]

另外，还可以使用草酸铜检查热分析仪的惰性工作条件[10,44]。所有的热分析技术在实验过程中都需要严格控制实验中的气氛环境。如之前所述的几个例子，尤其是在高温下，即使是非常少量的氧气也会严重影响实验结果，与完全惰性的气氛相比，也可以得到完全不同的结果。

草酸铜非常适合用来检查仪器在惰性气氛下的工作条件。在惰性气氛下，草酸铜将会分解成金属铜（理论上的剩余质量百分比为 41.9%），如图 10.19 所示。如果在 300～600 ℃之间有少量的氧气存在，则会导致质量的增加（图 10.20），金属铜会部分氧化为铜（Ⅱ）的氧化物（理论上如果有 100%的 Cu 完全氧化为 CuO，则剩余质量百分比为 52.5%）。

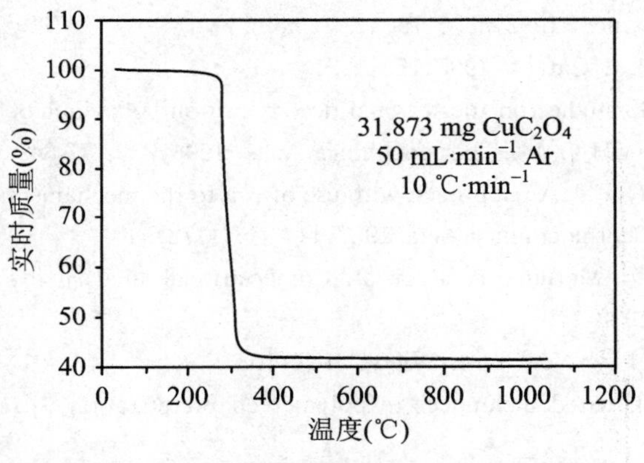

图 10.19　草酸铜在完全惰性气氛下的分解

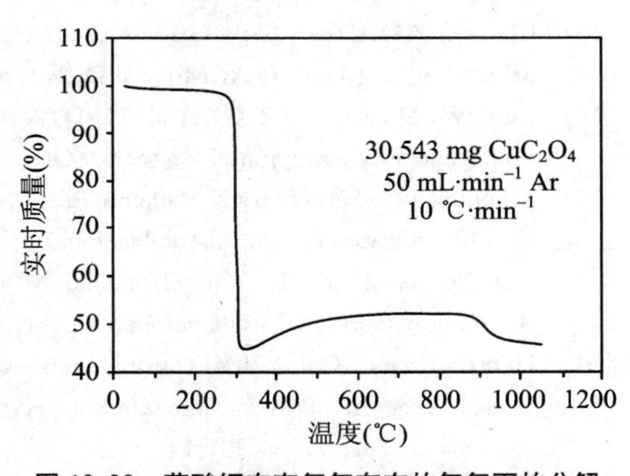

图 10.20　草酸铜在有氧气存在的气氛下的分解

如果流动的气氛气体中含有氧气，或者由于可拆卸的部件没有正确安装而使空气没有除尽，就会发生铜的氧化。如果设备包含不能完全排除空气的死体积，尽管在开始实验之前用惰性气体来“冲洗”设备中的残留空气，也会发生以上的氧化现象。为了获得完全惰性的工作环境，很有必要对一些热分析设备进行改造（例如，设计额外的气体入口）。由于在草酸铜的分解过程中对于氧化性气氛非常敏感，因此它非常适合用于检查各种热分析设备的工作环境。

参 考 文 献

[1] 热分析术语：GB/T 6425—2008[S].

[2] Van Humbeeck J. Simultaneous measurements[M]//The Handbook of Thermal Analysis & Calorimetry. 1. Amsterdam：Elsevier，1998：497-508.

[3] Brown M E. Introduction to thermal analysis[M]. London：Chapman and Hall，1988.

[4] Chen L, Song W L, Lv J, et al. J. Therm. Anal. Calorim., 2009, 96 (1): 141-145.
[5] Wang S, Yang Y, Yu H, et al. Propell. Explos. Pyrot., 2005, 30 (148).
[6] Wiedemann H G, Felder-Casagranda S. Thermomicroscopy [M]//The Handbook of Thermal Analysis & Calorimetry. 1. Amsterdam: Elsevier, 1998: 473-496.
[7] Picomell C, Segui C, Torra V. Thermochimica Acta, 1985, 91 (311).
[8] Helsen J A, Jacques S V N. Recent Research Developments in Polymer Science, 1996, 1: 19.
[9] Wendlandt W W. Thermal analysis[M]. 3rd ed. New York: Wiley, 1986: 461.
[10] Mullens J. EGA- Evolved gas analysis[M]//The Handbook of Thermal Analysis & Calorimetry. 1. Amsterdam: Elsevier, 1998: 509-546.
[11] Dollimore D, Heal G R, Passalis N P. Thermochimica Acta, 92 (1985), 543.
[12] Knaepen E, Mullens J, Yperman J, et al. Proc. 24th NATAS. San Francisco, 1995.
[13] Knaepen E, Mullens J, Yperman J, et al. Preparation and thermal decomposition of various forms of strontium oxalate[J]. Thermochimica Acta, 1996, 284: 213.
[14] Charsley E L, Newman M R, Warrington S B. Proc. 16th NATAS. Washington, 1987.
[15] Cheng S Z D, Hsu S L C, Lee C J, et al. Polymer, 1992, 33: 5179.
[16] Srinivasan R, Keogh R A, Milburn D R, et al. J. Catal., 1995, 153: 123.
[17] Lu C W, Shi J L, Xi T G, et al. TG-DTA-MS studies on the thermal decomposition behaviour of homogeneously precipitated $Zr_2(SO_4)(OH)_6 \cdot 6H_2O$[J]. Thermochimica Acta, 1994, 232: 77-84.
[18] Schouten J C, Hakvoort G, Valkenburg P J M, et al. An approach with use of ega to the mechanism of sulfur release during coal combustion[J]. Thermochimica Acta, 1987, 114: 171-178.
[19] Van Leuven H C E, Van Grondelle M C, Meruma A J, et al. Compositional analysis by thermogravimetry[M]. Philadelphia: ASTM, 1988: 170.
[20] Hatakeyama T, Quinn F X. Thermal analysis[M]. New York: Wiley, 1994: 108.
[21] Kaisersberger E, Post E, Janoschek J. Hyphenated techniques in polymer characterization[J]. ACS Symp. Ser., 1994, 581: 74.
[22] Redfern J P, Powell J. Hyphenated techniques in polymer characterization[J]. ACS Symp. Ser., 1994: 81.
[23] Heide K. Dynamische thermische analysenmethoden[M]. Leipzig: VEB, 1982: 202.
[24] Charsley E L, Walker C, Warrington S B. J. Thermal Anal., 1993, 40: 983.
[25] Chiu J, Beattie A J. A universal interface for coupling mass spectrometry to thermogravimetry[J]. Thermochimica Acta, 1981, 50: 49-56.
[26] Mullens J, Carleer R, Reggers G, et al. Proc. 19th NATAS, 1990.
[27] Schildermans I, Mullens J, Van der Veken B J, et al. Preparation and thermal decomposition of $Cu_2(OH)_3NO_3$[J]. Thermochimica Acta, 1993, 224: 227－232.
[28] Schildermans I, Mullens J, Yperman J, et al. Preparation and thermal decomposition of $Y_2(OH)_5NO_3 \cdot 1.5H_2O$[J]. Thermochimica Acta, 1994, 231: 185－192.
[29] Khorami J, Lemieux A, Menard H, et al. Compositional analysis by thermogravimetry [M]. Philadelphia: ASTM, 1988: 147.
[30] Warrington S B. Thermal analysis: techniques and applications[M]. Cambridge: Royal Society of Chemistry, 1992: 95.
[31] Redfern J P, Powell J. Hyphenated techniques in polymer characterization[J]. ACS Symp. Ser., 1994: 90
[32] Johnson D J, Compton D A C, Cass R S. The characterization of amine-activated epoxies as a function of cure by using TGA/FT-IR[J]. Thermochimica Acta, 1993, 230: 293-308.

[33] Zhang Q, Pan W P, Lee W M. The thermal analysis of bismaleimide/graphite fiber composite by TG/FTIR[J]. Thermochimica Acta,1993,226:115-122.

[34] Bowley B, Hutchinson E J, Gu P. The determination of the composition of polymeric composites using TG-FTIR[J]. Thermochimica Acta, 1992,200:309-315.

[35] Clark D R, Gray K J. Lab. Pract., 1991,40:77.

[36] Maurin M B, Dittert L W , Hussain A A. Thermogravimetric analysis of ethylene-vinyl acetate copolymers with Fourier transform infrared analysis of the pyrolysis products[J]. Thermochimica Acta, 1991,186(1):97-102.

[37] Williams K R. J. Chem Educ., 1994,71(8):A195.

[38] Roth T, Zhang M, Riley J T,et al. Proc. Conf. Int. Coal Test. Conf., 1992.

[39] Solomon P R, Serlo M A, Carangelo R M,et al. J. Anal. Appl. Pyrolysis, 1991,19: 1.

[40] Shao D, Pan W P, Chou C L. ACS. Div. Fuel Chem., 1992,37:108.

[41] Mittleman M L, Johnson D, Wilkie C A. Trends Polym. Sci., 1994,2:391.

[42] Wilkie C A,Mittleman M L. Hyphenated techniques in polymer characterization[M]. Provder T, Urban M W, Barth H G. Washington:ACS Symp. Ser. 581 , 1994:116.

[43] Wang J, McEnaney B. Quantitative calibration of a TPD-MS system for CO and CO_2 using calcium carbonate and calcium oxalate[J]. Thermochimica Acta, 1991,190(2): 143-153.

[44] Mullens J, Vos A, Carleer R, et al. The decomposition of copper oxalate to metallic copper is well suited for checking the inert working conditions of thermal analysis equipment[J]. Thermochimica Acta, 1992,207:337-339.